建筑工程
见证取样及质量验收技术指南

白静国　房　跃　徐一飞　主编

中国建材工业出版社

北　京

图书在版编目（CIP）数据

建筑工程见证取样及质量验收技术指南/白静国，
房跃，徐一飞主编．--北京：中国建材工业出版社，
2024.3

　　ISBN 978-7-5160-3867-3

　　Ⅰ.①建⋯　Ⅱ.①白⋯　②房⋯　③徐⋯　Ⅲ.①建筑工
程－工程质量－质量检验－指南　Ⅳ.①TU712-62

　　中国国家版本馆 CIP 数据核字（2023）第 208831 号

建筑工程见证取样及质量验收技术指南

JIANZHU GONGCHENG JIANZHENG QUYANG JI ZHILIANG YANSHOU JISHU ZHINAN

白静国　房　跃　徐一飞　主编

出版发行：中国建材工业出版社

地　　址：北京市海淀区三里河路 11 号

邮　　编：100831

经　　销：全国各地新华书店

印　　刷：北京雁林吉兆印刷有限公司

开　　本：889mm×1194mm　1/16

印　　张：19.5

字　　数：580 千字

版　　次：2024 年 3 月第 1 版

印　　次：2024 年 3 月第 1 次

定　　价：98.00 元

编 委 会

主 编　白静国　房　跃　徐一飞

副主编　常晓敏　徐　凯　吕欣然

　　　　姚正迎　郭　伟　王金霄

前　　言

　　建筑工程质量检测贯穿工程建设全过程，是控制工程质量的重要手段，是评价工程质量的重要依据。在见证取样、质量验收等建筑工程质量检测工作实施的过程中，由于涉及的规范多且分散，从业人员往往需要翻阅大量的文件资料，不但费时、费力，还容易有所疏漏，进而引发工程质量问题。

　　为解决这一问题，更好地服务建设单位、监理单位、检验检测机构等相关机构，天津市贰拾壹站检测技术有限公司组织编写了《建筑工程见证取样及质量验收技术指南》一书。本书梳理了国家有关法律、法规和工程建设标准中关于建筑工程质量检测的要求，有助于读者清楚地了解标准规范及其他文件的要求，准确掌握取样组批、检测项目与合格指标等内容，便于读者开展见证取样和送检工作，同时也可有效地避免少（漏）取样或减少检测项目带来的风险。

　　本书共包含10章，包括：法律法规及术语、地基与基础检测、主体结构工程、建筑节能工程、建筑防水工程、建筑装饰装修工程、建筑给排水及供暖工程、建筑电气工程、通风与空调节能工程和室内空气质量及土壤氡。

　　本书在编写过程中引用了大量的标准和规范等文件，除个别标明年代号的文件外，其他未注明年代号的文件在成书时均为现行有效的版本。

　　由于本书内容较多，涉及专业广泛，加之编者水平有限，错误和疏漏在所难免，恳请读者给予批评指正。

编者

2023 年 12 月

目　　录

1 法律法规及术语

1.1 法律法规

1.1.1 《中华人民共和国建筑法》

《中华人民共和国建筑法》经 1997 年 11 月 1 日第八届全国人民代表大会常务委员会第二十八次会议通过；根据 2011 年 4 月 22 日第十一届全国人民代表大会常务委员会第二十次会议《关于修改〈中华人民共和国建筑法〉的决定》第一次修正；根据 2019 年 4 月 23 日第十三届全国人民代表大会常务委员会第十次会议《关于修改〈中华人民共和国建筑法〉等八部法律的决定》第二次修正。

《中华人民共和国建筑法》分总则、建筑许可、建筑工程发包与承包、建筑工程监理、建筑安全生产管理、建筑工程质量管理、法律责任、附则 8 章。

其中第五十九条规定："建筑施工企业必须按照工程设计要求、施工技术标准和合同的约定，对建筑材料、建筑构配件和设备进行检验，不合格的不得使用。"

第六十条规定："建筑物在合理使用寿命内，必须确保地基基础工程和主体结构的质量。建筑工程竣工时，屋顶、墙面不得留有渗漏、开裂等质量缺陷；对已发现的质量缺陷，建筑施工企业应当修复。"

1.1.2 《建设工程质量管理条例》

《建设工程质量管理条例》经 2000 年 1 月 10 日国务院第 25 次常务会议通过；2000 年 1 月 30 日中华人民共和国国务院令第 279 号发布；根据 2017 年 10 月 7 日《国务院关于修改部分行政法规的决定》第一次修订；根据 2019 年 4 月 23 日《国务院关于修改部分行政法规的决定》第二次修订。

《建设工程质量管理条例》分总则，建设单位的质量责任和义务，勘察、设计单位的质量责任和义务，施工单位的质量责任和义务，工程监理单位的质量责任和义务，建设工程质量保修，监督管理，罚则和附则 9 章，共 82 条。

其中第二十九条规定："施工单位必须按照工程设计要求、施工技术标准和合同约定，对建筑材料、建筑构配件、设备和商品混凝土进行检验，检验应当有书面记录和专人签字；未经检验或者检验不合格的，不得使用。"

第三十一条规定："施工人员对涉及结构安全的试块、试件以及有关材料，应当在建设单位或者工程监理单位监督下现场取样，并送具有相应资质等级的质量检测单位进行检测。"

1.1.3 《建设工程质量检测管理办法》

《建设工程质量检测管理办法》于 2022 年 12 月 29 日中华人民共和国住房和城乡建设部令第 57 号公布，自 2023 年 3 月 1 日起施行。

其中第十八条规定："建设单位委托检测机构开展建设工程质量检测活动的，建设单位或者监理单位应当对建设工程质量检测活动实施见证。见证人员应当制作见证记录，记录取样、制样、标识、封志、送检以及现场检测等情况，并签字确认。"

第十九条规定："提供检测试样的单位和个人，应当对检测试样的符合性、真实性及代表性负责。

检测试样应当具有清晰的、不易脱落的唯一性标识、封志。建设单位委托检测机构开展建设工程质量检测活动的，施工人员应当在建设单位或者监理单位的见证人员监督下现场取样。"

第二十条规定："现场检测或者检测试样送检时，应当由检测内容提供单位、送检单位等填写委托单。委托单应当由送检人员、见证人员等签字确认。检测机构接收检测试样时，应当对试样状况、标识、封志等符合性进行检查，确认无误后方可进行检测。"

第二十一条规定："检测报告经检测人员、审核人员、检测机构法定代表人或者其授权的签字人等签署，并加盖检测专用章后方可生效。检测报告中应当包括检测项目代表数量（批次）、检测依据、检测场所地址、检测数据、检测结果、见证人员单位及姓名等相关信息。非建设单位委托的检测机构出具的检测报告不得作为工程质量验收资料。"

1.2　术语

1. 工程质量检测（《房屋建筑和市政基础设施工程质量检测技术管理规范》GB 50618）

按照相关规定的要求，采用试验、测试等技术手段确定建设工程的建筑材料、工程实体质量特性的活动。

2. 见证取样（《房屋建筑和市政基础设施工程质量检测技术管理规范》GB 50618）

在见证人员见证下，由取样单位的取样人员，对工程中涉及结构安全的试块、试件和建筑材料在现场取样、制作，并送至有资格的检测单位进行检测的活动。

3. 见证人员（《房屋建筑和市政基础设施工程质量检测技术管理规范》GB 50618）

具备相关检测专业知识，受建设单位或监理单位委派，对检测试件的取样、制作、送检及现场工程实体检测过程真实性、规范性见证的技术人员。

4. 见证检验（《建筑工程施工质量验收统一标准》GB 50300）

施工单位在工程监理单位或建设单位的见证下，按照有关规定从施工现场随机抽取试样，送至具备相应资质的检测机构进行检验的活动。

5. 复验（《建筑工程施工质量验收统一标准》GB 50300）

建筑材料、设备等进入施工现场后，在外观质量检查和质量证明文件核查符合要求的基础上，按照有关规定从施工现场抽取试样送至试验室进行检验的活动。

6. 验收（《建筑与市政工程施工质量控制通用规范》GB 55032）

建筑工程质量在施工单位自行检查合格的基础上，由工程质量验收责任方组织，工程建设相关单位参加，对检验批、分项、分部、单位工程及其隐蔽工程的质量进行抽样检验，对技术文件进行审核，并根据设计文件和相关标准以书面形式对工程质量是否达到合格作出确认。

7. 检验批（《建筑与市政工程施工质量控制通用规范》GB 55032）

按相同的生产条件或按规定的方式汇总起来供抽样检验用的，由一定数量样本组成的检验体。

8. 抽样方案（《建筑工程施工质量验收统一标准》GB 50300）

根据检验项目的特性所确定的抽样数量和方法。

2 地基与基础检测

2.1 地基工程检测

2.1.1 地基工程检测概述

地基工程检测包括素土和灰土地基、砂和砂石地基、土工合成材料地基、粉煤灰地基、强夯地基、注浆地基和预压地基。

2.1.2 地基工程检测标准依据

《建筑地基基础设计规范》GB 50007
《建筑地基基础工程施工质量验收标准》GB 50202
《建筑与市政地基基础通用规范》GB 55003
《建筑地基检测技术规范》JGJ 340
《天津市建筑工程施工质量验收资料管理规程》DB/T 29—209

2.1.3 地基工程检测项目

地基工程检测项目主要包括地基承载力、地基土强度、变形指标、压实系数等。常见的地基工程检测项目见表2-1。

表 2-1　地基工程检测项目

检测内容	检测项目
地基工程	素土和灰土地基：地基承载力 砂和砂石地基：地基承载力 土工合成材料地基：地基承载力 粉煤灰地基：地基承载力 强夯地基：地基承载力、地基土强度、变形指标 注浆地基：地基承载力、地基土强度、变形指标 预压地基：地基承载力、地基土强度、变形指标 特殊土地基基础检测参照地基工程检测项目

2.1.4 地基工程检测抽样要求

2.1.4.1 地基承载力

《建筑地基基础工程施工质量验收标准》GB 50202 中第4.1.4条规定：

素土和灰土地基、砂和砂石地基、土工合成材料地基、粉煤灰地基、强夯地基、注浆地基、预压地基的承载力必须达到设计要求。地基承载力的检验数量每300m² 不应少于1点，超过3000m² 部分每500m² 不应少于1点。每单位工程不应少于3点。

2.1.4.2 地基土强度及变形指标

《建筑地基检测技术规范》JGJ 340 中第4.1.4条规定：

土（岩）地基载荷试验的检测数量应符合下列规定：

1. 单位工程检测数量为每 500m² 不应少于 1 点，且总点数不应少于 3 点；

2. 复杂场地或重要建筑地基应增加检测数量。

2.1.4.3　压实系数

《建筑地基基础工程施工质量验收标准》GB 50202 条文说明中第 9.5.4 条说明：

采用环刀法取样时，基坑和室内回填，每层按 100m²～500m² 取样 1 组，且每层不少于 1 组；柱基回填，每层抽样柱基总数的 10%，且不少于 5 组；基槽或管沟回填，每层按长度 20m～50m 取样 1 组，且每层不少于 1 组；室外回填，每层按 400m²～900m² 取样 1 组，且每层不少于 1 组，取样部位应在每层压实后的下半部。

采用灌砂或灌水法取样时，取样数量可较环刀法适当减少，但每层不少于 1 组。

2.1.5　地基工程检测技术要求

2.1.5.1　地基承载力

《建筑地基检测技术规范》JGJ 340 中第 4.4.4 条规定：

单位工程的土（岩）地基承载力特征值确定应符合下列规定：

1. 同一土层参加统计的试验点不应少于 3 点，当其极差不超过平均值的 30% 时，取其平均值作为该土层的地基承载力特征值 f_{ak}；

2. 当极差超过平均值的 30% 时，应分析原因，结合工程实际判别，可增加试验点数量。

《建筑地基检测技术规范》JGJ 340 中第 4.4.5 条规定：

土（岩）载荷试验应给出每个试验点的承载力检测值和单位工程的地基承载力特征值，并应评价单位工程地基承载力特征值是否满足设计要求。

2.1.5.2　地基土强度及变形指标

《建筑地基基础设计规范》GB 50007 中第 4.2.2 条规定：

地基土工程特性指标的代表值应分别为标准值、平均值及特征值。抗剪强度指标应取标准值，压缩性指标应取平均值，载荷试验承载力应取特征值。

《建筑地基基础设计规范》GB 50007 中第 4.2.3 条规定：

载荷试验应采用浅层平板载荷试验或深层平板载荷试验。浅层平板载荷试验适用于浅层地基，深层平板载荷试验适用于深层地基。

《建筑地基基础设计规范》GB 50007 中第 4.2.4 条规定：

土的抗剪强度指标，可采用原状土室内剪切试验、无侧限抗压强度试验、现场剪切试验、十字板剪切试验等方法测定。当采用室内剪切试验确定时，宜选择三轴压缩试验的自重压力下预固结的不固结不排水试验。经过预压固结的地基可采用固结不排水试验。每层土的试验数量不得少于六组。

《建筑地基基础设计规范》GB 50007 中附录 C.0.8 条及 D.0.7 条规定：

同一土层参加统计的点不应少于三点，各试验实测值的极差不得超过其平均值的 30%，取此平均值作为该土层的地基承载力特征值（f_{ak}）。

2.1.5.3　压实系数

《建筑地基基础设计规范》GB 50007 中第 10.2.3 条规定：

在压实填土的施工过程中，应分层取样检验土的干密度和含水量。检验点数量，对大基坑每 50m²～100m² 面积内不应少于一个检验点；对基槽每 10m～20m 不应少于一个检验点；每个独立柱基不应少于一个检验点。采用贯入仪或动力触探检验垫层的施工质量时，分层检验点的间距应小于 4m。根据检验结果求得的压实系数，不得低于表 2-2 的规定。

表 2-2　压实填土地基压实系数控制值

结构类型	填土部位	压实系数（λc）	控制含水量（%）
砌体承重及框架结构	在地基主要受力层范围内	≥0.97	ωop±2
	在地基主要受力层范围以下	≥0.95	
排架结构	在地基主要受力层范围内	≥0.96	
	在地基主要受力层范围以下	≥0.94	

注：1. 压实系数（λc）为填土的实际干密度（ρd）与最大干密度（ρmax）之比；ωop为最优含水量；
　　2. 地坪垫层以下及基础底面标高以上的压实填土，压实系数不应小于 0.94。

《建筑地基基础工程施工质量验收标准》GB 50202 中条文说明第 6.2.2 条说明：

压实系数和湿陷系数两项指标具有关联性，且夯实厚度和程度（压实系数）关系到防水效果，检测压实系数可作为强夯处理有效厚度和湿陷性消除厚度的辅助判断指标。

2.2　复合地基检测

《建筑地基基础工程施工规范》GB 51004 中对于复合地基的定义：复合地基是指部分土体被增强或被置换形成增强体，由增强体和周围地基土共同承担荷载的地基。

2.2.1　复合地基检测概述

复合地基包括砂石桩复合地基、高压喷射注浆复合地基、水泥土搅拌桩复合地基、土和灰土挤密桩复合地基、水泥粉煤灰碎石桩复合地基、夯实水泥土桩复合地基。

2.2.2　复合地基检测标准依据

《建筑地基基础工程施工质量验收标准》GB 50202
《建筑地基处理技术规范》JGJ 79
《建筑基桩检测技术规范》JGJ 106
《建筑地基检测技术规范》JGJ 340
《天津市建筑工程施工质量验收资料管理规程》DB/T 29—209

2.2.3　复合地基检测项目

复合地基检测项目一般包括复合地基承载力、单桩承载力、桩身强度和桩身完整性等。

不同类型的复合地基的检测项目见表 2-3。

表 2-3　复合地基的检测项目

检测内容	检测项目
复合地基	砂石桩复合地基：复合地基承载力、桩体密实度 高压喷射注浆复合地基：复合地基承载力、单桩承载力、桩身强度 水泥土搅拌桩复合地基：复合地基承载力、单桩承载力、桩身强度 土和灰土挤密桩复合地基：复合地基承载力 水泥粉煤灰碎石桩复合地基：复合地基承载力、单桩承载力、桩身强度、桩身完整性 夯实水泥土桩复合地基：复合地基承载力、桩身强度

2.2.4　复合地基检测抽样要求

2.2.4.1　复合地基承载力

《建筑地基基础工程施工质量验收标准》GB 50202 中第 4.1.5 条规定：

砂石桩、高压喷射注浆桩、水泥土搅拌桩、土和灰土挤密桩、水泥粉煤灰碎石桩、夯实水泥土桩等复合地基的承载力必须达到设计要求。复合地基承载力的检验数量不应少于总桩数的 0.5%，且不应少于 3 点。

2.2.4.2 单桩承载力及桩身强度

《建筑地基检测技术规范》JGJ 340 中第 5.1.4 条规定：

单位工程检验数量不应少于总桩数的 0.5%，且不应少于 3 点。

2.2.4.3 桩身完整性

《建筑地基检测技术规范》JGJ 340 中第 12.1.2 条规定：

低应变法试验单位工程检测数量不应少于总桩数的 10%，且不得少于 10 根。

《建筑地基处理技术规范》JGJ 79 中第 9.5.3 条中规定：

桩身完整性检验宜采用低应变动力试验进行检测。检测桩数不得少于总桩数的 10%，且不得少于 10 根。每个柱下承台的抽检桩数不应少于 1 根。

《建筑基桩检测技术规范》JGJ 106 中第 3.3.3 条规定：

混凝土桩的桩身完整性检测方法选择，应符合 JGJ 106 第 3.1.1 条的规定；当一种方法不能全面评价基桩完整性时，应采用两种或两种以上的检测方法，检测数量应符合下列规定：

1. 建筑桩基设计等级为甲级，或地基条件复杂、成桩质量可靠性较低的灌注桩工程，检测数量不应少于总桩数的 30%，且不应少于 20 根；其他桩基工程，检测数量不应少于总桩数的 20%，且不应少于 10 根；

2. 除符合本条上款规定外，每个柱下承台检测桩数不应少于 1 根；

3. 大直径嵌岩灌注桩或设计等级为甲级的大直径灌注桩，应在本条第 1、2 款规定的检测桩数范围内，按不少于总桩数 10% 的比例采用声波透射法或钻芯法检测；

4. 当符合 JGJ 106 第 3.2.6 条第 1、2 款规定的桩数较多，或为了全面了解整个工程基桩的桩身完整性情况时，宜增加检测数量。

2.2.4.4 桩体密实度

《建筑地基基础工程施工质量验收标准》GB 50202 条文说明第 4.9.2 条规定：

不同的施工机具及施工工艺用于处理不同的地层会有不同的处理效果，施工前在现场的成桩试验具有重要意义。通过工艺性试成桩可以确定施工技术参数，数量不应少于 2 根。

砂石桩复合地基的桩体密实度需要使用重型动力触探的方法检测。

2.2.5 复合地基检测技术要求

2.2.5.1 复合地基承载力

《建筑地基检测技术规范》JGJ 340 中第 5.4.4 条规定：

单位工程的复合地基承载力特征值确定时，试验点的数量不应少于 3 点，当其极差不超过平均值的 30% 时，可取其平均值为复合地基承载力特征值。

《建筑地基检测技术规范》JGJ 340 中第 5.4.5 条规定：

复合地基载荷试验应给出每个试验点的承载力检测值和单位工程的地基承载力特征值，并应评价复合地基承载力特征值是否满足设计要求。

2.2.5.2 单桩承载力

《建筑基桩检测技术规范》JGJ 106 中第 4.4.3 条规定：

为设计提供依据的单桩竖向抗压极限承载力的统计取值，应符合下列规定：

1. 对参加算术平均的试验桩检测结果，当极差不超过平均值的 30% 时，可取其算术平均值为单桩竖向抗压极限承载力；当极差超过平均值的 30％时，应分析原因，结合桩型、施工工艺、地基条件、基础形式等工程具体情况综合确定极限承载力；不能明确极差过大的原因时，宜增加试桩数量；

2. 试验桩数量小于 3 根或桩基承台下的桩数不大于 3 根时，应取低值。

《建筑基桩检测技术规范》JGJ 106 中第 4.4.4 条规定：

单桩竖向抗压承载力特征值应按单桩竖向抗压极限承载力的 50％取值。

2.2.5.3 桩身完整性

《建筑基桩检测技术规范》JGJ 106 条文说明中第 3.3.3 条说明：

桩身完整性检测，应在保证准确全面判定的原则上，首选适用、快速、经济的检测方法。当一种方法不能全面评判基桩完整性时，应采用两种或多种检测方法组合进行检测。且检测结果应符合设计要求。

2.2.5.4 桩体密实度

《建筑地基基础工程施工质量验收标准》GB 50202 中表 4.9.4 规定：

桩体密实度需通过重型动力触探试验进行检测，且检测结果应符合设计要求。

2.3 基础工程检测

建筑物在地面以下并将上部荷载传递至地基的结构就是基础。按基础材料分类，可以将基础工程划分为无筋扩展基础、钢筋混凝土扩展基础等，按结构形式划分，分为筏形、箱型基础等。另外，还有岩石锚杆基础和沉井、沉箱。

2.3.1 基础工程检测概述

基础工程检测主要是对以混凝土为主要材料的基础的强度检测，以及对桩基础的承载力、桩身完整性、成孔等进行检测。

2.3.2 基础工程检测标准依据

《岩土锚杆与喷射混凝土支护工程技术规范》GB 50086

《建筑地基基础工程施工质量验收标准》GB 50202

《建筑与市政地基基础通用规范》GB 55003

《建筑基桩检测技术规范》JGJ 106

《建筑地基检测技术规范》JGJ 340

《天津市钻孔灌注桩成孔、地下连续墙成槽检测技术规程》DB/T 29－112

《天津市建筑工程施工质量验收资料管理规程》DB/T 29－209

2.3.3 基础工程检测项目

基础工程的检测项目见表 2-4。

表 2-4 基础工程检测项目

检测内容	检测项目
基础工程	钢筋混凝土预制桩：（1）锤击预制桩：承载力、桩身完整性；（2）静压预制桩：承载力、桩身完整性。 泥浆护壁成孔灌注桩：承载力、桩身完整性、混凝土强度、嵌岩深度、成孔（垂直度、孔径、孔深、沉渣厚度）。 干作业成孔灌注桩：承载力、桩身完整性、混凝土强度、孔底土岩性、成孔（垂直度、孔径、孔深、沉渣厚度）。 长螺旋钻孔压灌桩：承载力、混凝土强度、桩长、桩身完整性。 沉管灌注桩：承载力、混凝土强度、桩身完整性、桩长、成孔（垂直度、孔径、孔深）。 钢桩：承载力。 锚杆静压桩：承载力。 岩石锚杆基础：抗拔承载力。 沉井与沉箱：混凝土强度

2.3.4 基础工程检测抽样要求

2.3.4.1 承载力

《建筑地基基础工程施工质量验收标准》GB 50202 中第 5.1.6 条规定：

设计等级为甲级或地质条件复杂时，应采用静载试验的方法对桩基承载力进行检验，检验桩数不应少于总桩数的 1%，且不应少于 3 根，当总桩数少于 50 根时，不应少于 2 根。在有经验和对比资料的地区，设计等级为乙级、丙级的桩基可采用高应变法对桩基进行竖向抗压承载力检测，检测数量不应少于总桩数的 5%，且不应少于 10 根。

2.3.4.2 桩身完整性

《建筑地基基础工程施工质量验收标准》GB 50202 中第 5.1.7 条规定：

工程桩的桩身完整性的抽检数量不应少于总桩数的 20%，且不应少于 10 根。每根柱子承台下的桩抽检数量不应少于 1 根。

2.3.4.3 成孔

《天津市钻孔灌注桩成孔、地下连续墙检测技术规程》DB/T 29—112 第 3.3.1 条规定：

试成孔及静载试验桩孔应 100% 进行成孔质量检测；

每个承台的检测孔数不应少于 1 个；

对地质条件复杂或成桩质量可靠性较低的灌注桩、非等直径桩灌注桩，抽检数量不应少于总桩孔数的 40%，且不应少于 20 个孔；

其他灌注桩的抽检数量不应少于总桩孔数的 20%，且不应少于 10 个孔；

市政桥梁桩的成孔应 100% 进行检测。

2.3.4.4 混凝土强度

《建筑地基基础工程施工质量验收标准》GB 50202 中第 5.6.4 条规定：

混凝土强度的检测方法为 28d 试块强度或钻芯法。

2.3.4.5 孔底土岩性

《建筑地基检测技术规范》JGJ 340 中第 8.1.2 条规定：

采用圆锥动力触探试验对处理地基土质量进行验收检测时，单位工程检测数量不应少于 10 点，当面积超过 3000m² 应每 500m² 增加 1 点。检测同一土层的试验有效数据不应少于 6 个。

2.3.4.6 岩石锚杆基础的抗拔承载力

《岩土锚杆与喷射混凝土支护工程技术规范》GB 50086 中第 12.1.7 规定：

锚杆基本试验的地层条件、锚杆杆体和参数、施工工艺应与工程锚杆相同，且试验数量不应少于 3 根。

《岩土锚杆与喷射混凝土支护工程技术规范》GB 50086 中第 12.1.19 条规定：

工程锚杆必须进行验收试验。其中占锚杆总量 5% 且不少于 3 根的锚杆应进行多循环张拉验收试验，占锚杆总量 95% 的锚杆应进行单循环张拉验收试验。

2.3.5 基础工程检测技术要求

2.3.5.1 承载力

《建筑地基基础工程施工质量验收标准》GB 50202 中第 5 章对承载力的规定：

通过静载试验或高应变法检测得到数据结果，且其承载力不应小于设计值。

2.3.5.2 桩身完整性

《建筑基桩检测技术规范》JGJ 106 条文说明中第 3.3.3 条说明：

桩身完整性检测，应在保证准确全面判定的原则上，首选适用、快速、经济的检测方法。当一种方法不能全面评判基桩完整性时，应采用两种或多种检测方法组合进行检测。且检测结果应符合设计要求。

2.3.5.3　成孔

《天津市钻孔灌注桩成孔、地下连续墙检测技术规程》DB/T 29—112条文说明中第3.7.1条说明：因新设备、新工艺的应用发展及实际工程需要，设计要求的合格标准往往要高于规范要求的合格标准，成孔（槽）质量检测结果应首先满足设计要求，其次是符合《建筑地基基础工程施工质量验收标准》GB 50202及现行各标准中的相关规定。

2.3.5.4　混凝土强度

符合设计要求。

2.3.5.5　孔底土岩性

符合设计要求。

2.3.5.6　岩石锚杆基础的抗拔承载力

符合设计要求。

2.4　基坑支护工程

《建筑基坑支护技术规程》JGJ 120对基坑支护的定义为保护地下主体结构施工和基坑周边环境的安全，对基坑采用的临时性支挡、加固、保护与地下水控制的措施。常见的基坑支护形式主要有：排桩/板桩围护墙、咬合桩围护墙、型钢水泥土搅拌墙、土钉墙、地下连续墙、重力式水泥土墙、土体加固、内支撑、锚杆、与主体结构相结合的基坑支护，上述两种或者两种以上方式的合理组合等。

2.4.1　基坑支护工程检测概述

基坑支护工程应对桩身完整性、混凝土强度、嵌岩深度、桩身强度、墙体强度、成槽、桩顶标高、抗拔承载力、成孔等项目进行检测。

2.4.2　基坑支护工程检测标准依据

《建筑地基基础工程施工质量验收标准》GB 50202
《建筑与市政地基基础通用规范》GB 55003
《建筑基桩检测技术规范》JGJ 106
《天津市建筑工程施工质量验收资料管理规程》DB/T 29—209

2.4.3　基坑支护工程检测项目

基坑支护工程检测项目见表2-5。

表2-5　基坑支护工程检测项目

检测内容	检测项目
基坑支护工程	灌注桩排桩：桩身完整性、混凝土强度、嵌岩深度、成孔（垂直度、孔径、孔深、沉渣厚度）。注：当根据低应变法或声波透射法判定的桩身完整性为Ⅲ类、Ⅳ类时，应采用钻芯法进行验证。截水帷幕：（1）单轴与双轴水泥土搅拌桩：桩身强度；（2）三轴水泥土搅拌桩：桩身强度；（3）渠式切割水泥土连续墙：墙体强度；（4）高压喷射注浆：桩身强度。

续表

检测内容	检测项目
基坑支护工程	咬合桩围护墙：桩身完整性、混凝土强度、嵌岩深度、成孔（垂直度、孔径、孔深、沉渣厚度）。注：当根据低应变法或声波透射法判定的桩身完整性为Ⅲ类、Ⅳ类时，应采用钻芯法进行验证。 型钢水泥土搅拌墙：墙体强度。 土钉墙：抗拔承载力。 地下连续墙：墙体强度、成槽槽壁垂直度、槽段深度、槽段宽度、沉渣厚度。 重力式水泥土墙：桩身强度。 土体加固：(1)采用水泥土搅拌桩、高压喷射注浆桩：桩身强度；(2)注浆法：地基承载力、地基土强度、变形指标。 锚杆：抗拔承载力。 与主体结构相结合的基坑支护：桩身完整性、柱体质量。注：当发现立柱有缺陷时，应采用声波透射法或钻芯法进行验证

2.4.4 基坑支护工程检测抽样要求

2.4.4.1 灌注桩排桩

《建筑地基基础工程施工质量验收标准》GB 50202中第7.2.4条规定：

灌注桩排桩应采用低应变法检测桩身完整性，检测桩数不宜少于总桩数的20%，且不得少于5根。采用桩墙合一时，低应变法检测桩身完整性的检测数量应为总桩数的100%；采用声波透射法检测的灌注桩排桩数量不应低于总桩数的10%，且不应少于3根。

2.4.4.2 截水帷幕

《建筑地基基础工程施工质量验收标准》GB 50202中第7.2.7条规定：

采用单轴水泥土搅拌桩、双轴水泥土搅拌桩、三轴水泥土搅拌桩、高压喷射注浆时，取芯数量不宜少于总桩数的1%，且不应少于3根。截水帷幕采用渠式切割水泥土连续墙时，取芯数量宜沿基坑周边每50延米取1个点，且不少于3个。

2.4.4.3 型钢水泥土搅拌墙

《建筑地基基础工程施工质量验收标准》GB 50202中第7.5.3条规定：

墙体强度宜采用钻芯法确定，三轴水泥土搅拌桩抽检数量不应少于总桩数的2%，且不得少于3根；渠式切割水泥土连续墙抽检数量每50延米不应少于1个取芯点，且不得少于3个。

2.4.4.4 土钉墙

《建筑地基基础工程施工质量验收标准》GB 50202中第7.6.3条规定：

土钉应进行抗拔承载力检验，检验数量不宜少于土钉总数的1%，且同一土层中的土钉检验数量不应少于3根。

2.4.4.5 地下连续墙

《建筑地基基础工程施工质量验收标准》GB 50202中第7.7.4条和7.7.5条规定：

混凝土抗压强度和抗渗等级应符合设计要求。墙身混凝土抗压强度试块每100m³混凝土不应少于1组，且每幅槽段不应少于1组，每组为3件；墙身混凝土抗渗试块每5幅槽段不应少于1组，每组为6件。作为永久结构的地下连续墙，其抗渗质量标准可按现行国家标准《地下防水工程质量验收规范》GB 50208的规定执行。

《建筑地基基础工程施工质量验收标准》GB 50202中第7.7.5条规定：

作为永久结构的地下连续墙墙体施工结束后，应采用声波透射法对墙体质量进行检验，同类型槽段的检验数量不应少于10%，且不得少于3幅。

2.4.4.6 重力式水泥土墙

《建筑地基基础工程施工质量验收标准》GB 50202 中第 7.8.2 条规定:

水泥土搅拌桩的桩身强度检测宜采用钻芯法,取芯数量不宜少于总桩数的 1%,且不得少于 6 根。

2.4.4.7 土体加固

《建筑地基基础工程施工质量验收标准》GB 50202 中第 7.9.2 条规定:

采用水泥土搅拌桩、高压喷射注浆等土体加固的桩身强度检测宜采用钻芯法。取芯数量不宜少于总桩数的 0.5%,且不得少于 3 根。

《建筑地基基础工程施工质量验收标准》GB 50202 中第 7.9.3 条规定:

注浆法加固结束 28d 后,宜采用原位测试方法对加固土层进行检验。检验点的位置应根据注浆加固布置和现场条件确定,每 200m² 检测数量不应少于 1 点,且总数量不应少于 5 点。

2.4.4.8 锚杆

《建筑地基基础工程施工质量验收标准》GB 50202 中第 7.11.3 条规定:

锚杆应进行抗拔承载力检验,检验数量不宜少于锚杆总数的 5%,且同一土层中的锚杆检验数量不应少于 3 根。

2.4.4.9 与主体结构相结合的基坑支护

《建筑地基基础工程施工质量验收标准》GB 50202 中第 7.12.3 条规定:

支承桩施工结束后,应采用声波透射法、钻芯法或低应变法进行桩身完整性检验,以上三种方法的检验总数量不应少于总桩数的 10%,且不应少于 10 根。

《建筑地基基础工程施工质量验收标准》GB 50202 中第 7.12.4 条规定:

钢管混凝土支承柱在基坑开挖后,应采用低应变法检验柱体质量,检验数量应为 100%。当发现立柱有缺陷时,应采用声波透射法或钻芯法进行验证。

2.4.5 基坑支护工程检测技术要求

2.4.5.1 灌注桩排桩

桩身完整性应采用低应变法进行检测且应符合《建筑基桩检测技术规范》JGJ 106 中第 3.3.3 条的规定。且检测结果应符合设计要求。

混凝土强度、嵌岩深度均应符合设计要求。

2.4.5.2 截水帷幕

1. 单轴与双轴水泥土搅拌桩:桩身强度应符合设计要求;
2. 三轴水泥土搅拌桩:桩身强度应符合设计要求;
3. 渠式切割水泥土连续墙:墙体强度应符合设计要求;
4. 高压喷射注浆:桩身强度应符合设计要求。

2.4.5.3 咬合桩围护墙

桩身完整性及混凝土强度应符合设计要求。

2.4.5.4 型钢水泥土搅拌墙

墙体强度应符合设计要求。

2.4.5.5 土钉墙

抗拔承载力应符合设计要求。

2.4.5.6 地下连续墙

墙体强度不应小于设计值;成槽应符合设计要求。

2.4.5.7 重力式水泥土墙

桩身强度不应小于设计值。

2.4.5.8 土体加固

1. 采用水泥土搅拌桩、高压喷射注浆桩：桩身强度应符合设计要求。

2. 注浆法：地基承载力不应小于设计值；地基土强度应符合设计要求；变形指标应符合设计要求。

2.4.5.9 锚杆

抗拔承载力应符合设计要求。

2.4.5.10 与主体结构相结合的基坑支护

桩身完整性应满足设计要求；柱体质量应符合设计要求。

3 主体结构工程

主体结构是指接受、承担和传递建设工程所有上部荷载，维持上部结构整体性、稳定性和安全性的有机联系的构造。主体结构分为混凝土结构、砌体结构、钢结构等。

本章 3.1 节详细阐述主体结构工程使用的材料的进场复验项目、组批规则及取样数量，复验项目的技术要求。3.2 节详细阐述结构实体检测技术要求。3.3 节详细阐述建筑节能实体检测技术要求。

3.1 原材料

原材料包括混凝土结构工程用原材料、砌体结构工程用原材料和钢结构工程用原材料。

3.1.1 混凝土结构工程用原材料

混凝土结构是以混凝土为主制成的结构，包括素混凝土结构、钢筋混凝土结构和预应力混凝土结构等，广泛应用于房屋建筑工程以及市政、交通、水利、电力、通信等工程中。

为保障混凝土结构工程质量、人民生命财产安全和人身健康，促进混凝土结构工程绿色高质量发展，住房城乡建设部、国家市场监督管理总局联合发布《混凝土结构通用规范》GB 55008，自 2022 年 4 月 1 日起实施。此规范为强制性工程建设规范，全部条文必须严格执行。混凝土结构工程建设活动中，涉及原材料质量、实体结构性能和质量验收等建设环节的技术要求和管理要求，必须符合此规范要求。

混凝土结构工程用原材料包含钢筋、预应力筋、水泥、外加剂、掺和料、集料、混凝土用水、混凝土、装配式和回填土等。

3.1.1.1 钢筋

钢筋是工程建设中的主要材料之一，建筑中所用到的钢筋主要包括各种钢筋原材、钢丝及各类型钢和钢管，同时还包括各类钢材制品，如螺栓副、套筒、焊接材料等。

钢筋在具有较高强度的同时，还具有良好的塑性和韧性，能承受冲击和振动荷载，并且钢材的连接方式和构型也多种多样，易于加工和装配。

1. 钢筋原材

钢筋原材按生产工艺分为热轧钢、冷轧钢、冷拔钢、热处理钢。

1）依据标准

《钢筋混凝土用钢 第 1 部分：热轧光圆钢筋》GB/T 1499.1

《钢筋混凝土用钢 第 2 部分：热轧带肋钢筋》GB/T 1499.2

《钢筋混凝土用余热处理钢筋》GB/T 13014

《冷轧带肋钢筋》GB/T 13788

《天津市建筑工程施工质量验收资料管理规程》DB/T 29—209

2）进场复验试验项目与取样规定

《天津市建筑工程施工质量验收资料管理规程》DB/T 29—209 中钢筋原材进场复验试验项目与取样规定见表 3-1。

表 3-1　钢筋原材进场复验试验项目与取样规定

种类名称 相关标准、规范代号	复验项目	组批规则及取样数量规定
热轧带肋钢筋 (GB/T 1499.2)	力学性能、弯曲/反向弯曲性能、重量偏差、抗震设防要求（强屈比、屈屈比、最大力总延伸率）	① 组批：钢筋应按批进行检查和验收，每批由同一牌号、同一炉罐号、同一规格的钢筋组成。每批重量应不大于 60t，超过 60t 的部分，每增加 40t（或不足 40t 的余数），增加一个拉伸试验试样和一个弯曲试验试样。 ② 取样：共 8/9 个。 力学性能：2 个；牌号带 E 反向弯曲：1 个；牌号不带 E 反向弯曲：1 个，或弯曲性能：2 个；重量偏差：5 个。 在切取试样时，应将钢筋端头的 500mm 去掉后再切取 500mm
热轧光圆钢筋 (GB/T 1499.1)	力学性能、弯曲性能、重量偏差	① 组批：钢筋应按批进行检查和验收，每批由同一牌号、同一炉罐号、同一规格的钢筋组成。每批重量应不大于 60t，超过 60t 的部分，每增加 40t（或不足 40t 的余数），增加一个拉伸试验试样和一个弯曲试验试样。 ② 取样：共 9 个。 力学性能：2 个；弯曲性能：2 个；重量偏差：5 个。 在切取试样时，应将钢筋端头的 500mm 去掉后再切取 500mm
钢筋混凝土用余热处理钢筋 (GB 13014)	力学性能、弯曲性能、重量偏差	① 组批：钢筋应按批进行检查和验收，每批由同一牌号、同一炉罐号、同一规格的钢筋组成。每批重量应不大于 60t，超过 60t 的部分，每增加 40t（或不足 40t 的余数），增加一个拉伸试验试样和一个弯曲试验试样。 ② 取样：共 9 个。 力学性能：2 个；弯曲性能：2 个；重量偏差：5 个。 在切取试样时，应将钢筋端头的 500mm 去掉后再切取 500mm
冷轧带肋钢筋 (GB/T 13788)	力学性能、弯曲试验、重量偏差	① 组批：钢筋应按批进行检查和验收，每批应由同一牌号、同一外形、同一规格、同一生产工艺和同一交货状态的钢筋组成。每批不大于 60t。 ② 取样：每一验收批取一组试件。 拉伸 1 个；弯曲 2 个；重量偏差：5 个。 在切取试样时，应将钢筋端头的 500mm 去掉后再切取 500mm

3）技术指标要求

（1）《混凝土结构通用规范》GB 55008 中对钢筋的要求

《混凝土结构通用规范》GB 55008 第 3.2.2 条规定：

热轧钢筋、余热处理钢筋、冷轧带肋钢筋及预应力筋的最大力总延伸率限值不应小于表 3-2 的规定。

表 3-2　热轧钢筋、余热处理钢筋、冷轧带肋钢筋及预应力筋的最大力总延伸率限值

牌号或种类	热轧带肋钢筋				冷轧带肋钢筋		预应力筋	
	HPB300	HRB400 HRBF400 HRB500 HRBF500	HRB400E HRB500E	RRB400	CRB550	CRB600H	中强度预应力钢丝、预应力冷轧带肋钢筋	消除应力钢丝、钢绞线、预应力螺纹钢筋
δ_{gt}（%）	10.0	7.5	9.0	5.0	2.5	5.0	4.0	4.5

《混凝土结构通用规范》GB 55008 第 3.2.3 条规定：

对按一、二、三级抗震等级设计的房屋建筑框架和斜撑构件，其纵向受力普通钢筋性能应符合下列规定：

1. 抗拉强度实测值与屈服强度实测值的比值不应小于 1.25；

2. 屈服强度实测值与屈服强度标准值的比值不应大于 1.30；

3. 最大力总延伸率实测值不应小于 9%。

（2）热轧带肋钢筋

热轧带肋钢筋（HRB）是按热轧状态交货，横截面通常为圆形且表面带肋的钢材。

热轧带肋钢筋执行的国家标准为《钢筋混凝土用钢 第 2 部分：热轧带肋钢筋》GB/T 1499.2。

热轧带肋钢筋按内部晶粒结构分为普通热轧带肋钢筋（HRB）和细晶粒热轧带肋（HRBF）钢筋。热轧带肋钢筋按屈服强度特征值分为 400、500 和 600 级。此标准适用于钢筋混凝土用普通热轧带肋钢筋和细晶粒热轧带肋钢筋，不适用于由成品钢材再次轧制成的再生钢筋及余热处理钢筋。

① 力学性能

热轧带肋钢筋的力学性能见表 3-3。

表 3-3　热轧带肋钢筋力学性能

牌号	下屈服强度 R_{eL} （MPa）	抗拉强度 R_m （MPa）	断后伸长率 A （%）	最大力总延伸率 A_{gt} （%）	R_m^o/R_{eL}^o	R_{eL}^o/R_{eL}
			不小于			不大于
HRB400 HRBF400	400	540	16	7.5	—	—
HRB400E HRBF400E			—	9	1.25	1.30
HRB500 HRBF500	500	630	15	7.5	—	—
HRB500E HRBF500E			—	9.0	1.25	1.30
HRB600	600	730	14	7.5	—	—

注：E——地震（Earthquake）的英文首字母。

② 工艺性能

弯曲性能：钢筋应进行弯曲试验。按表 3-4 规定的弯曲压头直径弯曲 180°后，钢筋受弯曲部位表面不得产生裂纹。

表 3-4　热轧带肋钢筋弯曲性能

牌号	公称直径 d	弯曲压头直径
HRB400 HRBF400 HRB400E HRBF400E	6～25	4d
	28～40	5d
	＞40～50	6d
HRB500 HRBF500 HRB500E HRBF500E	6～25	6d
	28～40	7d
	＞40～50	8d
HRB600	6～25	6d
	28～40	7d
	＞40～50	8d

反向弯曲性能：对牌号带 E 的钢筋应进行反向弯曲试验。经反向弯曲试验后，钢筋受弯曲部位表面不得产生裂纹；根据需方要求，其他牌号钢筋也可进行反向弯曲试验；可用反向弯曲试验代替弯曲

试验；反向弯曲试验的弯曲压头直径比弯曲试验相应增加一个钢筋公称直径。

③ 重量偏差

公称直径为 6～12mm，实际重量与理论重量的偏差为±6.0%；公称直径为 14～20mm，实际重量与理论重量的偏差±5.0%；公称直径为 22～50mm，实际重量与理论重量的偏差±4.0%。

（3）热轧光圆钢筋

热轧光圆钢筋（HPB）是经热轧成型，横截面通常为圆形，表面光滑的成品钢筋。

热轧光圆钢筋执行的国家标准为《钢筋混凝土用钢 第 1 部分：热轧光圆钢筋》GB/T 1499.1。此标准适用于钢筋混凝土用热轧直条、盘卷光圆钢筋，不适用于由成品钢材再次轧制的再生钢筋。热轧光圆钢筋的屈服强度特征值为 300 级。

① 力学性能指标和工艺性能指标

热轧光圆钢筋力学性能指标和工艺性能指标见表 3-5。

表 3-5　热轧光圆钢筋力学性能指标和工艺性能指标

牌号	力学性能				冷弯试验 180°
	下屈服强度 R_{eL}（MPa）	抗拉强度 R_m（MPa）	断后伸长率 A（%）	最大力总延伸率 A_{gt}（%）	
	不小于				
HPB300	300	420	25	10.0	$d=a$

注：d—弯心直径；a—钢筋公称直径。

对于没有明显屈服的钢筋，下屈服强度特征值 R_{eL} 应采用规定非比例延伸强度 $R_{p0.2}$。伸长率类型可从 A 或 A_{gt} 中选定，仲裁检验时采用 A_{gt}。按表 3-5 规定的弯心直径弯曲 180°后，钢筋受弯曲部位表面不得产生裂纹。

② 重量偏差

公称直径为 6～12mm，实际重量与理论重量的偏差为±6%；公称直径为 14～22mm，实际重量与理论重量的偏差为±5%。

（4）钢筋混凝土用余热处理钢筋

钢筋混凝土用余热处理钢筋（RRB）是指热轧后利用热处理原理进行表面控制冷却，并利用芯部余热自身完成回火处理所得的成品钢筋，其基圆上形成环状的淬火自回火组织。

钢筋混凝土用余热处理钢筋执行的国家标准为《钢筋混凝土用余热处理钢筋》GB/T 13014。此标准适用于钢筋混凝土用表面淬火并自回火处理的钢筋，不适用于由成品钢材和废旧钢材再次轧制成的钢筋。按屈服强度特征值分为 400 级和 500 级，按用途分为可焊和非可焊。

① 力学性能指标

钢筋混凝土用余热处理钢筋力学性能指标见表 3-6。

表 3-6　钢筋混凝土用余热处理钢筋力学性能指标

牌号	力学性能			
	下屈服强度 R_{eL}（MPa）	抗拉强度 R_m（MPa）	断后伸长率 A（%）	最大力总延伸率 A_{gt}（%）
	不小于			
RRB400	400	540	14	5.0
RRB500	500	630	13	
RRB400W	430	570	16	7.5

注：W——焊接（Weld）的英文首字母。

② 工艺性能

弯曲性能：按表 3-7 规定的弯心直径弯曲 180°后，钢筋受弯曲部位表面不得产生裂纹。

表 3-7　钢筋混凝土用余热处理钢筋弯曲性能

牌号	公称直径 d	弯心直径
RRB400	8～25	4d
RRBF400W	28～40	5d
RRB500	8～25	6d

反向弯曲性能：根据需方要求，钢筋可进行反向弯曲性能试验。反向弯曲试验的弯心直径比弯曲试验相应增加一个钢筋直径。反向弯曲试验：先正向弯曲 90°，再反向弯曲 20°。经反向弯曲试验后，钢筋受弯部位表面不得产生裂纹。

③ 重量偏差

公称直径为 8～12mm，实际重量与理论重量的偏差为±6%；公称直径为 14～20mm，实际重量与理论重量的偏差为±5%；公称直径为 22～50mm，实际重量与理论重量的偏差为±4%。

（5）冷轧带肋钢筋

冷轧带肋钢筋（CRB）是指热轧圆盘条经冷轧后，在其表面三面或二面带有沿长度方向均匀分布的横肋的钢筋。

冷轧带肋钢筋执行的国家标准为《冷轧带肋钢筋》GB/T 13788。此标准适用于预应力混凝土和普通钢筋混凝土用冷轧带肋钢筋，也适用于制造焊接网用冷轧带肋钢筋。冷轧带肋钢筋按延性高低分为冷轧带肋钢筋和高延性冷轧带肋钢筋。冷轧带肋钢筋分为 CRB550、CRB650、CRB800、CRB600H、CRB680H、CRB800H 六个牌号。CRB550，CRB600H 为普通钢筋混凝土用钢，CRB650、CRB800 和 CRB800H 为预应力混凝土用钢，CRB680H 既可作为普通钢筋混凝土用钢，也可作为预应力混凝土用钢使用［H——高延性（High elongation）的英文首字母］。

① 力学性能和工艺性能指标

冷轧带肋钢筋的力学性能和工艺性能应符合表 3-8 的规定。当进行弯曲试验时，受弯曲部位表面不得产生裂纹，反复弯曲试验的弯曲半径应符合表 3-9 的规定。

表 3-8　冷轧带肋钢筋力学性能指标和工艺性能指标

分类	牌号	规定塑性延伸强度 $R_{p0.2}$（MPa）不小于	抗拉强度 R_m（MPa）不小于	$R_m/R_{p0.2}$ 不小于	断后伸长率（%）不小于		最大力总延伸率（%）不小于	弯曲试验[a]180°	反复弯曲次数
					A	A_{100min}（%）	A_{gt}		
普通钢筋混凝土用	CRB550	500	550	1.05	11.0	—	2.5	$D=3d$	—
	CRB600H	540	600	1.05	14.0	—	5.0	$D=3d$	—
	CRB680H[b]	600	680	1.05	14.0	—	5.0	$D=3d$	4
预应力混凝土用	CRB650	585	650	1.05	—	4.0	2.5	—	3
	CRB800	720	800	1.05	—	4.0	2.5	—	3
	CRB800H	720	800	1.05	—	7.0	4.0	—	4

[a] D 为弯心直径，d 为钢筋公称直径。

[b] 当该牌号钢筋作为普通钢筋混凝土用钢使用时，对反复弯曲和应力松弛不做要求；当该牌号钢筋作为预应力混凝土用钢使用时应进行反复弯曲试验代替 180°弯曲试验，并检测松弛率。

表 3-9　反复弯曲试验的弯曲半径

钢筋公称直径（mm）	4	5	6
弯曲半径（mm）	10	15	15

② 重量偏差

两面肋、三面肋和四面肋钢筋重量允许偏差是±4%。

2. 钢筋焊接

在建筑施工过程中，钢筋的连接方式主要采用焊接和机械连接。焊接按照焊接方法可以分为电弧焊、电渣压力焊、气压焊和闪光焊等，按照接头型式又可以分为对接、搭接和 T 型等。

焊接作为一种应用广泛的钢筋连接方式，具有技术成熟、操作简单、接头型式多样的特点，但钢筋焊接的性能及质量容易受到多种因素影响。在焊接中，由于高温作用和焊接后急剧冷却作用，焊缝及附近的热影响区发生晶体组织及结构变化，产生局部变形及内应力，使焊缝周围的钢材产生脆硬倾向，降低了焊接质量。

1）标准依据

《钢筋焊接及验收规程》JGJ 18

《钢筋焊接接头试验方法标准》JGJ/T 27

2）进场复验试验项目与取样规定

《天津市建筑工程施工质量验收资料管理规程》DB/T 29—209 中钢筋焊接进场复验试验项目与取样规定见表 3-10。

表 3-10　钢筋焊接进场复验试验项目与取样规定

种类名称 相关标准、规范代号	复验项目	组批规则及取样数量规定
钢筋闪光对焊接头	拉伸试验、弯曲试验	①组批：同一台班内由同一焊工完成的 300 个同牌号、同直径钢筋焊接接头应作为一批。当同一台班内，焊接的接头数量较少，可在一周内累计计算；累计仍不足 300 个接头，也按一批计。 ②取样：力学性能试验时，试件应从成品中随机抽取 6 个试件，其中 3 个做拉伸试验，3 个做弯曲试验。 异径钢筋接头可只做拉伸试验
箍筋闪光对焊接头	拉伸试验	①组批：同一台班内由同一焊工完成的 600 个同牌号、同直径箍筋闪光对焊接头应作为一个检验批。如超出 600 个接头，其超出部分可以与下一台班完成接头累积计算。 ②取样：每个检验批中应随机切取 3 个对焊接头做拉伸试验
钢筋电弧焊接头	拉伸试验	①组批：在现浇混凝土结构中，应以 300 个同牌号、同形式接头作为一批；在房屋结构中，应在不超过二楼层中 300 个同牌号钢筋、同形式接头作为一批。 ②取样：每批随机切取 3 个接头，做拉伸试验。 a. 在装配式结构中，可按生产条件制作模拟试件，每批 3 个，做拉伸试验。 b. 钢筋与钢板电弧搭接接头只可进行外观检查。 注：在同一批中若有 3 种不同直径的钢筋焊接接头，应在最大直径钢筋接头和最小直径钢筋接头中分别切取 3 个试件进行拉伸试验。 c. 当模拟试件实验结果不符合要求时，应进行复验。复检应从现场焊接接头中切取，其数量和要求与初始试验相同
钢筋电渣压力焊接头	拉伸试验	①组批：在现浇混凝土结构中，应以 300 个同牌号钢筋接头作为一批；在房屋结构中，应在不超过二楼层中 300 个同牌号钢筋接头作为一批；当不足 300 个接头时，仍应作为一批。 ②取样：每批接头中随机切取 3 个试件做拉伸试验。 注：在同一批中若有 3 种不同直径的钢筋焊接接头，应在最大直径钢筋接头和最小直径钢筋接头中分别切取 3 个试件进行拉伸试验

种类名称 相关标准、规范代号	复验项目	组批规则及取样数量规定
钢筋气压焊接头	拉伸试验、弯曲试验（板、梁的水平筋连接）	①组批：在现浇混凝土结构中，应以300个同牌号钢筋接头作为一批；在房屋结构中，应在不超过二楼层中300个同牌号钢筋接头作为一批；当不足300个接头时，仍应作为一批。 ②取样：在柱、墙的竖向钢筋连接中，应从每批接头中切取3个接头做拉伸试验；在梁、板的水平钢筋连接中，应另取3个接头做弯曲试验。 在同一批中，异径钢筋气压焊接头可只做拉伸试验。 注：在同一批中若有3种不同直径的钢筋焊接接头，应在最大直径钢筋接头和最小直径钢筋接头中分别切取3个试件进行拉伸试验
预埋件钢筋T型接头	拉伸试验	①组批：应以300件同类型预埋件作为一批。一周内连续焊接时，可累计计算。当不足300件时，亦应按一批计算。 ②取样：应从每批预埋件中随机切取3个接头做拉伸试验。试件的钢筋长度应大于或等于200mm，钢板（锚板）的长度和宽度应等于60mm，并视钢筋直径的增大而适当增大

3）技术指标要求

钢筋焊接执行的行业标准为《钢筋焊接及验收规程》JGJ 18。此规程适用于一般工业与民用建筑工程混凝土结构中的钢筋焊接施工及质量检验与验收。

（1）拉伸试验

《钢筋焊接及验收规程》JGJ 18规定：

钢筋闪光对焊接头、电弧焊接头、电渣压力焊接头、气压焊接头、箍筋闪光对焊接头、预埋件钢筋T形接头的拉伸试验，应从每一检验批接头中随机切取三个接头进行试验并应按下列规定对试验结果进行评定：

① 符合下列条件之一，应评定该检验批接头拉伸试验合格：

a）3个试件均断于钢筋母材，呈延性断裂，其抗拉强度大于或等于钢筋母材抗拉强度标准值。

b）2个试件断于钢筋母材，呈延性断裂，其抗拉强度大于或等于钢筋母材抗拉强度标准值；另一试件断于焊缝，呈脆性断裂，其抗拉强度大于或等于钢筋母材抗拉强度标准值的1.0倍。

② 符合下列条件之一，应进行复验：

a）2个试件断于钢筋母材，呈延性断裂，其抗拉强度大于或等于钢筋母材抗拉强度标准值；另一试件断于焊缝，或热影响区，呈脆性断裂，其抗拉强度小于钢筋母材抗拉强度标准值的1.0倍。

b）1个试件断于钢筋母材，呈延性断裂，其抗拉强度大于或等于钢筋母材抗拉强度标准值；2个试件断于焊缝，或热影响区，呈脆性断裂。

③ 3个试件均断于焊缝，呈脆性断裂，其抗拉强度均大于或等于钢筋母材抗拉强度标准值的1.0倍，应进行复验。当3个试件中有1个试件抗拉强度小于钢筋母材抗拉强度标准值的1.0倍，应评定该检验批接头拉伸试验不合格。

④ 复验时，应切取6个试件进行试验。试验结果，若有4个或4个以上试件断于钢筋母材，呈延性断裂，其抗拉强度大于或等于钢筋母材抗拉强度标准值；另2个或2个以下试件断于焊缝，呈脆性断裂，其抗拉强度大于或等于钢筋母材抗拉强度标准值的1.0倍，应评定该检验批接头拉伸试验复验合格。

⑤ 预埋件钢筋T型接头拉伸试验结果，3个试件的抗拉强度均大于或等于表3-11的规定值时，应评定该检验批接头拉伸试验合格。若有一个接头试件抗拉强度小于表3-11的规定值时，应进行复验。

复验时，应切取6个试件进行试验。复验结果，其抗拉强度均大于或等于表3-11的规定值时，应评定该检验批接头拉伸试验复验合格。

表 3-11　预埋件钢筋 T 型接头抗拉强度规定值

钢筋牌号	抗拉强度规定值（MPa）
HPB300	400
HRB335、HRBF335	435
HRB400、HRBF400	520
HRB500、HRBF500	610
RRB400W	520

（2）弯曲性能指标

《钢筋焊接及验收规程》JGJ 18 规定：

钢筋闪光对焊接头、气压焊接头进行弯曲试验时，应从每一个检验批接头中随机切取 3 个接头，焊缝应处于弯曲中心点，弯心直径和弯曲角度应符合表 3-12 的规定。

表 3-12　接头弯曲试验指标

钢筋牌号	弯心直径（mm）	弯曲角（°）	钢筋牌号	弯心直径（mm）	弯曲角（°）
HPB300	2d	90	HRB400 HRBF400 RRB400W	5d	90
HRB335 HRBF335	4d	90	HRB500 HRBF500	7d	90

注：1. d 为钢筋直径（mm）；

2. 直径大于 25mm 的钢筋焊接接头，弯心直径应增加 1 倍钢筋直径。

3. 钢筋机械连接

钢筋机械连接是指通过钢筋与连接件或其他介入材料的机械咬合作用或钢筋端面的承压作用，将一根钢筋中的力传递至另一根钢筋的连接方法。钢筋机械连接主要有套筒挤压连接、锥螺纹连接、直螺纹连接等方式。接头极限抗拉强度是指接头试件在拉伸试验过程中所达到的最大拉应力值。接头残余变形是指接头试件按规定的加载制度加载并卸载后，在规定标距内所测得的变形。

1）依据标准

《钢筋机械连接技术规程》JGJ 107

2）进场复验试验项目与取样规定

《天津市建筑工程施工质量验收资料管理规程》DB/T 29—209 中钢筋机械连接进场复验试验项目与取样规定见表 3-13。

表 3-13　钢筋机械连接进场复验试验项目与取样规定

种类名称 相关标准、规范代号	复验项目	组批规则及取样数量规定
钢筋机械连接 （JGJ 107）	抗拉强度试验 工艺检验：残余变形、抗拉强度试验 （接头工艺检验应针对不同钢筋生产厂的钢筋进行，施工过程中更换钢筋生产厂或接头技术提供单位时，应补充进行工艺检验。）	①组批： a. 同钢筋生产厂、同强度等级、同规格、同类型和同型式接头应以 500 个为一个验收批，不足 500 个也应作为一个验收批。 b. 同一接头类型、同型式、同等级、同规格的现场检验连续 10 个验收批抽样试件抗拉强度试验一次合格率为 100% 时，验收批接头数量可扩大为 1000 个。 c. 对有效认证的接头产品，验收数量可扩大至 1000 个；当现场抽检连续 10 个验收批抽样试件极限抗拉强度一次合格率为 100% 时，验收批接头数量可扩大为 1500 个。当扩大后的各验收批中出现抽样试件极限抗拉强度检验不合格的评定结果时，应将随后的各验收批数量恢复为 500 个，且不得再次扩大验收批数量。 ②取样： a. 每种规格钢筋接头试件不应少于 3 根，复检应取 6 根。 b. 当验收批接头数量少于 200 个时，应随机抽取 2 个试件，复检应取 4 根

3) 技术指标要求

(1)《混凝土结构通用规范》GB 55008 中对钢筋机械连接接头的规定见表 3-14。

表 3-14　接头的实测极限抗拉强度

接头等级	Ⅰ级	Ⅱ级	Ⅲ级
接头的实测极限抗拉强度 f_{mst}^0	$f_{mst}^0 \geqslant f_{stk}$ 钢筋拉断；或 $f_{mst}^0 \geqslant 1.10 f_{stk}$ 连接件破坏	$f_{mst}^0 \geqslant f_{stk}$	$f_{mst}^0 \geqslant 1.25 f_{yk}$

注：1. 表中 f_{stk} 为钢筋极限抗拉强度标准值，f_{yk} 为钢筋屈服强度标准值；
2. 连接件破坏指断于套筒、套筒纵向开裂或钢筋从套筒中拔出以及其他形式的连接组件破坏。

(2)《钢筋机械连接技术规程》JGJ 107 中对机械连接接头变形性能的规定见表 3-15。

表 3-15　机械连接接头变形性能

接头等级		Ⅰ级	Ⅱ级	Ⅲ级
单向拉伸	残余变形 (mm)	$u_0 \leqslant 0.10$ ($d \leqslant 32$) $u_0 \leqslant 0.14$ ($d > 32$)	$u_0 \leqslant 0.14$ ($d \leqslant 32$) $u_0 \leqslant 0.16$ ($d > 32$)	$u_0 \leqslant 0.14$ ($d \leqslant 32$) $u_0 \leqslant 0.16$ ($d > 32$)
	最大力下总伸长率 (%)	$A_{sgt} \geqslant 6.0$	$A_{sgt} \geqslant 6.0$	$A_{sgt} \geqslant 3.0$
高应力反复拉压	残余变形 (mm)	$u_{20} \leqslant 0.3$	$u_{20} \leqslant 0.3$	$u_{20} \leqslant 0.3$
大变形反复拉压	残余变形 (mm)	$u_4 \leqslant 0.3$ 且 $u_8 \leqslant 0.6$	$u_4 \leqslant 0.3$ 且 $u_8 \leqslant 0.6$	$u_4 \leqslant 0.6$

4. 预应力筋

预应力筋通常由单根或成束的钢丝、钢绞线或钢筋组成。在先张法生产中，为了与混凝土黏结可靠，一般采用螺纹钢筋、刻痕钢丝或钢绞线。在后张法生产中，则采用光面钢筋、光面钢丝或钢绞线，并分为无黏结预应力筋和有黏结预应力筋。

1) 标准依据

《预应力混凝土用钢丝》GB/T 5223

《预应力混凝土用钢绞线》GB/T 5224

《预应力混凝土用钢棒》GB/T 5223.3

《预应力筋用锚具、夹具和连接器》GB/T 14370

《预应力混凝土用中强度钢丝》GB/T 30828

《水泥基灌浆材料应用技术规范》GB/T 50448

《无粘结预应力混凝土结构技术规程》JGJ 92

《无粘结预应力钢绞线》JG/T 161

《预应力混凝土用金属波纹管》JG/T 225

2) 进场复验试验项目与取样规定

《天津市建筑工程施工质量验收资料管理规程》DB/T 29—209 中对预应力筋进场复验试验项目与取样的规定见表 3-16。

表 3-16　进场复验试验项目与取样规定

种类名称 相关标准、规范代号	复验项目	组批规则及取样数量规定
预应力混凝土用钢丝 (GB/T 5223)	抗拉强度、最大力总伸长率	①组批：钢丝应成批检查和验收、每批钢丝由同一牌号、同一规格、同一加工状态的钢丝组成，每批质量不大于 60t，每批抽取一组试件。 ②取样：抗拉强度、最大力总伸长率要求在每（任一）盘中任意一端截取，3 根/每批

续表

种类名称 相关标准、规范代号	复验项目	组批规则及取样数量规定
预应力混凝土用中强度钢丝 (GB/T 30828)	抗拉强度、最大力总伸长率	①组批：钢丝应成批验收，每批由同一牌号、同一规格、同一强度等级、同一个生产工艺制作的钢丝组成。每批重量不大于60t。 ②取样：在每盘钢丝任意一端取样，抗拉强度、最大力总伸长率要求在每（任一）盘中任意一端截取，3根/每批
预应力混凝土用钢棒 (GB/T 5223.3)	抗拉强度、伸长率（伸长率包括最大力总伸长率和断后伸长率，日常检验可用断后伸长率代替，仲裁试验以最大力总伸长率为准）	①组批：钢棒应成批检查和验收，每批钢棒由同一牌号、同一规格、同一加工状态的钢棒组成，每批重量不大于60t。 ②取样：在每（任）一盘中任意一端截取，抗拉强度、断后伸长率1根/盘，最大力总伸长率3根/批
预应力混凝土用钢绞线 (GB/T 5224)	抗拉强度、最大力总伸长率	①组批：预应力用钢绞线应成批验收，每批由同一牌号、同一规格、同一生产工艺捻制的钢绞线组成，每批重量不大于60t。 ②取样：在每（任）盘卷中任意一端截取，抗拉强度、最大力总伸长率3根/每批
预应力用锚具、夹具和连接器 (JGJ 85) (GB/T 14370) (GB/T 230.1)	外观、硬度、静载锚固性能（锚具、夹具和连接器用量不足检验批规定数量的50%，且供货方提供有效的检验报告时，可不作静载锚固性能检验）	①组批：每个检验批的锚具不宜超过2000套，连接器不宜超过500套，夹具不宜超过500套。获得第三方独立认证的产品，其检验批的批量可扩大一倍。 ②取样：外观，每批产品中抽取2%且不应少于10套。硬度，每批产品中抽取3%且不应少于5套样品（多孔夹片式锚具的夹片，每套应抽取6片）。静载锚固性能，在外观检查和硬度检验均合格的锚具中抽取样品，与相应规格和强度等级的预应力筋组成3个预应力-锚具组装件
预应力混凝土用金属波纹管 (JG/T 225)	集中荷载下径向刚度、集中荷载作用后抗渗漏、弯曲后抗渗漏	①组批：预应力混凝土用金属波纹管按批进行检验。每批应由同一个钢带生产厂生产的同一批钢带所制造的预应力混凝土用金属波纹管组成。每半年或累计50000m生产量为一批，取产量最多的规格。 ②取样：集中荷载下径向刚度3根，集中荷载作用后抗渗漏3根，弯曲后抗渗漏3根
无黏结预应力钢绞线 (JG/T 161)	防腐润滑脂量、护套厚度	①组批：每批产品由同一公称抗拉强度、同一公称直径、同一生产工艺生产的无黏结预应力钢绞线组成，每批产品质量不应大于60t。 ②取样：应从同一批产品任意盘卷的任意一端端部1m后的部位截取不同试验所需长度的试样，防腐润滑脂量、护套厚度取3件/批
无黏结预应力筋用锚具系统 (JGJ 92)	防水性能	取样：同一品种、同一规格的锚具系统为一批，每批抽取3套
成品灌浆材料 (GB/T 50448)	截锥流动度（Ⅱ、Ⅲ类）、流锥流动度（Ⅰ类）、坍落扩展度（Ⅳ类）、抗压强度、竖向膨胀率 冬期施工：抗压强度比 高温环境：抗压强度比、热震性（高温环境）	①组批：每200t应为一个检验批，不足200t的应按一个检验批计，每一检验批应为一个取样单位。 ②取样：取样应有代表性，总量不得少于30kg，样品应混合均匀，并用四分法，将每一检验批取样量缩减至试验所需量的2.5倍。 注：用于冬期施工的水泥基灌浆材料除检测主要性能，还应检测抗压强度比检测，用于高温环境下的水泥基灌浆材料应增加抗压强度比和热震性检测

3）技术指标要求

（1）预应力混凝土用钢丝

预应力混凝土用钢丝执行的国家标准为《预应力混凝土用钢丝》GB/T 5223。此标准适用于预应力混凝土用冷拉或消除应力的低松弛光圆、螺旋肋和刻痕钢丝，其中冷拉钢丝仅用于压力管道。依据设计和施工方法适宜先张法和后张法制造高效能预应力混凝土结构。钢丝按加工状态分为冷拉钢丝和消除应力钢丝冷拉钢丝（WCD）、低松弛钢丝（WLR）两类。钢丝按外形分为光圆钢丝（P）、螺旋肋钢丝（H）、刻痕钢丝（I）三种。

压力管道用无涂（镀）层冷拉钢丝的力学性能应符合表 3-17 规定。0.2%屈服力 $F_{p0.2}$ 应不小于最大力的特征值 F_m 的 75%。消除应力的光圆及螺旋肋钢丝的力学性能应符合表 3-18 的规定。0.2%屈服力 $F_{p0.2}$ 应不小于最大力的特征值 F_m 的 88%。消除应力的刻痕钢丝的力学性能，除弯曲次数外其他应符合表 3-18 规定。对所有规格消除应力的刻痕钢丝，其弯曲次数均应不小于 3 次。

表 3-17　压力管道用冷拉钢丝的力学性能

公称直径 d_n (mm)	公称抗拉强度 R_m (MPa)	最大力的特征值 F_m (kN)	最大力的最大值 $F_{m,max}$ (kN)	0.2%屈服力 $F_{p0.2}$ (kN) ≥	每 210mm 扭矩的扭转次数 N ≥	断面收缩率 Z (%) ≥
4.00		18.48	20.99	13.86	10	35
5.00		28.86	32.79	21.65	10	35
6.00	1470	41.56	47.21	31.17	8	30
7.00		56.57	64.27	42.42	8	30
8.00		73.88	83.93	55.41	7	30
4.00		19.73	22.24	14.80	10	35
5.00		30.82	34.75	23.11	10	35
6.00	1570	44.38	50.03	33.29	8	30
7.00		60.41	68.11	45.31	8	30
8.00		78.91	88.96	59.18	7	30
4.00		20.99	23.50	15.74	10	35
5.00		32.78	36.71	24.59	10	35
6.00	1670	47.21	52.86	35.41	8	30
7.00		64.26	71.96	48.20	8	30
8.00		83.93	93.99	62.95	6	30
4.00		22.25	24.76	16.69	10	35
5.00		34.75	38.68	26.06	10	35
6.00	1770	50.04	55.69	37.53	8	30
7.00		68.11	75.81	51.08	6	30

表 3-18　消除应力光圆及螺旋肋钢丝的力学性能

公称直径 d_n (mm)	公称抗拉强度 R_m (MPa)	最大力的特征值 F_m (kN)	最大力的最大值 $F_{m,max}$ (kN)	0.2%屈服力 $F_{p0.2}$ (kN) ≥	最大力总伸长率 ($L_0=200mm$) A_{gt} (%) ≥	反复弯曲性能	
						弯曲次数 (次/180°) ≥	弯曲半径 R (mm)
4.00		18.48	20.99	16.22		3	10
4.80		26.61	30.23	23.35		4	15
5.00		28.86	32.78	25.32		4	15
6.00	1470	41.56	47.21	36.47	3.5	4	15
6.25		45.10	51.24	39.58		4	20
7.00		56.57	64.26	49.64		4	20
7.50		64.94	73.78	56.99		4	20

续表

公称直径 d_n（mm）	公称抗拉强度 R_m（MPa）	最大力的特征值 F_m（kN）	最大力的最大值 $F_{m,max}$（kN）	0.2%屈服力 $F_{p0.2}$（kN） $\geqslant$	最大力总伸长率（$L_0=200mm$）A_{gt}（%）$\geqslant$	反复弯曲性能	
						弯曲次数（次/180°）$\geqslant$	弯曲半径 R（mm）
8.00	1470	73.88	83.93	64.84		4	20
9.00		93.52	106.25	82.07		4	25
9.50		104.19	118.37	91.44		4	25
10.00		115.45	131.16	101.32		4	25
11.00		139.69	158.70	122.59		—	—
12.00		166.26	188.88	145.90		—	—
4.00	1570	19.73	22.24	17.37		3	10
4.80		28.41	32.03	25.00		4	15
5.00		30.82	34.75	27.12		4	15
6.00		44.38	50.03	39.06		4	15
6.25		48.17	54.31	42.39		4	20
7.00		60.41	68.11	53.16		4	20
7.50		69.36	78.20	61.04		4	20
8.00		78.91	88.96	69.44		4	20
9.00		99.88	112.60	87.89	3.5	4	25
9.50		111.28	125.46	97.93		4	25
10.00		123.31	139.02	108.51		4	25
11.00		149.20	168.21	131.30		—	—
12.00		177.57	200.19	156.26		—	—
4.00	1670	20.99	23.50	18.47		3	10
5.00		32.78	36.71	28.85		4	15
6.00		47.21	52.86	41.54		4	15
6.25		51.24	57.38	45.09		4	20
7.00		64.26	71.96	56.55		4	20
7.50		73.78	82.62	64.93		4	20
8.00		83.93	93.98	73.86		4	20
9.00		106.25	118.97	93.50		4	25
4.00	1770	22.25	24.76	19.58		3	10
5.00		34.75	38.68	30.58		4	15
6.00		50.04	55.69	44.03		4	15
7.00		68.11	75.81	59.94		4	20
7.50		78.20	87.04	68.81		4	20
4.00	1860	23.38	25.89	20.57		3	10
5.00		36.51	40.44	32.13		4	15
6.00		52.58	58.23	46.27		4	15
7.00		71.57	79.27	62.98		4	20

（2）预应力混凝土用中强度钢丝

预应力混凝土用中强度钢丝执行的国家标准为《预应力混凝土用中强度钢丝》GB/T 30828。此标准适用于预应力混凝土构件用强度范围为 650MPa～1370MPa 的冷加工后进行稳定化热处理的钢丝。钢丝按表面形状分为螺旋肋钢丝（H）和刻痕钢丝（I）两类。按抗拉强度可分为 650MPa，800MPa，970MPa，1270MPa 和 1370MPa 五个级别。

中强度螺旋肋钢丝是指热轧圆盘条在拉拔过程中经螺旋模具旋转，沿钢丝表面长度方向上形成具有连续规则螺旋肋条的冷拉后稳定化处理钢丝。中强度刻痕钢丝是指热轧圆盘条在拉拔过程后，经刻痕辊冷轧，沿钢丝表面长度方向上均匀分布具有规则间隔的两面、三面、四面压痕的冷拉后稳定化处理钢丝。

预应力混凝土用中强度钢丝力学性能见表 3-19。

表 3-19　预应力混凝土用中强度钢丝力学性能

公称直径 d_n (mm)	公称抗拉强度 R_m (MPa)	最大力的特征值 F_m (kN) ≥	最大力 $F_{m,max}$ (kN) ≤	0.2%规定非比例延伸力 $F_{p0.2}$ (kN) ≥	反复弯曲		弯曲试验 180°
					次数 N ≥	弯曲半径 R (mm)	
8.00	650	32.68	42.73	27.78	4	20	—
10.00		51.05	66.76	43.39		25	—
12.00		73.52	96.14	62.49	—	—	$D=10d_n$
4.00	800	10.06	12.57	8.55	4	10	—
5.00		15.70	19.63	13.35		15	—
6.00		22.62	28.27	19.23		15	—
7.00		30.78	38.48	26.16		20	—
8.00		40.22	50.26	34.18		20	—
9.00		50.90	63.62	43.27		25	—
10.00		62.83	78.54	53.41		25	—
11.00		76.02	95.03	64.62	—	—	$D=10d_n$
12.00		90.48	113.10	76.91	—	—	$D=10d_n$
14.00		123.15	153.94	104.68	—	—	$D=10d_n$
4.00	970	12.19	14.71	10.36	4	10	—
5.00		19.04	22.97	16.18		15	—
6.00		27.42	33.08	23.31		15	—
7.00		37.33	45.02	31.73		20	—
8.00		48.76	58.80	41.45		20	—
9.00		61.71	74.44	52.45		25	—
10.00		76.18	91.89	64.75		25	—
11.00		92.18	111.19	78.35	—	—	$D=10d_n$
12.00		109.71	132.33	93.25	—	—	$D=10d_n$
14.00		149.32	180.11	126.92	—	—	$D=10d_n$
4.00	1270	15.96	18.48	13.57	4	10	—
5.00		24.93	28.86	21.19		15	—
6.00		35.90	41.56	30.52		15	—
7.00		48.87	56.57	41.54		20	—
8.00		63.84	73.88	54.27		20	—
9.00		80.80	93.52	68.68		25	—
10.00		99.75	115.45	84.79		25	—
11.00		120.69	139.69	102.59	—	—	$D=10d_n$

续表

公称直径 d_n (mm)	公称抗拉强度 R_m (MPa)	最大力的特征值 F_m (kN) ≥	最大力 $F_{m,max}$ (kN) ≤	0.2%规定非比例延伸力 $F_{p0.2}$ (kN) ≥	反复弯曲		弯曲试验 180°
					次数 N ≥	弯曲半径 R (mm)	
12.00	1270	143.64	166.26	122.09	—	—	$D=10d_n$
14.00		195.50	226.29	166.18	—	—	$D=10d_n$
4.00	1370	17.22	19.73	14.64		10	—
4.50		21.78	24.97	18.52		15	—
5.00		26.89	30.82	22.86		15	—
6.00		38.73	44.38	32.92	4	15	—
7.00		52.72	60.41	44.81		20	—
8.00		68.87	78.91	58.54		20	—
9.00		87.16	99.88	74.09		25	—
10.00		107.60	123.31	91.46		25	—
11.00		130.19	149.20	110.66	—	—	$D=10d_n$
12.00		154.95	177.57	131.71	—	—	$D=10d_n$
14.00		210.90	241.69	179.26	—	—	$D=10d_n$

（3）预应力混凝土用钢棒

预应力混凝土用钢棒执行的国家标准为《预应力混凝土用钢棒》GB/T 5223.3。此标准适用于预应力混凝土用光圆、螺旋槽、螺旋肋、带肋钢棒。预应力混凝土用钢棒（PCB）按外形分为光圆钢棒（P）、螺旋槽钢棒（HG）、螺旋肋钢棒（HR）、带肋钢棒（R）四种。钢棒的力学性能和工艺性能见表3-20，伸长特性要求见表3-21。

表3-20 钢棒的力学性能和工艺性能

表面形状类型	公称直径 D_n (mm)	抗拉强度 R_m (MPa) ≥	规定塑性延伸强度 $R_{p0.2}$ (MPa) ≥	弯曲性能		应力松弛性能	
				性能要求	弯曲半径 (mm)	初始应力为公称抗拉强度的百分数 (%)	1000h应力松弛 r (%) ≤
光圆	6	1080 1230 1420 1570	930 1080 1280 1420	反复弯曲不小于4次	15	60	1.0
	7				20	70	2.0
	8				20	80	4.5
	9				25		
	10				25		
	11			弯曲160°～180°后弯曲处无裂纹	弯曲压头直径为钢棒公称直径的10倍		
	12						
	13						
	14						
	15						
	16						

表面形状类型	公称直径 D_n（mm）	抗拉强度 R_m（MPa）≥	规定塑性延伸强度 $R_{p0.2}$（MPa）≥	弯曲性能		应力松弛性能	
				性能要求	弯曲半径（mm）	初始应力为公称抗拉强度的百分数（%）	1000h应力松弛 r（%）≤
螺旋槽	7.1	1080 1230 1420 1570	930 1080 1280 1420	—		60 70 80	1.0 2.0 4.5
	9.0						
	10.7						
	12.6						
	14.0						
螺旋肋	6	1080 1230 1420 1570	930 1080 1280 1420	反复弯曲不小于4次/180°	15		
	7				20		
	8				20		
	9				25		
	10				25		
	11			弯曲160°~180°后弯曲处无裂纹	弯曲压头直径为钢棒公称直径的10倍		
	12						
	13						
	14						
	16	1080 1270	930 1140				
	18						
	20						
	22						
带肋钢棒	6	1080 1230 1420 1570	930 1080 1280 1420	—			
	8						
	10						
	12						
	14						
	16						

表 3-21　伸长特性要求

韧性级别	最大力总伸长率 A_{gt}（%）≥	断后伸长率（$L_0 = 8D_n$）A（%）≥
延性 35	3.5	7.0
延性 25	2.5	5.0

注：1. 日常检验可用断后伸长率代替，仲裁试验以最大力总伸长率为准。

　　2. 最大力总伸长率标距 $L_0 = 200\text{mm}$。

（4）预应力混凝土用钢绞线

预应力混凝土用钢绞线执行的国家标准为《预应力混凝土用钢绞线》GB/T 5224。此标准适用于由冷拉光圆钢丝及刻痕钢丝捻制的用于预应力混凝土结构的钢绞线（以下简称钢绞线）。标准型钢绞线是指由冷拉光圆钢丝捻制成的钢绞线。刻痕钢绞线是指由刻痕钢丝捻制成的钢绞线。模拔型钢绞线是指捻制后再经冷拔成的钢绞线。钢绞线按结构分为以下8类，结构代号为：

a）用两根钢丝捻制的钢绞线   1×2

b）用三根钢丝捻制的钢绞线   1×3

c）用三根刻痕钢丝捻制的钢绞线   1×3I

d）用七根钢丝捻制的标准型钢绞线   1×7

e）用六根刻痕钢丝和一根光圆中心钢丝捻制的钢绞线   1×7I

f）用七根钢丝捻制又经模拔的钢绞线   (1×7) C

g）用十九根钢丝捻制的1+9+9西鲁式钢绞线   1×19S

h）用十九根钢丝捻制的1+6+6/6瓦林吞式钢绞线   1×19W

1×2结构钢绞线的力学性能应符合表3-22规定，1×3结构钢绞线的力学性能应符合表3-23规定，1×7结构钢绞线的力学性能应符合表3-24规定，1×19结构钢绞线的力学性能应符合表3-25规定。

表3-22 1×2结构钢绞线的力学性能

钢绞线结构	钢绞线公称直径 D_a（mm）	公称抗拉强度 R_m（MPa）	整根钢绞线最大力 F_m（kN） ≥	整根钢绞线最大力的最大值 $F_{m,max}$（kN） ≤	0.2%屈服力 $F_{p0.2}$（kN） ≥	最大力总伸长率（$L_0 \geqslant 400mm$）A_{gt}（%） ≥	应力松弛性能	
							初始负荷相当于实际最大力的百分数（%）	1000h应力松弛率 r（%） ≤
1×2	8.00	1470	36.9	41.9	32.5	对所有规格	对所有规格	对所有规格
	10.00		57.8	65.6	50.9			
	12.00		83.1	94.4	73.1			
	5.00	1570	15.4	17.4	13.6			
	5.80		20.7	23.4	18.2			
	8.00		39.4	44.4	34.7			
	10.00		61.7	69.6	54.3			
	12.00		88.7	100	78.1			
	5.00	1720	16.9	18.9	14.9			
	5.80		22.7	25.3	20.0			
	8.00		43.2	48.2	38.0	3.5	70	2.5
	10.00		67.6	75.5	59.5			
	12.00		97.2	108	85.5		80	4.5
	5.00	1860	18.3	20.2	16.1			
	5.80		24.6	27.2	21.6			
	8.00		46.7	51.7	41.1			
	10.00		73.1	81.0	64.3			
	12.00		105	116	92.5			
	5.00	1960	19.2	21.2	16.9			
	5.80		25.9	28.5	22.8			
	8.00		49.2	54.2	43.3			
	10.00		77.0	84.9	67.8			

表 3-23 1×3 结构钢绞线的力学性能

钢绞线结构	钢绞线公称直径 D_a（mm）	公称抗拉强度 R_m（MPa）	整根钢绞线最大力 F_m（kN）≥	整根钢绞线最大力的最大值 $F_{m,max}$（kN）≤	0.2%屈服力 $F_{p0.2}$（kN）≥	最大力总伸长率（$L_0≥400$mm）A_{gt}（%）≥	应力松弛性能 初始负荷相当于实际最大力的百分数（%）	1000h 应力松弛率 r（%）≤
1×3	8.60	1470	55.4	63.0	48.8	对所有规格	对所有规格	对所有规格
	10.80		86.6	98.4	76.2			
	12.90		125	142	110			
	6.20	1570	31.1	35.0	27.4			
	6.50		33.3	37.5	29.3			
	8.60		59.2	66.7	52.1			
	8.74		60.6	68.3	53.3			
	10.80		92.5	104	81.4			
	12.90		133	150	117			
	8.74	1670	64.5	72.2	56.8			
	6.20	1720	34.1	38.0	30.0			
	6.50		36.5	40.7	32.1			
	8.60		64.8	72.4	57.0	3.5	70 80	2.5 4.5
	10.80		101	113	88.9			
	12.90		146	163	128			
	6.20	1860	36.8	40.8	32.4			
	6.50		39.4	43.7	34.7			
	8.60		70.1	77.7	61.7			
	8.74		71.8	79.5	63.2			
	10.80		110	121	96.8			
	12.90		158	175	139			
	6.20	1960	38.8	42.8	34.1			
	6.50		41.6	45.8	36.6			
	8.60		73.9	81.4	65.0			
	10.80		115	127	101			
	12.90		166	183	146			
1×3I	8.70	1570	60.4	68.1	53.2			
		1720	66.2	73.9	58.3			
		1860	71.6	79.3	63.0			

表 3-24 1×7 结构钢绞线的力学性能

钢绞线结构	钢绞线公称直径 D_a（mm）	公称抗拉强度 R_m（MPa）	整根钢绞线最大力 F_m（kN）≥	整根钢绞线最大力的最大值 $F_{m,max}$（kN）≤	0.2%屈服力 $F_{p0.2}$（kN）≥	最大力总伸长率（$L_0≥500$mm）A_{gt}（%）≥	应力松弛性能 初始负荷相当于实际最大力的百分数（%）	1000h 应力松弛率 r（%）≤
1×7	15.20 (15.24)	1470	206	234	181	对所有规格	对所有规格	对所有规格
		1570	220	248	194			
		1670	234	262	206			

续表

钢绞线结构	钢绞线公称直径 D_a（mm）	公称抗拉强度 R_m（MPa）	整根钢绞线最大力 F_m（kN）≥	整根钢绞线最大力的最大值 $F_{m,max}$（kN）≤	0.2%屈服力 $F_{p0.2}$（kN）≥	最大力总伸长率（$L_0\geqslant500$mm）A_{gt}（%）≥	应力松弛性能 初始负荷相当于实际最大力的百分数（%）	1000h应力松弛率 r（%）≤
1×7	9.50(9.53)		94.3	105	83.0	对所有规格	对所有规格	对所有规格
	11.10(11.11)		128	142	113			
	12.70	1720	170	190	150			
	15.20(15.24)		241	269	212			
	17.80(17.78)		327	365	288			
	18.90	1820	400	444	352			
	15.70	1770	266	296	234			
	21.60		504	561	444			
	9.50(9.53)		102	113	89.8			
	11.10(11.11)		138	153	121		70	2.5
	12.70		184	203	162			
	15.20(15.24)	1860	260	288	229	3.5		
	15.70		279	309	246			
	17.80(17.78)		355	391	311		80	4.5
	18.90		409	453	360			
	21.60		530	587	466			
	9.50(9.53)		107	118	94.2			
	11.10(11.11)		145	160	128			
	12.70	1960	193	213	170			
	15.20(15.24)		274	302	241			
1×7I	12.70	1860	184	203	162			
	15.20(15.24)		260	288	229			
(1×7)C	12.70	1860	208	231	183			
	15.20(15.24)	1820	300	333	264			
	18.00	1720	384	428	338			

表 3-25 1×19 结构钢绞线的力学性能

钢绞线结构	钢绞线公称直径 D_a (mm)	公称抗拉强度 R_m (MPa)	整根钢绞线最大力 F_m (kN) ≥	整根钢绞线最大力的最大值 $F_{m,max}$ (kN) ≤	0.2%屈服力 $F_{p0.2}$ (kN) ≥	最大力总伸长率 ($L_0 \geq 500mm$) A_{gt} (%) ≥	应力松弛性能	
							初始负荷相当于实际最大力的百分数 (%)	1000h 应力松弛率 r (%) ≤
1×19S (1+9+9)	28.6	1720	915	1021	805	对所有规格	对所有规格	对所有规格
	17.8	1770	368	410	334			
	19.3		431	481	379			
	20.3		480	534	422			
	21.8		554	617	488			
	28.6		942	1048	829			
	20.3	1810	491	545	432	3.5	70	2.5
	21.8		567	629	499			
	17.8	1860	387	428	341		80	4.5
	19.3		454	503	400			
	20.3		504	558	444			
	21.8		583	645	513			
1×19W (1+6+6/6)	28.6	1720	915	1021	805			
		1770	942	1048	829			
		1860	990	1096	854			

（5）锚具

锚具执行的国家标准为《预应力筋用锚具、夹具和连接器》GB/T 14370。本标准适用于体内和体外配筋的有黏结、无黏结、缓黏结的预应力结构中和特种施工过程中使用的锚具、夹具、连接器及拉索用的锚具和连接器。根据对预应力筋的锚固方式，锚具、夹具和连接器可分为夹片式、支承式、握裹式和组合式 4 种基本类型。

① 外观、硬度

《预应力筋用锚具、夹具和连接器》GB/T 14370 规定：

1. 产品的外观应符合技术文件的规定，并应符合下列规定：

a）全部产品不应出现纹；

b）锚板和连接器体应进行表面磁粉探伤，并符合 JB/T 5000.15 的 Ⅱ 级的规定。

2. 产品的硬度应符合技术文件的规定。

② 静锚固性能

《预应力筋用锚具、夹具和连接器应用技术规程》JG/T 85 规定：

锚具的静载锚固性能，应由预应力筋-锚具组装件静载试验测定的锚具效率系数（η_a）和达到实测极限拉力时组装件中预应力筋的总应变（ε_{apu}）确定。锚具效率系数（η_a）不应小于 0.95，预应力筋总应变（ε_{apu}）不应小于 2.0%。

（6）预应力混凝土用金属波纹管

预应力混凝土用金属波纹管执行的行业标准为《预应力混凝土用金属波纹管》JG/T 225。此标准适用于以镀锌或非镀锌低碳钢带螺旋折叠咬口制成，表面呈波纹状轮廓，用于后张法预应力混凝土结构或构件中预留孔道的金属管。预应力混凝土用金属波纹管可分为标准型和增强型；按截面形状可分为圆形和扁形。

金属波纹管承受符合表 3-26 规定的局部横向荷载或均布荷载时，波纹管不应出现开裂、脱扣等现象，变形量应符合表 3-26 的规定。

表 3-26 金属波纹管抗局部横向荷载性能和抗均布荷载性能

截面形状		圆形		扁形
局部横向荷载（N）	标准型	800		500
	增强型			
均布荷载（N）	标准型	$F = 0.31d_n^2$		$F = 0.15d_e^2$
	增强型			
δ	标准型	$d_n \leqslant 75mm$	$\leqslant 0.20$	$\leqslant 0.20$
		$d_n > 75mm$	$\leqslant 0.15$	
	增强型	$d_n \leqslant 75mm$	$\leqslant 0.10$	$\leqslant 0.15$
		$d_n > 75mm$	$\leqslant 0.08$	

注：F——均布荷载值，单位为牛顿（N）；

d_n——圆管公称内径，单位为毫米（mm）；

d_e——扁管等效公称内径，$d_e = \dfrac{2(b_n + h_n)}{\pi}$，单位为毫米（mm）；

b_n——扁管公称内长轴，单位为毫米（mm）；

h_n——扁管公称内短轴，单位为毫米（mm）；

δ——变形比，$\delta = \dfrac{\Delta D}{d_n}$ 或 $\delta = \dfrac{\Delta H}{h_n}$；

ΔD——圆管径向变形量，单位为毫米（mm）；

ΔH——扁管短轴向变形量，单位为毫米（mm）。

（7）无黏结预应力钢绞线

无黏结预应力钢绞线是指表面涂敷防腐润滑涂层，外包护套，与护套之间可永久相对滑动的预应力钢绞线。

无黏结预应力钢绞线执行的行业标准为《无粘结预应力钢绞线》JG/T 161。此标准适用于后张预应力混凝土结构中使用的无黏结预应力钢绞线。

无黏结预应力钢绞线的规格和性能应符合表 3-27 的规定。

表 3-27 无黏结预应力钢绞线的规格和性能

钢绞线			防腐润滑脂的含量（g/m）	护套厚度（mm）	K	μ
公称直径（mm）	公称横截面积（mm²）	公称抗拉强度（MPa）				
9.50	54.80	1720	$\geqslant 32$	$\geqslant 1.0$	$\leqslant 0.004$	$\leqslant 0.09$
		1860				
		1960				
12.70	98.70	1720	$\geqslant 43$	$\geqslant 1.0$	$\leqslant 0.004$	$\leqslant 0.09$
		1860				
		1960				
15.20	140.00	1720	$\geqslant 50$	$\geqslant 1.0$	$\leqslant 0.004$	$\leqslant 0.09$
		1860				
		1960				
15.70	150.00	1720	$\geqslant 53$	$\geqslant 1.0$	$\leqslant 0.004$	$\leqslant 0.09$
		1860				
		1960				

注：经供需双方协商，也可生产供应其他强度和直径的无黏结预应力钢绞线。

（8）无黏结预应力筋用锚具系统

《无粘结预应力混凝土结构技术规程》JGJ 92 规定：

处于三 a、三 b 类环境条件下的无黏结预应力钢绞线锚固系统，应采用连续全封闭的防腐蚀体系，并应符合下列规定：张拉端和固定端应为预应力钢绞线提供全封闭防水保护；无黏结预应力钢绞线与锚具部件的连接及其他部件间的连接，应采用密封装置或其他封闭措施，使无黏结预应力锚固系统处于全封闭保护状态；全封闭体系应满足 10kPa 静水压力下不透水的要求。

（9）成品灌浆材料

水泥基灌浆材料是指由水泥、集料、外加剂和矿物掺和料等原材料在专业化工厂按比例计量混合而成，在使用地点按规定比例加水或配套组分拌和，用于螺栓锚固、结构加固、预应力孔道等灌浆的材料。

水泥基灌浆材料主要性能应符合《水泥基灌浆材料应用技术规范》GB/T 50448 的规定，见表 3-28。

表 3-28　水泥基灌浆材料主要性能指标

类别		I 类	II 类	III 类	IV 类
最大骨料粒径（mm）			≤4.75		>4.75 且≤25
截锥流动度（mm）	初始值	—	≥340	≥290	≥650*
	30min	—	≥310	≥260	≥550*
流锥流动度（s）	初始值	≤35	—	—	—
	30min	≤50	—	—	—
竖向膨胀率（%）	3h		0.1～3.5		
	24h 与 3h 的膨胀值之差		0.02～0.50		
抗压强度（MPa）	1d	≥15		≥20	
	3d	≥30		≥40	
	28d	≥50		≥60	
氯离子含量（%）			<0.1		
泌水率（%）			0		

注：* 表示坍落扩展度数值。

3.1.1.2　水泥

水泥属于水硬性胶凝材料，遇水后会发生物理化学反应，能由可塑性浆体变成坚硬的石状体，将散粒状材料胶结成为整体。水泥浆体不但能在空气中硬化，还能在水中硬化，并继续增长强度。

通用硅酸盐水泥执行的国家标准为《通用硅酸盐水泥》GB 175—2023。通用硅酸盐水泥分为硅酸盐水泥、普通硅酸盐水泥、矿渣硅酸盐水泥、火山灰质硅酸盐水泥、粉煤灰硅酸盐水泥和复合硅酸盐水泥。

1. 依据标准

《通用硅酸盐水泥》GB 175—2023

《水泥取样方法》GB/T 12573

2. 进场复验试验项目与取样规定

《天津市建筑工程施工质量验收资料管理规程》DB/T 29—209 中对水泥进场复验试验项目与取样规定见表 3-29。

表 3-29　水泥进场复验试验项目与取样规定

种类名称 相关标准、规范代号	复验项目	组批规则及取样数量规定
通用硅酸盐水泥 （GB 175）	凝结时间、 安定性、强度	①组批：按同一厂家、同一品种、同一代号、同一强度等级、同一批号且连续进场的水泥，袋装不超过 200t 为一批，散装不超过 500t 为一批，每批抽样不少于一次。袋装水泥和散装水泥应分别进行编号和取样，每编号为一取样单位。水泥出厂编号按年生产能力规定见标准。 ②取样：应有代表性，可连续取，亦可从 20 个以上的不同部位取等量样品，总量至少 12kg

3. 技术指标要求

1）《通用硅酸盐水泥》GB 175—2023 中的要求

（1）凝结时间

硅酸盐水泥初凝时间不小于 45min，终凝时间不大于 390min。

普通硅酸盐水泥、矿渣硅酸盐水泥、火山灰质硅酸盐水泥、粉煤灰硅酸盐水泥和复合硅酸盐水泥初凝时间不小于 45min，终凝时间不大于 600min。

（2）安定性

沸煮法合格，压蒸法合格。

（3）水泥强度

水泥强度等级按规定龄期的抗压强度和抗折强度来划分，各强度等级水泥的各龄期强度应符合表 3-30 的规定。

表 3-30　通用硅酸盐水泥不同龄期强度要求　　　　　　　　　　　　　MPa

强度等级	抗压强度		抗折强度	
	3d	28d	3d	28d
32.5	≥12.0	≥32.5	≥3.0	≥5.5
32.5R	≥17.0		≥4.0	
42.5	≥17.0	≥42.5	≥4.0	≥6.5
42.5R	≥22.0		≥4.5	
52.5	≥22.0	≥52.5	≥4.5	≥7.0
52.5R	≥27.0		≥5.0	
62.5	≥27.0	≥62.5	≥5.0	≥8.0
62.5R	≥32.0		≥5.5	

（4）判定规则

水泥检验结果在细分化学要求、凝结时间、安定性（沸煮法合格）、强度、细度上符合标准要求时，该批水泥可判为合格品。水泥检验结果不符合上述指标的任何一项技术要求时，该批水泥判为不合格品。

2）对水泥的要求

《混凝土结构通用规范》GB 55008 第 3.1.1 条规定：

结构混凝土用水泥主要控制指标应包括凝结时间、安定性、胶砂强度和氯离子含量。水泥中使用的混合材品种和掺量应在出厂文件中明示。

3.1.1.3　外加剂

混凝土外加剂是一种在混凝土搅拌之前或拌制过程中加入用以改善新拌混凝土和（或）硬化混凝土性能的材料。

混凝土外加剂执行的国家标准为《混凝土外加剂》GB 8076。此标准适用于高性能减水剂（早强型、标准型、缓凝型）、高效减水剂（标准型、缓凝型）、普通减水剂（早强型、标准型、缓凝型）、引气减水剂、泵送剂、早强剂、缓凝剂及引气剂共八类混凝土外加剂。

混凝土膨胀剂执行的国家标准为《混凝土膨胀剂》GB/T 23439。此标准适用于硫铝酸钙类、氧化钙类与硫铝酸钙-氧化钙类粉状混凝土膨胀剂。混凝土膨胀剂按水化产物分为硫铝酸钙类混凝土膨胀剂（代号 A）、氧化钙类混凝土膨胀剂（代号 C）和硫铝酸钙-氧化钙类混凝土膨胀剂（代号 AC）三类。混凝土膨胀剂按限制膨胀率分为 I 型和 II 型。

砂浆和混凝土防水剂执行的行业标准为《砂浆、混凝土防水剂》JC/T 474。此标准适用于砂浆和混凝土防水剂。

混凝土防冻剂执行的行业标准为《混凝土防冻剂》JC/T 475。此标准适用于规定温度为 −5℃、−10℃、−15℃的水泥混凝土防冻剂。按本标准规定温度检测合格的防冻剂，可在比规定温度低 5℃的条件下使用。防冻剂按其成分可分为强电解质无机盐类（氯盐类、氯盐阻锈类、无氯盐类）、水溶性有机化合物类、有机化合物与无机盐复合类、复合型防冻剂。

喷射混凝土用速凝剂执行的行业标准为《喷射混凝土用速凝剂》JC/T 477。本标准适用于水泥混凝土采用喷射法施工时掺加的速凝剂。按照产品形态分为粉状速凝剂和液体速凝剂。按照产品等级分为一等品与合格品。

砌筑砂浆增塑剂执行的行业标准为《砌筑砂浆增塑剂》JG/T 164。此标准适用于砌筑砂浆用非石灰类增塑剂。

1. 依据标准

《混凝土外加剂》GB 8076

《混凝土外加剂匀质性试验方法》GB/T 8077

《混凝土膨胀剂》GB/T 23439

《混凝土外加剂应用技术规范》GB 50119

《建筑环境通用规范》GB 55016

《砂浆、混凝土防水剂》JC/T 474

《混凝土防冻剂》JC/T 475

《喷射混凝土用速凝剂》JC/T 477

《砌筑砂浆增塑剂》JG/T 164

2. 进场复验试验项目与取样规定

《天津市建筑工程施工质量验收资料管理规程》DB/T 29—209 中对外加剂进场复验试验项目与取样规定见表 3-31。

表 3-31　外加剂进场复验试验项目与取样规定

种类名称 相关标准、规范代号	复验项目	组批规则及取样数量规定
普通减水剂 （GB 8076）	pH 值、密度（或细度）、含固量（或含水率）、减水率、1d 抗压强度比（早强型普通减水剂）、凝结时间差（缓凝型普通减水剂）	①组批：同一厂家、同一品种、同一性能、同一批号且连续进场的混凝土外加剂，不超过 50t 为一批。 ②取样：每一检验批取样量不应少于 0.2t 胶凝材料所需用的剂量，取样应充分混匀
高效减水剂 （GB 8076）	pH 值、密度（或细度）、含固量（或含水率）、减水率、凝结时间差（缓凝型普通减水剂）	
聚羧酸系高性能减水剂 （GB 8076）	pH 值、密度（或细度）、含固量（或含水率）、减水率、1d 抗压强度比（早强型聚羧系高性能减水剂）、凝结时间差（缓凝型聚羧酸高性能减水剂）	

续表

种类名称 相关标准、规范代号	复验项目	组批规则及取样数量规定
引气剂及引气减水剂 （GB 8076）	pH 值、密度（或细度）、含固量（或含水率）、含气量、含气量经时损失、减水率（引气减水剂）	①组批：同一厂家、同一品种、同一性能、同一批号且连续进场的混凝土外加剂，不超过 50t 为一批。 ②取样：每一检验批取样量不应少于 0.2t 胶凝材料所需用的剂量，取样应充分混匀
早强剂 （GB 8076）	密度（或细度）、含固量（或含水率）、碱含量、氯离子含量、1d 抗压强度比	
缓凝剂 （GB 8076）	密度（或细度）、含固量（或含水率）、凝结时间差	
泵送剂 （GB 8076）	pH 值、密度（或细度）、含固量（或含水率）、减水率、坍落度 1h 经时变化值	
防冻剂 （JC/T 475）	氯离子含量、密度（或细度）、含固量（或含水率）、碱含量、含气量、减水率（复合类防冻剂）	
速凝剂 （JC/T 477）	密度（或细度）、水泥净浆初凝和终凝时间	①组批：同一厂家、同一品种、同一性能、同一批号且连续进场的混凝土外加剂，不超过 50t 为一批。 ②取样：每一检验批取样量不应少于 0.2t 胶凝材料所需用的剂量，取样应充分混匀
防水剂 （JC/T 474）	密度（或细度）、含固量（或含水率）	
阻锈剂 （JGJ/T 192）	pH 值、密度（或细度）、含固量（或含水率）	
膨胀剂 （GB/T 23439）	水中 7d 限制膨胀率、细度	①组批：同一厂家、同一品种、同一性能、同一批号且连续进场的混凝土外加剂，不超过 50t 为一批。 ②取样：每一检验批取样量不应少于 10kg，取样应充分混匀

3. 技术指标要求

1)《建筑环境通用规范》GB 55016 第 5.3.2 条规定：

建筑工程中所使用的混凝土外加剂，氨的释放量不应大于 0.10%。

2) 混凝土外加剂技术指标包括匀质性、掺外加剂混凝土性能。

（1）匀质性

① 高性能减水剂、高效减水剂、普通减水剂、引气减水剂、泵送剂、早强剂、缓凝剂以及引气剂匀质性指标应符合《混凝土外加剂》GB 8076 的规定，见表 3-32。

表 3-32　匀质性指标

试验项目	指标
氯离子含量（%）	不超过生产厂控制值
总碱量（%）	不超过生产厂控制值
含固量（%）	$S>25\%$时，应控制在 $0.9S\sim1.05S$ $S\leqslant25\%$时，应控制在 $0.90S\sim1.10S$
含水率（%）	$W>5\%$时，应控制在 $0.90W\sim1.10W$ $W\leqslant5\%$时，应控制在 $0.80W\sim1.20W$

续表

试验项目	指标
密度（g/cm³）	$D>1.1$ 时，应控制在 $D\pm0.03$ $D\leqslant1.1$ 时，应控制在 $D\pm0.02$
细度	应在生产厂控制范围内
pH 值	应在生产厂控制范围内
硫酸钠含量（%）	不超过生产厂控制值

注：1. 生产厂应在相关的技术资料中明示产品匀质性指标的控制值；
　　2. 对相同和不同批次之间的匀质性和等效性的其他要求，可由供需双方商定；
　　3. 表中的 S、W 和 D 分别为含固量、含水率和密度的生产厂控制值。

② 防水剂匀质性指标应符合《砂浆、混凝土防水剂》JC/T 474 的要求，见表 3-33。

表 3-33　防水剂匀质性指标

试验项目	指标	
	液体	粉体
密度（g/cm³）	$D>1.1$ 时，应控制在 $D\pm0.03$ $D\leqslant1.1$ 时，应控制在 $D\pm0.02$ D 是生产厂提供的密度值	—
氯离子含量（%）	应小于生产厂最大控制值	应小于生产厂最大控制值
总碱量（%）	应小于生产厂最大控制值	应小于生产厂最大控制值
细度（%）	—	0.315mm 筛筛余应小于 15%
含水率（%）	—	$W\geqslant5\%$ 时，$0.90W\leqslant x<1.10W$ $W<5\%$ 时，$0.8W\leqslant x<1.20W$ W 是生产厂提供的含水率（质量%） x 是测试的含水率（质量%）
固体含量（%）	$S\geqslant20\%$ 时，$0.95S\leqslant x<1.05S$ $S<20\%$ 时，$0.90S\leqslant x<1.10S$ S 是生产厂提供的固体含量（质量%） x 是测试的固体含量（质量%）	—

注：生产厂应在产品说明书中明示产品匀质性指标的控制值。

③ 防冻剂匀质性指标应符合《混凝土防冻剂》JC/T 475 的规定，见表 3-34。含有氨或氨基类的防冻剂释放氨量应符合《混凝土外加剂中释放氨的限量》GB 18588 规定的限值。

表 3-34　防冻剂匀质性指标

试验项目	指标
固体含量（%）	液体防冻剂： $S\geqslant20\%$ 时，$0.95S\leqslant X<1.05S$ $S<20\%$ 时，$0.90S\leqslant X<1.10S$ S 是生产厂提供的固体含量（质量%），X 是测试的固体含量（质量%）
含水率（%）	粉状防冻剂： $W\geqslant5\%$ 时，$0.90W\leqslant X<1.10W$ $W<5\%$ 时，$0.80W\leqslant X<1.20W$ W 是生产厂提供的含水率（质量%），X 是测试的含水率（质量%）

续表

试验项目	指标
密度	液体防冻剂： $D>1.1$ 时，要求为 $D\pm0.03$ $D\leqslant1.1$ 时，要求为 $D\pm0.02$ D 是生产厂提供的密度值
氯离子含量（%）	无氯盐防冻剂：$\leqslant0.1\%$（质量百分比）
	其他防冻剂：不超过生产厂控制值
碱含量（%）	不超过生产厂提供的最大值
水泥净浆流动度（mm）	应不小于生产厂控制值的 95%
细度（%）	粉状防冻剂细度应不超过生产厂提供的最大值

④ 膨胀剂化学成分指标应符合《混凝土膨胀剂》GB/T 23439 的规定，见表 3-35。

表 3-35　混凝土膨胀剂化学成分指标

项目		指标值
化学成分	氧化镁（%）　$\leqslant$	5.0
	总碱量（%）　$\leqslant$	0.75

⑤ 速凝剂匀质性指标应符合《喷射混凝土用速凝剂》JC/T 477 的规定，见表 3-36。

表 3-36　速凝剂匀质性指标

试验项目	指标	
	液体	粉状
密度	应在生产厂所控制值的 ±0.02g/cm³ 之内	—
氯离子含量	应小于生产厂最大控制值	应小于生产厂最大控制值
总碱量	应小于生产厂最大控制值	应小于生产厂最大控制值
pH 值	应在生产厂控制值 ±1 之内	—
细度	—	80μm 筛余应小于 15%
含水率	—	$\leqslant2.0\%$
含固量	应大于生产厂的最小控制值	—

（2）掺外加剂混凝土（砂浆或净浆）性能指标

① 高性能减水剂、高效减水剂、普通减水剂、引气减水剂、泵送剂、早强剂、缓凝剂以及引气剂混凝土性能指标应符合《混凝土外加剂》GB 8076 的规定，见表 3-37、表 3-38。

表 3-37　掺外加剂混凝土性能指标

试验项目	外加剂品种							
	高性能减水剂 HPWR			高效减水剂 HWR		普通减水剂 WR		
	早强型 HPWR-A	标准型 HPWR-S	缓凝型 HPWR-R	标准型 HWR-S	缓凝型 HWR-R	早强型 WR-A	标准型 WR-S	缓凝型 WR-R
减水率（%），不小于	25	25	25	14	14	8	8	8
泌水率（%），不大于	50	60	70	90	100	95	100	100

试验项目		外加剂品种							
		高性能减水剂 HPWR			高效减水剂 HWR		普通减水剂 WR		
		早强型 HPWR-A	标准型 HPWR-S	缓凝型 HPWR-R	标准型 HWR-S	缓凝型 HWR-R	早强型 WR-A	标准型 WR-S	缓凝型 WR-R
含气量（%）		≤6.0	≤6.0	≤6.0	≤3.0	≤4.5	≤4.0	≤4.0	≤5.5
凝结时间之差（min）	初凝	−90〜+90	−90〜+120	＞+90	−90〜+120	＞+90	−90〜+90	−90〜+120	＞+90
	终凝			—		—			—
1h经时变化量	坍落度（mm）	—	≤80	≤60	—	—	—	—	—
	含气量（%）	—	—	—					
抗压强度比（%），≥	1d	180	170		140		135		
	3d	170	160	—	130	—	130	115	—
	7d	145	150	140	125	125	110	115	110
	28d	130	140	130	120	120	100	110	110
收缩率比（%），≤	28d	110	110	110	135	135	135	135	135
相对耐久性（200次）（%），≥		—	—	—	—	—	—	—	—

表 3-38 掺外加剂混凝土性能指标

试验项目		外加剂品种				
		引气减水剂 AEWR	泵送剂 PA	早强剂 Ac	缓凝剂 Re	引气剂 AE
减水率（%），不小于		10	12	—		6
泌水率（%），不大于		70	70	100	100	70
含气量（%）		≥3.0	≤5.5			≥3.0
凝结时间之差（min）	初凝	−90〜+120	—	−90〜+90	＞+90	−90〜+120
	终凝		—		—	
1h经时变化量	坍落度（mm）	—	≤80			—
	含气量（%）	−1.5〜+1.5				−1.5〜+1.5
抗压强度比（%），≥	1d	—		135	—	—
	3d	115	—	130		95
	7d	110	115	110	100	95
	28d	100	110	100	100	90
收缩率比（%），≤	28d	135	135	135	135	135
相对耐久性（200次）（%），不小于		80	—	—	—	80

注：1. 表中抗压强度比、收缩率比、相对耐久性为强制性指标，其余为推荐性指标。
　　2. 除含气量和相对耐久性外，表中所列数据为掺外加剂混凝土与基准混凝土的差值或比值。
　　3. 凝结时间之差性能指标中的"−"号表示提前，"+"号表示延缓。
　　4. 相对耐久性（200次）性能指标中的"≥80"表示将28d龄期的受检混凝土试件快速冻融循环200次后，动弹性模量保留值≥80%。
　　5. 1h含气量经时变化量指标中的"−"号表示含气量增加，"+"号表示含气量减少。
　　6. 其他品种的外加剂是否需要测定相对耐久性指标，由供需双方协商确定。
　　7. 当用户对泵送剂等产品有特殊要求时，需要进行的补充试验项目、试验方法及指标，由供需双方协商决定。

② 掺防水剂混凝土和掺防水剂砂浆的性能指标应符合《砂浆、混凝土防水剂》JC/T 474 的规定，见表 3-39、表 3-40。

表 3-39　受检混凝土性能指标

试验项目		性能指标	
		一等品	合格品
安定性		合格	合格
泌水率比（%），≤		50	70
凝结时间差（min），≥	初凝	−90[a]	−90[a]
抗压强度比（%），≥	3d	100	90
	7d	110	100
	28d	100	90
渗透高度比（%），≤		30	40
吸水量比（48h）（%），≤		65	75
收缩率比（28d）（%），≤		125	135

注：安定性为受检净浆的试验结果，凝结时间差为受检混凝土与基准混凝土的差值，表中其他数据为受检混凝土与基准混凝土的比值。
[a] "−"表示提前

表 3-40　受检砂浆的性能指标

试验项目		性能指标	
		一等品	合格品
安定性		合格	合格
凝结时间	初凝（min），≥	45	45
	终凝（h），≤	10	10
抗压强度比（%），≥	7d	100	85
	28d	90	80
透水压力比（%），≥		300	200
吸水量比（48h）（%），≤		65	75
收缩率比（28d）（%），≤		125	135

注：安定性和凝结时间为受检净浆的试验结果，其他项目数据均为受检砂浆与基准砂浆的比值。

③ 掺防冻剂混凝土性能应符合《混凝土防冻剂》JC/T 475 的规定，见表 3-41。

表 3-41　掺防冻剂混凝土性能

试验项目		性能指标					
		一等品			合格品		
减水率（%），≥		10			—		
泌水率比（%），≤		80			100		
含气量（%），≥		2.5			2.0		
凝结时间差（min）	初凝	−150～+150			−210～+210		
	终凝						
抗压强度比（%），≥	规定温度（℃）	−5	−10	−15	−5	−10	−15
	R_{-7}	20	12	10	20	10	8
	R_{28}	100		95	95		90
	R_{-7+28}	95	90	85	90	85	80
	R_{-7+56}	100			100		

试验项目	性能指标	
	一等品	合格品
28天收缩率比（%），≤	135	
渗透高度比（%），≤	100	
50次冻融强度损失率比（%），≤	100	
对钢筋锈蚀作用	应说明对钢筋有无锈蚀作用	

④ 掺速凝剂净浆及硬化砂浆的性能应符合《喷射混凝土用速凝剂》JC/T 477 的规定，见表 3-42。

表 3-42　掺速凝剂净浆及硬化砂浆的性能要求

产品等级	试验项目			
	净浆		砂浆	
	初凝时间（min：s）≤	终凝时间（min：s）≤	1d 抗压强度（MPa）≥	28d 抗压强度比（%）≥
一等品	3：00	8：00	7.0	75
合格品	5：00	12：00	6.0	70

⑤ 混凝土膨胀剂性能指标应符合《混凝土膨胀剂》GB/T 23439 的规定，见表 3-43。

表 3-43　混凝土膨胀剂性能指标

项目		指标值	
		Ⅰ型	Ⅱ型
细度	比表面积（m²/kg），≥	200	
	1.18mm 筛筛余（%），≤	0.5	
凝结时间（min）	初凝，≥	45	
	终凝，≤	600	
限制膨胀率（%）	水中 7d，≥	0.035	0.050
	空气中 21d，≥	−0.015	−0.010
抗压强度（MPa）	7d，≥	22.5	
	28d，≥	42.5	

⑥ 掺砂浆增塑剂的砂浆技术指标应符合《砌筑砂浆增塑剂》JG/T 164 的规定，见表 3-44、表 3-45。

表 3-44　受检砂浆性能指标

试验项目		单位	性能指标
分层度		mm	10～30
含气量	标准搅拌	%	≤20
	1h 静置		≥（标准搅拌时的含气量−4）
凝结时间差		min	+60～−60
抗压强度比	7d	%	≥75
	28d		
抗冻性（25 次循环）	抗压强度损失率	%	≤25
	质量损失率		≤5

表 3-45 受检砂浆砌体强度指标

试验项目	单位	性能指标
砌体抗压强度比	%	≥95
砌体抗剪强度比	%	≥95

3.1.1.4 掺和料

掺和料主要包括粉煤灰和粒化高炉矿渣粉。

在电厂煤粉炉烟道气体中收集到的粉末称为粉煤灰。粉煤灰是大流动性混凝土配合比中最重要的掺和料之一，它是一种具有活性作用的胶凝材料物质。正是由于它的这一特性，当在混凝土原材料中添加一定比例的粉煤灰后，可以取代一部分水泥用量，达到节约水泥的目的。而且，粉煤灰颗粒本身是一种极微小的球状玻璃体，所以在混凝土拌和物中掺加适量粉煤灰，还能起到增加流动度、提高和易性的作用。粉煤灰执行的国家标准为《用于水泥和混凝土中的粉煤灰》GB/T 1596。此标准适用于拌制砂浆和混凝土时作为掺和料的粉煤灰及水泥生产中作为活性混合材料的粉煤灰。根据燃煤品种分为 F 类粉煤灰（由无烟煤或烟煤煅烧收集的粉煤灰）和 C 类粉煤灰（由褐煤或次烟煤煅烧收集的粉煤灰，氧化钙含量一般大于或等于 10%）。根据用途分为拌制砂浆和混凝土用粉煤灰、水泥活性混合料用粉煤灰两类。

粒化高炉矿渣粉是铁矿石在冶炼过程中与石灰石等溶剂化合所得，以硅酸钙与铝酸钙为主要成分的熔融物，经急速遇水淬冷后形成的玻璃状颗粒物质，其主要化学成分是 CaO、SiO_2、Al_2O_3，三者的总量一般占 90% 以上，另外还有 Fe_2O_3 和 MgO 等氧化物及少量的 SO_3。此种矿渣活性较高，是水泥生产和混凝土生产中常用的掺和料。粒化高炉矿渣粉执行的国家标准为《用于水泥、砂浆和混凝土中的粒化高炉矿渣粉》GB/T 18046。此标准适用于作水泥混合材、砂浆和混凝土掺和料的粒化高炉矿渣粉。

1. 依据标准

《用于水泥和混凝土中的粉煤灰》GB/T 1596

《用于水泥、砂浆和混凝土中的粒化高炉矿渣粉》GB/T 18046

2. 进场复验试验项目与取样规定

《天津市建筑工程施工质量验收资料管理规程》DB/T 29—209 中对掺和料进场复验试验项目与取样规定见表 3-46。

表 3-46 掺和料进场复验试验项目与取样规定

种类名称 相关标准、规范代号	复验项目	组批规则及取样数量规定
用于水泥和混凝土中的粉煤灰（GB/T 1596）	细度、密度、需水量比、强度活性指数、安定性、含水量、三氧化硫、烧失量、游离氧化钙	①组批：按同一厂家、同一品种、同一技术指标、同一批号且连续的矿物掺和料，粉煤灰不超过 200t 为一批。 ②取样：应有代表性，可连续取，也可从 10 个以上的不同部位取等量样品，总量至少 3kg
用于水泥、砂浆和混凝土中的粒化高炉矿渣粉（GB/T 18046）	密度、比表面积、活性指数、流动度比、初凝时间比、含水量、三氧化硫、氯离子、烧失量	①组批：按同一厂家、同一品种、同一技术指标、同一批号且连续的矿物掺和料，粒化高炉矿渣粉不超过 500t 为一批。 ②取样：应有代表性，可连续取，也可从 20 个以上的不同部位取等量样品，总量至少 20kg，试样应混合均匀，按四分法取出比试验量大一倍的试样

3. 技术指标要求

1）粉煤灰技术指标要求

拌制砂浆和混凝土用粉煤灰理化性能应符合《用于水泥和混凝土中的粉煤灰》GB/T 1596 规定，见表 3-47。

表 3-47　拌制砂浆和混凝土用粉煤灰理化性能要求

项目		技术要求		
		Ⅰ级	Ⅱ级	Ⅲ级
细度（45μm方孔筛筛余）（%）	F类粉煤灰	≤12.0	≤30.0	≤45.0
	C类粉煤灰			
需水量比（%）	F类粉煤灰	≤95	≤105	≤115
	C类粉煤灰			
烧失量（Loss）（%）	F类粉煤灰	≤5.0	≤8.0	≤10.0
	C类粉煤灰			
含水量（%）	F类粉煤灰	≤1.0		
	C类粉煤灰			
三氧化硫（SO_3）质量分数（%）	F类粉煤灰	≤3.0		
	C类粉煤灰			
游离氧化钙（f-CaO）质量分数（%）	F类粉煤灰	≤1.0		
	C类粉煤灰	≤4.0		
二氧化硅（SiO_2）、三氧化二铝（Al_2O_3）、和三氧化二铁（Fe_2O_3）总质量分数（%）	F类粉煤灰	≥70.0		
	C类粉煤灰	≥50.0		
密度（g/cm³）	F类粉煤灰	≤2.6		
	C类粉煤灰			
安定性（雷式法）（mm）	C类粉煤灰	≤5.0		
强度活性指数（%）	F类粉煤灰	≥70.0		
	C类粉煤灰			

2）粒化高炉矿渣粉技术指标要求

粒化高炉矿渣粉应符合《用于水泥、砂浆和混凝土中的粒化高炉矿渣粉》GB/T 18046 规定，见表 3-48。

表 3-48　粒化高炉矿渣粉技术指标

项目		级别		
		S105	S95	S75
密度（g/cm³）		≥2.8		
比表面积（m²/kg）		≥500	≥400	≥300
活性指数（%）	7d	≥95	≥70	≥55
	28d	≥105	≥95	≥75
流动度比（%）		≥95		
初凝时间比（%）		≤200		
含水量（质量分数）（%）		≤1.0		
三氧化硫（质量分数）（%）		≤4.0		
氯离子（质量分数）（%）		≤0.06		
烧失量（质量分数）（%）		≤1.0		
不溶物（质量分数）（%）		≤3.0		
玻璃体含量（质量分数）（%）		≥85		
放射性		$I_{Ra} \leq 1.0$ 且 $I_\gamma \leq 1.0$		

3.1.1.5 集料

砂、碎石（卵石）在普通混凝土中作为集料使用，是普通混凝土的主要组成材料，占混凝土总体积的3/4以上，在混凝土中除降低成本外，还起着骨架及支撑作用，使混凝土有较好的体积稳定性和耐久性。

一般将粒径在5mm以下的称为细集料，粒径大于5mm的称为粗集料。普通混凝土中所用的山砂、河砂、海砂均为天然细集料，所用人工碎石和天然卵石均为粗集料。

1. 砂

建设用砂执行的国家标准为《建设用砂》GB/T 14684。此标准适用于建设工程中水泥混凝土及其制品和普通砂浆用砂。按产源分为天然砂、机制砂和混合砂。按细度模数分为粗、中砂、细砂和特细砂，其细度模数分别为：粗砂：3.7～3.1；中砂：3.0～2.3；细砂：2.2～1.6；特细砂：1.5～0.7。建设用砂按颗粒级配、含泥量（石粉含量）、亚甲蓝（MB）值、泥块含量、有害物质、坚固性、压碎指标、片状颗粒含量技术要求分为Ⅰ类、Ⅱ类和Ⅲ类。天然砂是指自然生成的，经人工开采和筛分的粒径小于4.75mm的岩石颗粒，按生存环境可分为河沙、湖砂、山砂、海砂等。机制砂是指经除土处理，由机械破碎、筛分制成的，粒径小于4.75mm的岩石、矿山尾矿或工业废渣颗粒，但不包括软质、风化的颗粒，俗称人工砂。而混合砂是指由天然砂与人工砂按一定比例组合而成的砂。

普通混凝土用砂、石执行的行业标准为《普通混凝土用砂、石质量及检验方法标准》JGJ 52。此标准适用于一般工业与民用建筑和构筑物中普通混凝土用砂和石的质量要求和检验。按细度模数分为粗砂、中砂、细砂和特细砂，其细度模数分别为：粗砂：3.7～3.1；中砂：3.0～2.3；细砂：2.2～1.6；特细砂：1.5～0.7。

1) 依据标准

《建设用砂》GB/T 14684

《混凝土结构通用规范》GB 55008

《普通混凝土用砂、石质量及检验方法标准》JGJ 52

2) 进场复验试验项目与取样规定

《天津市建筑工程施工质量验收资料管理规程》DB/T 29—209 中对砂、石进场复验试验项目与取样规定见表 3-49。

表 3-49　砂、石进场复验试验项目与取样规定

种类名称 相关标准、规范代号	复验项目	组批规则及取样数量规定
普通混凝土用砂 （JGJ 52） 建设用砂 （GB/T 14684）	颗粒级配、堆积密度、含泥量、泥块含量、氯离子含量（海砂）、石粉含量（人工砂及混合砂）	①组批：应按砂、石的同产地同规格，以 400m³ 或 600t 为一批，不足 600t 亦为一批。 ②取样： a. 砂：在料堆上取样时，取样部位应均匀分布，取样前先将取样部位表面铲除，然后从不同部位抽取大致等量的砂 8 份（每份约11kg），组成一组样品。然后用四分法缩至约 20kg。 b. 石：在料堆上取样时，取样部位应均匀分布，取样前先将取样部位表面铲除，然后从不同部位抽取大致相等的石子 16 份，组成一组样品。每份约 5～40kg，然后缩分至约 40kg 或 80kg 送试

3) 技术指标要求

(1)《混凝土结构通用规范》GB 55008 中第 3.1.2 条规定：

① 砂的坚固性指标不应大于 10%；对于有抗渗、抗冻、抗腐蚀、耐磨或其他特殊要求的混凝土，砂的含泥量和泥块含量分别不应大于 3.0% 和 1.0%，坚固性指标不应大于 8%；高强混凝土用砂的含泥量和泥块含量分别不应大于 2.0% 和 0.5%；机制砂应按石粉的亚甲蓝值指标和石粉的流动比指标控制石粉含量。

② 混凝土结构用海砂必须经过净化处理。

③ 钢筋混凝土用砂的氯离子含量不应大于 0.03%，预应力混凝土用砂的氯离子含量不应大于 0.01%。

（2）《建设用砂》GB/T 14684 及《普通混凝土用砂、石质量及检验方法标准》JGJ 52 对砂有以下规定：

① 颗粒级配

《建设用砂》GB/T 14684 对砂的颗粒级配的规定见表 3-50。除特细砂外，Ⅰ类砂的累计筛余应符合表 3-50 中 2 区的规定，分计筛余应符合表 3-51 的规定；Ⅱ类和Ⅲ类砂的累计筛余应符合表 3-50 的规定。砂的实际颗粒级配除 4.75mm 和 0.60mm 筛挡外，可以超出，但各级累计筛余超出值总和不应大于 5%。Ⅰ类砂的细度模数应为 2.3～3.2。

表 3-50 累计筛余

砂的分类	天然砂			机制砂、混合砂		
级配区	1 区	2 区	3 区	1 区	2 区	3 区
方筛孔尺寸（mm）	累计筛余（%）					
4.75	10～0	10～0	10～0	5～0	5～0	5～0
2.36	35～5	25～0	15～0	35～5	25～0	15～0
1.18	65～35	50～10	25～0	65～35	50～10	25～0
0.60	85～71	70～41	40～16	85～71	70～41	40～16
0.30	95～80	92～70	85～55	95～80	92～70	85～55
0.15	100～90	100～90	100～90	97～85	94～80	94～75

表 3-51 分计筛余

方筛孔尺寸（mm）	4.75[a]	2.36	1.18	0.60	0.30	0.15[b]	筛底[c]
分计筛余（%）	0～10	10～15	10～25	20～31	20～30	5～15	0～20

[a] 对于机制砂，4.75mm 筛的分计筛余不应大于 5%。

[b] 对于 MB>1.4 的机制砂，0.15mm 筛和筛底的分计筛余之和不应大于 25%。

[c] 对于天然砂，筛底的分计筛余不应大于 10%。

《普通混凝土用砂、石质量及检验方法标准》JGJ 52 对砂的颗粒级配的规定见表 3-52。除特细砂外，砂的颗粒级配按公称直径 630μm 筛孔的累计筛余量（以质量百分率计，下同），分为三个级配区，且砂的颗粒级配应处于表 3-52 中的某一区内。砂的实际颗粒级配与表 3-52 中的累计筛余相比，除公称粒径为 5.00mm 和 630μm（表 3-52 斜体所标数值）的累计筛余外，其余公称粒径的累计筛余可稍有超出分界线，但总超出量不应大于 5%。当砂的颗粒级配不符合上述要求时，应采取相应措施，经试验证明能确保混凝土质量后，方允许使用。配制混凝土宜优先选用Ⅱ区砂，当采用Ⅰ区砂时，应提高砂率，并保持足够的水泥用量，满足混凝土的和易性；当采用Ⅲ区砂时，宜适当降低砂率；当采用特细砂时，应符合相关的规定。配制泵送混凝土宜选用中砂。

表 3-52 砂的颗粒级配区

公称粒径	累计筛余（%）		
	级配区		
	Ⅰ区	Ⅱ区	Ⅲ区
5.00mm	10～0	10～0	10～0
2.50mm	35～5	25～0	15～0
1.25mm	65～35	50～10	25～0
630μm	85～71	70～41	40～16
315μm	95～80	92～70	85～55
160μm	100～90	100～90	100～90

② 天然砂的含泥量、机制砂的亚甲蓝值与石粉含量

《建设用砂》GB/T 14684 对天然砂的含泥量、机制砂的石粉含量的规定见表 3-53、表 3-54。

表 3-53 天然砂中含泥量

类别	Ⅰ类	Ⅱ类	Ⅲ类
含泥量（按质量计）（%）	≤1.0	≤3.0	≤5.0

表 3-54 机制砂的石粉含量

类别	亚甲蓝值（MB）	石粉含量（质量分数）（%）
Ⅰ类	MB≤0.5	≤15.0
	0.5<MB≤1.0	≤10.0
	1.0<MB≤1.4 或快速试验合格	≤5.0
	MB>1.4 或快速试验不合格	≤1.0ª
Ⅱ类	MB≤1.0	≤15.0
	1.0<MB≤1.4 或快速试验合格	≤10.0
	MB>1.4 或快速试验不合格	≤3.0ª
Ⅲ类	MB≤1.4 或快速试验合格	≤15.0
	MB>1.4 或快速试验不合格	≤5.0ª

注：砂浆用砂的石粉含量不做限制。

ª 根据使用环境和用途，经试验验证，由供需双方协商确定，Ⅰ类砂石粉含量可放宽至不大于 3.0%，Ⅱ类砂石粉含量可放宽至不大于 5.0%，Ⅲ类砂石粉含量可放宽至不大于 7.0%。

《普通混凝土用砂、石质量及检验方法标准》JGJ 52 对天然砂的含泥量、人工砂或混合砂的石粉含量的规定见表 3-55、表 3-56。有抗冻、抗渗或其他特殊要求的强度等级小于或等于 C25 混凝土用砂，其含泥量不应大于 3.0%。

表 3-55 天然砂中含泥量

混凝土强度等级	≥C60	C55~C30	≤C25
含泥量（按质量计）（%）	≤2.0	≤3.0	≤5.0

表 3-56 人工砂或混合砂中石粉含量

混凝土强度等级		≥C60	C55~C30	≤C25
石粉含量（%）	MB<1.4（合格）	≤5.0	≤7.0	≤10.0
	MB≥1.4（不合格）	≤2.0	≤3.0	≤5.0

③ 泥块含量

《建设用砂》GB/T 14684 对砂的泥块含量的规定见表 3-57。

表 3-57 砂的泥块含量

类别	Ⅰ类	Ⅱ类	Ⅲ类
泥块含量（质量分数）（%）	≤0.2	≤1.0	≤2.0

《普通混凝土用砂、石质量及检验方法标准》JGJ 52 对泥块含量的规定见表 3-58。对有抗冻、抗渗或其他特殊要求的小于或等于 C25 混凝土用砂，其泥块含量不应大于 1.0%。

表 3-58 天然砂中含泥量及泥块含量

混凝土强度等级	≥C60	C55~C30	≤C25
泥块含量（按质量计）（%）	≤0.5	≤1.0	≤2.0

④ 氯离子含量

《建设用砂》GB/T 14684 对氯化物的规定见表 3-59。

表 3-59 对氯化物的要求

类别	Ⅰ类	Ⅱ类	Ⅲ类
氯化物（以氯离子质量计,%）	≤0.01	≤0.02	≤0.06[a]

[a] 对于钢筋混凝土用净化处理的海砂，其氯化物含量应小于或等于 0.02%。

《普通混凝土用砂、石质量及检验方法标准》JGJ 52 对砂中氯离子含量规定如下：

a) 对于钢筋混凝土用砂，其氯离子含量不得大于 0.06%（以干砂的质量百分率计）；

b) 对于预应力混凝土用砂，其氯离子含量不得大于 0.02%（以干砂的质量百分率计）。

⑤ 表观密度、松散堆积密度和空隙率

《建设用砂》GB/T 14684 规定除特细砂外，砂表观密度、松散堆积密度、空隙率应符合下列规定：表观密度不小于 2500kg/m³；松散堆积密度不小于 1400kg/m³；空隙率不大于 44%。

2. 建设用石

建设用石执行的国家标准为《建设用卵石、碎石》GB/T 14685。此标准适用于建设工程（除水工建筑物）中水泥混凝土及其制品用卵石、碎石。建设用石分为卵石、碎石两类。建设用石按卵石含泥量（碎石泥粉含量），泥块含量，针、片状颗粒含量，不规则颗粒含量，硫化物及硫酸盐含量，坚固性，压碎指标，连续级配松散堆积空隙率，吸水率技术要求分为Ⅰ类、Ⅱ类和Ⅲ类。卵石是指自然风化、由水流搬运和分选、堆积形成的，粒径大于 4.75mm 的岩石颗粒。其表面洁净、光滑、比表面积小，拌制的混凝土的和易性好；耗用的水泥浆少，比较经济，但混凝土的强度略低。碎石是指天然岩石、卵石或矿山废石经机械破碎、筛分制成的，粒径大于 4.75mm 的岩石颗粒。特性基本同卵石相反。

普通混凝土用砂、石执行的行业标准为《普通混凝土用砂、石质量及检验方法标准》JGJ 52。此标准适用于一般工业与民用建筑和构筑物中普通混凝土用砂和石的质量要求和检验。

1）依据标准

《建设用卵石、碎石》GB/T 14685

《混凝土结构通用规范》GB 55008

《普通混凝土用砂、石质量及检验方法标准》JGJ 52

2）进场复验试验项目与取样规定

DB/T 29—209 中对建设用石进场复验试验项目与取样规定见表 3-60。

表 3-60 进场复验试验项目与取样规定

种类名称 相关标准、规范代号	复验项目	组批规则及取样数量规定
普通混凝土用石 （JGJ 52） 建设用卵石、碎石 （GB/T 14685）	颗粒级配、针片状颗粒含量、泥块含量、含泥量	①组批：应按砂、石的同产地同规格，以400m³或600t为一批，不足 600t 亦为一批。 ②取样： 　a. 砂：在料堆上取样时，取样部位应均匀分布，取样前先将取样部位表面铲除，然后从不同部位抽取大致等量的砂8份（每份约11kg），组成一组样品。然后用四分法缩至约20kg。 　b. 石：在料堆上取样时，取样部位应均匀分布，取样前先将取样部位表面铲除，然后从不同部位抽取大致相等的石子16份，组成一组样品。每份约5～40kg，然后缩分至约40kg或80kg送试

3）技术指标要求

（1）《混凝土结构通用规范》GB 55008 中第 3.1.3 条规定：

结构混凝土用粗骨料的坚固性指标不应大于12%；对于有抗渗、抗冻、抗腐蚀、耐磨或其他特殊要求的混凝土，粗骨料中含泥量和泥块含量分别不应大于 1.0% 和 0.5%，坚固性指标不应大于 8%；高强混凝土用粗骨料的含泥量和泥块含量分别不应大于 0.5% 和 0.2%。

（2）《建设用卵石、碎石》GB/T 14685 及《普通混凝土用砂、石质量及检验方法标准》JGJ 52 对建筑用石有以下规定。

① 颗粒级配

《建设用卵石、碎石》GB/T 14685 中对碎石或卵石的颗粒级配的规定见表 3-61。

表 3-61　颗粒级配

公称粒级 （mm）		累计筛余（%）										
		方孔筛孔径（mm）										
		2.36	4.75	9.50	16.0	19.0	26.5	31.5	37.5	53.0	63.0	75.0	90
连续粒级	5～16	95～100	85～100	30～60	0～10	0	—	—	—	—	—	—	—
	5～20	95～100	90～100	40～80	—	0～10	0	—	—	—	—	—	—
	5～25	95～100	90～100	—	30～70	—	0～5	0	—	—	—	—	—
	5～31.5	95～100	90～100	70～90	—	15～45	—	0～5	0	—	—	—	—
	5～40	—	95～100	70～90	—	30～65	—	—	0～5	0	—	—	—
单粒粒级	5～10	95～100	80～100	0～15	0	—	—	—	—	—	—	—	—
	10～16	—	95～100	80～100	0～15	0	—	—	—	—	—	—	—
	10～20	—	95～100	85～100	—	0～15	0	—	—	—	—	—	—
	16～25	—	—	95～100	55～70	25～40	0～10	0	—	—	—	—	—
	16～31.5	—	95～100	—	85～100	—	—	0～10	0	—	—	—	—
	20～40	—	—	95～100	—	80～100	—	—	0～10	0	—	—	—
	25～31.5	—	—	—	95～100	—	80～100	0～10	0	—	—	—	—
	40～80	—	—	—	—	95～100	—	—	70～100	—	30～60	0～10	0

注："—"表示该孔径累计筛余不做要求；"0"表示该孔径累计筛余为 0。

《普通混凝土用砂、石质量及检验方法标准》JGJ 52 对碎石或卵石的颗粒级配规定见表 3-62。如卵石（不包括碎石）级配不符合表 3-62 要求时应采取措施并经试验证实能确保工程质量，方允许使用。

表 3-62　碎石或卵石的颗粒级配范围

级配情况	公称粒级 （mm）	累计筛余 按质量（%）										
		方孔筛筛孔边长尺寸（mm）										
		2.36	4.75	9.5	16.0	19.0	26.5	31.5	37.5	53	63	75	90
连续粒级	5～10	95～100	80～100	0～15	0	—	—	—	—	—	—	—	—
	5～16	95～100	85～100	30～60	0～10	0	—	—	—	—	—	—	—
	5～20	95～100	90～100	40～80	—	0～10	0	—	—	—	—	—	—
	5～25	95～100	90～100	—	30～70	—	0～5	0	—	—	—	—	—
	5～31.5	95～100	90～100	70～90	—	15～45	—	0～5	0	—	—	—	—
	5～40		95～100	70～90	—	30～65	—	—	0～5	0	—	—	—
单粒级	10～20	—	95～100	85～100	—	0～15	0	—	—	—	—	—	—
	16～31.5	—	95～100	—	85～100	—	—	0～10	0	—	—	—	—
	20～40	—	—	95～100	—	80～100	—	—	0～10	0	—	—	—
	31.5～63	—	—	95～100	—	—	75～100	45～75	—	—	0～10	0	—
	40～80	—	—	—	95～100	—	—	70～100	—	30～60	0～10	0	

② 针、片状颗粒含量

针、片状颗粒：卵石、碎石颗粒的最大一维尺寸大于该颗粒所属粒级的平均粒径 2.4 倍者为针状颗粒；最小一维尺寸小于该颗粒所属粒级的平均粒径 0.4 倍者为片状颗粒。

《建设用卵石、碎石》GB/T 14685 对针、片状颗粒含量的规定见表 3-63。

表 3-63　针、片状颗粒含量

类别	Ⅰ类	Ⅱ类	Ⅲ类
针、片状颗粒含量（质量分数）（%）	≤5	≤8	≤15

《普通混凝土用砂、石质量及检验方法标准》JGJ 52 对针、片状颗粒含量规定见表 3-64。

表 3-64　针、片状颗粒含量

混凝土强度等级	≥C60	C55～C30	≤C25
针、片状颗粒含量（按质量计）（%）	≤8	≤15	≤25

③ 卵石含泥量、碎石泥粉含量及泥块含量

《建设用卵石、碎石》GB/T 14685 对卵石含泥量、碎石泥粉含量及泥块含量的规定见表 3-65。

表 3-65　卵石含泥量、碎石泥粉含量及泥块含量

类别	Ⅰ类	Ⅱ类	Ⅲ类
卵石含泥量（质量分数）（%）	≤0.5	≤1.0	≤1.5
碎石泥粉含量（质量分数）（%）	≤0.5	≤1.5	≤2.0
泥块含量（质量分数）（%）	≤0.1	≤0.2	≤0.7

《普通混凝土用砂、石质量及检验方法标准》JGJ 52 对含泥量及泥块含量的规定见表 3-66。对于有抗冻、抗渗或其他特殊要求的混凝土，其所用碎石或卵石的含泥量不应大于 1.0%，当碎石或卵石中含泥是非黏土质的石粉时，其含泥量可由表 3-66 中的 0.5%、1.0% 和 2.0% 分别提高到 1.0%、1.5% 和 3.0%。对于有抗冻、抗渗或其他特殊要求的强度等级小于 C30 的混凝土，其所用碎石或卵石中泥块含量不应大于 0.5%。

表 3-66　碎石或卵石中的含泥量及泥块含量

混凝土强度等级	≥C60	C55～C30	≤C25
含泥量（按质量计）（%）	≤0.5	≤1.0	≤2.0
泥块含量（按质量计）（%）	≤0.2	≤0.5	≤0.7

3. 轻集料

建筑工程中所用轻集料是指堆积密度不大于 1200kg/m³ 粗、细集料的总称。

轻集料执行的国家标准为《轻集料及其试验方法 第 1 部分：轻集料》GB/T 17431.1。此标准适用于混凝土用的轻集料，主要包括人造轻集料、天然轻集料、工业废渣轻集料。其他类别和用途的轻集料也可参照使用。天然轻集料是指由火山爆发形成的多孔岩石经破碎、筛分而制成的轻集料，如浮石、火山渣等。人造轻集料是指采用无机材料经加工制粒、高温焙烧而制成的轻粗集料（陶粒等）及轻细集料（陶砂等）。工业废渣轻集料是指由工业副产品或固体废弃物经破碎、筛分而制成的轻集料。

1) 检测依据

《轻集料及其试验方法 第1部分：轻集料》GB/T 17431.1

《轻集料及其试验方法 第2部分：轻集料试验方法》GB/T 17431.2

2) 进场复验试验项目与取样规定

《天津市建筑工程施工质量验收资料管理规程》DB/T 29—209 中对轻集料进场复验试验项目与取样规定见表 3-67。

表 3-67　进场复验试验项目与取样规定

种类名称 相关标准、规范代号	复验项目	组批规则及取样数量规定
轻粗集料 （GB/T 17431.1） （GB/T 17431.2）	颗粒级配、堆积密度、吸水率、筒压强度、粒型系数、强度标号（高强轻粗集料）	①组批：轻集料按类别、名称、密度等级分批检验与验收，每400m³ 为一批。不足 400m³ 亦按一批计。 ②取样： a. 应从每批产品中随机取有代表性的试样。 b. 初次抽取的试样应不少于 10 份，其总料量应多于试验用料量的一倍。
轻细集料 （GB/T 17431.1） （GB/T 17431.2）	细度模数、堆积密度	c. 初次抽取试样应符合下列规定：对均匀料堆进行取样时，试样可从料堆锥体从上到下的不同部位，不同方向任选 10 个点抽取。但要注意避免抽取离析的及面层的材料。从袋装料和散装料（车、船）抽取试样时，应从 10 个不同位置和高度（或料袋）中抽取。 具体取样数量可参考相关产品标准（表）

3) 技术指标要求

《轻集料及其试验方法 第1部分：轻集料》GB/T 17431.1 规定：

（1）颗粒级配

① 各种轻集料的颗粒级配应符合表 3-68 的要求，但人造轻粗集料的最大粒径不宜大于 19.0mm。

② 轻细集料的细度模数宜在 2.3～4.0 范围内。

表 3-68　颗粒级配

轻集料	级配类别	公称粒级（mm）	各号筛的累计筛余（按质量计，%）											
			方孔筛孔径（mm）											
			37.5	31.5	26.5	19.0	16.0	9.50	4.75	2.36	1.18	0.600	0.300	0.150
细集料	—	0～5	—	—	—	—	0	0～10	0～35	20～60	30～80	65～90	75～100
粗集料	连续粒级	5～40	0～10	—	—	40～60	—	50～85	90～100	95～100	—	—	—	—
		5～31.5	0～5	0～10	—	—	40～75	—	90～100	95～100	—	—	—	—
		5～25	0	0～5	0～10	—	30～70	—	90～100	95～100	—	—	—	—
		5～20	0	0～5	—	0～10	—	40～80	90～100	95～100	—	—	—	—
		5～16	—	—	0	0～5	0～10	20～60	85～100	95～100	—	—	—	—
		5～10	—	—	—	0	—	0～15	80～100	95～100	—	—	—	—
	单粒级	10～16	—	—	—	0	0～15	85～100	90～100	—	—	—	—	—

（2）堆积密度

轻集料按堆积密度划分的密度等级应符合表 3-69 的要求。

表 3-69　密度等级

密度等级		堆积密度范围（kg/m³）
轻粗集料	轻细集料	
200	—	＞100，≤200

密度等级		堆积密度范围（kg/m³）
轻粗集料	轻细集料	
300	—	>200，≤300
400	—	>300，≤400
500	500	>400，≤500
600	600	>500，≤600
700	700	>600，≤700
800	800	>700，≤800
900	900	>800，≤900
1000	1000	>900，≤1000
1100	1100	>1000，≤1100
1200	1200	>1100，≤1200

（3）筒压强度与强度标号

① 不同密度等级轻粗集料的筒压强度应不低于表 3-70 的规定。

表 3-70 轻粗集料筒压强度

轻粗集料品种	密度等级	筒压强度（MPa）
人造轻集料	200	0.2
	300	0.5
	400	1.0
	500	1.5
	600	2.0
	700	3.0
	800	4.0
	900	5.0
天然轻集料 工业废渣轻集料	600	0.8
	700	1.0
	800	1.2
	900	1.5
	1000	1.5
工业废渣轻集料中 的自然煤矸石	900	3.0
	1000	3.5
	1100～1200	4.0

② 不同密度等级高强轻粗集料的筒压强度和强度标号应不低于表 3-71 的规定。

表 3-71 高强轻粗集料的筒压强度和强度标号

轻粗集料品种	密度等级	筒压强度（MPa）	强度标号
人造轻集料	600	4.0	25
	700	5.0	30
	800	6.0	35
	900	6.5	40

（4）轻粗集料的粒型系数

不同粒型轻粗集料的粒型系数应符合表 3-72 的规定。

表 3-72　轻粗集料的粒型系数

轻粗集料种类	平均粒型系数
人造轻集料	≤2.0
天然轻集料 工业废渣轻集料	不作规定

3.1.1.6　混凝土用水

混凝土用水是混凝土拌和用水和混凝土养护用水的总称，包括：饮用水、地表水、地下水、再生水、混凝土企业设备洗刷水和海水等。

混凝土用水执行的行业标准为《混凝土用水标准》JGJ 63。此标准适用于工业与民用建筑以及一般构筑物的混凝土用水。

1. 依据标准

《混凝土结构通用规范》GB 55008

《混凝土用水标准》JGJ 63

《天津市建筑工程施工质量验收资料管理规程》DB/T 29—209

2. 进场复验试验项目与取样规定

《天津市建筑工程施工质量验收资料管理规程》DB/T 29—209 中对混凝土用水进场复验试验项目与取样规定见表 3-73。

表 3-73　进场复验试验项目与取样规定

种类名称 相关标准、规范代号	复验项目	组批规则及取样数量规定
混凝土拌合用水 （JGJ 63）	pH 值、氯离子、硫酸根离子、可溶物含量、不溶物含量、碱含量（碱活性骨料）	①取样数量：水质检验水样不应少于 5L；用于测定水泥凝结时间和胶砂强度的水样不应少于 3L。 ②取样方法：地表水宜在水域中心部位、距水面 100mm 以下采集；地下水应在放水冲洗管道后接取，或直接用容器采集；再生水应在取水管道终端接取；混凝土企业设备洗刷水应沉淀后，在池中距水面 100mm 以下采集

3. 技术指标要求

1）《混凝土结构通用规范》GB 55008 中第 3.1.5 条规定：

混凝土拌合用水应控制 pH、硫酸根离子含量、氯离子含量、不溶物含量、可溶物含量；当混凝土骨料具有碱活性时，还应控制碱含量；地表水、地下水、再生水在首次使用前应检测放射性。

2）《混凝土用水标准》JGJ 63 中第 3.1.1 条规定：

混凝土拌合用水水质要求应符合表 3-74 的规定。对于设计使用年限为 100 年的结构混凝土，氯离子含量不得超过 500mg/L；对使用钢丝或经热处理钢筋的预应力混凝土，氯离子含量不得超过 350mg/L。

表 3-74　混凝土拌合用水水质要求

项目	预应力混凝土	钢筋混凝土	素混凝土
pH 值	≥5.0	≥4.5	≥4.5
不溶物（mg/L）	≤2000	≤2000	≤5000
可溶物（mg/L）	≤2000	≤5000	≤10000
Cl^-（mg/L）	≤500	≤1000	≤3500
SO_4^{2-}（mg/L）	≤600	≤2000	≤2700
碱含量（mg/L）	≤1500	≤1500	≤1500

注：碱含量按 $Na_2O+0.658K_2O$ 计算值来表示。采用非碱活性骨料时，可不检验碱含量。

3.1.1.7　混凝土

混凝土是以水泥、集料和水为主要原材料，根据需要加入矿物掺和料和外加剂等材料，按一定配合比，经拌和、成型、养护等工艺制作的，硬化后具有强度的工程材料。

1. 标准依据

《混凝土物理力学性能试验方法标准》GB/T 50081

《普通混凝土长期性能和耐久性能试验方法标准》GB/T 50082

《混凝土强度检验评定标准》GB/T 50107

《混凝土结构工程施工质量验收规范》GB 50204

《地下防水工程质量验收规范》GB 50208

《建筑地面工程施工质量验收规范》GB 50209

《轻骨料混凝土应用技术标准》JGJ/T 12

《建筑工程冬期施工规程》JGJ/T 104

2. 进场复验试验项目与取样规定

《天津市建筑工程施工质量验收资料管理规程》DB/T 29—209 中对混凝土进场复验试验项目与取样规定见表 3-75。

表 3-75　进场复验试验项目与取样规定

种类名称 相关标准、规范代号	复验项目	组批规则及取样数量规定
混凝土 (GB/T 50081) (GB/T 50107) (JGJ/T 104) (GB 50209)	抗压强度	①组批： a. 每拌制 100 盘且不超过 100m³ 时，取样不得少于一次； b. 每工作班拌制不足 100 盘时，取样不得少于一次； c. 连续浇筑超过 1000m³ 时，每 200m³ 取样不得少于一次； d. 每一楼层取样不得少于一次； e. 每次取样应至少留置一组试件； f. 冬期施工，除了按要求留置的试件外，还应增设不少于 2 组同条件试件（临界强度试件）； g. 建筑地面的混凝土，同一施工批次，同一配合比，每一层（或检验批）建筑地面工程不少于 1 组，每一层（或检验批）建筑地面面积大于 1000m² 时，每增加 1000m² 增加一组试件；小于 1000m² 按 1000m² 计算，取 1 组试件； h. 散水、明沟、踏步、台阶、坡道，同一施工批次、同一配合比每 150 延长米不少于 1 组试件。
轻骨料混凝土 (JGJ/T 12)	抗压强度	②取样： a. 同一组混凝土拌和物的取样，应在同一盘混凝土或同一车混凝土中取样。取样量应多于试验所需量的 1.5 倍，且不宜小于 20L。 b. 取样应具有代表性，宜采用多次采样的方法。宜在同一盘混凝土或同一车混凝土的 1/4 处、1/2 处和 3/4 处分别取样，并搅拌均匀，第一次取样和最后一次取样的时间间隔不宜超过 15min
抗渗混凝土 (GB/T 50082) (GB 50208)	抗压强度 抗渗等级	取样及组批： a. 混凝土抗渗试件：连续浇筑混凝土每 500m³ 应留置一组 6 个抗渗试件，且每项工程不得少于 2 组。 b. 混凝土抗压强度试件：同一工程、同一配合比的混凝土，取样频率与试件留置组数应符合混凝土条款的规定
不发火集料及混凝土 (GB 50209)	不发火性	①组批：不少于 50 个试件。 ②取样： a. 粗骨料：从不少于 50 个试件中选出做不发生火花的试件 10 个（应是不同表面、不同颜色、不同结晶体、不同硬度）。每个试件重 50～250g，准确度应达到 1g。 b. 粉状骨料：应将这些细粒材料用胶结料（水泥或沥青）制成块状材料进行试验。试件数量同上。 c. 不发火水泥砂浆、水磨石、水泥混凝土的试验用试件同上

3. 技术指标要求

1）混凝土抗压强度技术指标

《混凝土结构通用规范》GB 55008 中第 2.0.2 条规定：

结构混凝土强度等级的选用应满足工程结构的承载力、刚度及耐久性需求。对设计工作年限为 50 年的混凝土结构，结构混凝土的强度等级尚应符合下列规定；对设计工作年限大于 50 年的混凝土结构，结构混凝土的最低强度等级应比下列规定提高。

（1）素混凝土结构构件的混凝土强度等级不应低于 C20；钢筋混凝土结构构件的混凝土强度等级不应低于 C25；预应力混凝土楼板结构的混凝土强度等级不应低于 C30，其他预应力混凝土结构构件的混凝土强度等级不应低于 C40；钢-混凝土组合结构构件的混凝土强度等级不应低于 C30。

（2）承受重复荷载作用的钢筋混凝土结构构件，混凝土强度等级不应低于 C30。

（3）抗震等级不低于二级的钢筋混凝土结构构件，混凝土强度等级不应低于 C30。

（4）采用 500MPa 及以上等级钢筋的钢筋混凝土结构构件，混凝土强度等级不应低于 C30。

2）轻集料混凝土抗压强度技术指标

《轻骨料混凝土应用技术标准》JGJ/T 12 中第 4.2.3 条规定：

结构用轻骨料混凝土应采用砂轻混凝土。轻骨料混凝土结构的混凝土强度等级不应低于 LC20；采用强度等级 400MPa 及以上的钢筋时，轻骨料混凝土的强度等级不应低于 LC25；预应力轻骨料混凝土结构的混凝土强度等级不宜低于 LC40，且不应低于 LC30。

3）抗渗混凝土抗压强度及抗渗等级技术指标

《建筑与市政工程防水通用规范》GB 55030 中第 3.2.1 条规定：

防水混凝土的施工配合比应通过试验确定，其强度等级不应低于 C25，试配混凝土的抗渗等级应比设计要求提高 0.2MPa。

4）不发火集料及混凝土不发火性技术指标

《建筑地面工程施工质量验收规范》GB 50209 附录 A.0.2 条规定：

粗骨料的试验：从不少于 50 个，每个重 50g～250g（准确度达到 1g）的试件中选出 10 个，在暗室内进行不发火性试验。只有每个试件上磨掉不少于 20g，且试验过程中未发现任何瞬时的火花，方可判定为不发火性试验合格。

《建筑地面工程施工质量验收规范》GB 50209 附录 A.0.3 条规定：

粉状骨料的试验：粉状骨料除应试验其制造的原料外，还应将骨料用水泥或沥青胶结料制成块状材料后进行试验。原料、胶结块状材料的试验方法同本标准第 A.0.2 条。

《建筑地面工程施工质量验收规范》GB 50209 附录 A.0.4 条规定：不发火水泥砂浆、水磨石和水泥混凝土的试验。试验方法同本标准第 A.0.2 条、A.0.3 条。

3.1.1.8 装配式

装配式结构是指由预制混凝土构件通过可靠的连接方式装配而成的混凝土结构，包括装配整体式混凝土结构、全装配混凝土结构等。预制构件是指在工厂或现场预先制作的混凝土构件。

套筒灌浆连接是指在金属套筒中插入单根带肋钢筋并注入灌浆料拌和物，通过拌和物硬化形成整体并实现传力的钢筋对接连接。

1. 依据标准

《混凝土结构工程施工质量验收规范》GB 50204

《装配式混凝土建筑技术标准》GB/T 51231

《钢筋套筒灌浆连接应用技术规程》JGJ 355

《装配式混凝土结构技术规程》JGJ 1

《钢筋机械连接技术规程》JGJ 107

《钢筋连接用套筒灌浆料》JG/T 408

《装配整体式混凝土结构工程施工与质量验收规程》DB/T 29—243

2. 进场复验试验项目与取样规定

DB/T 29—209 中对装配式进场复验试验项目与取样规定见表 3-76。

表 3-76　进场复验试验项目与取样规定

种类名称 相关标准、规范代号	复验项目	组批规则及取样数量规定
预制构件 （GB 50204） （DB/T 29—243）	结构性能检验或实体检验	结构性能检验： ①组批：同一类型预制构件不超过 1000 个为一批。 ②抽样：每批随机抽取 1 个构件进行结构性能检验。 实体检验： ①组批：同一类型预制构件不超过 1000 个为一批。 ②抽样：每批随机抽取构件数量的 2% 且不少于 5 个构件
灌浆料 （JGJ 355） （JG/T 408） （JGJ 1） （DB/T 29—243）	灌浆料拌和物 30min 流动度、泌水率及 3d 抗压强度、28d 抗压强度、3h 竖向膨胀率、24h 与 3h 竖向膨胀率差值	①组批：同一成分、同一批号的灌浆料，不超过 50t 为一批。 ②取样：取样应有代表性，可从多个部位取等量样品，样品总量不应少于 30kg。 施工时，每工作班应制作 1 组，且每层不应少于 3 组，试件规格 40mm×40mm×160mm 的长方体，标准养护 28d 后进行抗压强度
套筒灌浆连接接头 （JGJ 355） （JGJ 107） （DB/T 29—243）	抗拉强度、工艺检验：屈服强度、抗拉强度、残余变形、灌浆料 28d 抗压强度	①组批：同一批号、同一类型、同一规格的灌浆套筒，不超过 1000 个为一批。 ②取样：每批制作 3 个试件。对于工艺检验，每种规格钢筋制作 3 个对中套筒灌浆连接接头，采用灌浆料拌和物制作的 40mm×40mm×160mm 试件不少于 1 组，接头及灌浆料试件在标准养护条件下养护 28d

3. 技术指标要求

1）预制构件技术要求

（1）《混凝土结构通用规范》GB 55008 中第 5.5.1 条规定：

预制构件连接应符合设计要求，并应符合下列规定：

① 套筒灌浆连接接头应进行工艺检验和现场平行加工试件性能检验；灌浆应饱满密实。

② 浆锚搭接连接的钢筋搭接长度应符合设计要求，灌浆应饱满密实。

③ 螺栓连接应进行工艺检验和安装质量检验。

④ 钢筋机械连接应制作平行加工试件，并进行性能检验。

（2）《装配式混凝土建筑技术标准》GB/T 51231 中第 11.2.2. 条规定：

专业企业生产的预制构件进场时，预制构件结构性能检验应符合下列规定：梁板类简支受弯预制构件进场时应进行结构性能检验，并应符合下列规定：结构性能检验应符合国家现行有关标准的有关规定及设计的要求，检验要求和试验方法应符合现行国家标准《混凝土结构工程施工质量验收规范》GB 50204 的有关规定。

（3）《混凝土结构工程施工质量验收规范》GB 50204 中第 B.0.2 条规定：

当按现行国家标准《混凝土结构设计规范》GB 50010 的规定进行检验时，预制构件承载力应满足式（3-1）的要求：

$$\gamma_u^0 \geqslant \gamma_0 \left[\gamma_u\right] \tag{3-1}$$

式中　γ_u^0——构件的承载力检验系数实测值。即试件的荷载实测值与荷载设计值（均包括自重）的比值；

　　　γ_0——结构重要性系数。按设计要求的结构等级确定，当无专门要求时取 1.0；

　　$\left[\gamma_u\right]$——构件的承载力检验系数允许值，按表 3-77 取用。

当按构件实配钢筋进行承载力检验时，应满足式（3-2）的要求：

$$\gamma_u^0 \geqslant \gamma_0 \eta \left[\gamma_u\right] \tag{3-2}$$

式中 η——构件承载力检验修正系数，根据现行国家标准《混凝土结构设计规范》GB 50010 按实配钢筋的承载力计算确定。

表 3-77 构件的承载力检验系数允许值

受力情况	达到承载能力极限状态的检验标志		$\left[\gamma_u\right]$
受弯	受拉主筋处的最大裂缝宽度达到 1.5mm；或挠度达到跨度的 1/50	有屈服点热轧钢筋	1.20
		无屈服点钢筋（钢丝、钢绞线、冷加工钢筋、无屈服点热轧钢筋）	1.35
	受压区混凝土破坏	有屈服点热轧钢筋	1.30
		无屈服点钢筋（钢丝、钢绞线、冷加工钢筋、无屈服点热轧钢筋）	1.45
	受拉主筋拉断		1.50
受弯构件的受剪	腹部斜裂缝达到 1.5mm，或斜裂缝末端受压混凝土剪压破坏		1.40
	沿斜截面混凝土斜压、斜拉破坏；受拉主筋在端部滑脱或其他锚固破坏		1.55

2）灌浆料技术指标

《钢筋套筒灌浆连接应用技术规程》JGJ 355 中第 3.1.3 条规定：

灌浆料性能及试验方法应符合现行行业标准《钢筋连接用套筒灌浆料》JG/T 408 的有关规定，并应符合下列规定：灌浆料抗压强度应符合表 3-78 的要求，且不应低于接头设计要求的灌浆料抗压强度。灌浆料竖向膨胀率应符合表 3-79 的要求。灌浆料拌和物的工作性能应符合表 3-80 的要求。

表 3-78 灌浆料抗压强度要求

时间（龄期）	抗压强度（N/mm²）
1d	≥35
3d	≥60
28d	≥85

表 3-79 灌浆料竖向膨胀率要求

项目	竖向膨胀率（%）
3h	≥0.2
24h 与 3h 差值	0.02～0.5

表 3-80 灌浆料拌和物的工作性能要求

项目		技术指标
流动度（mm）	初始	≥300
	30min	≥260
泌水率（%）		0

3）套筒灌浆连接接头技术指标

《钢筋套筒灌浆连接应用技术规程》JGJ 355 规定：

（1）钢筋套筒灌浆连接接头的抗拉强度不应小于连接钢筋抗拉强度标准值，且破坏时应断于接头外钢筋。

（2）钢筋套筒灌浆连接接头的屈服强度不应小于连接钢筋屈服强度标准值。

（3）套筒灌浆连接接头应能经受规定的高应力和大变形反复拉压循环检验，且在经历拉压循环后，其抗拉强度仍应符合第（1）条的规定。

（4）套筒灌浆连接接头的变形性能应符合表 3-81 的规定。当频遇荷载组合下，构件中钢筋应力高于钢筋屈服强度标准值 f_{yk} 的 0.6 倍时，设计单位可对单向拉伸残余变形的加载峰值 u_0 提出调整要求。

表 3-81　套筒灌浆连接接头的变形性能

项目		变形性能要求
对中单向拉伸	残余变形（mm）	$u_0 \leqslant 0.10\ (d \leqslant 32)$ $u_0 \leqslant 0.14\ (d > 32)$
	最大力下总伸长率（%）	$A_{sgt} \geqslant 6.0$
高应力反复拉压	残余变形（mm）	$u_{20} \leqslant 0.3$
大变形反复拉压	残余变形（mm）	$u_4 \leqslant 0.3$ 且 $u_8 \leqslant 0.6$

注：u_0——接头试件加载至 $0.6f_{yk}$ 并卸载后在规定标距内的残余变形；A_{sgt}——接头试件的最大力下总伸长率；u_{20}——接头试件按规定加载制度经高应力反复拉压 20 次后的残余变形；u_4——接头试件按规定加载制度经大变形反复拉压 4 次后的残余变形；u_8——接头试件按规定加载制度经大变形反复拉压 8 次后的残余变形。

3.1.1.9　回填土

回填土是指在工程施工中，完成基础等地面以下工程后，再返还填实的土。

1. 依据标准

《建筑地基基础设计规范》GB 50007

《建筑地基基础工程施工质量验收标准》GB 50202

《建筑地面工程施工质量验收规范》GB 50209

《土工试验方法标准》GB/T 50123

2. 进场复验试验项目与取样规定

《天津市建筑工程施工质量验收资料管理规程》DB/T 29—209 中对回填土进场复验试验项目与取样规定见表 3-82。

表 3-82　回填土进场复验试验项目与取样规定

种类名称 相关标准、规范代号	复验项目	组批规则及取样数量规定
回填土 （GB 50202） （GB 50209） （GB/T 50123）	干密度或压实系数 （击实试验、压实系数、含水率）	组批及取样： ①采用环刀法取样时 　a. 基坑和室内回填，每层按 100m²～500m² 取样 1 组，且每层不少于 1 组； 　b. 柱基回填，每层抽样柱基总数的 10%，且不少于 5 组； 　c. 基槽或管沟回填，每层按长度 20m～50m 取样 1 组，且每层不少于 1 组； 　d. 室外回填，每层按 400m²～900m² 取样 1 组，且每层不少于 1 组，取样部位应在每层压实后的下半部。 ②采用灌砂或灌水法取样时，取样数量可较环刀法适当减少，但每层不少于 1 组。 注：不同压实机具分层厚度： 　a. 平辗，250mm～300mm； 　b. 振动压实机，250mm～350mm； 　c. 柴油打夯，200mm～250mm； 　d. 人工打夯，<200mm ③粒径小于 5mm 黏性土应进行轻型击实试验，粒径不大于 20mm 的土应进行重型击实试验，采用三层击实时，最大粒径不大于 40mm。 ④用四分法取代表性土样 20kg（轻型击实）或 50kg（重型击实）

3. 技术指标要求

《建筑地基基础设计规范》GB 50007 中第 6.3.7 条规定：

压实填土的质量以压实系数 λ_c 控制，并应根据结构类型、压实填土所在部位按表 3-83 确定。

表 3-83　压实填土地基压实系数控制值

结构类型	填土部位	压实系数 (λ_c)	控制含水量 (%)
砌体承重及框架结构	在地基主要受力层范围内	≥0.97	$\omega_{op}\pm2$
	在地基主要受力层范围以下	≥0.95	
排架结构	在地基主要受力层范围内	≥0.96	
	在地基主要受力层范围以下	≥0.94	

注：1. 压实系数 (λ_c) 为填土的实际干密度 (ρ_d) 与最大干密度 (ρ_{dmax}) 之比；ω_{op} 为最优含水量；
　　2. 地坪垫层以下及基础底面标高以上的压实填土，压实系数不应小于 0.94。

3.1.2　砌体结构工程用原材料

砌体工程是指在建筑工程中使用普通黏土砖、承重黏土空心砖、蒸压灰砂砖、粉煤灰砖、各种中小型砌块和石材等材料进行砌筑的工程。

为保障砌体结构工程质量和安全，落实节能、节地和推广新型砌体材料政策，保护生态环境，保证人民群众生命财产安全和人身健康，提高砌体结构工程可持续发展水平，住房城乡建设部、市场监管总局联合发布《砌体结构通用规范》GB 55007，自 2022 年 1 月 1 日起实施。本规范为强制性工程建设规范，全部条文必须严格执行。现行工程建设标准相关强制性条文同时废止。现行工程建设标准中有关规定与本规范不一致的，以本规范的规定为准。

1. 砌筑水泥

砌筑水泥是由一种或一种以上活性混合材料或具有水硬性的工业废料为主要原料，加入适量硅酸盐水泥熟料和石膏，经磨细制成的水硬性胶凝材料，代号 M。这种水泥的强度较低，不能用于钢筋混凝土或结构混凝土，主要用于工业与民用建筑的砌筑和抹面砂浆、垫层混凝土等。

砌筑水泥执行的国家标准为《砌筑水泥》GB/T 3183，此标准适用于砌筑和抹面砂浆、垫层混凝土所需要的砌筑水泥。强度等级分为 12.5、22.5 和 32.5 三个等级。

1）依据标准

《砌筑水泥》GB/T 3183

2）进场复验试验项目与取样规定

《天津市建筑工程施工质量验收资料管理规程》DB 29—209 对砌筑水泥进场复验试验项目与取样规定见表 3-84。

表 3-84　进场复验试验项目与取样规定

种类名称 相关标准、规范代号	复验项目	组批规则及取样数量规定
砌筑水泥 (GB/T 3183)	强度、安定性	①组批：按同一生产厂家、同一等级、同一品种、同一批号且连续进场的水泥，袋装不超过 200t 为一批，散装不超过 500t 为一批，每批抽样不少于一次。②取样：应有代表性，可连续取，亦可从 20 个以上的不同部位取等量样品，总量至少 12kg

3）技术指标要求

（1）安定性

沸煮法合格。

（2）砌筑水泥不同龄期的强度应符合表 3-85 的规定。

表 3-85　砌筑水泥的强度指标

水泥等级	抗压强度（MPa）			抗折强度（MPa）		
	3d	7d	28d	3d	7d	28d
12.5	—	≥7.0	≥12.5	—	≥1.5	≥3.0
22.5	—	≥10.0	≥22.5	—	≥2.0	≥4.0
32.5	≥10.0	—	≥32.5	≥2.5	—	≥5.5

2. 砂浆

砂浆是建筑上砌砖使用的黏结物质，由一定比例的砂和胶结材料（水泥、石灰膏、黏土等）加水和成，也叫灰浆，也作砂浆。砂浆常用的有水泥砂浆、混合砂浆（或叫水泥石灰砂浆）、石灰砂浆和黏土砂浆。砂浆执行的行业标准为《蒸压加气混凝土墙体专用砂浆》JC/T 890。此标准适用于蒸压加气混凝土制品（强度等级大于等于 A2.5）在墙体工程中应配套使用的专用砂浆；在其他建筑工程中应用时，可参照执行；不适用于蒸压加气混凝土制品（强度等级小于 A2.5）在保温工程中应配套使用的砂浆。

砌筑砂浆增塑剂是砌筑砂浆拌制过程中掺入的用以改善砂浆和易性的非石灰类外加剂。执行的行业标准为《砌筑砂浆增塑剂》JG/T 164。此标准适用于砌筑砂浆用非石灰类增塑剂。

1）进场复验试验项目与取样规定

《天津市建筑工程施工质量验收资料管理规程》DB 29—209 对砌筑砂浆和砌筑砂浆增塑剂进场复验试验项目与取样规定见表 3-86。

表 3-86　进场复验试验项目与取样规定

种类名称 相关标准、规范代号	复验项目	组批规则及取样数量规定
砌筑砂浆 （JGJ/T 70）	抗压强度	①组批：每一检验批且不超过 250m³ 砌体的各类、各强度等级的普通砌筑砂浆，每台搅拌机应至少抽检一次。 ②取样： a. 同一类型、强度等级的砂浆试块不应少于 3 组，同一验收批砂浆只有 1 组或 2 组试块时，每组试块抗压强度平均值应大于或等于设计强度等级值的 1.10 倍；对于建筑结构的安全等级为一级或设计使用年限为 50 年及以上的房屋，同一验收批砂浆试块的数量不得少于 3 组。 b. 砂浆强度应以标准养护，28d 龄期的试块抗压强度为准。 c. 制作砂浆试块的砂浆稠度应与配合比设计一致
砌筑砂浆增塑剂 （JGJ/T 164）	固体含量、含水量、细度、密度	①组批：掺量大于 5% 的增塑剂，每 200t 为一批号，掺量小于 5% 并大于 1% 的增塑剂，每 100t 为一批号，掺量小于 1% 并大于 0.05% 的增塑剂，每 50t 为一批号，掺量小于 0.05% 的增塑剂，每 10t 为一批号。不足一个批号的应按一个批号计。 ②取样：每一编号取样量不少于试验所需数量的 2.5 倍，同一编号的产品必须混合均匀

2）技术指标要求

（1）《砌体结构通用规范》GB 55007 中第 3.3.1 条规定：

砌筑砂浆的最低强度等级应符合下列规定：

① 设计工作年限大于和等于 25 年的烧结普通砖和烧结多孔砖砌体应为 M5，设计工作年限小于 25 年的烧结普通砖和烧结多孔砖砌体应为 M2.5；

② 蒸压加气混凝土砌块砌体应为 Ma5，蒸压灰砂普通砖和蒸压粉煤灰普通砖砌体应为 Ms5；

③ 混凝土普通砖、混凝土多孔砖砌体应为 Mb5；

④ 混凝土砌块、煤矸石混凝土砌块砌体应为 Mb7.5；

⑤ 配筋砌块砌体应为 Mb10；

⑥ 毛料石、毛石砌体应为 M5。

第3.3.3规定：设计有抗冻要求的砌体时，砂浆应进行冻融试验，其抗冻性能不应低于墙体块材。

第3.3.4规定：配置钢筋的砌体不得使用掺加氯盐和硫酸盐类外加剂的砂浆。

（2）《蒸压加气混凝土墙体专用砂浆》JC/T 890 技术要求

薄层砌筑砂浆的性能应符合表3-87的规定。

表3-87 薄层砌筑砂浆性能指标

项目		性能指标	
强度	强度等级	M5	M10
	28 d 抗压强度（MPa）	≥5.0	≥10.0

（3）《砌筑砂浆增塑剂》JG/T 164 技术要求

增塑剂的匀质性指标应符合表3-88的要求。

表3-88 增塑剂的匀质性指标

试验项目	性能指标
固体含量	对液体增塑剂，不应小于生产厂最低控制值
含水量	对固体增塑剂，不应大于生产厂最大控制值
细度	对液体增塑剂，应在生产厂所控制值的±0.02g/m³以内
密度	0.315mm 筛的筛余量应不大于15%

3. 预拌砂浆

预拌砂浆：指由水泥、砂以及所需的外加剂和掺和料等成分，按一定比例，经集中计量拌制后，通过专用设备运输、使用的拌和物。是专业生产厂生产的湿拌砂浆或干混砂浆。

湿拌砂浆：指水泥、细集料、矿物掺和料、外加剂、添加剂和水，按一定比例，在搅拌站经计量、拌制后，运至使用地点，并在规定时间内使用的拌和物。按用途分为湿拌砌筑砂浆、湿拌抹灰砂浆、湿拌地面砂浆和湿拌防水砂浆。

干混砂浆：指水泥、干燥集料或粉料、添加剂以及根据性能确定的其他组分，按一定比例，在专业生产厂经计量、混合而成的混合物，在使用地点按规定比例加水或配套组分拌和使用。按用途主要分为干混砌筑砂浆、干混抹灰砂浆、干混地面砂浆、干混普通防水砂浆、干混陶瓷砖黏结砂浆、干混聚合物水泥防水砂浆、干混界面砂浆、干混自流平砂浆、干混耐磨地坪砂浆、干混填缝砂浆、干混饰面砂浆和干混修补砂浆。干混砌筑砂浆按施工厚度分为普通砌筑砂浆和薄层砌筑砂浆；干混抹灰砂浆按施工厚度或施工方法分为普通抹灰砂浆、薄层抹灰砂浆和机喷抹灰砂浆。

预拌砂浆执行的国家标准为《预拌砂浆》GB/T 25181。此标准适用于专业生产厂生产的，用于建设工程的砌筑、抹灰、地面等工程及其他用途的水泥基预拌砂浆。

预拌砂浆执行的行业标准为《预拌砂浆应用技术规程》JGJ/T 223。此标准适用于水泥基筑砂浆、抹灰砂浆、地面砂浆、防水砂浆、界面砂浆和陶瓷砖黏结砂浆等预拌砂浆的施工与质量验收。

1）依据标准

《预拌砂浆》GB/T 25181

《预拌砂浆应用技术规程》JGJ/T 223

2）进场复验试验项目与取样规定

《天津市建筑工程施工质量验收资料管理规程》DB 29—209 对预拌砂浆进场复验试验项目与取样规定见表3-89。

表 3-89 进场复验试验项目与取样规定

种类名称 相关标准、规范代号		复验项目	组批规则及取样数量规定
湿拌砌筑砂浆		保水率、抗压强度	①组批：同一生产厂家、同一品种、同一等级、同一批号且连续进场的湿拌砂浆，每250m³ 为一个检验批，不足 250m³ 时，应按一个检验批计。 ②取样：试验取样应采取随机取样，每个试验取样量不应少于试验用量的 4 倍
湿拌抹灰砂浆		保水率、抗压强度、拉伸黏结强度	
湿拌地面砂浆		保水率、抗压强度	
湿拌防水砂浆		保水率、抗压强度、抗渗压力、拉伸黏结强度	
干混砌筑砂浆	普通砌筑砂浆	保水率、抗压强度	①组批：同一生产厂家、同一品种、同一等级、同一批号且连续进场的干混砂浆，每 500t 为一个检验批，不足 500t 时，应按一个检验批计。 ②取样：试验取样应采取随机取样，试样不应少于试验用量的 4 倍
	薄层砌筑砂浆	保水率、抗压强度	
干混抹灰砂浆	普通抹灰砂浆	保水率、抗压强度、拉伸黏结强度	
	薄层抹灰砂浆	保水率、抗压强度、拉伸黏结强度	
干混地面砂浆		保水率、抗压强度	①组批：同一生产厂家、同一品种、同一等级、同一批号且连续进场的干混砂浆，每 500t 为一个检验批，不足 500t 时，应按一个检验批计。 ②取样：试验取样应采取随机取样，试样不应少于试验用量的 4 倍
干混普通防水砂浆		保水率、抗压强度、抗渗压力、拉伸黏结强度	

3）技术指标要求

（1）《预拌砂浆应用技术规程》JGJ/T 223 中第 A.0.2 条规定：

当预拌砂浆进场检验项目全部符合现行行业标准《预拌砂浆》GB/T 25181 的规定时，该批产品可判定为合格；当有一项不符合要求时，该批产品应判定为不合格。

（2）《预拌砂浆》GB/T 25181 中的要求

《预拌砂浆》GB/T 25181 对湿拌砂浆性能的要求见表 3-90、表 3-91、表 3-92。

表 3-90 湿拌砂浆部分性能指标

项目	湿拌砌筑砂浆	湿拌抹灰砂浆		湿拌地面砂浆	湿拌防水砂浆
		普通抹灰砂浆	机喷抹灰砂浆		
保水率（%）	≥88.0	≥88.0	≥92.0	≥88.0	≥88.0
14d 拉伸黏结强度（MPa）	—	M5：≥0.15 >M5：≥0.20	≥0.20	—	≥0.20

表 3-91 预拌砂浆抗压强度

强度等级	M5	M7.5	M10	M15	M20	M25	M30
28d 抗压强度（MPa）	≥5.0	≥7.5	≥10.0	≥15.0	≥20.0	≥25.0	≥30.0

表 3-92 预拌砂浆抗渗压力

抗渗等级	P6	P8	P10
28d 抗渗压力（MPa）	≥0.6	≥0.8	≥1.0

《预拌砂浆》GB/T 25181 对干混砂浆性能的要求见表 3-93、表 3-94、表 3-95。

表 3-93 部分干混砂浆性能指标

项目	干混砌筑砂浆		干混抹灰砂浆			干混地面砂浆	干混普通防水砂浆
	普通砌筑砂浆	薄层砌筑砂浆	普通抹灰砂浆	薄层抹灰砂浆	机喷抹灰砂浆		
保水率（%）	≥88.0	≥99.0	≥88.0	≥99.0	≥92.0	≥88.0	≥88.0
14d 拉伸黏结强度（MPa）	—	—	M5：≥0.15 >M5：≥0.20	≥0.30	≥0.20	—	≥0.20

表 3-94　预拌砂浆抗压强度

强度等级	M5	M7.5	M10	M15	M20	M25	M30
28d 抗压强度（MPa）	≥5.0	≥7.5	≥10.0	≥15.0	≥20.0	≥25.0	≥30.0

表 3-95　预拌砂浆抗渗压力

抗渗等级	P6	P8	P10
28d 抗渗压力（MPa）	≥0.6	≥0.8	≥1.0

4. 砖

砌墙砖是以黏土、工业废料或其他地方资源为主要原料，以不同工艺制造的，用于砌筑承重和非承重墙体的墙砖。砌墙砖分为烧结砖和蒸压（养）砖两大类。其中烧结砖包括普通烧结砖、烧结多孔砖和烧结空心砖。为了避免毁田取土，保护环境，黏土砖在中国主要大、中城市及部分地区已禁止使用。重视使用多孔砖和空心砖，充分利用工业废料生产其他普通砖、非烧结砖，对于维护生态平衡，保护环境具有重要意义。

烧结普通砖是以黏土、页岩、煤矸石、粉煤灰、污泥等为主要原料，经成型、干燥和焙烧而制成，无孔洞或孔洞率小于 25% 的普通砖。烧结普通砖执行的国家标准为《烧结普通砖》GB/T 5101，此标准适用于以黏土、页岩、煤矸石、粉煤灰、建筑渣土、淤泥（江河湖淤泥），污泥等为主要原料，经焙烧而成主要用于建筑物承重部位的普通砖。按主要原料分为黏土砖（N）、页岩砖（Y）、煤矸石砖（M）、粉煤灰砖（F）、建筑渣土砖（Z）、淤泥砖（U）、污泥砖（W）、固体废弃物砖（G）。

烧结多孔砖是以黏土、页岩、煤矸石、粉煤灰等为主要原料，经成型、干燥和焙烧而制成，孔洞率大于或等于 28%，主要用于承重部位的多孔砖。烧结多孔砖执行的国家标准为《烧结多孔砖和多孔砌块》GB/T 13544，此标准适用于以黏土、页岩、煤矸石、粉煤灰、淤泥（江河湖淤泥）及其他固体废弃物等为主要原料，经焙烧制成主要用于建筑物承重部位的多孔砖和多孔砌块。按主要原料分为黏土砖和黏土砌块（N）、页岩砖和页岩砌块（Y）、煤矸石砖和煤矸石砌块（M）、粉煤灰砖和粉煤灰砌块（F）、淤泥砖和淤泥砌块（U）、固体废弃物砖和固体废弃物砌块（G）。

烧结空心砖是以黏土、页岩、煤矸石等为主要原料，经成型、干燥和焙烧而制成，孔洞率大于或等于 40%，主要用于非承重部位的空心砖。烧结空心砌块是以黏土、页岩、煤矸石等为主要原料，经焙烧而制成，主要用于非承重部位的空心砌块。烧结空心砖和烧结空心砌块执行的国家标准为《烧结空心砖和空心砌块》GB/T 13545，此标准适用于以黏土、页岩、煤矸石、粉煤灰、淤泥（江、河、湖等淤泥）、建筑渣土及其他固体废弃物为主要原料，经焙烧而成，主要用于建筑物非承重部位的空心砖和空心砌块。按主要原料分为黏土空心砖和空心砌块（N）、页岩空心砖和空心砌块（Y）、煤矸石空心砖和空心砌块（M）、粉煤灰空心砖和空心砌块（F）、淤泥空心砖和空心块（U）、建筑渣土空心砖和空心砌块（Z）、其他固体废弃物空心砖和空心砌块（G）。

蒸压灰砂砖是以砂、石灰为主要原料，允许掺入颜料和外加剂，经坯料制备、压制成型、高压蒸汽养护而制成的普通砖。蒸压灰砂砌块是以磨细砂、石灰和石膏为胶结料，以砂为集料，经振动成型、高压蒸汽养护等工艺过程制成的密实硅酸盐砌块。蒸压灰砂实心砌块是指空心率小于 15%，长度不小于 500 mm 或高度不小于 300 mm 的蒸压灰砂砌块。执行的国家标准为《蒸压灰砂实心砖和实心砌块》GB/T 11945。此标准适用于工业与民用建筑、构筑物用蒸压灰砂实心砖和蒸压灰砂实心砌块。规格分为：蒸压灰砂实心砖（代号 LSSB）、蒸压灰砂实心砌块（代号 LSSU）、大型蒸压灰砂实心砌块（代号 LLSS）。按抗压强度分为 MU10、MU15、MU20、MU25、MU30 五个强度等级。

混凝土实心砖是以水泥、集料，以及根据需要加入的掺和料、外加剂等，经加水搅拌、成型、养护制成的实心砖。混凝土实心砖执行的国家标准为《混凝土实心砖》GB/T 21144，适用于建筑物和构筑物用的混凝土实心砖的设计、生产、检测和应用等过程。按混凝土实心砖的密度，分为 A，B，C 三个等级。按混凝土实心砖的抗压强度，分为 MU40、MU35、MU30、MU25、MU20、MU15、MU10、MU7.5 八个等级。

承重混凝土多孔砖是以水泥、砂、石等为主要原材料，经配料、搅拌、成型、养护制成，用于承重结构的多排孔混凝土砖，代号 LPB。承重混凝土多孔砖执行的国家标准为《承重混凝土多孔砖》GB/T 25779，适用于工业与民用建筑等承重结构用混凝土多孔砖。按抗压强度分为 MU15、MU20、MU25 三个等级。

蒸压粉煤灰砖是以粉煤灰、生石灰为主要原料，可掺加适量石膏等外加剂和其他集料，经坯料制备、压制成型、高压蒸汽养护而制成的砖，产品代号为 AFB。蒸压粉煤灰砖执行的行业标准为《蒸压粉煤灰砖》JC/T 239，适用于工业与民用建筑用蒸压粉煤灰砖。按强度分为 MU10、MU15、MU20、MU25、MU30 五个等级。

1）依据标准

《烧结普通砖》GB/T 5101

《蒸压灰砂实心砖和实心砌块》GB/T 11945

《烧结多孔砖和多孔砌块》GB/T 13544

《烧结空心砖和空心砌块》GB/T 13545

《混凝土实心砖》GB/T 21144

《承重混凝土多孔砖》GB/T 25779

《蒸压粉煤灰砖》JC/T 239

2）进场复验试验项目与取样规定

《天津市建筑工程施工质量验收资料管理规程》DB 29—209 中砖的进场复验试验项目与取样规定见表 3-96。

表 3-96　进场复验试验项目与取样规定

种类名称 相关标准、规范代号	复验项目	组批规则及取样数量规定
烧结普通砖 (GB/T 5101)	强度等级	①组批：每一生产厂家，每 15 万块为一验收批，不足时按一批计。 ②取样：采用随机抽样法从外观质量检验后的样品中抽取 10 块
烧结多孔砖 (GB/T 13544)	强度等级	①组批：每一生产厂家，每 10 万块为一验收批，不足时按一批计。 ②取样：采用随机抽样法从外观质量检验后的样品中抽取 10 块
烧结空心砖、空心砌块 (GB/T 13545)	强度等级	①组批：烧结空心砖每一生产厂家，每 10 万块为一验收批，不足时按一批计。烧结空心砌块每 3.5 万块～15 万块为一批，不足 3.5 万块按一批计。 ②取样：采用随机抽样法从外观质量检验合格的样品中抽取 10 块
蒸压粉煤灰砖 (JC/T 239)	强度等级	①组批：每一生产厂家，每 10 万块为一验收批，不足时按一批计。 ②取样：采用随机抽样法从外观质量和尺寸偏差检验合格的样品中抽取 20 块
蒸压灰砂实心砖和实心砌块 (GB/T 11945)	抗压强度	①组批：每一生产厂家，每 10 万块为一验收批，不足时按一批计。 ②取样：采用随机抽样法从外观质量和尺寸偏差检验合格的样品中抽取 5 块
混凝土实心砖 (GB/T 21144)	抗压强度	①组批：同一种原材料、同一工艺生产、相同质量等级的 10 万块为一批，不足 10 万块亦按一批计。 ②取样：采用随机抽样法从外观质量检验后的样品中抽取 10 块

3）技术指标要求

①《烧结普通砖》GB/T 5101 中对强度等级的要求见表 3-97。

表 3-97　强度等级　　　　　　　　　　　　　　　MPa

强度等级	抗压强度平均值 $\overline{f}$ ≥	强度标准值 f_k ≥
MU30	30.0	22.0
MU25	25.0	18.0
MU20	20.0	14.0
MU15	15.0	10.0
MU10	10.0	6.5

②《烧结多孔砖》GB/T 13544 中对强度等级的要求见表 3-98。

表 3-98　强度等级　　　　　　　　　　　　　　　MPa

强度等级	抗压强度平均值 $\overline{f}$ ≥	强度标准值 f_k ≥
MU30	30.0	22.0
MU25	25.0	18.0
MU20	20.0	14.0
MU15	15.0	10.0
MU10	10.0	6.5

③《烧结空心砖和空心砌块》GB/T 13545 中对强度等级的要求见表 3-99。

表 3-99　强度等级

强度等级	抗压强度（MPa）		
	抗压强度平均值 $\overline{f}$ ≥	变异系数 δ≤0.21	变异系数 δ>0.21
		强度标准值 f_k ≥	单块最小抗压强度值 f_{min} ≥
MU10.0	10.0	7.0	8.0
MU7.5	7.5	5.0	5.8
MU5.0	5.0	3.5	4.0
MU3.5	3.5	2.5	2.8

④《蒸压粉煤灰砖》JC/T 239 中对强度等级的要求见表 3-100。

表 3-100　强度等级　　　　　　　　　　　　　　　MPa

强度等级	抗压强度		抗折强度	
	平均值≥	单块最小值≥	平均值≥	单块最小值≥
MU10	10.0	8.0	2.5	2.0
MU15	15.0	12.0	3.7	3.0
MU20	20.0	16.0	4.0	3.2
MU25	25.0	20.0	4.5	3.6
MU30	30.0	24.0	4.8	3.8

⑤《蒸压灰砂实心砖和实心砌块》GB/T 11945 中对强度等级的要求见表 3-101。

表 3-101　强度等级　　　　　　　　　　　MPa

强度等级	抗压强度	
	平均值≥	单块最小值≥
MU10	10.0	8.5
MU15	15.0	12.8
MU20	20.0	17.0
MU25	25.0	21.2
MU30	30.0	25.5

⑥《混凝土实心砖》GB/T 21144 中对强度等级的要求见表 3-102。

表 3-102　强度等级　　　　　　　　　　　MPa

强度等级	抗压强度	
	平均值≥	单块最小值≥
MU40	40.0	35.0
MU35	35.0	30.0
MU30	30.0	26.0
MU25	25.0	21.0
MU20	20.0	16.0
MU15	15.0	12.0
MU10	10.0	8.0
MU7.5	7.5	6.0

⑦《承重混凝土多孔砖》GB/T 25779 中对抗压强度的要求见表 3-103。

表 3-103　抗压强度　　　　　　　　　　　MPa

强度等级	抗压强度	
	平均值≥	单块最小值≥
MU15	15.0	12.0
MU20	20.0	16.0
MU25	25.0	20.0

5. 混凝土小型空心砌块

砌块是一种比砌墙砖形体大的新型墙体材料,具有适应性强、原料来源广泛、可充分利用地方资源和工业废料、砌筑方便灵活等特点,同时可提高施工效率和施工的机械化程度,减轻房屋自重,改善建筑物功能,降低工程造价。推广和使用砌块是墙体材料改革的有效途径之一。砌块按有无空洞分为实心砌块与空心砌块;按生产工艺分为烧结砌块、蒸压砌块和蒸养加气砌块;按原材料不同分为水泥混凝土砌块、粉煤灰砌块、加气混凝土砌块、轻集料混凝土砌块等。

普通混凝土小型砌块是指以水泥、矿物掺和料、砂、石、水等为原材料,经搅拌、振动成型、养护等工艺制成的小型砌块,包括空心砌块和实心砌块。执行的国家标准为《普通混凝土小型砌块》GB/T 8239。此标准适用于工业与民用建筑用普通混凝土小型砌块。按空心率分为空心砌块(空心率不小于 25%,代号 H)和实心砌块(空心率小于 25%,代号 S);按使用时砌筑墙体的结构和受力情况,分为承重结构用砌块(代号 L,简称承重砌块)、非承重结构用砌块(代号 N,简称非承重砌块)。

轻集料混凝土小型空心砌块是指用轻集料混凝土制成的小型空心砌块。执行的国家标准为《轻集料混凝土小型空心砌块》GB/T 15229。此标准适用于工业与民用建筑用轻集料混凝土小型空心砌块。按砌块孔的排数分类为：单排孔、双排孔、三排孔、四排孔等。

蒸压加气混凝土砌块是指蒸压加气混凝土中用于墙体砌筑的矩形块材。执行的国家标准为《蒸压加气混凝土砌块》GB/T 11968。此标准适用于民用与工业建筑物中使用的蒸压加气混凝土砌块。按尺寸偏差分为Ⅰ型和Ⅱ型，Ⅰ型适用于薄灰缝砌筑，Ⅱ型适用于厚灰缝砌筑；按抗压强度分为 A1.5、A2.0、A2.5、A3.5、A5.0 五个级别，强度级别 A1.5、A2.0 适用于建筑保温；按干密度分为 B03、B04、B05、B06、B07 五个级别，干密度级别 B03、B04 适用于建筑保温。

1）依据标准

《普通混凝土小型砌块》GB/T 8239

《蒸压加气混凝土砌块》GB/T 11968

《轻集料混凝土小型空心砌块》GB/T 15229

《砌体结构通用规范》GB 55007

2）进场复验试验项目与取样规定

《天津市建筑工程施工质量验收资料管理规程》DB 29—209 对混凝土小型空心砌块进场复验试验项目与取样规定见表 3-104。

表 3-104 进场复验试验项目与取样规定

种类名称 相关标准、规范代号	复验项目	组批规则及取样数量规定
普通混凝土小型砌块 (GB/T 8239)	强度等级	①组批：每一生产厂家，每 1 万块为一验收批，不足 1 万块按一批记。②取样：从尺寸偏差和外观质量合格的检验批中，根据高宽比，H/B≥0.6 随机抽取 5 块，H/B＜0.6 随机抽取 10 块
轻集料混凝土小型空心砌块 (GB/T 15229)	抗压强度、密度等级	①组批：每一生产厂家，每 1 万块为一验收批，不足 1 万块按一批记。②取样：从尺寸偏差和外观质量合格的检验批中，根据高宽比，H/B≥0.6 随机抽取 5 块，H/B＜0.6 随机抽取 10 块
蒸压加气混凝土砌块 (GB/T 11968)	抗压强度（用于自保温体系：干燥收缩干密度、导热系数）	①组批：每一生产厂家，每 1 万块为一验收批，不足 1 万块按一批记。②取样：抗压强度：100mm×100mm×100mm 3 组共 9 块；干密度：100mm×100mm×100mm 3 组共 9 块；干燥收缩：40mm×40mm×160mm 1 组共 3 块；导热系数：300mm×300mm×25mm～30mm 2 组共 2 块

3）技术指标要求

①《砌体结构通用规范》GB 55007 中对块体材料的规定：

第 3.2.1 条：砌体结构中应推广应用以废弃砖瓦、混凝土块、渣土等废弃物为主要材料制作的块体。

第 3.2.2 条：选用的块体材料应满足抗压强度等级和变异系数的要求，对用于承重墙体的多孔砖和蒸压普通砖尚应满足抗折指标的要求。

第 3.2.3 条：选用的非烧结含孔块材应满足最小壁厚及最小肋厚的要求，选用承重多孔砖和小砌块时尚应满足孔洞率的上限要求。

第 3.2.4 条：对处于环境类别 1 类和 2 类的承重砌体，所用块体材料的最低强度等级应符合表 3-105 的规定；对配筋砌块砌体抗震墙，表 3-105 中 1 类和 2 类环境的普通、轻骨料混凝土砌块强度等级为 MU10；安全等级为一级或设计工作年限大于 50 年的结构，表 3-105 中材料强度等级应至少提高一个等级。

表 3-105 1类、2类环境下块体材料最低强度等级

环境类别	烧结砖	混凝土砖	普通、轻骨料混凝土砌块	蒸压普通转	蒸压加气混凝土砌块	石材
1	MU10	MU15	MU7.5	MU15	A5.0	MU20
2	MU15	MU20	MU7.5	MU20	—	MU30

第3.2.5条：对处于环境类别3类的承重砌体，所用块体材料的抗冻性能和最低强度等级应符合表 3-106 的规定。设计工作年限大于 50 年时，表 3-106 中的抗冻指标应提高一个等级，对严寒地区抗冻指标提高为 F75。

表 3-106 3类环境下块体材料抗冻性能与最低强度等级

环境类别	冻融环境	抗冻性能			块材最低强度等级		
		抗冻指标	质量损失（%）	强度损失（%）	烧结砖	混凝土砖	混凝土砌块
3	微冻地区	F25	≤5	≤20	MU15	MU20	MU10
	寒冷地区	F35			MU20	MU25	MU15
	严寒地区	F50			MU20	MU25	MU15

第3.2.6条：处于环境类别 4 类、5 类的承重砌体，应根据环境条件选择块体材料的强度等级、抗渗、耐酸、耐碱性能指标。

第3.2.7条：夹心墙的外叶墙的砖及混凝土砌块的强度等级不应低于MU10。

第3.2.8条：

填充墙的块材最低强度等级，应符合下列规定：

a. 内墙空心砖、轻骨料混凝土砌块、混凝土空心砌块应为 MU3.5，外墙应为 MU5；

b. 内墙蒸压加气混凝土砌块应为 A2.5，外墙应为 A3.5

②《普通混凝土小型砌块》GB/T 8239 对强度等级的要求见表 3-107。

表 3-107 强度等级

强度等级	抗压强度（MPa）	
	平均值≥	单块最小值≥
MU5.0	5.0	4.0
MU7.5	7.5	6.0
MU10	10.0	8.0
MU15	15.0	12.0
MU20	20.0	16.0
MU25	25.0	20.0
MU30	30.0	24.0
MU35	35.0	28.0
MU40	40.0	32.0

③《轻集料混凝土小型空心砌块》GB/T 15229 中对密度等级、强度等级的要求见表 3-108、表 3-109。同一强度等级砌块的抗压强度和密度等级范围应同时满足表 3-109 的要求。

表 3-108 密度等级　　　　kg/m²

密度等级	干表观密度范围
700	≥610，≤700

密度等级	干表观密度范围
800	≥710，≤800
900	≥810，≤900
1000	≥910，≤1000
1100	≥1010，≤1100
1200	≥1110，≤1200
1300	≥1210，≤1300
1400	≥1310，≤1400

表 3-109　强度等级

| 强度等级 | 抗压强度（MPa） | | 密度等级范围≤（kg/m³） |
	平均值≥	最小值≥	
MU2.5	2.5	2.0	800
MU3.5	3.5	2.8	1000
MU5.0	5.0	4.0	1200
MU7.5	7.5	6.0	1200[a] 1300[b]
MU10.0	10.0	8.0	1200[a] 1400[b]

注：当砌块的抗压强度同时满足 2 个强度等级或 2 个以上强度等级要求时，应以满足要求的最高强度等级为准。

[a] 除自燃煤矸石掺量不小于砌块质量 35% 以外的其他砌块；

[b] 自燃煤矸石掺量不小于砌块质量 35% 的砌块。

④《蒸压加气混凝土砌块》GB/T 11968 中对抗压强度和干密度的要求见表 3-110。对导热系数的要求见表 3-111。干燥收缩值应不大于 0.50mm/m。

表 3-110　抗压强度和干密度要求

| 强度等级 | 抗压强度（MPa） | | 干密度级别 | 平均干密度≤（kg/m³） |
	平均值≥	最小值≥		
A1.5	1.5	1.2	B03	350
A2.0	2.0	1.7	B04	450
A2.5	2.5	2.1	B04	450
			B05	550
A3.5	3.5	3.0	B04	450
			B05	550
			B06	650
A5.0	5.0	4.2	B05	550
			B06	650
			B07	750

表 3-111　导热系数

干密度级别	B03	B04	B05	B06	B07
导热系数（干态）[W/（m·K）]，≤	0.10	0.12	0.14	0.16	0.18

3.1.3 钢结构工程用原材料

钢结构是由钢制材料组成的结构，主要由型钢和钢板等制成的钢梁、钢柱、钢桁架等构件组成。各构件或部件之间通常采用焊缝、螺栓或铆钉连接。因其自重较轻，且施工简单，广泛应用于大型厂房、场馆、超高层建筑、桥梁等领域。

为保证人身健康和生命财产、生态环境安全，满足经济社会管理基本需要，住房城乡建设部、市场监管总局联合发布《钢结构通用规范》，编号为 GB 55006，自 2022 年 1 月 1 日起实施。本规范为强制性工程建设规范，全部条文必须严格执行。现行工程建设标准相关强制性条文同时废止。现行工程建设标准中有关规定与本规范不一致的，以本规范的规定为准。

1. 钢材

钢结构钢材的选用应遵循技术可靠、经济合理的原则，综合考虑结构的重要性、荷载特征、结构形式、应力状态、连接方法、工作环境、钢材厚度和价格等因素，选用合适的钢材牌号和材性保证项目。钢结构钢材宜采用 Q235、Q345、Q390、Q420、Q460 和 Q345GJ 钢。处于外露环境，且对耐腐蚀有特殊要求或处于侵蚀性介质环境中的承重结构，可采用 Q235NH、Q355NH 和 Q415NH 牌号的耐候结构钢。

1）依据标准

《优质碳素结构钢》GB/T 699

《碳素结构钢》GB/T 700

《桥梁用结构钢》GB/T 714

《低合金高强度结构钢》GB/T 1591

《低压流体输送用焊接钢管》GB/T 3091

《合金结构钢》GB/T 3077

《碳素结构钢和低合金结构钢热轧钢板和钢带》GB/T 3274

《结构用无缝钢管》GB/T 8162

《输送流体用无缝钢管》GB/T 8163

《电弧螺柱焊用圆柱头焊钉》GB 10433

《直缝电焊钢管》GB/T 13793

《建筑结构用钢板》GB/T 19879

2）进场复验试验项目与取样规定

《天津市建筑工程施工质量验收资料管理规程》DB/T 29—209 中对钢材进场复验试验项目与取样规定见表 3-112。

表 3-112　钢材进场复验试验项目与取样规定

种类名称 相关标准、规范代号	复验项目	组批规则及取样数量规定
碳素结构钢 （GB/T 700） 低合金高强度结构钢 （GB/T 1591） 优质碳素结构钢 （GB/T 699） 低压流体输送用焊接钢管 （GB/T 3091）	钢板（碳素结构钢、低合金高强度结构钢、建筑结构用钢板、桥梁用结构钢、碳素结构钢和低合金结构钢热轧钢板和钢带）：拉伸性能、弯曲性能、冲击性能、厚度方向性能； 钢管（低压流体输送用焊接钢管、直缝电焊钢管、结构用无缝钢管）：拉伸性能、弯曲性能、冲击性能、压扁、扩口；	①组批： a. 碳素结构钢、低合金高强度结构钢、建筑结构用钢板、桥梁用结构钢：应成批验收，每批由同一牌号、同一炉号、同一质量等级、同一品种、同一尺寸、同一交货状态的钢材组成。每批重量应不大于 60t。 b. 低压流体输送用焊接钢管、直缝电焊钢管：外径不大于219.1mm，每个班次生产的钢管；外径大于 219.1mm，但不大于406.4mm，200 根；外径大于 406.4mm，100 根。 c. 结构用无缝钢管：外径不大于 76mm，且壁厚不大于 3mm，400 根；外径大于 351mm，50 根；其他尺寸，200 根。

续表

种类名称 相关标准、规范代号	复验项目	组批规则及取样数量规定
直缝电焊钢管 (GB/T 13793)	钢棒(优质碳素结构钢、合金结构钢):拉伸性能、冲击性能。 焊钉:机械性能和焊接性能。 注:设计有复验要求的项目,要满足设计要求	d. 优质碳素结构钢、合金结构钢:每批由同一牌号、同一炉号、同一加工方法、同一尺寸、同一交货状态、同一热处理制度(或炉次)的钢棒组成。 e. 碳素结构钢和低合金结构钢热轧钢板和钢带:每批由同一牌号、同一炉号、同一质量等级、同一交货状态的钢板和钢带组成。 ②取样: 拉伸试样的取样位置及样品制备按照 GB/T 2975 和 GB/T 228.1 进行;弯曲试样的取样位置及制备按照 GB/T 2975 和 GB/T 232 进行;冲击试验的取样位置及制备按照 GB/T 2975 和 GB/T 229 进行;化学成分的取样按照 GB/T 20066 进行;厚度方向性能的取样位置及制备按照 GB/T 5313 进行;管弯曲的取样方法按照 GB/T 244 进行;管压扁的取样方法按照 GB/T 246 进行;管扩口的取样方法按照 GB/T 242 进行。圆柱头焊钉取样:机械性能 3 个每组,焊接性能拉伸、打弯各 3 个每组,样品加工尺寸按照 GB 10433 进行
结构用无缝钢管 (GB/T 8162)		
建筑结构用钢板 (GB/T 19879)		
碳素结构钢和低合金 结构钢热轧钢板和钢带 (GB/T 3274)		
桥梁用结构钢 (GB/T 714)		
合金结构钢 (GB/T 3077)		
输送流体用无缝钢管 (GB/T 8163)		
电弧螺柱焊用圆柱头焊钉 (GB 10433)		

3) 技术指标要求

(1)《钢结构通用规范》GB 55006 中第 3.0.2 条规定:

钢结构承重构件所用的钢材应具有屈服强度,断后伸长率,抗拉强度和硫、磷含量的合格保证,在低温使用环境下尚应具有冲击韧性的合格保证;对焊接结构尚应具有碳或碳当量的合格保证。铸钢件和要求抗层状撕裂(Z向)性能的钢材尚应具有断面收缩率的合格保证。焊接承重结构以及重要的非焊接承重结构所用的钢材,应具有弯曲试验的合格保证;对直接承受动力荷载或需进行疲劳验算的构件,其所用钢材尚应具有冲击韧性的合格保证。

(2)碳素结构钢

碳素结构钢执行的国家标准为《碳素结构钢》GB/T 700。此标准适用于一般以交货状态使用,通常用于焊接、铆接、栓接工程结构用热轧钢板、钢带、型钢和钢棒。此标准规定的化学成分也适用于钢锭、连铸坯、钢坯及其制品。钢的牌号由代表屈服强度的字母、屈服强度数值、质量等级符号、脱氧方法符号等 4 个部分按顺序组成。例如:Q235AF。

Q——钢材屈服强度"屈"字汉语拼音首位字母;A、B、C、D——分别为 4 个质量等级;F——沸腾钢"沸"字汉语拼音首位字母;Z——镇静钢"镇"字汉语拼音首位字母;TZ——特殊镇静钢"特镇"两字汉语拼音首位字母。在牌号组成表示方法中,"Z"与"TZ"符号可以省略。

钢材的拉伸和冲击试验结果应符合表 3-113 的规定,弯曲试验结果应符合表 3-114 的规定。

用 Q195 和 Q235B 级沸腾钢轧制的钢材,其厚度(或直径)不大于 25mm。做拉伸和冷弯试验时,型钢和钢棒取纵向试样;钢板、钢带取横向试样,断后伸长率允许比表 3-113 降低 2%(绝对值)。窄钢带取横向试样如果受宽度限制时,可以取纵向试样。如供方能保证冷弯试验符合表 3-113 的规定,可不作检验。A 级钢冷弯试验合格时,抗拉强度上限可以不作为交货条件。

表 3-113　钢材的拉伸和冲击性能要求

| 牌号 | 等级 | 屈服强度ᵃR_eH/（N/mm²），≥ | | | | | | 抗拉强度ᵇ R_m/（N/mm²） | 断后伸长率 A（%），≥ | | | | | 冲击试验（V型缺口） | |
| | | 厚度（或直径）（mm） | | | | | | | 厚度（或直径）（mm） | | | | | 温度（℃） | 冲击吸收功（纵向）（J），≥ |
		≤16	>16~40	>40~60	>60~100	>100~150	>150~200		≤40	>40~60	>60~100	>100~150	>150~200		
Q195	—	195	185	—	—	—	—	315~430	33	—	—	—	—	—	—
Q215	A	215	205	195	185	175	165	335~450	31	30	29	27	26	—	—
	B													+20	27
Q235	A	235	225	215	215	195	185	370~500	26	25	24	22	21	—	—
	B													+20	27ᶜ
	C													0	
	D													−20	
Q275	A	275	265	255	245	225	215	410~540	22	21	20	18	17	—	—
	B													+20	27
	C													0	
	D													−20	

ᵃ Q195 的屈服强度值仅供参考，不作交货条件。

ᵇ 厚度大于 100mm 的钢材，抗拉强度下限允许降低 20N/mm²。宽带钢（包括剪切钢板）抗拉强度上限不作交货条件。

ᶜ 厚度小于 25mm 的 Q235B 级钢材，如供方能保证冲击吸收功值合格。经需方同意，可不作检验。

表 3-114　钢材弯曲性能要求

牌号	试样方向	冷弯试验180° B＝2aᵃ	
		钢材厚度（或直径）ᵇ（mm）	
		≤60	>60~100
		弯心直径 d	
Q195	纵	0	—
	横	0.5a	
Q215	纵	0.5a	1.5a
	横	a	2a
Q235	纵	a	2a
	横	1.5a	2.5a
Q275	纵	1.5a	2.5a
	横	2a	3a

ᵃB 为试样宽度，a 为试样厚度（或直径）。

ᵇ钢材厚度（或直径）大于 100mm 时，弯曲试验由双方协商确定。

（3）低合金高强度结构钢

低合金高强度结构钢执行的国家标准为《低合金高强度结构钢》GB/T 1591。此标准适用于一般结构和工程用低合金高强度结构钢钢板、钢带、型钢、钢棒等。其化学成分也适用于钢坯。钢的牌号由代表屈服强度"屈"字的汉语拼音首字 Q、规定的最小上屈服强度数值、交货状态代号、质量等级符号（B、C、D、E、F）四个部分组成。交货状态为热轧时，交货状态代号 AR 或 WAR 可省略。交货状态为正火或正火轧制状态时，交货状态代号用 N 表示。Q＋规定的最小上屈服强度数值＋交货状态代号，简称为"钢级"。

热轧钢材的拉伸性能应符合表 3-115 和表 3-116 的规定。正火、正火轧制钢材的拉伸性能应符合表 3-117 的规定。热机械轧制（TMCP）钢材的拉伸性能应符合表 3-118 的规定。钢材的夏比（V 型缺口）冲击试验的试验温度及冲击吸收能量应符合表 3-119 的规定。

表 3-115 热轧钢材的拉伸性能要求

牌号		上屈服强度 R_{eH}^{a}（MPa），≥									抗拉强度 R_m（MPa）			
		公称厚度或直径（mm）												
钢级	质量等级	≤16	>16~40	>40~63	>63~80	>80~100	>100~150	>150~200	>200~250	>250~400	≤100	>100~150	>150~250	>250~400
Q355	B、C	355	345	335	325	315	295	285	275	—	470~630	450~600	450~600	—
	D									265^b				450~600^b
Q390	B、C、D	390	380	360	340	340	320	—	—	—	490~650	470~620	—	—
Q420^c	B、C	420	410	390	370	370	350	—	—	—	520~680	500~650	—	—
Q460^c	C	460	450	430	410	410	390	—	—	—	550~720	530~700	—	—

a 当屈服不明显时，可用规定塑性延伸强度 $R_{p0.2}$ 代替上屈服强度。
b 只适用于质量等级为 D 的钢板。
c 只适用于型钢和棒材。

表 3-116 热轧钢材的伸长率要求

牌号			断后伸长率 A（%），≥					
			公称厚度或直径（mm）					
钢级	质量等级	试样方向	<40	>40~63	>63~100	>100~150	>150~250	>250~400
Q355	B、C、D	纵向	22	21	20	18	17	17^a
		横向	20	19	18	18	17	17^a
Q390	B、C、D	纵向	21	20	20	19	—	—
		横向	20	19	19	18	—	—
Q420^b	B、C	纵向	20	19	19	19	—	—
Q460^b	C	纵向	18	17	17	17	—	—

a 只适用于质量等级为 D 的钢板。
b 只适用于型钢和棒材。

表 3-117 正火、正火轧制钢材的拉伸性能要求

牌号		上屈服强度 R_{eH}^{a}（MPa），≥								抗拉强度 R_m（MPa）			断后伸长率 A（%），≥					
		公称厚度或直径（mm）																
钢级	质量等级	≤16	>16~40	>40~63	>63~80	>80~100	>100~150	>150~200	>200~250	≤100	>100~200	>200~250	≤16	>16~40	>40~63	>63~80	>80~200	>200~250
Q355N	B、C、D、E、F	355	345	335	325	315	295	285	275	470~630	450~600	450~600	22	22	22	21	21	21
Q390N	B、C、D、E	390	380	360	340	340	320	310	300	490~650	470~620	470~620	20	20	20	19	19	19
Q420N	B、C、D、E	420	400	390	370	360	340	330	320	520~680	500~650	500~650	19	19	19	18	18	18
Q460N	C、D、E	460	440	430	410	400	380	370	370	540~720	530~710	510~690	17	17	17	17	17	16

注：正火状态包含正火加回火状态。
a 当屈服不明显时，可用规定塑性延伸强度 $R_{p0.2}$ 代替上屈服强度 R_{eH}。

表 3-118 热机械轧制（TMCP）钢材的拉伸性能

牌号		上屈服强度 R_{eH}^a（MPa），≥						抗拉强度 R_m（MPa）					断后伸长率 A（%），≥
钢级	质量等级	公称厚度或直径（mm）											
		≤16	>16~40	>40~63	>63~80	>80~100	>100~120^c	≤40	>40~63	>63~80	>80~100	>100~120^b	
Q355M	E、C、D、E、F	355	345	335	325	325	320	470~630	450~610	440~600	440~600	430~590	22
Q390M	B、C、D、E	390	380	360	340	340	335	490~650	480~640	470~630	460~620	450~610	20
Q420M	B、C、D、E	420	400	390	380	370	365	520~680	500~660	480~640	470~630	460~620	19
Q460M	C、D、E	460	440	430	410	400	385	540~720	530~710	510~690	500~680	490~660	17
Q500M	C、D、E	500	490	480	460	450	—	610~770	600~760	590~750	540~730	—	17
Q550M	C、D、E	550	540	530	510	500	—	670~830	620~810	600~790	590~780	—	16
Q620M	C、D、E	620	610	600	580	—	—	710~880	690~880	670~860	—	—	15
Q690M	C、D、E	690	680	670	650	—	—	770~940	750~920	730~900	—	—	14

注：热机械轧制（TMCP）状态包含热机械轧制（TMCP）加回火状态。

^{a} 当屈服不明显时，可用规定塑性延伸强度 $R_{p0.2}$ 代替上屈服强度 R_{eH}。

^{b} 对于型钢和棒材，厚度或直径不大于 150mm。

表 3-119 夏比（V型缺口）冲击试验的温度和冲击吸收能量

牌号		以下试验温度的冲击吸收能量最小值 KV_2（J）									
钢级	质量等级	20℃		0℃		−20℃		−40℃		−60℃	
		纵向	横向	纵向	横向	纵向	横向	纵向	横向	纵向	横向
Q355、Q390、Q420	B	34	27	—	—	—	—	—	—	—	—
Q355、Q390、Q420、Q460	C	—	—	34	27	—	—	—	—	—	—
Q355、Q390	D	—	—	—	—	34^a	27^a	—	—	—	—
Q355N、Q390N、Q420N	B	34	27	—	—	—	—	—	—	—	—
Q355N、Q390N Q420N、Q460N	C	—	—	34	27	—	—	—	—	—	—
	D	55	31	47	27	40^b	20	—	—	—	—
	E	63	40	55	34	47	27	31^c	20^c	—	—
Q355N	F	63	40	55	34	47	27	31	20	27	16
Q355M、Q390M、Q420M	B	34	27	—	—	—	—	—	—	—	—
Q355M、Q390M、Q420M Q460M	C	—	—	34	27	—	—	—	—	—	—
	D	55	31	47	27	40^b	20	—	—	—	—
	E	63	40	55	34	47	27	31^c	20^c	—	—

牌号		以下试验温度的冲击吸收能量最小值 KV_2（J）									
		20℃		0℃		−20℃		−40℃		−60℃	
钢级	质量等级	纵向	横向	纵向	横向	纵向	横向	纵向	横向	纵向	横向
Q355M	F	63	40	55	34	47	27	31	20	27	16
Q500M、Q550M、Q620M Q690M	C	—	—	55	34	—	—	—	—	—	—
	D	—	—	—	—	47[b]	27	—	—	—	—
	E	—	—	—	—	—	—	31[c]	20[c]	—	—

注：当需方未指定试验温度时，正火、正火轧制和热机械轧制的 C、D、E、F 级钢材分别做 0℃、−20℃、−40℃、−60℃ 冲击。
冲击试验取纵向试样。经供需双方协商，也可取横向试样。
[a] 仅适用于厚度大于 250mm 的 Q355D 钢板。
[b] 当需方指定时，D 级钢可做 −30℃ 冲击试验，冲击吸收能量纵向不小于 27J。
[c] 当需方指定时，E 级钢可做 −50℃ 冲击时，冲击吸收能量纵向不小于 27J、横向不小于 16J。

钢材可进行弯曲试验，其指标应符合表 3-120 的规定。如供方能保证弯曲试验合格，可不做检验。

表 3-120　弯曲试验性能要求

试样方向	180°弯曲试验 D——弯曲压头直径，a——试样厚度或直径	
	公称厚度或直径（mm）	
	≤16	>16～100
对于公称宽度不小于 600mm 的钢板及钢带，拉伸试验取横向试样；其他钢材的拉伸试验取纵向试样	$D=2a$	$D=3a$

（4）优质碳素结构钢

优质碳素结构钢执行的国家标准为《优质碳素结构钢》GB/T 699。此标准适用于公称直径或厚度不大于 250mm 热轧和锻制优质碳素结构钢棒材。经供需双方协商，也可供应公称直径或厚度大于 250mm 热轧和锻制优质碳素结构钢棒材。此标准所规定牌号及化学成分也适用于钢锭、钢坯、其他截面的钢材及其制品。

钢棒按使用加工方法分为压力加工用钢（UP）和切削加工用钢（UC）。压力加工用钢（UP）分为热加工用钢（UHP）、顶锻用钢（UF）和冷拔坯料用钢（UCD）。

钢棒按表面种类分为压力加工表面（SPP）、酸洗（SA）、喷丸（砂）（SS）、剥皮（SF）和磨光（SP）。

试样毛坯经正火后制成试样测定钢棒的纵向拉伸性能应符合表 3-121 的规定。根据需方要求，用热处理（淬火＋回火）毛坯制成试样测定 25～50、25Mn～50Mn 钢棒的纵向冲击吸收能量应符合表 3-121 的规定。公称直径小于 16mm 的圆钢和公称厚度不大于 12mm 的方钢、扁钢，不作冲击试验。切削加工用钢棒或冷拔坯料用钢棒的交货硬度应符合表 3-121 规定。未热处理钢材的硬度，供方若能保证合格时，可不作检验。高温回火或正火后钢棒的硬度值由供需双方协商确定。根据需方要求，25～60 钢棒的抗拉强度允许比表 3-121 规定值降低 20MPa，但其断后伸长率同时提高 2%（绝对值）。

表 3-121　钢棒力学性能

牌号	试样毛坯尺寸[a]（mm）	推荐的热处理制度[c]			力学性能					交货硬度 HBW	
		正火	淬火	回火	抗拉强度 R_m（MPa）	下屈服强度 R_{eL}[d]（MPa）	断后伸长率 A（%）	断面收缩率 Z（%）	冲击吸收能量 KV_2（J）	未热处理钢	退火钢
		加热温度（℃）			≥					≤	
08	25	930	—	—	325	195	33	60	—	131	
10	25	930	—	—	335	205	31	55	—	137	

牌号	试样毛坯尺寸[a] (mm)	推荐的热处理制度[c]			力学性能					交货硬度 HBW	
		正火	淬火	回火	抗拉强度 R_m (MPa)	下屈服强度 R_{eL}[d] (MPa)	断后伸长率 A (%)	断面收缩率 Z (%)	冲击吸收能量 KV_2 (J)	未热处理钢	退火钢
		加热温度(℃)			≥					≤	
15	25	920	—	—	375	225	27	55	—	143	—
20	25	910	—	—	410	245	25	55	—	156	—
25	25	900	870	600	450	275	23	50	71	170	—
30	25	880	860	600	490	295	21	50	63	179	—
35	25	870	850	600	530	315	20	45	55	197	—
40	25	860	840	600	570	335	19	45	47	217	187
45	25	850	840	600	600	355	16	40	39	229	197
50	25	830	830	600	630	375	14	40	31	241	207
55	25	820	—	—	645	380	13	35	—	255	217
60	25	810	—	—	675	400	12	35	—	255	229
65	25	810	—	—	695	410	10	30	—	255	229
70	25	790	—	—	715	420	9	30	—	269	229
75	试样[b]	—	820	480	1080	880	7	30	—	285	241
80	试样[b]	—	820	480	1080	930	6	30	—	285	241
85	试样[b]	—	820	480	1130	980	6	30	—	302	255
15Mn	25	920	—	—	410	245	26	55	—	163	—
20Mn	25	910	—	—	450	275	24	50	—	197	—
25Mn	25	900	870	600	490	295	22	50	71	207	—
30Mn	25	880	860	600	540	315	20	45	63	217	187
35Mn	25	870	850	600	560	335	18	45	55	229	197
40Mn	25	860	840	600	590	355	17	45	47	229	207
45Mn	25	850	840	600	620	375	15	40	39	241	217
50Mn	25	830	830	600	645	390	13	40	31	255	217
60Mn	25	810	—	—	690	410	11	35	—	269	229
65Mn	25	830	—	—	735	430	9	30	—	285	229
70Mn	25	790	—	—	785	450	8	30	—	285	229

注：1. 表中的力学性能适用于公称直径或厚度不大于80mm的钢棒。

2. 公称直径或厚度大于80mm～250mm的钢棒，允许其断后伸长率、断面收缩率比本表的规定分别降低2%（绝对值）和5%（绝对值）。

3. 公称直径或厚度大于120mm～250mm的钢棒允许改锻（轧）成70mm～80mm的试料取样检验，其结果应符合本表的规定

[a] 钢棒尺寸小于试样毛坯尺寸时，用原尺寸钢棒进行热处理。

[b] 留有加工余量的试样，其性能为淬火＋回火状态下的性能。

[c] 热处理温度允许调整范围：正火±30℃，淬火±20℃，回火±50℃；推荐保温时间：正火不少于30min，空冷；淬火不少于30min，75、80和85钢油冷，其他钢棒水冷；600℃回火不少于1h。

[d] 当屈服现象不明显时，可用规定塑性延伸强度 $R_{p0.2}$ 代替。

（5）低压流体输送用焊接钢管

低压流体输送用焊接钢管执行的国家标准为《低压流体输送用焊接钢管》GB/T 3091。此标准适用于水、空气、采暖蒸汽和燃气等低压流体输送用直缝电焊钢管、直缝埋弧焊（SAWL）钢管和螺旋缝埋弧焊（SAWH）钢管，并对它们的不同要求分别做了标注，未标注的同时适用于直缝高频电焊钢

管、直缝埋弧焊钢管和螺旋缝埋弧焊钢管。

钢管的力学性能应符合表 3-122 的规定，其他钢牌号的力学性能由供需双方协商确定。

表 3-122　钢管力学性能

牌号	下屈服强度 R_{eL}（MPa），$\geqslant$		抗拉强度 R_m（MPa），$\geqslant$	断后伸长率 A（%），$\geqslant$	
	$t\leqslant16mm$	$t>16mm$		$D\leqslant168.3mm$	$D>168.3mm$
Q195[a]	195	185	315	15	20
Q215A、Q215B	215	205	335	15	20
Q235A、Q235B	235	225	370	15	20
Q275A、Q275B	275	265	410	13	18
Q345A、Q345B	345	325	470	13	18

[a] Q195 的屈服强度值仅供参考，不作交货条件。

外径不小于 219.1mm 的钢管应进行焊接接头拉伸试验。焊接接头（包括直缝钢管的焊缝、螺旋缝钢管的螺旋焊缝和钢带对接焊缝）拉伸试样应在钢管上垂直于焊缝截取，且焊缝位于试样的中间。焊接接头拉伸试验只测定抗拉强度，其值应符合表 3-122 的规定。

外径不大于 60.3mm 的直缝高频电焊钢管应进行弯曲试验。试验时，试样应不带填充物，弯曲半径为钢管外径的 6 倍，弯曲角度为 90°，焊缝位于弯曲方向的外侧面。试验后，试样上不允许出现裂纹。

外径大于 60.3mm 的直缝高频电焊钢管应进行压扁试验。压扁试样的长度应不小于 64mm，两个试样的焊缝应分别位于与施力方向成 90°和 0°位置。试验时，当两平板间距离为钢管外径的 2/3 时，焊缝处不允许出现裂缝或裂口；当两平板间距离为钢管外径的 1/3 时，焊缝以外的其他部位不允许出现裂缝或裂口；继续压扁直至相对管壁贴合为止，在整个压扁过程中，不允许出现分层或金属过烧现象。

埋弧焊钢管应进行正面导向弯曲试验。导向弯曲试样应从钢管上垂直焊缝（包括直缝钢管的焊缝、螺旋缝钢管的螺旋焊缝和钢带对接焊缝）截取，焊缝位于试样的中间，试样上不应有补焊焊缝，焊缝余高应去除。试样弯曲 180°，弯心直径为钢管壁厚的 8 倍。试验后，应符合如下规定：

a）试样不允许完全断裂；

b）试样上焊缝金属中不允许出现长度超过 3.2mm 的裂纹或破裂，不考虑深度；

c）母材、热影响区或溶合线上不允许出现长度超过 3.2mm 的裂纹或深度超过壁厚10%的裂纹或破裂。

试验过程中，出现在试样边缘且长度小于 6.4mm 的裂纹，不应作为拒收的依据。

（6）直缝电焊钢管

直缝电焊钢管执行的国家标准为《直缝电焊钢管》GB/T 13793。此标准适用于机械、建筑等结构用途，且外径不大于 711mm 的直缝电焊钢管，也可适用于一般流体输送用焊接钢管。

钢管按外径精度等级分为：普通精度（PD. A）、较高精度（PD. B）、高精度（PD. C）。钢管按壁厚精度等级分为：普通精度（PT. A）、较高精度（PT. B）、高精度（PT. C）。钢管按弯曲度精度等级分为：普通精度（PS. A）、较高精度（PS. B）、高精度（PS. C）。

钢管的拉伸力学性能应符合《直缝电焊钢管》GB/T 13793 的要求，见表 3-123。

表 3-123　钢管的拉伸力学性能

牌号	下屈服强度[a] R_{eL}（MPa）	抗拉强度 R_m（MPa）	断后伸长率 A（%）	
			$D\leqslant168.3mm$	$D>168.3mm$
		不小于		
08、10	195	315	22	
15	215	355	20	

牌号	下屈服强度[a] R_{eL}（MPa）	抗拉强度 R_m（MPa）	断后伸长率 A（%）	
			$D{\leqslant}168.3mm$	$D>168.3mm$
			不小于	
20	235	390	19	
Q195[b]	195	315	15	20
Q215A，Q215B	215	335		
Q235A，Q235B，Q235C	235	370		
Q275A、Q275B、Q275C	275	410	13	18
Q345A、Q345B、Q345C	345	470		
Q390A、Q390B、Q390C	390	490	19	
Q420A、Q420B、Q420C	420	520	19	
Q460C、Q460D	460	550	17	

[a] 当屈服不明显时，可测量 $R_{p0.2}$ 或 $R_{t0.5}$ 代替下屈服强度。

[b] Q195 的屈服强度值仅作为参考，不作交货条件。

拉伸试验时，外径小于 219mm 的钢管取母材纵向试样，拉伸试样应在钢管上平行于轴线方向距焊缝约 90°的位置截取，也可在制管用钢板或钢带上平行于轧制方向约位于钢板或钢带边缘与钢板或钢带中心线之间的中间位置截取。

外径不大于 60.3mm 的钢管全截面拉伸时，断后伸长率仅供参考，不做交货条件。

外径不小于 219mm 的钢管取母材横向试样，拉伸试样应在钢管上垂直于轴线距焊缝约 180°的位置截取。

外径不小于 219mm 的钢管应进行焊缝横向拉伸试验。焊缝横向拉伸试验只测定抗拉强度，其值应符合表 3-123 的规定。焊缝横向拉伸试验取样部位应垂直焊缝，焊缝位于试样的中心。

根据需方要求，经供需双方协商，并在合同中注明，质量等级为 B 级、C 级、D 级钢管可进行冲击试验，管体、焊缝、热影响区的冲击吸收能量由供需双方协商确定。

外径大于 60.3mm 的钢管应进行压扁试验。压扁的试样长度应不小于 63.5mm，两个试样的焊缝应分别位于与施力方向成 90°和 0°位置。当试样压至两平板间距离为 2/3D（表 3-123 中屈服强度不低于 345MPa 的牌号为 3/4D）时，试样不允许出现裂纹或裂缝。

根据需方要求，经供需双方协商，并在合同中注明，压扁试验可继续进行以下第二步延性试验和第三步完好性试验：

a）第二步延性试验，当两平行压板之间的距离小于 1/3D 但不小于钢管壁厚的 5 倍时，试样的内外表面焊缝以外部位不允许出现裂缝和开裂。当外径与壁厚之比小于 10 时，试样 6 点（底）和 12 点（顶）位置处内表面的裂缝或裂口可不作为判定依据。

b）第三步完好性试验，压扁继续进行直到试样破裂或相对的管壁互相接触，在整个压扁过程中，不允许出现分层、有缺陷的材料或焊缝不完整。

外径不大于 60.3mm 的钢管，可用弯曲试验代替压扁试验。弯曲试验时不允许带填充物，弯曲半径为钢管外径的 6 倍，弯曲角度为 90°。焊缝位于弯曲方向的外侧面。试验后，焊缝处不允许出现裂缝和裂口。

根据需方要求，经供需双方协商，并在合同中注明，钢管可进行扩口试验。扩口试验的顶心锥度为 30°、45°或 60°中的一种，试样外径的扩口率应为 6%，试验后试样不允许出现裂缝或裂口。

（7）结构用无缝钢管

结构用无缝钢管执行的国家标准为《结构用无缝钢管》GB/T 8162。此标准适用于机械结构和一般工程结构用无缝钢管。

① 拉伸性能

优质碳素结构钢、低合金高强度结构钢的钢管，其交货状态的拉伸性能应符合表 3-124 的规定。合金结构钢钢管试样毛坯按表 3-125 推荐热处理制度进行热处理后制成试样测出的拉伸性能应符合表 3-125的规定。冷拔（轧）状态交货钢管的力学性能由供需双方协商。

表 3-124　优质碳素结构钢、低合金高强度结构钢钢管的力学性能

牌号	质量等级	抗拉强度 R_m（MPa）	下屈服强度 R_{eL} [a]（MPa） 公称壁厚 S			断后伸长率 [b] A（%）	冲击试验	
			≤16mm	>16mm～30mm	>30mm		温度（℃）	吸收能量 KV_2（J）
			不小于					不小于
10	—	≥335	205	195	185	24	—	—
15	—	≥375	225	215	205	22	—	—
20	—	≥410	245	235	225	20	—	—
25	—	≥450	275	265	255	18	—	—
35	—	≥510	305	295	285	17	—	—
45	—	≥590	335	325	315	14	—	—
20Mn	—	≥450	275	265	255	20	—	—
25Mn	—	≥490	295	285	275	18	—	—
Q345	A	470～630	345	325	295	20	—	—
	B						+20	34
	C						0	
	D					21	−20	
	E						−40	27
Q390	A	490～650	390	370	350	18	—	—
	B						+20	34
	C						0	
	D					19	−20	
	E						−40	27
Q420	A	520～680	420	400	380	18	—	—
	B						+20	34
	C						0	
	D					19	−20	
	E						−40	27
Q460	C	550～720	460	440	420	17	0	34
	D						−20	
	E						−40	27
Q500	C	610～770	500	480	440	17	0	55
	D						−20	47
	E						−40	31
Q550	C	670～830	550	530	490	16	0	55
	D						−20	47
	E						−40	31

牌号	质量等级	抗拉强度 R_m（MPa）	下屈服强度 R_{eL}[a]（MPa）公称壁厚 S			断后伸长率[b] A（%）	冲击试验	
			≤16mm	>16mm～30mm	>30mm		温度（℃）	吸收能量 KV_2（J）
			不小于					不小于
Q620	C	710～880	620	590	550	15	0	55
	D						−20	47
	E						−40	31
Q690	C	770～940	690	660	620	14	0	55
	D						−20	47
	E						−40	31

[a]拉伸试验时，如不能测定 R_{eL}，可测定 $R_{p0.2}$ 代替 R_{eL}。
[b]如合同中无特殊规定，拉伸试验试样可沿钢管纵向或横向截取。如有分歧时，拉伸试验应以沿钢管纵向截取的试样作为仲裁试样。

表 3-125　合金钢钢管的力学性能

牌号	推荐的热处理制度[a]					拉伸性能[b]			钢管退火或高温回火交货状态布氏硬度 HBW
	淬火（正火）			回火		抗拉强度 R_m（MPa）	下屈服强度[g] R_{eL}（MPa）	断后伸长率 A（%）	
	温度（℃）		冷却剂	温度（℃）	冷却剂				
	第一次	第二次				不小于			不大于
40Mn2	840	—	水、油	540	水、油	885	735	12	217
45Mn2	840	—	水、油	550	水、油	885	735	10	217
27SiMn	920	—	水	450	水、油	980	835	12	217
40MnB[c]	850	—	油	500	水、油	980	785	10	207
45MnB[c]	840	—	油	500	水、油	1030	835	9	217
20Mn2B[c,f]	880	—	油	200	水、空	980	785	10	187
20Cr[d,f]	880	800	水、油	200	水、空	835	540	10	179
						785	490	10	179
30Cr	860	—	油	500	水、油	885	685	11	187
35Cr	860	—	油	500	水、油	930	735	11	207
40Cr	850	—	油	520	水、油	980	785	9	207
45Cr	840	—	油	520	水、油	1030	835	9	217
50Cr	830	—	油	520	水、油	1080	930	9	229
38CrSi	900	—	油	600	水、油	980	835	12	255
20CrMo[d,f]	880	—	水、油	500	水、油	885	685	11	197
						845	635	12	197
35CrMo	850	—	油	550	水、油	980	835	12	229
42CrMo	850	—	油	560	水、油	1080	930	12	217
38CrMoAl[d]	940	—	水、油	640	水、油	980	835	12	229
						930	785	14	229
50CrVA	860	—	油	500	水、油	1275	1130	10	255
20CrMn	850	—	油	200	水、空	930	735	10	187

续表

牌号	推荐的热处理制度[a]					拉伸性能[b]			钢管退火或高温回火交货状态布氏硬度 HBW
	淬火（正火）			回火		抗拉强度 R_m (MPa)	下屈服强度[g] R_{eL} (MPa)	断后伸长率 A (%)	
	温度 (℃)		冷却剂	温度 (℃)	冷却剂				
	第一次	第二次				不小于			不大于
20CrMnSi[f]	880	—	油	480	水、油	785	635	12	207
30CrMnSi[f]	880	—	油	520	水、油	1080	885	8	229
						980	835	10	229
35CrMnSiA[f]	880	—	油	230	水、空	1620	—	9	229
20CrMnTi[e,f]	880	870	油	200	水、空	1080	835	10	217
30CrMnTi[e,f]	880	850	油	200	水、空	1470	—	9	229
12CrNi2	860	780	水、油	200	水、空	785	590	12	207
12CrNi3	860	780	油	200	水、空	930	685	11	217
12Cr2Ni4	860	780	油	200	水、空	1080	835	10	269
40CrNiMoA	850	—	油	600	水、油	980	835	12	269
45CrNiMoVA	860	—	油	460	油	1470	1325	7	269

[a] 表中所列热处理温度允许调整范围：淬火±15℃，低温回火±20℃，高温回火±50℃。

[b] 拉伸试验时，可截取横向或纵向试样，有异议时，以纵向试样为仲裁依据。

[c] 含硼钢在淬火前可先正火，正火温度应不高于其淬火温度。

[d] 按需方指定的一组数据交货，当需方未指定时，可按其中任一组数据交货。

[e] 含铬锰钛钢第一次淬火可用正火代替。

[f] 于280℃～320℃等温淬火。

[g] 拉伸试验时，如不能测定 R_{eL}，可测定 $R_{p0.2}$ 代替 R_{eL}。

② 硬度试验

退火或高温回火状态交货、壁厚不大于5mm的合金结构钢钢管，其布氏硬度应符合表3-125的规定。

③ 冲击试验

低合金高强度结构钢钢管，当外径不小于70mm，且壁厚不小于6.5mm时，应进行纵向冲击试验，其夏比V型缺口冲击试验的试验温度和冲击吸收能量应符合表3-124的规定。冲击吸收能量按一组3个试样的算术平均值计算，允许其中一个试样的单个值低于规定值，但应不低于规定值的70%。

表3-124中的冲击吸收能量为标准尺寸试样夏比V型缺口冲击吸收能量要求值。当钢管尺寸不能制备标准尺寸试样时，可制备小尺寸试样。当采用小尺寸冲击试样时，其最小夏比V型缺口冲击吸收能量要求值应为标准尺寸试样冲击吸收能量要求值乘以表3-126中的递减系数。冲击试样尺寸应优先选择较大的尺寸。

表3-126　小尺寸试样冲击吸收功递减系数

试样规格	试样尺寸（高度×宽度）（mm）	递减系数
标准尺寸	10×10	1.00
小试样	10×7.5	0.75
小试样	10×5	0.50

根据需方要求，经供需双方协商，并在合同中注明，其他牌号的钢管也可进行夏比V型缺口冲击试验，其试验温度、试验尺寸、冲击吸收能量由供需双方协商确定。

④ 压扁试验

牌号为 10、15、20、25、20Mn、25Mn、Q345、Q390，公称外径 $D>22\sim600$mm，并且壁厚与外径比值不大于 10% 的钢管应进行压扁试验，钢管压扁后平板间距离应符合表 3-127 的规定。压扁后，试样上不应出现裂缝或裂口。

表 3-127　钢管压扁平板间距离

牌号	压扁试验平板间距 H^a（mm）
10、15、20、25	$D\times2/3$
Q345、Q390、20Mn、25Mn	$D\times7/8$

a 压扁试验的平板间距（H）最小值应是钢管壁厚的 5 倍。

⑤ 弯曲试验

根据需方要求，经供需双方协商，并在合同中注明，外径不大于 22mm 的钢管可做弯曲试验，弯曲角度为 90°，弯心半径为钢管外径的 6 倍，弯曲后试样弯曲处不应出现裂缝或裂口。

（8）建筑结构用钢板

建筑结构用钢板执行的国家标准为《建筑结构用钢板》GB/T 19879。此标准适用于制造高层建筑结构、大跨度结构及其他重要建筑结构用厚度 6mm～200mm 的 Q345GJ，厚度 6mm～150mm 的 Q235GJ、Q390GJ、Q420GJ、Q460GJ 及厚度 12mm～40mm 的 Q500GJ、Q550GJ、Q620GJ、Q690GJ 热轧钢板。热轧钢带亦可参照此标准执行。

钢的牌号由代表屈服强度的汉语拼音字母（Q）、规定的最小屈服强度数值、代表高性能建筑结构用钢的汉语拼音字母（GJ）、质量等级符号（B、C、D、E）组成。如 Q345GJC；对于厚度方向性能钢板，在质量等级后加上厚度方向性能级别（Z15、Z25 或 Z35），如 Q345GJCZ25。

① Q235GJ、Q345GJ、Q390GJ、Q420GJ、Q460GJ 钢板的拉伸、夏比 V 型缺口冲击、弯曲试验结果应符合表 3-128 的规定；Q500GJ、Q550GJ、Q620GJ、Q690GJ 钢板的拉伸、夏比 V 型缺口冲击、弯曲试验结果应符合表 3-129 的规定。当供方能保证弯曲试验合格时，可不作弯曲试验。

② 对厚度不小于 15mm 的钢板要求厚度方向性能时，其厚度方向性能级别的断面收缩率应符合表 3-130 的相应规定。

表 3-128　相关规定 1

牌号	质量等级	拉伸试验								屈强比 R_{eL}/R_m		断后伸长率 A（%） ≥	纵向冲击试验		弯曲试验a	
		钢板厚度（mm）													180°弯曲压头直径 D	
		下屈服强度 R_{eL}（MPa）					抗拉强度 R_m（MPa）						温度（℃）	冲击吸收能量 KV_2（J）≥	钢板厚度（mm）	
		6~16	>16~50	>50~100	>100~150	>150~200	≤100	>100~150	>150~200	6~150	>150~200	6~150			≤16	>16
Q235GJ	B	≥235	235~345	225~335	215~325	—	400~510	380~510	—	≤0.80	—	23	20	47	$D=2a$	$D=3a$
	C												0			
	D												−20			
	E												−40			
Q345GJ	B	≥345	345~455	335~445	325~435	305~415	490~610	470~610	470~610	≤0.80	≤0.80	22	20	47	$D=2a$	$D=3a$
	C												0			
	D												−20			
	E												−40			
Q390GJ	B	≥390	390~510	380~500	370~490	—	510~660	490~640	—	≤0.83	—	20	20	47	$D=2a$	$D=3a$
	C												0			
	D												−20			
	E												−40			

续表

牌号	质量等级	下屈服强度 R_{eL} (MPa) 6~16	>16~50	>50~100	>100~150	>150~200	抗拉强度 R_m (MPa) ≤100	>100~150	>150~200	屈强比 R_{eL}/R_m	断后伸长率 A(%) ≥ 6~150	>150~200	纵向冲击试验 温度(℃)	冲击吸收能量 KV_2(J) ≥	180°弯曲压头直径 D 钢板厚度(mm) ≤16	>16
Q420GJ	B	≥420	420~550	410~540	400~530	—	530~680	510~660	—	≤0.83	20	—	20	47	D=2a	D=3a
	C												0			
	D												−20			
	E												−40			
Q460GJ	B	≥460	460~600	450~590	440~580	—	570~720	550~720	—	≤0.83	18	—	20	47	D=2a	D=3a
	C												0			
	D												−20			
	E												−40			

^aa 为试样厚度。

表 3-129　相关规定 2

牌号	质量等级	下屈服强度 R_{eL} (MPa)^a 厚度(mm) 12~20	>20~40	抗拉强度 R_m (MPa)	断后伸长率 A(%) ≥	屈强比 R_{eL}/R_m ≤	纵向冲击试验 温度(℃)	冲击吸收能量 KV_2(J) ≥	180° 弯曲压头直径 D
Q500GJ	C	≥500	500~640	610~770	17	0.85	0	55	D=3a
	D						−20	47	
	E						−40	31	
Q550GJ	C	≥550	550~690	670~830	17	0.85	0	55	D=3a
	D						−20	47	
	E						−40	31	
Q620GJ	C	≥620	620~770	730~900	17	0.85	0	55	D=3a
	D						−20	47	
	E						−40	31	
Q690GJ	C	≥690	690~860	770~940	14	0.85	0	55	D=3a
	D						−20	47	
	E						−40	31	

^a如屈服现象不明显，屈服强度取 $R_{p0.2}$。
^ba 为试样厚度。

表 3-130　相关规定 3

厚度方向性能级别	断面收缩率 Z（%） 三个试样平均值≥	单个试样值≥
Z15	15	10
Z25	25	15
Z35	35	25

③ 钢板的夏比（V 型缺口）冲击试验结果按一组 3 个试样的算术平均值计算，允许其中一个试样值低于规定值，但不得低于规定值的 70%。如果试验结果不符合上述规定时，应从同一张钢板（或同

一样坯上）再取 3 个试样进行试验，前后两组 6 个试样的算术平均值不得低于规定值，允许有 2 个试样小于规定值，但其中小于规定值 70% 的试样只允许有 1 个。

④ 厚度小于 12mm 的钢板应采用小尺寸试样进行夏比（V 型缺口）冲击试验。钢板厚度＞8mm～＜12mm 时，试样尺寸为 7.5mm×10mm×55mm，其试验结果应不小于规定值的 75%；钢板厚度 6mm～8mm 时，试样尺寸为 5mm×10mm×55mm，其试验结果应不小于规定值的 50%。

（9）碳素结构钢和低合金结构钢热轧钢板和钢带

碳素结构钢和低合金结构钢热轧钢板和钢带执行的国家标准为《碳素结构钢和低合金结构钢热轧钢板和钢带》GB/T 3274。此标准适用于厚度不大于 400mm 的碳素结构钢和低合金结构钢热轧板和钢带。

厚度小于 3mm 的钢板和钢带的抗拉强度和断后伸长率应符合 GB/T 700、GB/T 1591 的规定，断后伸长率允许比 GB/T 700 或 GB/T 1591 的规定降低 5%（绝对值）。根据需方要求，钢板和钢带的屈服强度可按 GB/T 700、GB/T 1591 的规定。厚度不小于 3mm 的钢板和钢带的力学和工艺性能应符合 GB/T 700、GB/T 1591 的规定。钢板和钢带应做 180°弯曲试验，试样弯曲压头直径应符合 GB/T 700、GB/T 1591 的规定。如供方能保证冷弯试验合格，可不作检验。

（10）桥梁用结构钢

桥梁用结构钢执行的国家标准为《桥梁用结构钢》GB/T 714。此标准适用于厚度不大于 150mm 的桥梁用结构钢板、厚度不大于 25.4mm 的桥梁用结构钢带及剪切钢板，以及厚度不大于 40mm 的桥梁用结构型钢。

钢的牌号由代表屈服强度的汉语拼音字母、规定最小屈服强度值、桥字的汉语拼音首位字母、质量等级符号等几个部分组成，如 Q420qD。当以热机械轧制状态交货的 D 级钢板，且具有耐候性能及厚度方向性能时，则在上述规定的牌号后分别加上耐候（NH）及厚度方向（Z 向）性能级别的代号，如 Q420qDNHZ15。

钢材的力学性能应符合表 3-131 的规定。夏比（V 型缺口）冲击吸收能量，按一组 3 个试样的算术平均值进行计算，允许其中有 1 个试样单个值低于表 3-131 规定值，但不得低于规定值的 70%。

表 3-131　钢材的力学性能

牌号	质量等级	拉伸试验[a,b]					冲击试验[c]	
		下屈服强度 R_{eL}（MPa）			抗拉强度 R_m（MPa）	断后伸长率 A（%）	温度（℃）	冲击吸收能量 KV_2（J）
		厚度≤50mm	50mm<厚度≤100mm	100mm<厚度≤150mm				
		不小于						不小于
Q345q	C	345	335	305	490	20	0	120
	D						−20	
	E						−40	
Q370q	C	370	360	—	510	20	0	120
	D						−20	
	E						−40	
Q420q	D	420	410	—	540	19	−20	120
	E						−40	
	F						−60	47
Q460q	D	460	450	—	570	18	−20	120
	E						−40	
	F						−60	47

牌号	质量等级	拉伸试验[a,b]						冲击试验[c]
		下屈服强度 R_{eL} （MPa）			抗拉强度 R_m （MPa）	断后伸长率 A （%）	温度 （℃）	冲击吸收能量 KV_2 （J）
		厚度 ≤50mm	50mm<厚度 ≤100mm	100mm<厚度 ≤150mm				
		不小于						不小于
Q500q	D	500	480	—	630	18	−20	120
	E						−40	
	F						−60	47
Q550q	D	550	530	—	660	16	−20	120
	E						−40	
	F						−60	47
Q620q	D	620	580	—	720	15	−20	120
	E						−40	
	F						−60	47
Q690q	D	690	650	—	770	14	−20	120
	E						−40	
	F						−60	47

[a] 当屈服不明显时，可测量 $R_{p0.2}$ 代替下屈服强度。

[b] 拉伸试验取横向试样。

[c] 冲击试验取纵向试样。

对厚度小于 12mm 钢板的夏比（V 形缺口）冲击试验应采用辅助试样。>8mm～<12mm 钢板的辅助试样尺寸为 10mm×7.5mm×55mm，其试验结果应不小于表 3-131 规定值的 75%；6mm～8mm 钢板的辅助试样尺寸为 10mm×5mm×55mm，其试验结果不小于表 3-131 规定值的 50%；厚度小于 6mm 的钢板不做冲击试验。如果钢板的冲击试验结果不符合上文规定时，应从同一批钢板上再取一组 3 个试样进行试验。前后 6 个试样的算术平均值不得低于规定值，允许其中 2 个试样低于规定值，但低于规定值 70% 的试样只允许有 1 个。Z 向钢厚度方向断面收缩率应符合 GB/T 5313 的规定。

推荐钢的屈强比见表 3-132。

表 3-132　推荐钢的屈强比

牌号	屈强比 （R_{eL}/R_m）
	不大于
Q345q	0.85
Q370q	0.85
Q420q	0.85
Q460q～Q690q	协议

注：屈服现象不明显时，可用 $R_{p0.2}$ 代替 R_{eL}。

钢材的弯曲试验应符合表 3-133 的规定。当供方保证时，可不做弯曲试验。

表 3-133　工艺性能

180°弯曲试验		
厚度≤16mm	厚度>16mm	弯曲结果
$D=2a$	$D=3a$	在试样外表面不应有肉眼可见的裂纹

注：D——弯曲压头直径，a——试样厚度。

（11）合金结构钢

合金结构钢执行的国家标准为《合金结构钢》GB/T 3077。此标准适用于公称直径或厚度不大于250mm 的热轧和锻制合金结构钢棒材。经供需双方协商，也可供应公称直径或厚度大于 250mm 热轧和锻制合金结构钢棒材。此标准所规定牌号及化学成分亦适用于钢锭、钢坯及其制品。

试样毛坯按表 3-134 推荐的热处理制度处理后，测定钢棒纵向力学性能应符合表 3-134 的规定。表 3-134所列力学性能适用于公称直径或厚度不大于 80mm 的钢棒。公称直径或厚度大于 80mm 的钢棒的力学性能应符合下列规定：

a）公称尺寸大于 80mm～100mm 的钢棒，允许其断后伸长率、断面收缩率及冲击吸收能量较表 3-134的规定分别降低 1%（绝对值）、5%（绝对值）及 5%；

b）公称尺寸大于 100mm～150mm 的钢棒，允许其断后伸长率、断面收缩率及冲击吸收能量较表 3-134分别降低 2%（绝对值）、10%（绝对值）及 10%；

c）公称尺寸大于 150mm～250mm 的钢棒，允许其断后伸长率、断面收缩率及冲击吸收能量较表 3-134分别降低 3%（绝对值）、15%（绝对值）及 15%；

d）允许将取样用坯改锻（轧）成截面 70mm～80mm 后取样，其检验结果应符合表 3-134 规定。

表 3-134　力学性能

钢组	序号	牌号	试样毛坯尺寸a (mm)	推荐的热处理制度					力学性能					供货状态为退火或高温回火钢棒布氏硬度 HBW
				淬火			回火		抗拉强度 R_m (MPa)	下屈服强度 R_{eL} b (MPa)	断后伸长率 A (%)	断面收缩率 Z (%)	冲击吸收能量 KV_2 c (J)	
				加热温度（℃）		冷却剂	加热温度（℃）	冷却剂						
				第1次淬火	第2次淬火				不小于					不大于
Mn	1	20Mn2	15	850	—	水、油	200	水、空气	785	590	10	40	47	187
				880	—	水、油	440	水、空气						
	2	30Mn2	25	840	—	水	500	水	785	635	12	45	63	207
	3	35Mn2	25	840	—	水	500	水	835	685	12	45	55	207
	4	40Mn2	25	840	—	水、油	540	水	885	735	12	45	55	217
	5	45Mn2	25	840	—	油	550	水、油	885	735	10	45	47	217
	6	50Mn2	25	820	—	油	550	水、油	930	785	9	40	39	229
MnV	7	20MnV	15	880	—	水、油	200	水、空气	785	590	10	40	55	187
SiMn	8	27SiMn	25	920	—	水	450	水、油	980	835	12	40	39	217
	9	35SiMn	25	900	—	水	570	水、油	885	735	15	45	47	229
	10	42SiMn	25	880	—	水	590	水	885	735	15	40	47	229
SiMnMoV	11	20SiMn2MoV	试样	900	—	油	200	水、空气	1380	—	10	45	55	269
	12	25SiMn2MoV	试样	900	—	油	200	水、空气	1470	—	10	40	47	269
	13	37SiMn2MoV	25	870	—	水、油	650	水、空气	980	835	12	50	63	269
B	14	40B	25	840	—	水	550	水	785	635	12	45	55	207
	15	45B	25	840	—	水	550	水	835	685	12	45	47	217
	16	50B	20	840	—	油	600	空气	785	540	10	45	39	207
MnB	17	25MnB	25	850	—	油	500	水、油	835	635	10	45	47	207
	18	35MnB	25	850	—	油	500	水、油	930	735	10	45	47	207
	19	40MnB	25	850	—	油	500	水、油	980	785	10	45	47	207
	20	45MnB	25	840	—	油	500	水、油	1030	835	9	40	39	217

续表

钢组	序号	牌号	试样毛坯尺寸ᵃ (mm)	推荐的热处理制度					力学性能					供货状态为退火或高温回火钢棒布氏硬度 HBW
				淬火			回火		抗拉强度 R_m (MPa)	下屈服强度 R_{eL}ᵇ (MPa)	断后伸长率 A (%)	断面收缩率 Z (%)	冲击吸收能 KV_2ᶜ (J)	
				加热温度（℃）		冷却剂	加热温度（℃）	冷却剂						
				第1次淬火	第2次淬火				不小于					不大于
MnMoB	21	20MnMoB	15	880	—	油	200	油、空气	1080	885	10	50	55	207
MnVB	22	15MnVB	15	860	—	油	200	水、空气	885	635	10	45	55	207
	23	20MnVB	15	860	—	油	200	水、空气	1080	885	10	45	55	207
	24	40MnVB	25	850	—	油	520	水、油	980	785	10	45	47	207
MnTiB	25	20MnTiB	15	860	—	油	200	水、空气	1130	930	10	45	55	187
	26	25MnTiBRE	试样	860	—	油	200	水、空气	1380	—	10	40	47	229
	27	15Cr	15	880	770~820	水、油	180	油、空气	685	490	12	45	55	179
	28	20Cr	15	880	780~820	水、油	200	水、空气	835	540	10	40	47	179
	29	30Cr	25	860	—	油	500	水、油	885	685	11	45	47	187
	30	35Cr	25	860	—	油	500	水、油	930	735	11	45	47	207
	31	40Cr	25	850	—	油	520	水、油	980	785	9	45	47	207
	32	45Cr	25	840	—	油	520	水、油	1030	835	9	40	39	217
	33	50Cr	25	830	—	油	520	水、油	1080	930	9	40	39	229
CrSi	34	38CrSi	25	900	—	油	600	水、油	980	835	12	50	55	255
CrMo	35	12CrMo	30	900	—	空气	650	空气	410	265	24	60	110	179
	36	15CrMo	30	900	—	空气	650	空气	440	295	22	60	94	179
	37	20CrMo	15	880	—	水、油	500	水、油	885	685	12	50	78	197
	38	25CrMo	25	870	—	水、油	600	水、油	900	600	14	55	68	229
	39	30CrMo	15	880	—	油	540	水、油	930	735	12	50	71	229
	40	35CrMo	25	850	—	油	550	水、油	980	835	12	45	63	229
	41	42CrMo	25	850	—	油	560	水、油	1080	930	12	45	63	229
	42	50CrMo	25	840	—	油	560	水、油	1130	930	11	45	48	248
CrMoV	43	12CrMoV	30	970	—	空气	750	空气	440	225	22	50	78	241
	44	35CrMoV	25	900	—	油	630	水、油	1080	930	10	50	71	241
	45	12Cr1MoV	30	970	—	空气	750	空气	490	245	22	50	71	179
	46	25Cr2MoV	25	900	—	油	640	空气	930	785	14	55	63	241
	47	25Cr2Mo1V	25	1040	—	空气	700	空气	735	590	16	50	47	241
CrMoAl	48	38CrMoAl	30	940	—	水、油	640	水、油	980	835	14	50	71	229
CrV	49	40CrV	25	880	—	油	650	水、油	885	735	10	50	71	241
	50	50CrV	25	850	—	油	500	水、油	1280	1130	10	40	—	255
CrMn	51	15CrMn	15	880	—	油	200	水、空气	785	590	12	50	47	179
	52	20CrMn	15	850	—	油	200	水、空气	930	735	10	45	47	187
	53	40CrMn	25	840	—	油	550	水、油	980	835	9	45	47	229
CrMnSi	54	20CrMnSi	25	880	—	油	480	水、油	785	635	12	45	55	207
	55	25CrMnSi	25	880	—	油	480	水、油	1080	885	10	40	39	217

钢组	序号	牌号	试样毛坯尺寸[a] (mm)	推荐的热处理制度					力学性能					供货状态为退火或高温回火钢棒布氏硬度 HBW
				淬火			回火		抗拉强度 R_m (MPa)	下屈服强度 R_{eL}[b] (MPa)	断后伸长率 A (%)	断面收缩率 Z (%)	冲击吸收能 KV_2[c] (J)	
				加热温度(℃)		冷却剂	加热温度(℃)	冷却剂						
				第1次淬火	第2次淬火				不小于					不大于
CrMnSi	56	30CrMnSi	25	880	—	油	540	水、油	1080	835	10	45	39	229
	57	35CrMnSi	试样	加热到880℃,于280℃~310℃等温淬火					1620	1280	9	40	31	241
			试样	950	890	油	230	空气、油						
CrMnMo	58	20CrMnMo	15	850	—	油	200	水、空气	1180	885	10	45	55	217
	59	40CrMnMo	25	850	—	油	600	水、油	980	785	10	45	63	217
CrMnTi	60	20CrMnTi	15	880	870	油	200	水、空气	1080	850	10	45	55	217
	61	30CrMnTi	试样	880	850	油	200	水、空气	1470	—	9	40	47	229
CrNi	62	20CrNi	25	850	—	水、油	460	水、油	785	590	10	50	63	197
	63	40CrNi	25	820	—	油	500	水、油	980	785	10	45	55	241
	64	45CrNi	25	820	—	油	530	水、油	980	785	10	45	55	255
	65	50CrNi	25	820	—	油	500	水、油	1080	835	8	40	39	255
	66	12CrNi2	15	860	780	水、油	200	水、空气	785	590	12	50	63	207
CrNi	67	34CrNi2	25	840	—	水、油	530	水、油	930	735	11	45	71	241
	68	12CrNi3	15	860	780	油	200	水、空气	930	685	11	50	71	217
	69	20CrNi3	25	830	—	水、油	480	水、油	930	735	11	55	78	241
	70	30CrNi3	25	820	—	油	500	水、油	980	785	9	45	63	241
	71	37CrNi3	25	820	—	油	500	水、油	1130	980	10	50	47	269
	72	12Cr2Ni4	15	860	780	油	200	水、空气	1080	835	10	50	71	269
	73	20Cr2Ni4	15	880	780	油	200	水、空气	1180	1080	10	45	63	269
CrNiMo	74	15CrNiMo	15	850	—	油	200	空气	930	750	10	40	46	197
	75	20CrNiMo	15	850	—	油	200	空气	980	785	9	40	47	197
	76	30CrNiMo	25	850	—	油	500	水、油	980	785	10	50	63	269
	77	40CrNiMo	25	850	—	油	600	水、油	980	835	12	55	78	269
	78	40CrNi2Mo	25	正火890	850	油	560~580	空气	1050	980	12	45	48	269
			试样	正火890	850	油	220两次回火	空气	1790	1500	6	25	—	
	79	30Cr2Ni2Mo	25	850	—	油	520	水、油	980	835	10	50	71	269
	80	34Cr2Ni2Mo	25	850	—	油	540	水、油	1080	930	10	50	71	269
CrNiMo	81	30Cr2Ni4Mo	25	850	—	油	560	水、油	1080	930	10	50	71	269
	82	35Cr2Ni4Mo	25	850	—	油	560	水、油	1130	980	10	50	71	269
CrMnNiMo	83	18CrMnNiMo	15	830	—	油	200	空气	1180	885	10	45	71	269
CrNiMoV	84	45CrNiMoV	试样	860	—	油	460	油	1470	1330	7	35	31	269

续表

钢组	序号	牌号	试样毛坯尺寸[a] (mm)	推荐的热处理制度						力学性能					供货状态为退火或高温回火钢棒布氏硬度 HBW
				淬火				回火		抗拉强度 R_m (MPa)	下屈服强度 R_{eL}[b] (MPa)	断后伸长率 A (%)	断面收缩率 Z (%)	冲击吸收能 KV_2[c] (J)	
				加热温度（℃）		冷却剂		加热温度（℃）	冷却剂						
				第1次淬火	第2次淬火					不小于					不大于
CrNiW	85	18Cr2Ni4W	15	950	850	空气		200	水、空气	1180	835	10	45	78	269
	86	25Cr2Ni4W	25	850	—	油		550	水、油	1080	930	11	45	71	269

注：1. 表中所列热处理温度允许调整范围：淬火±15℃，低温回火±20℃，高温回火±50℃。
2. 硼钢在淬火前可先经正火，正火温度应不高于其淬火温度，铬锰钛钢第一次淬火可用正火代替。
[a] 钢棒尺寸小于试样毛坯尺寸时，用原尺寸钢棒进行热处理。
[b] 当屈服现象不明显时，可用规定塑性延伸强度 $R_{p0.2}$ 代替。
[c] 直径小于 16mm 的圆钢和厚度小于 12mm 的方钢、扁钢，不做冲击试验。

（12）输送流体用无缝钢管

输送流体用无缝钢管执行的国家标准为《输送流体用无缝钢管》GB/T 8163。

① 交货状态钢管的纵向拉伸性能应符合表3-135的规定。

表 3-135　钢管的力学性能

牌号	质量等级	拉伸性能			冲击试验	
		抗拉强度 R_m (MPa)	下屈服强度[a] R_{eL} (MPa) ≥	断后伸长率 A (%) ≥	试验温度 (℃)	吸收能量 KV_2 (J) ≥
10	—	335～475	205	24	—	—
20	—	410～530	245	20	—	—
Q345	A	470～630	345	20	—	—
	B			21	+20	34
	C				0	
	D				−20	
	E				−40	27
Q390	A	490～650	390	18	—	—
	B				+20	34
	C				0	
	D			19	−20	
	E				−40	27
Q420	A	520～680	420	18	—	—
	B				+20	34
	C				0	
	D			19	−20	
	E				−40	27
Q460	C	550～720	460	17	0	34
	D				−20	
	E				−40	27

[a] 拉伸试验时，如不能测定 R_{eL}，可测定 $R_{p0.2}$ 代替 R_{eL}。

② 冲击

牌号为 Q345、Q390、Q420、Q460，质量等级为 B、C、D、E 的钢管，当外径不小于 70mm，且壁厚不小于 6.5mm 时，应进行纵向冲击试验，其夏比 V 型缺口冲击试验的试验温度和冲击吸收能量应符合表 3-135 的规定。冲击吸收能量按一组 3 个试样的算术平均值计算，允许其中一个试样的单个值低于规定值，但应不低于规定值的 70%。

表 3-135 中的冲击吸收能量为标准尺寸试样夏比 V 型缺口冲击吸收能量要求值。当钢管尺寸不能制备标准尺寸试样时，可制备小尺寸试样。当采用小尺寸冲击试样时，其最小夏比 V 型缺口冲击吸收能量要求值应为标准尺寸试样冲击吸收能量要求值乘以表 3-136 中的递减系数。冲击试样尺寸应优先选择较大的尺寸。

表 3-136 小尺寸试样冲击吸收功递减系数

试样规格	试样尺寸（高度×宽度）(mm)	递减系数
标准尺寸	10×10	1
小试样	10×7.5	0.75
小试样	10×5	0.5

根据需方要求，经供需双方协商，并在合同中注明，其他牌号钢管也可进行夏比 V 型缺口冲击试验，其试验温度、试验尺寸、冲击吸收能量由供需双方协商确定。

③ 压扁

对于外径大于 22mm～600mm，且壁厚与外径比值不大于 10% 的 10、20、Q345、Q390 牌号的钢管应进行压扁试验。压扁试验平板间距 H 按式（3-3）计算。压扁试验后，试样上不应出现裂缝或裂口。

$$H=\frac{(1+\alpha)\ S}{\alpha+S/D} \tag{3-3}$$

式中 H——平板间距，单位为毫米（mm）；

S——钢管公称壁厚，单位为毫米（mm）；

D——钢管公称外径，单位为毫米（mm）；

α——单位长度变形系数，10 钢取 0.09；20 钢取 0.07；Q345、Q390 取 0.06。

④ 扩口

根据需方要求，经供需双方协商，并在合同中注明，对于外径不大于 76mm 且壁厚不大于 8mm 的 10、20 和 Q345 牌号的钢管，可做扩口试验。扩口试验顶芯锥度为 30°、45°、60° 中的一种。扩口后试样的外径扩口率应符合表 3-137 的规定，扩口后试样不应出现裂缝或裂口。

表 3-137 钢管外径扩口率

牌号	钢管外径扩口率（%）		
	内径/外径		
	≤0.6	>0.6～0.8	>0.8
10、20	10	12	17
Q345	8	10	15

⑤ 弯曲

根据需方要求，经供需双方协商，并在合同中注明，外径不大于 22mm 的钢管可做弯曲试验，弯曲角度为 90°，弯心半径为钢管外径的 6 倍，弯曲后弯曲处不应出现裂缝或裂口。

（13）电弧螺柱焊用圆柱头焊钉

电弧螺柱焊用圆柱头焊钉执行的国家标准为《电弧螺柱焊用圆柱头焊钉》GB/T 10433。

焊钉材料及机械性能应符合表 3-138 规定。采用其他材料及机械性能时，应由供需双方协议。

表 3-138　圆柱头焊钉材料及机械性能

材料	标准	机械性能
ML15、ML15A1	GB/T 16478	$\sigma_b \geqslant 400\text{N/mm}^2$ σ_s 或 $\sigma_{p0.2} \geqslant 320\text{N/mm}^2$ $\delta_5 \geqslant 14\%$

根据用户要求，经供需双方协议，可按以下要求进行焊钉的焊接性能试验。

按图 3-1 及 GB/T 228 的规定对试件进行拉力试验。当拉力载荷达到表 3-139 的规定时，不得断裂；继续增大载荷直至拉断，断裂不应发生在焊缝和热影响区内。

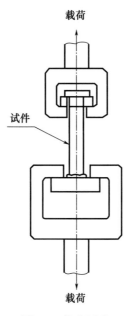

图 3-1　拉力试验

表 3-139　拉力载荷

d（mm）	10	13	16	19	22	25
拉力载荷（N）	32970	55860	84420	119280	159600	206220

对 $d \leqslant 22$mm 的焊钉，可进行焊接端的弯曲试验。试验可用手锤打击（或使用套管压）焊钉试件头部，使其弯曲 30°。试验后，在试件焊缝和热影响区不应产生肉眼可见的裂缝。使用套管进行试验时，套管下端距焊肉上端的距离不得小于 $1d$。

2. 焊接材料

焊接是一种常见的金属加工方法，常用的焊接材料有焊条、焊丝、钎料等，以及各种辅助材料。

1) 依据标准

《非合金钢及细晶粒钢焊条》GB/T 5117

《热强钢焊条》GB/T 5118

《埋弧焊用非合金钢及细晶粒钢实心焊丝、药芯焊丝和焊丝-焊剂组合分类要求》GB/T 5293

《熔化极气体保护电弧焊用非合金钢及细晶粒钢实心焊丝》GB/T 8110

《非合金钢及细晶粒钢药芯焊丝》GB/T 10045

《埋弧焊用热强钢实心焊丝、药芯焊丝和焊丝-焊剂组合分类要求》GB/T 12470

《热强钢药芯焊丝》GB/T 17493

2）进场复验试验项目与取样规定

《天津市建筑工程施工质量验收资料管理规程》DB/T 29—209 中对焊接材料进场复验试验项目与取样规定见表 3-140。

表 3-140 进场复验试验项目与取样规定

种类名称 相关标准、规范代号	复验项目	组批规则及取样数量规定
非合金钢及细晶粒钢焊条 （GB/T 5117）	熔敷金属拉伸试验、熔敷金属冲击试验、熔敷金属化学成分 （注：以上项目为重要钢结构采用的焊接材料抽样复检）	根据相关产品标准制作标准试件。 熔敷金属拉伸性能和冲击性能取样及制备方法按照 GB/T 25774.1 进行；熔敷金属化学成分取样及制备方法按照 GB/T 25777 进行
热强钢焊条 （GB/T 5118）		
非合金钢及细晶粒钢药芯焊丝 （GB/T 10045）		
埋弧焊用热强钢实心焊丝、药芯焊丝和焊丝-焊剂组合分类要求 （GB/T 12470）		
热强钢药芯焊丝 （GB/T 17493）		
埋弧焊用非合金钢及细晶粒钢实心焊丝、药芯焊丝和焊丝-焊剂组合分类要求 （GB/T 5293）		
熔化极气体保护电弧焊用非合金钢及细晶粒钢实心焊丝 （GB/T 8110）		

3）技术指标要求

（1）《钢结构通用规范》GB 55006 中对焊接材料的要求

第 7.2.1 条规定：钢结构焊接材料应具有焊接材料厂出具的产品质量证明书或检验报告。

第 7.2.2 条规定：首次采用的钢材、焊接材料、焊接方法、接头形式、焊接位置、焊后热处理制度以及焊接工艺参数、预热和后热措施等各种参数的组合条件，应在钢结构构件制作及安装施工之前按照规定程序进行焊接工艺评定，并制定焊接操作规程，焊接施工过程应遵守焊接操作规程规定。

（2）非合金钢及细晶粒钢焊条

非合金钢及细晶粒钢焊条执行的国家标准为《非合金钢及细晶粒钢焊条》GB/T 5117。此标准适用于抗拉强度低于 570MPa 的非合金钢及细晶粒钢焊条。

焊条型号由五部分组成：

第一部分用字母"E"表示焊条；

第二部分为字母"E"后面的紧邻两位数字，表示熔敷金属的最小抗拉强度代号；

第三部分为字母"E"后面的第三和第四两位数字，表示药皮类型、焊接位置和电流类型；

第四部分为熔敷金属的化学成分分类代号，可为"无标记"或短划"—"后的字母、数字或字母和数字的组合；

第五部分为熔敷金属的化学成分代号之后的焊后状态代号，其中"无标记"表示焊态，"P"表示热处理状态，"AP"表示焊态和焊后热处理两种状态均可。

除以上强制分类代号外，根据供需双方协商，可在型号后依次附加可选代号：字母"U"，表示在规定试验温度下，冲击吸收能量可以达到 47J 以上；扩散氢代号"HX"，其中 X 代表 15、10 或 5，分别表示每 100g 熔敷金属中扩散氢含量的最大值（mL）。如 E55 15－N5 P U H10。

　　焊条的熔敷金属化学成分应符合表 3-141 规定。熔敷金属拉伸试验结果应符合表 3-142 规定。焊缝金属夏比 V 型缺口冲击试验温度按表 3-142 要求，测定五个冲击试样的冲击吸收能量。在计算五个冲击吸收能量的平均值时，应去掉一个最大值和一个最小值。余下的三个值中有两个应不小于 27J，另一个允许小于 27J，但应不小于 20J，三个值的平均值应不小于 27J。

　　如果焊条型号中附加了可选择的代号"U"，焊缝金属夏比 V 型缺口冲击要求则按表 3-142 规定的温度，测定三个冲击试样的冲击吸收能量。三个值中仅有一个值允许小于 47J，但应不小于 32J，三个值的平均值应不小于 47J。

表 3-141　熔敷金属化学成分

焊条型号	化学成分（质量分数）（%）									
	C	Mn	Si	P	S	Ni	Cr	Mo	V	其他
E4303	0.20	1.20	1.00	0.040	0.035	0.30	0.20	0.30	0.08	—
E4310	0.20	1.20	1.00	0.040	0.035	0.30	0.20	0.30	0.08	—
E4311	0.20	1.20	1.00	0.040	0.035	0.30	0.20	0.30	0.08	—
E4312	0.20	1.20	1.00	0.040	0.035	0.30	0.20	0.30	0.08	—
E4313	0.20	1.20	1.00	0.040	0.035	0.30	0.20	0.30	0.08	—
E4315	0.20	1.20	1.00	0.040	0.035	0.30	0.20	0.30	0.08	—
E4316	0.20	1.20	1.00	0.040	0.035	0.30	0.20	0.30	0.08	—
E4318	0.03	0.60	0.40	0.025	0.015	0.30	0.20	0.30	0.08	—
E4319	0.20	1.20	1.00	0.040	0.035	0.30	0.20	0.30	0.08	—
E4320	0.20	1.20	1.00	0.040	0.035	0.30	0.20	0.30	0.08	—
E4324	0.20	1.20	1.00	0.040	0.035	0.30	0.20	0.30	0.08	—
E4327	0.20	1.20	1.00	0.040	0.035	0.30	0.20	0.30	0.08	—
E4328	0.20	1.20	1.00	0.040	0.035	0.30	0.20	0.30	0.08	—
E4340	—	—	—	0.040	0.035	—	—	—	—	—
E5003	0.15	1.25	0.90	0.040	0.035	0.30	0.20	0.30	0.08	—
E5010	0.20	1.25	0.90	0.035	0.035	0.30	0.20	0.30	0.08	—
E5011	0.20	1.25	0.90	0.035	0.035	0.30	0.20	0.30	0.08	—
E5012	0.20	1.20	1.00	0.035	0.035	0.30	0.20	0.30	0.08	—
E5013	0.20	1.20	1.00	0.035	0.035	0.30	0.20	0.30	0.08	—
E5014	0.15	1.25	0.90	0.035	0.035	0.30	0.20	0.30	0.08	—
E5015	0.15	1.60	0.90	0.035	0.035	0.30	0.20	0.30	0.08	—
E5016	0.15	1.60	0.75	0.035	0.035	0.30	0.20	0.30	0.08	—
E5016-1	0.15	1.60	0.75	0.035	0.035	0.30	0.20	0.30	0.08	—
E5018	0.15	1.60	0.90	0.035	0.035	0.30	0.20	0.30	0.08	—
E5018-1	0.15	1.60	0.90	0.035	0.035	0.30	0.20	0.30	0.08	—
E5019	0.15	1.25	0.90	0.035	0.035	0.30	0.20	0.30	0.08	—
E5024	0.15	1.25	0.90	0.035	0.035	0.30	0.20	0.30	0.08	—
E5024-1	0.15	1.25	0.90	0.035	0.035	0.30	0.20	0.30	0.08	—
E5027	0.15	1.60	0.75	0.035	0.035	0.30	0.20	0.30	0.08	—
E5028	0.15	1.60	0.90	0.035	0.035	0.30	0.20	0.30	0.08	—
E5048	0.15	1.60	0.90	0.035	0.035	0.30	0.20	0.30	0.08	—
E5716	0.12	1.60	0.90	0.03	0.03	1.00	0.30	0.35	—	—

续表

焊条型号	化学成分（质量分数）（%）									
	C	Mn	Si	P	S	Ni	Cr	Mo	V	其他
E5728	0.12	1.60	0.90	0.03	0.03	1.00	0.30	0.35	—	—
E5010-P1	0.20	1.20	0.60	0.03	0.03	1.00	0.30	0.50	0.10	—
E5510-P1	0.20	1.20	0.60	0.03	0.03	1.00	0.30	0.50	0.10	—
E5518-P2	0.12	0.90~1.70	0.80	0.03	0.03	1.00	0.20	0.50	0.05	—
E5545-P2	0.12	0.90~1.70	0.80	0.03	0.03	1.00	0.20	0.50	0.05	—
E5003-1M3	0.12	0.60	0.40	0.03	0.03	—	—	0.40~0.65	—	—
E5010.1M3	0.12	0.60	0.40	0.03	0.03	—	—	0.40~0.65	—	—
E5011-1M3	0.12	0.60	0.40	0.03	0.03	—	—	0.40~0.65	—	—
E5015-1M3	0.12	0.90	0.60	0.03	0.03	—	—	0.40~0.65	—	—
E5016-1M3	0.12	0.90	0.60	0.03	0.03	—	—	0.40~0.65	—	—
E5018-1M3	0.12	0.90	0.80	0.03	0.03	—	—	0.40~0.65	—	—
E5019-1M3	0.12	0.90	0.40	0.03	0.03	—	—	0.40~0.65	—	—
E5020.1M3	0.12	0.60	0.40	0.03	0.03	—	—	0.40~0.65	—	—
E5027-1M3	0.12	1.00	0.40	0.03	0.03	—	—	0.40~0.65	—	—
E5518-3M2	0.12	1.00~1.75	0.80	0.03	0.03	0.90	—	0.25~0.45	—	—
E5515-3M3	0.12	1.00~1.80	0.80	0.03	0.03	0.90	—	0.40~0.65	—	—
E5516-3M3	0.12	1.00~1.80	0.80	0.03	0.03	0.90	—	0.40~0.65	—	—
E5518-3M3	0.12	1.00~1.80	0.80	0.03	0.03	0.90	—	0.40~0.65	—	—
E5015-N1	0.12	0.60~1.60	0.90	0.03	0.03	0.30~1.00	—	0.35	0.05	—
E5016-N1	0.12	0.60~1.60	0.90	0.03	0.03	0.30~1.00	—	0.35	0.05	—
E5028-N1	0.12	0.60~1.60	0.90	0.03	0.03	0.30~1.00	—	0.35	0.05	—
E5515-N1	0.12	0.60~1.60	0.90	0.03	0.03	0.30~1.00	—	0.35	0.05	—
E5516-N1	0.12	0.60~1.60	0.90	0.03	0.03	0.30~1.00	—	0.35	0.05	—
E5528-N1	0.12	0.60~1.60	0.90	0.03	0.03	0.30~1.00	—	0.35	0.05	—
E5015-N2	0.08	0.40~1.40	0.50	0.03	0.03	0.80~1.10	0.15	0.35	0.05	—
E5016-N2	0.08	0.40~1.40	0.50	0.03	0.03	0.80~1.10	0.15	0.35	0.05	—
E5018-N2	0.08	0.40~1.40	0.50	0.03	0.03	0.80~1.10	0.15	0.35	0.05	—
E5515-N2	0.12	0.40~1.25	0.80	0.03	0.03	0.80~1.10	0.15	0.35	0.05	—
E5516-N2	0.12	0.40~1.25	0.80	0.03	0.03	0.80~1.10	0.15	0.35	0.05	—
E5518-N2	0.12	0.40~1.25	0.80	0.03	0.03	0.80~1.10	0.15	0.35	0.05	—
E5015-N3	0.10	1.25	0.60	0.03	0.03	1.10~2.00	—	0.35	—	—
E5016-N3	0.10	1.25	0.60	0.03	0.03	1.10~2.00	—	0.35	—	—
E5515-N3	0.10	1.25	0.60	0.03	0.03	1.10~2.00	—	0.35	—	—
E5516-N3	0.10	1.25	0.60	0.03	0.03	1.10~2.00	—	0.35	—	—
E5516-3N3	0.10	1.60	0.60	0.03	0.03	1.10~2.00	—	—	—	—
E5518-N3	0.10	1.25	0.80	0.03	0.03	1.10~2.00	—	—	—	—
E5015-N5	0.05	1.25	0.50	0.03	0.03	2.00~2.75	—	—	—	—
E5016-N5	0.05	1.25	0.50	0.03	0.03	2.00~2.75	—	—	—	—
E5018-N5	0.05	1.25	0.50	0.03	0.03	2.00~2.75	—	—	—	—

焊条型号	化学成分（质量分数）（%）									
	C	Mn	Si	P	S	Ni	Cr	Mo	V	其他
E5028-N5	0.10	1.00	0.80	0.025	0.020	2.00～2.75	—	—	—	—
E5515-N5	0.12	1.25	0.60	0.03	0.03	2.00～2.75	—	—	—	—
E5516-N5	0.12	1.25	0.60	0.03	0.03	2.00～2.75	—	—	—	—
E5518-N5	0.12	1.25	0.80	0.03	0.03	2.00～2.75	—	—	—	—
E5015-N7	0.05	1.25	0.50	0.03	0.03	3.00～3.75	—	—	—	—
E5016-N7	0.05	1.25	0.50	0.03	0.03	3.00～3.75	—	—	—	—
E5018-N7	0.05	1.25	0.50	0.03	0.03	3.00～3.75	—	—	—	—
E5515-N7	0.12	1.25	0.80	0.03	0.03	3.00～3.75	—	—	—	—
E5516-N7	0.12	1.25	0.80	0.03	0.03	3.00～3.75	—	—	—	—
E5518-N7	0.12	1.25	0.80	0.03	0.03	3.00～3.75	—	—	—	—
E5515-N13	0.06	1.00	0.60	0.025	0.020	6.00～7.00	—	—	—	—
E5516-N13	0.06	1.00	0.60	0.025	0.020	6.00～7.00	—	—	—	—
E5518-N2M3	0.10	0.80～1.25	0.60	0.02	0.02	0.80～1.10	0.10	0.40～0.65	0.02	Cu：0.10 Al：0.05
E5003-NC	0.12	0.30～1.40	0.90	0.03	0.03	0.25～0.70	0.30	—	—	Cu：0.20～0.60
E5016-NC	0.12	0.30～1.40	0.90	0.03	0.03	0.25～0.70	0.30	—	—	Cu：0.20～0.60
E5028-NC	0.12	0.30～1.40	0.90	0.03	0.03	0.25～0.70	0.30	—	—	Cu：0.20～0.60
E5716-NC	0.12	0.30～1.40	0.90	0.03	0.03	0.25～0.70	0.30	—	—	Cu：0.20～0.60
E5728-NC	0.12	0.30～1.40	0.90	0.03	0.03	0.25～0.70	0.30	—	—	Cu：0.20～0.60
E5003-CC	0.12	0.30～1.40	0.90	0.03	0.03	—	0.30～0.70	—	—	Cu：0.20～0.60
E5016-CC	0.12	0.30～1.40	0.90	0.03	0.03	—	0.30～0.70	—	—	Cu：0.20～0.60
E5028-CC	0.12	0.30～1.40	0.90	0.03	0.03	—	0.30～0.70	—	—	Cu：0.20～0.60
E5716-CC	0.12	0.30～1.40	0.90	0.03	0.03	—	0.30～0.70	—	—	Cu：0.20～0.60
E5728-CC	0.12	0.30～1.40	0.90	0.03	0.03	—	0.30～0.70	—	—	Cu：0.20～0.60
E5003-NCC	0.12	0.30～1.40	0.90	0.03	0.03	0.05～0.45	0.45～0.75	—	—	Cu：0.30～0.70
E5016-NCC	0.12	0.30～1.40	0.90	0.03	0.03	0.05～0.45	0.45～0.75	—	—	Cu：0.30～0.70
E5028-NCC	0.12	0.30～1.40	0.90	0.03	0.03	0.05～0.45	0.45～0.75	—	—	Cu：0.30～0.70

焊条型号	化学成分（质量分数）（%）									
	C	Mn	Si	P	S	Ni	Cr	Mo	V	其他
E5716-NCC	0.12	0.30～1.40	0.90	0.03	0.03	0.05～0.45	0.45～0.75	—	—	Cu：0.30～0.70
E5728-NCC	0.12	0.30～1.40	0.90	0.03	0.03	0.05～0.45	0.45～0.75	—	—	Cu：0.30～0.70
E5003-NCC1	0.12	0.50～1.30	0.35～0.80	0.03	0.03	0.40～0.80	0.45～0.70	—	—	Cu：0.30～0.75
E5016-NCC1	0.12	0.50～1.30	0.35～0.80	0.03	0.03	0.40～0.80	0.45～0.70	—	—	Cu：0.30～0.75
E5028-NCC1	0.12	0.50～1.30	0.80	0.03	0.03	0.40～0.80	0.45～0.70	—	—	Cu：0.30～0.75
E5516-NCC1	0.12	0.50～1.30	0.35～0.80	0.03	0.03	0.40～0.80	0.45～0.70	—	—	Cu：0.30～0.75
E5518-NCC1	0.12	0.50～1.30	0.35～0.80	0.03	0.03	0.40～0.80	0.45～0.70	—	—	Cu：0.30～0.75
E5716-NCC1	0.12	0.50～1.30	0.35～0.80	0.03	0.03	0.40～0.80	0.45～0.70	—	—	Cu：0.30～0.75
E5728-NCC1	0.12	0.50～1.30	0.80	0.03	0.03	0.40～0.80	0.45～0.70	—	—	Cu：0.30～0.75
E5016-NCC2	0.12	0.40～0.70	0.40～0.70	0.025	0.025	0.20～0.40	0.15～0.30	—	0.08	Cu：0.30～0.60
E5018-NCC2	0.12	0.40～0.70	0.40～0.70	0.025	0.025	0.20～0.40	0.15～0.30	—	0.08	Cu：0.30～0.60
E50XX-G[a]	—	—	—	—	—	—	—	—	—	—
E55XX-G[a]	—	—	—	—	—	—	—	—	—	—
E57XX-G[a]	—	—	—	—	—	—	—	—	—	—

注：表中单值均为最大值。

[a] 焊条型号中"XX"代表焊条的药皮类型。

表 3-142　熔敷金属力学性能

焊条型号	抗拉强度 R_m（MPa）	屈服强度[a]R_{eL}（MPa）	断后伸长率 A（%）	冲击试验温度（℃）
E4303	≥430	≥330	≥20	0
E4310	≥430	≥330	≥20	−30
E4311	≥430	≥330	≥20	−30
E4312	≥430	≥330	≥16	—
E4313	≥430	≥330	≥16	—
E4315	≥430	≥330	≥20	−30
E4316	≥430	≥330	≥20	−30
E4318	≥430	≥330	≥20	−30
E4319	≥430	≥330	≥20	−20

续表

焊条型号	抗拉强度 R_m（MPa）	屈服强度^a R_{eL}（MPa）	断后伸长率 A（%）	冲击试验温度（℃）
E4320	≥430	≥330	≥20	—
E4324	≥430	≥330	≥16	—
E4327	≥430	≥330	≥20	−30
E4328	≥430	≥330	≥20	−20
E4340	≥430	≥330	≥20	0
E5003	≥490	≥400	≥20	0
E5010	490～650	≥400	≥20	−30
E5011	490～650	≥400	≥20	−30
E5012	≥490	≥400	≥16	—
E5013	≥490	≥400	≥16	—
E5014	≥490	≥400	≥16	—
E5015	≥490	≥400	≥20	−30
E5016	≥490	≥400	≥20	−30
E5016-1	≥490	≥400	≥20	−45
E5018	≥490	≥400	≥20	−30
E5018-1	≥490	≥400	≥20	−45
E5019	≥490	≥400	≥20	−20
E5024	≥490	≥400	≥16	—
E5024-1	≥490	≥400	≥20	−20
E5027	≥490	≥400	≥20	−30
E5028	≥490	≥400	≥20	−20
E5048	≥490	≥400	≥20	−30
E5716	≥570	≥490	≥16	−30
E5728	≥570	≥490	≥16	−20
E5010-P1	≥490	≥420	≥20	−30
E5510-P1	≥550	≥460	≥17	−30
E5518-P2	≥550	≥460	≥17	−30
E5545-P2	≥550	≥460	≥17	−30
E5003-1M3	≥490	≥400	≥20	—
E5010-1M3	≥490	≥420	≥20	—
E5011-1M3	≥490	≥400	≥20	—
E5015-1M3	≥490	≥400	≥20	—
E5016-1M3	≥490	≥400	≥20	—
E5018-1M3	≥490	≥400	≥20	—
E5019-1M3	≥490	≥400	≥20	—
E5020-1M3	≥490	≥400	≥20	—
E5027-1M3	≥490	≥400	≥20	—
E5518-3M2	≥550	≥460	≥17	−50
E5515-3M3	≥550	≥460	≥17	−50

焊条型号	抗拉强度 R_m（MPa）	屈服强度 $^aR_{eL}$（MPa）	断后伸长率 A（％）	冲击试验温度（℃）
E5516-3M3	≥550	≥460	≥17	−50
E5518-3M3	≥550	≥460	≥17	−50
E5015-N1	≥490	≥390	≥20	−40
E5016-N1	≥490	≥390	≥20	−40
E5028-N1	≥490	≥390	≥20	−40
E5515-N1	≥550	≥460	≥17	−40
E5516-N1	≥550	≥460	≥17	−40
E5528-N1	≥550	≥460	≥17	−40
E5015-N2	≥490	≥390	≥20	−40
E5016-N2	≥490	≥390	≥20	−40
E5018-N2	≥490	≥390	≥20	−50
E5515-N2	≥550	470～550	≥20	−40
E5516-N2	≥550	470～550	≥20	−40
E5518-N2	≥550	470～550	≥20	−40
E5015-N3	≥490	≥390	≥20	−40
E5016-N3	≥490	≥390	≥20	−40
E5515-N3	≥550	≥460	≥17	−50
E5516-N3	≥550	≥460	≥17	−50
E5516-3N3	≥550	≥460	≥17	−50
E5518-N3	≥550	≥460	≥17	−50
E5015-N5	≥490	≥390	≥20	−75
E5016-N5	≥490	≥390	≥20	−75
E5018-N5	≥490	≥390	≥20	−75
E5028-N5	≥490	≥390	≥20	−60
E5515-N5	≥550	≥460	≥17	−60
E5516-N5	≥550	≥460	≥17	−60
E5518-N5	≥550	≥460	≥17	−60
E5015-N7	≥490	≥390	≥20	−100
E5016-N7	≥490	≥390	≥20	−100
E5018-N7	≥490	≥390	≥20	−100
E5515-N7	≥550	≥460	≥17	−75
E5516-N7	≥550	≥460	≥17	−75
E5518-N7	≥550	≥460	≥17	−75
E5515-N13	≥550	≥460	≥17	−100
E5516-N13	≥550	≥460	≥17	−100
E5518-N2M3	≥550	≥460	≥17	−40
E5003-NC	≥490	≥390	≥20	0
E5016-NC	≥490	≥390	≥20	0
E5028-NC	≥490	≥390	≥20	0

焊条型号	抗拉强度 R_m （MPa）	屈服强度[a] R_{eL} （MPa）	断后伸长率 A （%）	冲击试验温度 （℃）
E5716-NC	≥570	≥490	≥16	0
E5728-NC	≥570	≥490	≥16	0
E5003-CC	≥490	≥390	≥20	0
E5016-CC	≥490	≥390	≥20	0
E5028-CC	≥490	≥390	≥20	0
E5716-CC	≥570	≥490	≥16	0
E5728-CC	≥570	≥490	≥16	0
E5003-NCC	≥490	≥390	≥20	0
E5016-NCC	≥490	≥390	≥20	0
E5028-NCC	≥490	≥390	≥20	0
E5716-NCC	≥570	≥490	≥16	0
E5728-NCC	≥570	≥490	≥16	0
E5003-NCC1	≥490	≥390	≥20	0
E5016-NCC1	≥490	≥390	≥20	0
E5028-NCC1	≥490	≥390	≥20	0
E5516-NCC1	≥550	≥460	≥17	−20
E5518-NCC1	≥550	≥460	≥17	−20
E5716-NCC1	≥570	≥490	≥16	0
E5728-NCC1	≥570	≥490	≥16	0
E5016-NCC2	≥490	≥420	≥20	−20
E5018-NCC2	≥490	≥420	≥20	−20
E50XX-G[b]	≥490	≥400	≥20	—
E55XX-G[b]	≥550	≥460	≥17	—
E57X-G[b]	≥570	≥490	≥16	—

[a] 当屈服发生不明显时，应测定规定塑性延伸强度 $R_{p0.2}$；
[b] 焊条型号中 "XX" 代表焊条的药皮类型。

（3）热强钢焊条

热强钢焊条执行的国家标准为《热强钢焊条》GB/T 5118。此标准适用于焊条电弧焊用热强钢焊条。焊条型号按熔敷金属力学性能、药皮类型、焊接位置、电流类型、熔敷金属化学成分等进行划分。

焊条的熔敷金属化学成分应符合表 3-143 规定。熔敷金属拉伸试验结果应符合表 3-144 规定。

表 3-143　熔敷金属化学成分（质量分数）

焊条型号	C	Mn	Si	P	S	Cr	Mo	V	其他[a]
EXXXX-1M3	0.12	1.00	0.80	0.030	0.030	—	0.40～0.65	—	—
EXXXX-CM	0.05～0.12	0.90	0.80	0.030	0.030	0.40～0.65	0.40～0.65	—	—
EXXXX-C1M	0.07～0.15	0.40～0.70	0.30～0.60	0.030	0.030	0.40～0.60	1.00～1.25	0.05	—
EXXXX-1CM	0.05～0.12	0.90	0.80	0.030	0.030	1.00～1.50	0.40～0.65	—	—
EXXXX-1CML	0.05	0.90	1.00	0.030	0.030	1.00～1.50	0.40～0.65	—	—
EXXXX-1CMV	0.05～0.12	0.90	0.60	0.030	0.030	0.80～1.50	0.40～0.65	0.10～0.35	—
EXXXX-1CMVNb	0.05～0.12	0.90	0.60	0.030	0.030	0.80～1.50	0.70～1.00	0.15～0.40	Nb：0.10～0.25

焊条型号	C	Mn	Si	P	S	Cr	Mo	V	其他[a]
EXXXX-1CMWV	0.05~0.12	0.70~1.10	0.60	0.030	0.030	0.80~1.50	0.70~1.00	0.20~0.35	W：0.25~0.50
EXXXX-2C1M	0.05~0.12	0.90	1.00	0.030	0.030	2.00~2.50	0.90~1.20	—	—
EXXXX-2C1ML	0.05	0.90	1.00	0.030	0.030	2.00~2.50	0.90~1.20	—	—
EXXXX-2CML	0.05	0.90	1.00	0.030	0.030	1.75~2.25	0.40~0.65	—	—
EXXXX-2CMWVB	0.05~0.12	1.00	0.60	0.030	0.030	1.50~2.50	0.30~0.80	0.20~0.60	W：0.20~0.60 B：0.001~0.003
EXXXX-2CMVNb	0.05~0.12	1.00	0.60	0.030	0.030	2.40~3.00	0.70~1.00	0.25~0.50	Nb：0.35~0.65
EXXXX-2C1MV	0.05~0.15	0.40~1.50	0.60	0.030	0.030	2.00~2.60	0.90~1.20	0.20~0.40	Nb：0.010~0.050
EXXXX-3C1MV	0.05~0.15	0.40~1.50	0.60	0.030	0.030	2.60~3.40	0.90~1.20	0.20~0.40	Nb：0.010~0.050
EXXXX-5CM	0.05~0.10	1.00	0.90	0.030	0.030	4.0~6.0	0.45~0.65	—	Ni：0.40
EXXXX-5CM1	0.05	1.00	0.90	0.030	0.030	4.0~6.0	0.45~0.65	—	Ni：0.40
EXXXX-5CMV	0.12	0.5~0.9	0.50	0.030	0.030	4.5~6.0	0.40~0.70	0.10~0.35	Cu：0.5
EXXXX-7CM	0.05~0.10	1.00	0.90	0.030	0.030	6.0~8.0	0.45~0.65	—	Ni：0.40
EXXXX-7CML	0.05	1.00	0.90	0.030	0.030	6.0~8.0	0.45~0.65	—	Ni：0.40
EXXXX-9C1M	0.05~0.10	1.00	0.90	0.030	0.030	8.0~10.5	0.85~1.20	—	Ni：0.40
EXXXX-9C1ML	0.05	1.00	0.90	0.030	0.030	8.0~10.5	0.85~1.20	—	Ni：0.40
EXXXX-9C1MV	0.08~0.13	1.25	0.30	0.01	0.01	8.0~10.5	0.85~1.20	0.15~0.30	Ni：1.0 Mn＋Ni≤1.50 Cu：0.25 Al：0.04 Nb：0.02~0.10 N：0.02~0.07
EXXXX-9C1MV1[b]	0.03~0.12	1.00~1.80	0.60	0.025	0.025	8.0~10.5	0.80~1.20	0.15~0.30	Ni：1.0 Cu：0.25 Al：0.04 Nb：0.02~0.10 N：0.02~0.07
EXXXX-G	其他成分								

注：表中单值均为最大值。
[a] 如果有意添加表中未列出的元素，则应进行报告，这些添加元素和在常规化学分析中发现的其他元素的总量不应超过0.50%；
[b] Ni＋Mn的化合物能降低AC1点温度，所要求的焊后热处理温度可能接近或超过了焊缝金属的AC1点。

表3-144　熔敷金属力学性能

焊条型号[a]	抗拉强度 R_m （MPa）	屈服强度[b] R_{eL} （MPa）	断后伸长率 A （%）	预热和道间温度 （℃）	焊后热处理[c]	
					热处理温度 （℃）	保温时间[d] （min）
E50XX-1M3	≥490	≥390	≥22	90~110	605~645	60
E50YY-1M3	≥490	≥390	≥20	90~110	605~645	60
E55XX-CM	≥550	≥460	≥17	160~190	675~705	60
E5540.CM	≥550	≥460	≥14	160~190	675~705	60
E5503-CM	≥550	≥460	≥14	160~190	675~705	60
E55XX-C1M	≥550	≥460	≥17	160~190	675~705	60
E55XX-1CM	≥550	≥460	≥17	160~190	675~705	60

焊条型号[a]	抗拉强度 R_m（MPa）	屈服强度[b] R_{eL}（MPa）	断后伸长率 A（%）	预热和道间温度（℃）	焊后热处理[c]	
					热处理温度（℃）	保温时间[d]（min）
E5513-1CM	≥550	≥460	≥14	160～190	675～705	60
E52XX-1CML	≥520	≥390	≥17	160～190	675～705	60
E5540-1CMV	≥550	≥460	≥14	250～300	715～745	120
E5515-1CMV	≥550	≥460	≥15	250～300	715～745	120
E5515-lCMVNb	≥550	≥460	≥15	250～300	715～745	300
E5515-1CMWV	≥550	≥460	≥15	250～300	715～745	300
E62XX-2C1M	≥620	≥530	≥15	160～190	675～705	60
E6240-2C1M	≥620	≥530	≥12	160～190	675～705	60
E6213-2C1M	≥620	≥530	≥12	160～190	675～705	60
E55XX-2C1ML	≥550	≥460	≥15	160～190	675～705	60
E55XX-2CML	≥550	≥460	≥15	160～190	675～705	60
E5540-2CMWVB	≥550	≥460	≥14	250～300	745～775	120
E5515-2CMWVB	≥550	≥460	≥15	320～360	745～775	120
E5515-2CMVNb	≥550	≥460	≥15	250～300	715～745	240
E62XX-2C1MV	≥620	≥530	≥15	160～190	725～755	60
E62XX-3C1MV	≥620	≥530	≥15	160～190	725～755	60
E55XX-5CM	≥550	≥460	≥17	175～230	725～755	60
E55XX-5CM1	≥550	≥460	≥17	175～230	725～755	60
E55XX-5CMV	≥550	≥460	≥14	175～230	740～760	240
E55XX-7CM	≥550	≥460	≥17	175～30	725～755	60
E55XX-7CM1	≥550	≥460	≥17	175～230	725～755	60
E62XX-9C1M	≥620	≥530	≥15	205～260	725～755	60
E62XX-9C1M1	≥620	≥530	≥15	205～260	725～755	60
E62XX-9C1MV	≥620	≥530	≥15	200～315	745～775	120
E62XX-9C1MV1	≥620	≥530	≥15	205～260	725～755	60
EXXXX-G	供需双方协商确认					

[a] 焊条型号中 XX 代表药皮类型 15、16 或 18，YY 代表药皮类型 10、11、19、20 或 27；

[b] 当屈服发生不明显时，应测定规定塑性延伸强度 $R_{p0.2}$

[c] 试件放入炉内时，以 85℃/h～275℃/h 的速率加热到规定温度。达到保温时间后，以不大于 200℃/h 的速率随炉冷却至 300℃ 以下。试件冷却至 300℃ 以下的任意温度时，允许从炉中取出，在静态大气中冷却至室温；

[d] 保温时间公差为 0～10min

（4）非合金钢及细晶粒钢药芯焊丝

非合金钢及细晶粒钢药芯焊丝执行的国家标准为《非合金钢及细晶粒钢药芯焊丝》GB/T 10045。此标准适用于最小抗拉强度要求值不大于 570MPa 的气体保护和自保护电弧焊用非合金及细晶粒钢药芯焊丝。

焊丝型号按力学性能、使用特性、焊接位置、保护气体类型、焊后状态和熔敷金属化学成分等进行划分。仅适用于单道焊的焊丝，其型号划分中不包括焊后状态和熔敷金属化学成分。

焊丝型号由八部分组成：

第一部分：用字母"T"表示药芯焊丝；

第二部分：表示用于多道焊时焊态或焊后热处理条件下，熔敷金属的抗拉强度代号，或者表示用于单道焊时焊态条件下，焊接接头的抗拉强度代号；

第三部分：表示冲击吸收能量（KV_2），不小于 27J 时的试验温度代号，仅适用于单道焊的焊丝无此代号；

第四部分：表示使用特性代号；

第五部分：表示焊接位置代号；

第六部分：表示保护气体类型代号，自保护的代号为"N"，保护气体的代号按 ISO 14175 规定，仅适用于单道焊的焊丝在该代号后添加字母"S"；

第七部分：表示焊后状态代号，其中"A"表示焊态，"P"表示焊后热处理状态，"AP"表示焊态和焊后热处理两种状态均可；

第八部分：表示熔敷金属化学成分分类。

除以上强制代号外，可在其后依次附加可选代号：字母"U"，表示在规定的试验温度下，冲击吸收能量（KV_2）应不小于 47J；扩散氢代号"HX"，其中"X"可为数字 15、10 或 5，分别表示每 100g 熔敷金属中扩散氢含量的最大值（mL）。

多道焊焊丝熔敷金属化学成分应符合表 3-145 规定。

表 3-145　熔敷金属化学成分

化学成分分类	化学成分（质量分数）[a]（%）										
	C	Mn	Si	P	S	Ni	Cr	Mo	V	Cu	Al[b]
无标记	0.18[c]	2.00	0.90	0.030	0.030	0.50[d]	0.20[d]	0.30[d]	0.08[d]	—	2.0
K	0.20	1.60	1.00	0.030	0.030	0.50[d]	0.20[d]	0.30[d]	0.08[d]	—	—
2M3	0.12	1.50	0.80	0.030	0.030	—	—	0.40~0.65	—	—	1.8
3M2	0.15	1.25~2.00	0.80	0.030	0.030	—	—	0.25~0.55	—	—	1.8
N1	0.12	1.75	0.80	0.030	0.030	0.30~1.00	—	0.35	—	—	1.8
N2	0.12	1.75	0.80	0.030	0.030	0.80~1.20	—	0.35	—	—	1.8
N3	0.12	1.75	0.80	0.030	0.030	1.00~2.00	—	0.35	—	—	1.8
N5	0.12	1.75	0.80	0.030	0.030	1.75~2.75	—	—	—	—	1.8
N7	0.12	1.75	0.80	0.030	0.030	2.75~3.75	—	—	—	—	1.8
CC	0.12	0.60~1.40	0.20~0.80	0.030	0.030	—	0.30~0.60	—	—	0.20~0.50	1.8
NCC	0.12	0.60~1.40	0.20~0.80	0.030	0.030	0.10~0.45	0.45~0.75	—	—	0.30~0.75	1.8
NCC1	0.12	0.50~1.30	0.20~0.80	0.030	0.030	0.30~0.80	0.45~0.75	—	—	0.30~0.75	1.8
NCC2	0.12	0.80~1.60	0.20~0.80	0.030	0.030	0.30~0.80	0.10~0.40	—	—	0.20~0.50	1.8
NCC3	0.12	0.80~1.60	0.20~0.80	0.030	0.030	0.30~0.80	0.45~0.75	—	—	0.20~0.50	1.8
N1M2	0.15	2.00	0.80	0.030	0.030	0.40~1.00	0.20	0.20~0.65	0.05	—	1.8
N2M2	0.15	2.00	0.80	0.030	0.030	0.80~1.20	0.20	0.20~0.65	0.05	—	1.8
N3M2	0.15	2.00	0.80	0.030	0.030	1.00~2.00	0.20	0.20~0.65	0.05	—	1.8
GX[e]	其他协定成分										

注：表中单值均为最大值。

[a] 如有意添加 B 元素，应进行分析；

[b] 只适用于自保护焊丝；

[c] 对于自保护焊丝，C≤0.30%；

[d] 这些元素如果是有意添加的，应进行分析；

[e] 表中未列出的分类可用相类似的分类表示，词头加字母"G"。化学成分范围不进行规定，两种分类之间不可替换。

对于单道焊和多道焊都适用的焊丝不要求进行单道焊试验。多道焊熔敷金属拉伸试验结果应符合表 3-146 规定，单道焊焊接接头横向拉伸试验结果应符合表 3-147 规定。多道焊夏比 V 型缺口冲击试验温度按表 3-148 要求，测定五个冲击试样的冲击吸收能量（KV_2）。在计算五个冲击吸收能量（KV_2）的平均值时，应去掉一个最大值和一个最小值。余下的三个值中有两个应不小于 27J，另一个可小于

27J，但不应小于 20J，三个值的平均值不应小于 27J。如果型号中附加了可选代号"U"，冲击要求则按表 3-148 规定的温度，测定三个冲击试样的冲击吸收能量（KV_2）。三个值中有一个值可小于 47J，但不应小于 32J，三个值的平均值不应小于 47J。仅适用于单道焊的焊丝不要求做冲击试验。

表 3-146 多道焊熔敷金属抗拉强度代号

抗拉强度代号	抗拉强度 R_m （MPa）	屈服强度[a]R_{eL} （MPa）$\geqslant$	断后伸长率 A （%）$\geqslant$
43	430～600	330	20
49	490～670	390	18
55	550～740	460	17
57	570～770	490	17

[a] 当屈服发生不明显时，应测定规定塑性延伸强度 $R_{p0.2}$。

表 3-147 单道焊焊接接头抗拉强度代号

抗拉强度代号	抗拉强度 R_m（MPa）$\geqslant$
43	430
49	490
55	550
57	570

表 3-148 冲击试验温度代号

冲击试验温度代号	冲击吸收能量（KV_2）不小于 27J 时的试验温度（℃）
Z	[a]
Y	＋20
0	0
2	－20
3	－30
4	－40
5	－50
6	－60
7	－70
8	－80
9	－90
10	－100

[a] 不要求冲击试验。

（5）埋弧焊用热强钢实心焊丝、药芯焊丝和焊丝-焊剂组合

埋弧焊用热强钢实心焊丝、药芯焊丝和焊丝-焊剂组合执行的国家标准为《埋弧焊用热强钢实心焊丝、药芯焊丝和焊丝-焊剂组合分类要求》GB/T 12470。

实心焊丝型号按照化学成分进行划分，其中字母"SU"表示埋弧焊实心焊丝，"SU"后数字与字母的组合表示其化学成分分类。实心焊丝-焊剂组合分类按照力学性能、焊剂类型和焊丝型号等进行划分。药芯焊丝-焊剂组合分类按照力学性能、焊剂类型和熔敷金属的化学成分等进行划分。

实心焊丝化学成分应符合表 3-149 规定。实心焊丝和药芯焊丝与焊剂组合熔敷金属化学成分应符合表 3-150 规定。熔敷金属拉伸试验结果应符合表 3-151 规定。夏比 V 型缺口冲击试验温度按表 3-152 规定，测定五个冲击试样的冲击吸收能量（KV_2）。在计算五个冲击吸收能量（KV_2）的平均值时，应去掉一个最大值和一个最小值。余下的三个值中有两个应不小于 27J，另一个可小于 27J，但不应小于 20J，三个值的平均值不应小于 27J。

表3-149 实心焊丝化学成分

焊丝型号	冶金牌号分类	化学成分（质量分数）ᵃ（%）										
		C	Mn	Si	P	S	Ni	Cr	Mo	V	Cuᵇ	其他
SU1M31	H13MnMo	0.05~0.15	0.65~1.00	0.25	0.025	0.025	—	—	0.45~0.65	—	0.35	—
SU3M31ᶜ	H15MnMoᶜ	0.18	1.10~1.90	0.60	0.025	0.025	—	—	0.30~0.70	—	0.35	—
SU4M32ᶜ·ᵈ	HUMn2Moᶜ·ᵈ	0.05~0.17	1.65~2.20	0.20	0.025	0.025	—	—	0.45~0.65	—	0.35	—
SU4M33ᶜ	H15Mn2Moᶜ	0.18	1.70~2.60	0.60	035	0.025	—	—	0.30~0.70	—	0.35	—
SUCM	H07CrMo	0.10	0.40~0.80	0.05~0.30	0.025	0.025	—	0.40~0.75	0.45~0.65	—	0.35	—
SUCM1	H12CrMo	0.15	0.30~1.20	0.40	0.025	0.025	—	0.30~0.70	0.30~0.70	—	0.35	—
SUCM2	H1.0CrMo	0.12	0.70	0.15~0.35	0.030	0.030	0.30	0.45~0.65	0.40~0.60	—	0.35	—
SUC1MH	H19CrMo	0.15~0.23	0.40~0.70	0.40~0.60	0.025	0.025	—	0.45~0.65	0.90~1.20	—	0.30	—
SU1CMᵉ	H11CrMoᵉ	0.07~0.15	0.45~1.00	0.05~0.30	0.025	0.025	—	1.00~1.75	0.45~0.65	—	0.35	—
SU1CM1	H14CrMo	0.15	0.30~1.20	0.60	0.025	0.025	—	0.80~1.80	0.40~0.65	—	0.35	—
SU1CM2	H08CrMo	0.10	0.40~0.70	0.15~0.35	0.030	0.030	0.30	0.80~1.10	0.40~0.60	—	0.35	—
SU1CM3	H13CrMo	0.11~0.16	0.40~0.70	0.15~0.35	0.030	0.030	0.30	0.80~1.10	0.40~0.60	—	0.35	—
SU1CMV	H08CrMoV	0.10	0.40~0.70	0.15~0.35	0.030	0.030	0.30	1.00~1.30	0.50~0.70	0.15~0.35	0.35	—
SU1CMH	H18CrMo	0.15~0.22	0.40~0.70	0.15~0.35	0.025	0.025	0.10	0.80~1.10	0.15~0.25	—	0.35	—
SU1CMVH	H30CrMoV	0.28~0.33	0.45~0.65	0.55~0.75	0.015	0.015	—	1.00~1.50	0.40~0.65	0.20~0.30	0.30	—
SU2C1Mᵉ	H10Cr3Moᵉ	0.05~0.15	0.40~0.80	0.05~0.30	0.025	0.025	—	2.25~3.00	0.90~1.10	—	0.35	—
SU2C1M1	H12Cr3Mo	0.15	0.30~1.20	0.35	0.025	0.025	—	2.20~2.80	0.90~1.20	—	0.35	—
SU2C1M2	H13Cr3Mo	0.08~0.18	0.30~1.20	0.35	0.025	0.025	—	2.20~2.80	0.90~1.20	—	0.35	—
SU2C1MV	H10Cr3MoV	0.05~0.15	0.50~1.50	0.40	0.025	0.025	—	2.20~2.80	0.90~1.20	0.15~0.45	0.35	Nb:0.01~0.10
SU5CM	H08MnCr6Mo	0.10	0.35~0.70	0.05~0.50	0.025	0.025	—	4.50~6.50	0.45~0.70	—	0.35	—
SU5CM1	H12MnCr5Mo	0.15	0.30~1.20	0.60	0.025	0.025	—	4.50~6.00	0.40~0.65	—	0.35	—
SU5CMH	H33MnCr5Mo	0.25~0.40	0.75~1.00	0.25~0.50	0.025	0.025	—	4.80~6.00	0.45~0.65	—	0.35	—

续表

焊丝型号	冶金牌号分类	化学成分（质量分数）ᵃ（%）										
		C	Mn	Si	P	S	Ni	Cr	Mo	V	Cuᵇ	其他
SU9C1M	H09MnCr9Mo	0.10	0.30~0.65	0.05~0.50	0.025	0.025	—	8.00~10.50	0.80~1.20	—	0.35	—
SU9C1MVᶠ	H10MnCr9NiMoVᶠ	0.07~0.13	1.25	0.50	0.010	0.030	1.00	8.50~10.50	0.85~1.15	0.15~0.25	0.10	Nb:0.02~0.10 N:0.03~0.07 Al:0.04
SU9C1MV1	H09MnCr9NiMoV	0.12	0.50~1.25	0.50	0.025	0.025	0.10~0.80	8.00~10.50	0.80~1.20	0.10~0.35	0.35	Nb:0.01~0.12 N:0.01~0.05
SU9C1MV2	H09Mn2Cr9NiMoV	0.12	1.20~1.90	0.50	0.025	0.025	0.20~1.00	8.00~10.50	0.80~1.20	0.15~0.50	0.35	Nb:0.01~0.12 N:0.01~0.05
SUGᵍ	HGᵍ	其他协定成分										

注：
ᵃ化学分析应按表中规定的元素进行分析，如果在分析过程中发现其他元素，这些元素的总量（除铁外）不应超过0.50%。
ᵇCu含量是包括镀铜层中的含量。
ᶜ该分类中含有约0.5%的Mo，不含C，如果Mn的含量超过1%，可能无法提供最佳的抗蠕变性能。
ᵈ此类焊丝也列于GB/T 5293中。
ᵉ若后缀附加可选代号字母"R"，则该分类应满足以下要求：S:0.010%，P:0.010%，Cu:0.15%，As:0.005%，Sn:0.005%，Sb:0.005%。
ᶠMn＋Ni≤1.50%。
ᵍ表中未列出的焊丝型可用相类似的型号表示，词头加字母"SUG"，未列出的焊丝冶金牌号分类可用类似的冶金牌号分类表示，词头加字母"HG"。化学成分范围不进行规定，两种分类之间不可替换。

注：表中单值均为最大值。

表3-150 实心/药芯焊丝-焊剂组合熔敷金属化学成分

化学成分分类ᵃ	化学成分（质量分数）ᵇ（%）										
	C	Mn	Si	P	S	Ni	Cr	Mo	V	Cu	其他
XX1M31ᶜ	0.12	1.00	0.80	0.030	0.030	—	—	0.40~0.65	—	0.35	—
XX3M31ᶜ	0.15	1.60	0.80	0.030	0.030	—	—	0.40~0.65	—	0.35	—
XX4M32ᶜ XX4M33ᶜ	0.15	2.10	0.80	0.030	0.030	—	—	0.40~0.65	—	0.35	—
XXCM XXCM1	0.12	1.60	0.80	0.030	0.030	—	0.40~0.65	0.40~0.65	—	0.35	—
XXC1MH	0.18	1.20	0.80	0.030	0.030	—	0.40~0.65	0.90~1.20	—	0.35	—

续表

化学成分分类[a]	化学成分（质量分数）[b]（%）										
	C	Mn	Si	P	S	Ni	Cr	Mo	V	Cu	其他
XX1CM[d] XX1CM1	0.05~0.15	1.20	0.80	0.030	0.030	—	1.00~1.50	0.40~0.65	—	0.35	—
XX1CMVH	0.10~0.25	1.20	0.80	0.020	0.020	—	1.00~1.50	0.40~0.65	0.30	0.35	—
XX2C1M[d] XX2C1M1 XX2C1M2	0.05~0.15	1.20	0.80	0.030	0.030	—	2.00~2.50	0.90~1.20	—	0.35	—
XX2C1MV	0.05~0.15	1.30	0.80	0.030	0.030	—	2.00~2.60	0.90~1.20	0.40	0.35	Nb:0.01~0.10
XX5CM XX5CM1	0.12	1.20	0.80	0.030	0.030	—	4.50~6.00	0.40~0.65	—	0.35	—
XX5CMH	0.10~0.25	1.20	0.80	0.030	0.030	—	4.50~6.00	0.40~0.65	—	0.35	—
XX9C1M	0.12	1.20	0.80	0.030	0.030	—	8.00~10.00	0.80~1.20	—	0.35	—
XX9C1MV[e]	0.08~0.13	1.20	0.80	0.010	0.010	0.80	8.00~10.50	0.85~1.20	0.15~0.25	0.10	Nb:0.02~0.10 N:0.02~0.07 Al:0.04
XX9C1MV1[e]	0.12	1.25	0.60	0.030	0.030	1.00	8.00~10.50	0.80~1.20	0.10~0.50	0.35	Nb:0.01~0.12 N:0.01~0.05
XX9C1MV2	0.12	1.25~2.00	0.60	0.030	0.030	1.00	8.00~10.50	0.80~1.20	0.10~0.50	0.35	Nb:0.01~0.12 N:0.01~0.05
XXG[f]	其他协定成分										

注：表中单值均为最大值。

[a] 当采用实心焊丝时，"XX"为"SU"；当采用药芯焊丝时，"XX"为"TU"。

[b] 化学分析应按本表中规定的元素进行分析。如果在分析过程中发现其他元素，这些元素的总量（除铁外）不应超过0.50%。

[c] 当采用药芯焊丝时，该分类也列于GB/T 5293中，熔敷金属化学成分要求一致，但分类名称不同。

[d] 若后缀附加可选代号字母"R"，则该分类应满足以下要求：S:0.010%，P:0.010%，Cu:0.15%，As:0.005%，Sn:0.005%，Sb:0.005%。

[e] Mn+Ni≤1.50%。

[f] 表中未列出的分类可用相似的分类表示，词头加字母XXG，化学成分范围不进行规定，两种分类之间不可替换。

表 3-151　熔敷金属抗拉强度代号

抗拉强度代号	抗拉强度 R_m （MPa）	屈服强度[a]R_{eL} （MPa）≥	断后伸长率 A （％）≥
49	490～660	400	20
55	550～700	470	18
62	620～760	540	15
69	690～830	610	14

[a]当屈服发生不明显时，应测定规定塑性延伸强度 $R_{p0.2}$。

表 3-152　冲击试验温度代号

冲击试验温度代号	冲击吸收能量（KV_2）不小于 27J 时的试验温度 （℃）
Z	无要求
Y	＋20
0	0
2	－20
3	－30
4	－40

（6）热强钢药芯焊丝

热强钢药芯焊丝执行的国家标准为《热强钢药芯焊丝》GB/T 17493。此标准适用于气体保护电弧焊用热强钢药芯焊丝。

焊丝型号按熔敷金属力学性能、使用特性、焊接位置、保护气体类型和熔敷金属化学成分等进行划分。

焊丝的熔敷金属化学成分应符合表 3-153 规定。熔敷金属拉伸试验结果应符合表 3-154 规定。

表 3-153　熔敷金属化学成分

化学成分 分类	化学成分（质量分数）[a]（％）								
	C	Mn	Si	P	S	Ni	Cr	Mo	V
2M3	0.12	1.25	0.80	0.030	0.030	—	—	0.40～0.65	—
CM	0.05～0.12	1.25	0.80	0.030	0.030	—	0.40～0.65	0.40～0.65	—
CM1	0.05	1.25	0.80	0.030	0.030	—	0.40～0.65	0.40～0.65	—
1CM	0.05～0.12	1.25	0.80	0.030	0.030	—	1.00～1.50	0.40～0.65	—
1CM1	0.05	1.25	0.80	0.030	0.030	—	1.00～1.50	0.40～0.65	—
1CMH	0.10～0.15	1.25	0.80	0.030	0.030	—	1.00～1.50	0.40～0.65	—
2C1M	0.05～0.12	1.25	0.80	0.030	0.030	—	2.00～2.50	0.90～1.20	—
2C1M1	0.05	1.25	0.80	0.030	0.030	—	2.00～2.50	0.90～1.20	—
2C1MH	0.10～0.15	1.25	0.80	0.030	0.030	—	2.00～2.50	0.90～1.20	—
5CM	0.05～0.12	1.25	1.00	0.025	0.030	0.40	4.0～6.0	0.45～0.65	—

化学成分分类	化学成分（质量分数）[a]（%）								
	C	Mn	Si	P	S	Ni	Cr	Mo	V
5CM1	0.05	1.25	1.00	0.025	0.030	0.40	4.0~6.0	0.45~0.65	—
9C1M[b]	0.05~0.12	1.25	1.00	0.040	0.030	0.40	8.0~10.5	0.85~1.20	—
9C1M1[b]	0.05	1.25	1.00	0.040	0.030	0.40	8.0~10.5	0.85~1.20	—
9C1MV[c]	0.08~0.13	1.20	0.50	0.020	0.015	0.80	8.0~10.5	0.85~1.20	0.15~0.30
9C1MV1[d]	0.05~0.12	1.25~2.00	0.50	0.020	0.015	1.00	8.0~10.5	0.85~1.20	0.15~0.30
GX[e]	其他协定成分								

注：表中单值均为最大值。

[a]化学分析应按表中规定的元素进行分析。如在分析过程中发现其他元素，这些元素的总量（除铁外）不应超过 0.50%。

[b]Cu≤0.50%。

[c]Nb：0.02%~0.10%，N：0.02%~0.07%，Cu≤0.25%，Al≤0.04%，（Mn+Ni）≤1.40%。

[d]Nb：0.01%~0.08%，N：0.02%~0.07%，Cu≤0.25%，Al≤0.04%。

[e]表中未列出的分类可用相类似的分类表示，词头加字母"G"。化学成分范围不进行规定，两种分类之间不可替换。

表 3-154 熔敷金属力学性能

焊丝型号	抗拉强度 R_m（MPa）	规定塑性延伸强度 $R_{p0.2}$（MPa）≥	断后伸长率 A（%）≥	预热温度和道间温度（℃）	焊后热处理	
					热处理温度（℃）	保温时间（min）
T49TX-XX-2M3	490~660	400	18	135~165	605~635	60^{+15}_{0}
T55TX-XX-2M3	550~690	470	17	135~165	605~635	60^{+15}_{0}
T55TX-XX-CM	550~690	470	17	160~190	675~705	60^{+15}_{0}
T55TX-XX-CM1	550~690	470	17	160~190	675~705	60^{+15}_{0}
T55TX-XX-1CM	550~690	470	17	160~190	675~705	60^{+15}_{0}
T19TX-XX-1CM1	490~660	400	18	160~190	675~705	60^{+15}_{0}
T55TX-XX-1CM1	550~690	470	17	160~190	675~705	60^{+15}_{0}
T55TX-XX-1CMH	550~690	470	17	160~190	675~705	60^{+15}_{0}
T62TX-XX-2C1M	620~760	540	15	160~190	675~705	60^{+15}_{0}
T69TX-XX-2C1M	690~830	610	14	160~190	675~705	60^{+15}_{0}
T55TX-XX-2C1M1	550~690	470	17	160~190	675~705	60^{+15}_{0}
T62TX-XX-2C1M1	620~760	540	15	160~190	675~705	60^{+15}_{0}
T62TX-XX-2C1MH	620~760	540	15	160~190	675~705	60^{+15}_{0}
T55TX-XX-5CM	550~690	470	17	150~250	730~760	60^{+15}_{0}
T55TX-XX-5CM1	550~690	470	17	150~250	730~760	60^{+15}_{0}
T55TX-XX-9C1M	550~690	470	17	150~250	730~760	60^{+15}_{0}
T55TX-XX-9C1M1	550~690	470	17	150~250	730~760	60^{+15}_{0}

焊丝型号	抗拉强度 R_m (MPa)	规定塑性延伸强度 $R_{p0.2}$ (MPa) ≥	断后伸长率 A (%) ≥	预热温度和道间温度 (℃)	焊后热处理	
					热处理温度 (℃)	保温时间 (min)
T69TX-XX-9C1MV	690～830	610	14	150～250	730～760	60^{+15}_{0}
T69TX-XX-9C1MV1	690～830	610	14	150～250	730～760	60^{+15}_{0}
TXXTX-XX-GX	供需双方协定					

（7）埋弧焊用非合金钢及细晶粒钢实心焊丝、药芯焊丝和焊丝-焊剂组合

埋弧焊用非合金钢及细晶粒钢实心焊丝、药芯焊丝和焊丝-焊剂组合执行的国家标准为《埋弧焊用非合金钢及细晶粒钢实心焊丝、药芯焊丝和焊丝-焊剂组合分类要求》GB/T 5293。此标准适用于埋弧焊用非合金钢及细晶粒钢实心焊丝分类，以及最小抗拉强度要求值不大于570MPa的焊丝-焊剂组合的分类要求。

实心焊丝型号按照化学成分进行划分，其中字母"SU"表示埋弧焊实心焊丝，"SU"后数字或数字与字母的组合表示其化学成分分类。实心焊丝-焊剂组合分类按照力学性能、焊后状态、焊剂类型和焊丝型号等进行划分。药芯焊丝-焊剂组合分类按照力学性能、焊后状态、焊剂类型和熔敷金属化学成分等进行划分。

焊丝-焊剂组合分类由五部分组成：

第一部分：用字母"S"表示埋弧焊焊丝-焊剂组合；

第二部分：表示多道焊在焊态或焊后热处理条件下，熔敷金属的抗拉强度代号，或者表示用于双面单道焊时焊接接头的抗拉强度代号；

第三部分：表示冲击吸收能量（KV_2）不小于27J时的试验温度代号；

第四部分：表示焊剂类型代号；

第五部分：表示实心焊丝型号；或者药芯焊-焊剂组合的熔敷金属化学成分分类。

除以上强制分类代号外，可在组合分类中附加可选代号：

字母"U"，附加在第三部分之后，表示在规定的试验温度下，冲击吸收能量（KV_2）应不小于47J。扩散氢代号"HX"，附加在最后。其中"X"可为数字15、10、5、4或2，分别表示每100g熔敷金属中扩散氢含量的最大值（mL）。

实心焊丝化学成分应符合表3-155规定。药芯焊丝-焊剂组合熔敷金属化学成分应符合表3-156规定。

多道焊熔敷金属拉伸试验结果应符合表3-157规定，双面单道焊焊接接头横向拉伸试验结果应符合表3-158规定。多道焊夏比V型缺口冲击试验温度按表3-159要求，测定五个冲击试样的冲击吸收能量（KV_2）。在计算五个冲击吸收能量（KV_2）的平均值时，应去掉一个最大值和一个最小值。余下的三个值中有两个应不小于27J，另一个可小于27J，但不应小于20J，三个值的平均值不应小于27J。双面单道焊夏比V型缺口冲击试验温度按表3-159要求，测定三个冲击试样的冲击吸收能量（KV_2）。如果焊丝-焊剂组合分类中附加了可选择的代号"U"，冲击要求则按表3-159规定的温度，测定三个冲击试样的冲击吸收能量（KV_2）。三个值中有一个值可小于47J，但不应小于32J，三个值的平均值不应小于47J。

表3-155 实心焊丝化学成分

焊丝型号	冶金牌号分类	化学成分（质量分数）ᵃ（%）									
		C	Mn	Si	P	S	Ni	Cr	Mo	Cuᵇ	其他
SU08	H08	0.10	0.25~0.60	0.10~0.25	0.030	0.030	—	—	—	0.35	—
SU08A	H08Aᶜ	0.10	0.40~0.65	0.03	0.030	0.030	0.30	0.20	—	0.35	—
SU08E	H08Eᶜ	0.10	0.40~0.65	0.03	0.020	0.020	0.30	0.20	—	0.35	—
SU08C	H08Cᶜ	0.10	0.40~0.65	0.03	0.015	0.015	0.10	0.10	—	0.35	—
SU10	H11Mn2	0.07~0.15	1.30~1.70	0.05~0.25	0.025	0.025	—	—	—	0.35	—
SU11	H11Mn	0.15	0.20~0.90	0.15	0.025	0.025	0.15	0.15	0.15	0.40	—
SU111	H11MnSi	0.07~0.15	1.00~1.50	0.65~0.85	0.025	0.030	—	—	—	0.35	—
SU12	H12MnSi	0.15	0.20~0.90	0.10~0.60	0.025	0.025	0.15	0.15	0.15	0.40	—
SU13	H15	0.11~0.18	0.35~0.65	0.03	0.030	0.030	0.30	0.20	—	0.35	—
SU21	H10Mn	0.05~0.15	0.80~1.25	0.10~0.35	0.025	0.025	0.15	0.15	0.15	0.40	—
SU22	H12Mn	0.15	0.80~1.40	0.15	0.025	0.025	0.15	0.15	0.15	0.40	—
SU23	H13MnSi	0.18	0.80~1.40	0.15~0.60	0.025	0.025	0.15	0.15	0.15	0.40	—
SU24	H13MnSiTi	0.06~0.19	0.90~1.40	0.35~0.75	0.025	0.025	0.15	0.15	0.15	0.40	Ti:0.03~0.17
SU25	H14MnSi	0.06~0.16	0.90~1.40	0.35~0.75	0.030	0.030	0.15	0.15	0.15	0.40	—
SU26	H08Mn	0.10	0.80~1.10	0.07	0.030	0.030	0.30	0.20	—	0.35	—
SU27	H15Mn	0.11~0.18	0.80~1.10	0.03	0.030	0.030	0.30	0.20	—	0.35	—
SU28	H10MnSi	0.14	0.80~1.10	0.60~0.90	0.030	0.030	0.30	0.20	—	0.35	—
SU31	H11Mn2Si	0.06~0.15	1.40~1.85	0.80~1.15	0.030	0.030	0.15	0.15	0.15	0.40	—
SU32	H12Mn2Si	0.15	1.30~1.90	0.05~0.60	0.025	0.025	0.15	0.15	0.15	0.40	—
SU33	H12Mn2	0.15	1.30~1.90	0.15	0.025	0.025	0.15	0.15	0.15	0.40	—
SU34	H10Mn2	0.12	1.50~1.90	0.07	0.030	0.030	0.30	0.20	—	0.35	—
SU35	H10Mn2Ni	0.12	1.40~2.00	0.30	0.025	0.025	0.10~0.50	0.20	—	0.35	—
SU41	H15Mn2	0.20	1.60~2.30	0.15	0.025	0.025	0.15	0.15	0.15	0.40	—
SU42	H13Mn2Si	0.15	1.50~2.30	0.15~0.65	0.025	0.025	0.15	0.15	0.15	0.40	—
SU43	H13Mn2	0.17	1.80~2.20	0.05	0.030	0.030	0.30	0.20	—	—	—
SU44	H08Mn2Si	0.11	1.70~2.10	0.65~0.95	0.035	0.035	0.30	0.20	—	0.35	—

续表

焊丝型号	冶金牌号 分类	化学成分（质量分数）[a]（%）									
		C	Mn	Si	P	S	Ni	Cr	Mo	Cu[b]	其他
SU45	H08Mn2SiA	0.11	1.80~240	0.65~0.95	0.030	0.030	0.30	0.20	—	0.35	—
SU51	H11Mn3	0.15	2.20~2.80	0.15	0.025	0.025	0.15	0.15	0.15	0.40	—
SUM3[d]	H08MnMo[d]	0.10	1.20~16.0	0.25	0.030	0.030	0.30	0.20	0.30~0.50	0.35	Ti:0.05~0.15
SUM31[d]	H08Mn2Mo[d]	0.06~0.11	1.60~1.90	0.25	0.030	0.030	0.30	0.20	0.50~0.70	0.35	Ti:0.05~0.15
SU1M3	H09MnMo	0.15	0.20~1.00	0.25	0.025	0.025	0.15	0.15	0.40~0.65	0.40	—
SU1M3TiB	H10MnMoTiB	0.05~0.15	0.65~1.00	0.20	0.025	0.025	0.15	0.15	0.45~0.65	0.35	Ti:0.05~0.30 B:0.005~0.030
SU2M1	H12MnMo	0.15	0.80~1.40	0.25	0.025	0.025	0.15	0.15	0.15~0.40	0.40	—
SU3M1	H12Mn2Mo	0.15	1.30~1.90	0.25	0.025	0.025	0.15	0.15	0.15~0.40	0.40	—
SU2M3	H11MnMo	0.17	0.80~1.40	0.25	0.025	0.025	0.15	0.15	0.40~0.65	0.40	—
SU2M3TiB	H11MnMoTiB	0.05~0.17	0.95~1.35	0.20	0.025	0.025	0.15	0.15	0.40~0.65	0.35	Ti:0.05~0.30 B:0.005~0.030
SU3M3	H10MnMo	0.17	1.20~1.90	0.25	0.025	0.025	0.15	0.15	0.40~0.65	0.40	—
SU4M1	H13Mn2Mo	0.15	1.60~2.30	0.25	0.025	0.025	0.15	0.15	0.15~0.40	0.40	—
SU4M3	H14Mn2Mo	0.17	1.60~2.30	0.25	0.025	0.025	0.15	0.15	0.40~0.65	0.40	—
SU4M31	H10Mn2SiMo	0.05~0.15	1.60~2.10	0.50~0.80	0.025	0.025	0.15	0.15	0.40~0.60	0.40	—
SU4M32[e]	H11Mn2Mo[e]	0.05~0.17	1.65~2.20	0.20	0.025	0.025	—	—	0.45~0.65	0.35	—
SU5M3	H11Mn3Mo	0.15	2.20~2.80	0.25	0.025	0.025	0.15	0.15	0.40~0.65	0.40	—
SUN2	H11MnNi	0.15	0.75~1.40	0.30	0.020	0.020	0.75~1.25	0.20	0.15	0.40	—
SUN21	H08MnSiNi	0.12	0.80~1.40	0.40~0.80	0.020	0.020	0.75~1.25	0.20	0.15	0.40	—
SUN3	H11MnNi2	0.15	0.80~1.40	0.25	0.020	0.020	1.20~1.80	0.20	0.15	0.40	—
SUN31	H11Mn2Ni2	0.15	1.30~1.90	0.25	0.020	0.020	1.20~1.80	0.20	0.15	0.40	—
SUN5	H12MnNi2	0.15	0.75~1.40	0.30	0.020	0.020	1.80~2.90	0.20	0.15	0.40	—
SUN7	H10MnNi3	0.15	0.60~1.40	0.30	0.020	0.020	2.40~3.80	0.20	0.15	0.40	—
SUCC	H11MnCr	0.15	0.80~1.90	0.30	0.030	0.030	0.15	0.30~0.60	0.15	0.20~0.45	—
SUN1C1C[d]	H08MnCrNiCu[d]	0.10	1.20~1.60	0.60	0.025	0.020	0.20~0.60	0.30~0.90	—	0.20~0.50	—
SUNCC1[d]	H10MnCrNiCu[d]	0.12	0.35~0.65	0.20~0.35	0.025	0.030	0.40~0.80	0.50~0.80	0.15	0.30~0.80	—
SUNCC3	H11MnCrNiCu	0.15	0.80~1.90	0.30	0.030	0.030	0.05~0.80	0.50~0.80	0.15	0.30~0.55	—

续表

焊丝型号	冶金牌号分类	化学成分(质量分数)a(%)									
		C	Mn	Si	P	S	Ni	Cr	Mo	Cub	其他
SUN1M3d	H13Mn2NiMod	0.10~0.18	1.70~2.40	0.20	0.025	0.025	0.40~0.80	0.20	0.40~0.65	0.35	—
SUN2M1d	H10MnNiMod	0.12	1.20~1.60	0.05~0.30	0.020	0.020	0.75~1.25	0.20	0.10~0.30	0.40	—
SUN2M3d	H12MnNiMod	0.15	0.80~1.40	0.25	0.020	0.020	0.80~1.20	0.20	0.40~0.65	0.40	—
SUN2M31d	H11Mn2NiMod	0.15	1.30~1.90	0.25	0.020	0.020	0.80~1.20	0.20	0.40~0.65	0.40	—
SUN2M32d	H12Mn2NiMod	0.15	1.60~2.30	0.25	0.020	0.020	0.80~1.20	0.20	0.40~0.65	0.40	—
SUN3M3d	H11MnNi2Mod	0.15	0.80~1.40	0.25	0.020	0.020	1.20~1.80	0.20	0.40~0.65	0.40	—
SUN3M31d	H11Mn2Ni2Mod	0.15	1.30~1.90	0.25	0.020	0.020	1.20~1.80	0.20	0.40~0.65	0.40	—
SUN4M1d	H15MnNi2Mod	0.12~0.19	0.60~1.00	0.10~0.30	0.015	0.030	1.60~2.10	0.20	0.10~0.30	0.35	—
SUGf	HGf	其他协定成分									

注:表中单值均为最大值。
a 化学分析应按表中规定的元素进行分析。如果在分析过程中发现其他元素,这些元素的总量(除铁外)不应超过0.50%。
b Cu含量是包括镀铜层中的含量。
c 根据供需双方协议,此类焊丝非沸腾钢允许硅含量不大于0.07%。
d 此类焊丝也列于GB/T 36034中。
e 此类焊丝也列于GB/T 12470中。
f 表中未列出的焊丝型号可用相类似的型号表示,词头加字母"SUG",未列出的焊丝冶金牌号分类可用相类似的冶金牌号分类表示,词头加字母"HG"。化学成分范围不进行规定,两种分类之间不可替换。

表3-156　药芯焊丝-焊剂组合熔敷金属化学成分

化学成分分类	化学成分(质量分数)a(%)									
	C	Mn	Si	P	S	Ni	Cr	Mo	Cu	其他
TU3M	0.15	1.80	0.90	0.035	0.035	—	—	—	0.35	—
TU2M3b	0.12	1.00	0.80	0.030	0.030	—	—	0.40~0.65	0.35	—
TU2M31	0.12	1.40	0.80	0.030	0.030	—	—	0.40~0.65	0.35	—
TU4M3b	0.15	2.10	0.80	0.030	0.030	—	—	0.40~0.65	0.35	—
TU3M3b	0.15	1.60	0.80	0.030	0.030	—	—	0.40~0.65	0.35	—
TUN2	0.12c	1.60c	0.80	0.030	0.025	0.75~1.10	0.15	0.35	0.35	Ti+V+Zr:0.05
TUN5	0.12c	1.60c	0.80	0.030	0.025	2.00~2.90	—	—	0.35	—
TUN7	0.12	1.60	0.80	0.030	0.025	2.80~3.80	0.15	—	0.35	—

续表

| 化学成分分类 | 化学成分（质量分数）ª（%） | | | | | | | | | |
	C	Mn	Si	P	S	Ni	Cr	Mo	Cu	其他
TUN4M1	0.14	1.60	0.80	0.030	0.025	1.40~2.10	—	0.10~0.35	0.35	—
TUN2M1	0.12ᶜ	1.60ᶜ	0.80	0.030	0.025	0.70~1.10	—	0.10~0.35	0.35	—
TUN3M2ᵈ	0.12	0.70~1.50	0.80	0.030	0.030	0.90~1.70	0.15	0.55	0.35	—
TUN1M3ᵈ	0.17	1.25~2.25	0.80	0.030	0.030	0.40~0.80	—	0.40~0.65	0.35	—
TUN2M3ᵈ	0.17	1.25~2.25	0.80	0.030	0.030	0.70~1.10	—	0.40~0.65	0.35	—
TUN1C2ᵈ	0.17	1.60	0.80	0.030	0.035	0.40~0.80	0.60	0.25	0.35	Ti+V+Zr:0.03
TUN5C2M3ᵈ	0.17	1.20~1.80	0.80	0.020	0.020	2.00~2.80	0.65	0.30~0.80	0.50	—
TUN4C2M3ᵈ	0.14	0.80~1.85	0.80	0.030	0.020	1.50~2.25	0.65	0.60	0.40	—
TUN3ᵈ	0.10	0.60~1.60	0.80	0.030	0.030	1.25~2.00	0.15	0.35	0.30	Ti+V+Zr:0.03
TUN4M2ᵈ	0.10	0.90~1.80	0.80	0.020	0.020	1.40~2.10	0.35	0.25~0.65	0.30	Ti+V+Zr:0.03
TUN4M3ᵈ	0.10	0.90~1.80	0.80	0.020	0.020	1.80~2.60	0.65	0.20~0.70	0.30	Ti+V+Zr:0.03
TUN5M3ᵈ	0.10	1.30~2.25	0.80	0.020	0.020	2.00~2.80	0.80	0.30~0.80	0.30	Ti+V+Zr:0.03
TUN4M21ᵈ	0.12	1.60~2.50	0.50	0.015	0.015	1.40~2.10	0.40	0.20~0.50	0.30	Ti:0.03 V:0.02 Zr:0.02
TUN4M4ᵈ	0.12	1.60~2.50	0.50	0.015	0.015	1.40~2.10	0.40	0.70~1.00	0.30	Ti:0.03 V:0.02 Zr:0.02
TUNCC	0.12	0.50~1.60	0.80	0.035	0.030	0.40~0.80	0.45~0.70	—	0.30~0.75	—
TUGᵉ	其他协定成分									

注：表中单值均为最大值。
ª化学分析应按表中规定的元素进行分析。如果在分析过程中发现其他元素，这些元素的总量（除铁外）不应超过0.50%。
ᵇ该分类也列于GB/T 12470中，熔敷金属化学成分要求一致，但分类名称不同。
ᶜ该分类中当C最大含量限制在0.10%时，允许Mn含量不大于1.80%。
ᵈ该分类也列于GB/T 36034中。
ᵉ表中未列出的分类可用相类似的分类表示，词头加字母"TUG"。化学成分范围不进行规定，两种分类之间不可替换。

表 3-157 多道焊熔敷金属抗拉强度代号

抗拉强度代号[a]	抗拉强度 R_m （MPa）	屈服强度[b] R_{eL} （MPa）≥	断后伸长率 A （%）≥
43X	430~600	330	20
49X	490~670	390	18
55X	550~740	460	17
57X	570~770	490	17

[a] X 是 "A" 或者 "P"，"A" 指在焊态条件下试验；"P" 指在焊后热处理条件下试验。
[b] 当屈服发生不明显时，应测定规定塑性延伸强度 $R_{p0.2}$。

表 3-158 双面单道焊焊接接头抗拉强度代号

抗拉强度代号	抗拉强度 R_m（MPa）≥
43S	430
49S	490
55S	550
57S	570

表 3-159 冲击试验温度代号

冲击试验温度代号	冲击吸收能量：（KV_2）不小于 27J 时的试验温度[a]（℃）
Z	无要求
Y	+20
0	0
2	−20
3	−30
4	−40
5	−50
6	−60
7	−70
8	−80
9	−90
10	−100

[a] 如果冲击试验温度代号后附加了字母 "U"，则冲击吸收能量（KV_2）不小于 47J。

（8）熔化极气体保护电弧焊用非合金钢及细晶粒钢实心焊丝

熔化极气体保护电弧焊用非合金钢及细晶粒钢实心焊丝执行的国家标准为《熔化极气体保护电弧焊用非合金钢及细晶粒钢实心焊丝》GB/T 8110。此标准适用于熔敷金属最小抗拉强度要求值不大于 570MPa 的熔化极气体保护电弧焊用非合金钢及细晶粒钢实心焊丝。

焊丝型号按熔敷金属力学性能、焊后状态、保护气体类型和焊丝化学成分等进行划分。

焊丝型号由五部分组成：

第一部分：用字母 "G" 表示熔化极气体保护电弧焊用实心焊丝；

第二部分：表示在焊态、焊后热处理条件下，熔敷金属的抗拉强度代号；

第三部分：表示冲击吸收能量（KV_2）不小于 27J 时的试验温度代号；

第四部分：表示保护气体类型代号，保护气体类型代号按 GB/T 39255 的规定；

第五部分：表示焊丝化学成分分类。

除以上强制代号外，可在型号中附加可选代号：字母 "U"，附加在第三部分之后，表示在规定的试验温度下，冲击吸收能量（KV_2）不小于 47J；无镀铜代号 "N"，附加在第五部分之后，表示无镀铜焊丝。

焊丝化学成分应符合表 3-160 的规定。

表3-160　焊丝化学成分

化学成分分类	焊丝成分分代号	化学成分（质量分数）[a]（%）											
		C	Mn	Si	P	S	Ni	Cr	Mo	V	Cu[b]	Al	Ti + Zr
S2	ER50-2	0.07	0.90~1.40	0.40~0.70	0.025	0.025	0.15	0.15	0.15	0.03	0.50	0.05~0.15	Ti:0.05~0.15 Zr:0.02~0.12
S3	ER50-3	0.06~0.15	0.90~1.40	0.45~0.75	0.025	0.025	0.15	0.15	0.15	0.03	0.50	—	—
S4	ER50-4	0.06~0.15	1.00~1.50	0.65~0.85	0.025	0.025	0.15	0.15	0.15	0.03	0.50	—	—
S6	ER50-6	0.06~0.15	1.40~1.85	0.80~1.15	0.025	0.025	0.15	0.15	0.15	0.03	0.50	—	—
S7	ER50-7	0.07~0.15	1.50~2.00	0.50~0.80	0.025	0.025	0.15	0.15	0.15	0.03	0.50	—	—
S10	ER49-1	0.11	1.80~2.10	0.65~0.95	0.025	0.025	0.30	0.20	—	—	0.50	—	0.02~0.30
S11	—	0.02~0.15	1.40~1.90	0.55~1.10	0.030	0.030	—	—	—	—	0.50	—	0.02~0.30
S12	—	0.02~0.15	1.25~1.90	0.55~1.00	0.030	0.030	—	—	—	—	0.50	—	—
S13	—	0.02~0.15	1.35~1.90	0.55~1.10	0.030	0.030	—	—	—	—	0.50	0.10~0.50	0.02~0.30
S14	—	0.02~0.15	1.30~1.60	1.00~1.35	0.030	0.030	—	—	—	—	0.50	—	—
S15	—	0.02~0.15	1.00~1.60	0.40~1.00	0.030	0.030	—	—	—	—	0.50	—	0.02~0.15
S16	—	0.02~0.15	0.90~1.60	0.40~1.00	0.030	0.030	—	—	—	—	0.50	—	—
S17	—	0.02~0.15	1.50~2.10	0.20~0.55	0.030	0.030	—	—	—	—	0.50	—	0.02~0.30
S18	—	0.02~0.15	1.60~2.40	0.50~1.10	0.030	0.030	—	—	—	—	0.50	—	0.02~0.30
S1M3	ER49-A1	0.12	1.30	0.30~0.70	0.025	0.025	0.20	—	0.40~0.65	—	0.35	—	—
S2M3	—	0.12	0.60~1.40	0.30~0.70	0.025	0.025	—	—	0.40~0.65	—	0.50	—	—
S2M31	—	0.12	0.80~1.50	0.30~0.90	0.025	0.025	—	—	0.40~0.65	—	0.50	—	—
S3M3T	—	0.12	1.00~1.80	0.40~1.00	0.025	0.025	—	—	0.40~0.65	—	0.50	—	Ti:0.02~0.30
S3M1	—	0.05~0.15	1.40~2.10	0.40~1.00	0.025	0.025	—	—	0.10~0.45	—	0.50	—	—
S3M1T	—	0.12	1.40~2.10	0.40~1.00	0.025	0.025	—	—	0.10~0.45	—	0.50	—	Ti:0.02~0.30
S4M31	ER55-D2	0.07~0.12	1.60~2.10	0.50~0.80	0.025	0.025	0.15	—	0.40~0.60	—	0.50	—	—
S4M31T	ER55-D2-Ti	0.12	1.20~1.90	0.40~0.80	0.025	0.025	—	—	0.20~0.50	—	0.50	—	Ti:0.05~0.20
S4M3T	—	0.12	1.60~2.20	0.50~0.80	0.025	0.025	—	—	0.40~0.65	—	0.50	—	Ti:0.02~0.30
SN1	—	0.12	1.25	0.20~0.50	0.025	0.025	0.60~1.00	—	0.35	—	0.35	—	—
SN2	ER55-Ni1	0.12	1.25	0.40~0.80	0.025	0.025	0.80~1.10	0.15	0.35	0.05	0.35	—	—

续表

化学成分分类	焊丝成分分代号	化学成分(质量分数)[a](%)											
		C	Mn	Si	P	S	Ni	Cr	Mo	V	Cu[b]	Al	Ti+Zr
SN3	—	0.12	1.20~1.60	0.30~0.80	0.025	0.025	1.50~1.90	—	0.35	—	0.35	—	—
SN5	ER55-Ni2	0.12	1.25	0.40~0.80	0.025	0.025	2.00~2.75	—	—	—	0.35	—	—
SN7	—	0.12	1.25	0.20~0.50	0.025	0.025	3.00~3.75	—	0.35	—	0.35	—	—
SN71	ER55-Ni3	0.12	1.25	0.40~0.80	0.025	0.025	3.00~3.75	—	—	—	0.35	—	—
SN9	—	0.10	1.40	0.50	0.025	0.025	4.00~4.75	—	0.35	—	0.35	—	—
SNCC	—	0.12	1.00~1.65	0.60~0.90	0.030	0.030	0.10~0.30	0.50~0.80	—	—	0.20~0.60	—	—
SNCC1	ER55-1	0.10	1.20~1.60	0.60	0.025	0.020	0.20~0.60	0.30~0.90	—	—	0.20~0.50	—	—
SNCC2	—	0.10	0.60~1.20	0.60	0.025	0.020	0.20~0.60	0.30~0.90	—	—	0.20~0.50	—	—
SNCC21	—	0.10	0.90~1.30	0.35~0.65	0.025	0.025	0.40~0.60	0.10	—	—	0.20~0.50	—	—
SNCC3	—	0.10	0.90~1.30	0.35~0.65	0.025	0.025	0.20~0.50	0.20~0.50	—	—	0.20~0.50	—	—
SNCC31	—	0.10	0.90~1.30	0.35~0.65	0.025	0.025	—	0.20~0.50	—	—	0.20~0.50	—	—
SNCCT	—	0.12	1.10~1.65	0.60~0.90	0.030	0.030	0.10~0.30	0.50~0.80	—	—	0.20~0.60	—	Ti:0.02~0.30
SNCCT1	—	0.12	1.20~1.80	0.50~0.80	0.030	0.030	0.10~0.40	0.50~0.80	0.02~0.30	—	0.20~0.60	—	Ti:0.02~0.30
SNCCT2	—	0.12	1.10~1.70	0.50~0.90	0.030	0.030	0.40~0.80	0.50~0.80	—	—	0.20~0.60	—	Ti:0.02~0.30
SN1M2T	—	0.12	1.70~2.30	0.60~1.00	0.025	0.025	0.40~0.80	—	0.20~0.60	—	0.50	—	Ti:0.02~0.30
SN2M1T	—	0.12	1.10~1.90	0.30~0.80	0.025	0.025	0.80~1.60	—	0.10~0.45	—	0.50	—	Ti:0.02~0.30
SN2M2T	—	0.05~0.15	1.00~1.80	0.30~0.90	0.025	0.025	0.70~1.20	—	0.20~0.60	—	0.50	—	Ti:0.02~0.30
SN2M3T	—	0.05~0.15	1.40~2.10	0.30~0.90	0.025	0.025	0.70~1.20	—	0.40~0.65	—	0.50	—	Ti:0.02~0.30
SN2M4T	—	0.12	1.70~2.30	0.50~1.00	0.025	0.025	0.80~1.30	—	0.55~0.85	—	0.50	—	Ti:0.02~0.30
SN2MC	—	0.10	1.60	0.65	0.020	0.010	1.00~2.00	—	0.15~0.50	—	0.20~0.50	—	—
SN3MC	—	0.10	1.60	0.65	0.020	0.010	2.80~3.80	—	0.05~0.50	—	0.20~0.70	—	—
Z×[c]		其他协定成分											

注:1. 表中单值均为最大值。
2. 表中列出的"焊丝成分代号"是为便于实际使用对照。
[a] 化学分析应按表中规定的元素进行分析。如在分析过程中发现其他元素,这些元素的总量(除铁外)不应超过0.50%。
[b] Cu含量包括镀铜层中的含量。
[c] 表中未列出的分类可用相类似的分类表示。词头加字母"Z"。化学成分范围不进行规定,两种分类之间不可替换。

熔敷金属拉伸试验结果应符合表 3-161 的规定。夏比 V 型缺口冲击试验温度按表 3-162 要求，测定 5 个冲击试样的冲击吸收能量（KV_2）。在计算 5 个冲击吸收能量（KV_2）的平均值时，应去掉一个最大值和一个最小值，余下的 3 个值中有 2 个应不小于 27J，另一个可小于 27J，但不应小于 20J，3 个值的平均值不应小于 27J。如果型号中附加了可选代号"U"，夏比 V 型缺口冲击试验温度按表 3-162 要求，测定 3 个冲击试样的冲击吸收能量（KV_2）。3 个值中有一个值可小于 47J，但不应小于 32J，3 个值的平均值不应小于 47J。

表 3-161　熔敷金属抗拉强度代号

抗拉强度代号[a]	抗拉强度 R_m （MPa）	屈服强度[b]R_{eL} （MPa）$\geqslant$	断后伸长率 A （%）$\geqslant$
43×	430～600	330	20
49×	490～670	390	18
55×	550～740	460	17
57×	570～770	490	17

[a] ×代表"A""P"或者"AP"，"A"表示在焊态条件下试验；"P"表示在焊后热处理条件下试验。"AP"表示在焊态和焊后热处理条件下试验均可。

[b] 当屈服发生不明显时，应测定规定塑性延伸强度 $R_{p0.2}$。

表 3-162　冲击试验温度代号

冲击试验温度代号	冲击吸收能量（KV_2）不小于 27J 时的试验温度 （℃）
Z	无要求
Y	＋20
0	0
2	－20
3	－30
4	－40
4H	－45
5	－50
6	－60
7	－70
7H	－75
8	－80
9	－90
10	－100

3. 连接用紧固标准件

标准化的紧固连接用的机械零件。连接用紧固标准件主要包括螺栓、螺柱、螺钉、紧定螺钉、螺母、垫圈和铆钉等。

1）依据标准

《钢结构用高强度大六角头螺栓、大六角螺母、垫圈技术条件》GB/T 1231

《紧固件机械性能 螺栓、螺钉和螺柱》GB/T 3098.1

《紧固件机械性能 螺母》GB/T 3098.2

《钢结构用扭剪型高强度螺栓连接副》GB/T 3632

《钢结构工程施工质量验收标准》GB 50205

2）进场复验试验项目与取样规定

《天津市建筑工程施工质量验收资料管理规程》DB/T 29—209 中对连接用紧固标准件进场复验试验与项目取样规定见表3-163。

表3-163　进场复验试验项目与取样规定

种类名称 相关标准、规范代号	复验项目	组批规则及取样数量规定
钢结构用高强度大六角头螺栓 （GB/T 1231、GB 50205）	扭矩系数、 抗滑移系数	①组批：3000 套螺栓，2000t 钢板。 ②取样：每种规格螺栓取 8 套，抗滑移试件 3 组
钢结构用扭剪型高强度螺栓连接副 （GB/T 3632、GB 50205）	连接副紧固轴力、 抗滑移系数	①组批：3000 套螺栓，2000t 钢板。 ②取样：每种规格螺栓取 8 套，抗滑移试件 3 组
紧固件机械性能螺栓、螺钉和螺柱 （GB/T 3098.1）	最小拉力载荷、 保证载荷、 硬度	每一规格螺栓抽查 8 个
紧固件机械性能螺母 （GB/T 3098.2）	保证载荷、 硬度	每一规格螺母抽查 8 个

3）技术指标要求

（1）《钢结构通用规范》GB 55006 中对连接用紧固标准件的要求

第7.1.2条规定：高强度大六角头螺栓连接副和扭剪型高强度螺栓连接副出厂时应分别随箱带有扭矩系数和紧固轴力（预拉力）的检验报告，并应附有出厂质量保证书。高强度螺栓连接副应按批配套进场并在同批内配套使用。

第7.1.3条规定：高强度螺栓连接处的钢板表面处理方法与除锈等级应符合设计文件要求。摩擦型高强度螺栓连接摩擦面处理后应分别进行抗滑移系数试验和复验，其结果应达到设计文件中关于抗滑移系数的指标要求。

（2）《钢结构用高强度大六角头螺栓、大六角螺母、垫圈技术条件》GB/T 1231 中对连接副的扭矩系数要求

① 高强度大六角头螺栓连接副应按保证扭矩系数供货，同批连接副的扭矩系数平均值为 0.110～0.150，扭矩系数标准偏差应小于或等于 0.0100。每一连接副包括 1 个螺栓、1 个螺母、2 个垫圈。并应分属同批制造。

② 扭矩系数保证期为自出厂之日起 6 个月，用户如需延长保证期，可由供需双方协议解决。

（3）《钢结构工程施工质量验收标准》GB 50205 中对扭矩系数的要求

钢结构连接用高强度螺栓连接副的品种、规格、性能应符合国家现行标准的规定并满足设计要求。高强度大六角头螺栓连接副应随箱带有扭矩系数检验报告。高强度大六角头螺栓连接副进场时，应按国家现行标准的规定抽取试件且应进行扭矩系数检验，检验结果应符合国家现行标准的规定。

高强度大六角头螺栓连接副应复验其扭矩系数。高强度大六角头螺栓连接副扭矩系数复验应符合下列规定：

① 复验用的螺栓应在施工现场待安装的螺栓批中随机抽取，每批应抽取 8 套连接副进行复验；

② 检验方法和结果应符合国家现行标准《钢结构用高强度大六角头螺栓、大六角螺母、垫圈技术条件》GB/T 1231 的规定。高强度大六角头螺栓的扭矩系数平均值及标准偏差应符合表3-164 的规定。

表3-164　高强度大六角头螺栓连接副扭矩系数平均值和标准偏差值

连接副表面状态	扭矩系数平均值	扭矩系数标准偏差
符合现行国家标准《钢结构用高强度大六角头螺栓、 大六角螺母、垫圈技术条件》GB/T 1231 的规定	0.11～0.15	≤0.0100

（4）《钢结构工程施工质量验收标准》GB 50205 中对紧固轴力技术的要求

扭剪型高强度螺栓连接副的紧固轴力（预拉力）是影响高强度螺栓连接质量最主要的因素，也是施工的重要依据，因此要求生产厂家在出厂前进行检验，且出具检验报告，施工单位应在使用前及产品质量保证期内及时复验，该复验应为见证取样送样检验项目。

钢结构连接用高强度螺栓连接副的品种、规格、性能应符合国家现行标准的规定并满足设计要求。扭剪型高强度螺栓连接副应随箱带有紧固轴力（预拉力）检验报告。扭剪型高强度螺栓连接副进场时，应按国家现行标准的规定抽取试件且应进行紧固轴力（预拉力）检验，检验结果应符合国家现行标准的规定。扭剪型高强度螺栓连接副应复验其紧固轴力。

扭剪型高强度螺栓紧固轴力复验应符合下列规定：

① 复验用的螺栓应在施工现场待安装的螺栓批中随机抽取，每批应抽取 8 套连接副进行复验。

② 检验方法和结果应符合现行国家标准《钢结构用扭剪型高强度螺栓连接副》GB/T 3632 的规定，连接副的紧固轴力平均值及标准偏差应符合表 3-165 的规定。

表 3-165　扭剪型高强度螺栓紧固轴力平均值和标准偏差（kN）

螺栓公称直径	M16	M20	M22	M24	M27	M30
紧固轴力的平均值 $\overline{P}$	100~121	155~187	190~231	225~270	290~351	355~430
标准偏差 σ_p	≤10.0	≤15.4	≤19.0	≤22.5	≤29.0	≤35.4

（5）《钢结构工程施工质量验收标准》GB 50205 中对抗滑移系数技术的要求

抗滑移系数是高强度螺栓连接的主要设计参数之一，直接影响构件的承载力，因此构件摩擦面无论在制造厂处理还是在现场处理，均应对抗滑移系数进行测试，测得的抗滑移系数最小值应满足设计要求。

钢结构制作和安装单位应分别进行高强度螺栓连接摩擦面（含涂层摩擦面）的抗滑移系数试验和复验，现场处理的构件摩擦面应单独进行摩擦面抗滑移系数试验，其结果应满足设计要求。

高强度螺栓连接摩擦面的抗滑移系数检验应符合下列规定：

① 检验批可按分部工程（子分部工程）所含高强度螺栓用量划分：每 5 万个高强度螺栓用量的钢结构为一批，不足 5 万个高强度螺栓用量的钢结构视为一批。选用两种及两种以上表面处理（含有涂层摩擦面）工艺时，每种处理工艺均需检验抗滑移系数，每批 3 组试件。

② 抗滑移系数试验应采用双摩擦面的二栓拼接的拉力试件。试件与所代表的钢结构构件应为同一材质、同批制作，采用同一摩擦面处理工艺和具有相同的表面状态（含有涂层），在同一环境条件下存放，并应用同批同一性能等级的高强度螺栓连接副。

（6）《钢结构用扭剪型高强度螺栓连接副》GB/T 3632 中对紧固轴力的要求

《钢结构用扭剪型高强度螺栓连接副》GB/T 3632 适用于工业与民用建筑、桥梁、塔桅结构、锅炉钢结构、起重机械及其他钢结构用扭剪型高强度螺栓连接副。

连接副紧固轴力应符合表 3-166 的规定。

表 3-166　连接副紧固轴力

螺纹规格		M16	M20	M22	M24	M27	M30
每批紧固轴力的平均值（kN）	公称	110	171	209	248	319	391
	min	100	155	190	225	290	355
	max	121	188	230	272	351	430
紧固轴力标准偏差 σ（kN）≤		10.0	15.5	19.0	22.5	29.0	35.5

当 l 小于表 3-167 中规定数值时，可不进行紧固轴力试验。

表 3-167　相关规定　　　　　　　　　　　　　　　　　　　　mm

螺纹规格	M16	M20	M22	M24	M27	M30
l	50	55	60	65	70	75

（7）紧固件机械性能　螺栓、螺钉和螺柱

紧固件机械性能　螺栓、螺钉和螺柱执行的国家标准为《紧固件机械性能 螺栓、螺钉和螺柱》GB/T 3098.1。

此标准适用的紧固件包括：

a. 由碳钢或合金钢制造的；

b. 符合 GB/T 192 规定的普通螺纹；

c. 粗牙螺纹 M1.6～M3.9、细牙螺纹 M8×1～M39×3；

d. 符合 GB/T 193 规定的直径与螺距组合；

e. 符合 GB/T 197、GB/T 9145 和 GB/T 22029 规定的公差。

此标准不适用于紧定螺钉及类似的不受拉力的螺纹紧固件。

规定性能等级的紧固件，在环境温度下，应符合表 3-168～表 3-172 规定的机械和物理性能。

表 3-168　螺栓、螺钉和螺柱的机械和物理性能

No.	机械或物理性能		性能等级									
			4.6	4.8	5.6	5.8	6.8	8.8 $d\leqslant$16mm[a]	8.8 $d>$16mm[b]	9.8 $d\leqslant$16mm	10.9	12.9/$\underline{12.9}$
1	抗拉强度 R_m（MPa）	公称[c]	400		500		600	800		900	1000	1200
		min	400	420	500	520	600	800	830	900	1040	1220
2	下屈服强度 R_{eL}[d]（MPa）	公称[c]	240	—	300	—	—	—	—	—	—	—
		min	240		300							
3	规定非比例延伸 0.2% 的应力 $R_{p0.2}$（MPa）	公称[c]	—	—	—	—	—	640	640	720	900	1080
		min						640	660	720	940	1100
4	紧固件实物的规定非比例延伸 0.0048d 的应力 R_{pf}（MPa）	公称[c]		320		400	480					
		min	—	340[e]		420[e]	480[e]					
5	保证应力 S_P[f]（MPa）	公称	225	310	280	380	440	580	600	650	830	970
	保证应力比	$S_{p,公称}/R_{eL,min}$或 $S_{p,公称}/R_{p0.2,min}$或 $S_{p,公称}/R_{pf,min}$	0.94	0.91	0.93	0.90	0.92	0.91	0.91	0.90	0.88	0.88
6	机械加工试件的断后伸长率 A（%）	min	22	—	20	—	—	12	12	10	9	8
7	机械加工试件的断面收缩率 Z（%）	min	—					52		48	48	44
8	紧固件实物的断后伸长率 A_f	min	—	0.24	—	0.22	0.20	—	—	—	—	—
9	头部坚固性		不得断裂或出现裂缝									
10	维氏硬度（HV），$F\geqslant$98N	min	120	130	155	160	190	250	255	290	320	385
		max	220[g]					250	320	335	360	380	435

No.	机械或物理性能		性能等级					8.8 $d\leqslant$ 16mm[a]	8.8 $d>$ 16mm[b]	9.8 $d\leqslant$ 16mm	10.9	12.9/ 12.9
			4.6	4.8	5.6	5.8	6.8					
11	布氏硬度（HBW），$F=30D^2$	min	114	124	147	152	181	245	250	286	316	380
		max	209[g]				238	316	331	355	375	429
12	洛氏硬度（HRB）	min	67	71	79	82	89	—				
		max	95.0[g]				99.5					
	洛氏硬度（HRC）	min	—					22	23	28	32	39
		max						32	34	37	39	44
13	表面硬度（HV0.3）	max	—					h		h，i	h，j	
14	螺纹未脱碳层的高度 E（mm）	min	—					$1/2H_1$		$2/3H_1$	$3/4H_1$	
	螺纹全脱碳层的深度 G（mm）	max	—					0.015				
15	再回火后硬度的降低值（HV）	max	—					20				
16	破坏扭矩 M_B（Nm）	min	—					按 GB/T 3098.13 的规定				
17	吸收能量 $K_v^{k,l}$（J）	min	—	27	—			27	27	27	27	m
18	表面缺陷		GB/T 5779.1[n]									GB/T 5779.3

[a] 数值不适用于栓接结构。

[b] 对栓接结构 $d \geqslant$ M12。

[c] 规定公称值，仅为性能等级标记制度的需要。

[d] 在不能测定下屈服强度 R_{eL} 的情况下，允许测量规定非比例延伸 0.2% 的应力 $R_{p0.2}$。

[e] 对性能等级 4.8、5.8 和 6.8 的 $R_{pf,min}$ 数值尚在调查研究中。表中数值是按保证载荷比计算给出的，而不是实测值。

[f] 表 3-170 和表 3-172 规定了保证载荷值。

[g] 在紧固件的末端测定硬度时，应分别为：250HV、238HB 或 HRB$_{max}$99.5。

[h] 当采用 HV0.3 测定表面硬度及芯部硬度时，紧固件的表面硬度不应比芯部硬度高出 30HV 单位。

[i] 表面硬度不应超出 390HV。

[j] 表面硬度不应超出 435HV。

[k] 试验温度在 −20℃ 下测定。

[l] 适用于 $d \geqslant$ 16 mm。

[m] K_v 数值尚在调查研究中。

[n] 由供需双方协议，可用 GB/T 5779.3 代替 GB/T 5779.1。

表 3-169 最小拉力载荷（粗牙螺纹）

螺纹规格（d）	螺纹公称应力截面积 $A_{s,公称}^{a}$（mm²）	性能等级								
		4.6	4.8	5.6	5.8	6.8	8.8	9.8	10.9	12.9/12.9
		最小拉力载荷 $F_{m,min}$（$A_{s,公称} \times R_{m,min}$）（N）								
M3	5.03	2010	2110	2510	2620	3020	4020	4530	5230	6140
M3.5	6.78	2710	2850	3390	3530	4070	5420	6100	7050	8270
M4	8.78	3510	3690	4390	4570	5270	7020	7900	9130	10700
M5	14.2	5630	5960	7100	7380	8520	11350	12800	14800	17300
M6	20.1	8040	8440	10000	10400	12100	16100	18100	20900	24500

续表

螺纹规格 (d)	螺纹公称应力截面积 $A_{s,公称}^a$ (mm²)	性能等级								
		4.6	4.8	5.6	5.8	6.8	8.8	9.8	10.9	12.9/12.9
		最小拉力载荷 $F_{m,min}$（$A_{s,公称} \times R_{m,min}$）（N）									
M7	28.9	11600	12100	14400	15000	17300	23100	26000	30100	35300
M8	36.6	14600ᵇ	15400	18300ᵇ	19000	22000	29200ᵇ	32900	38100ᵇ	44600
M10	58	23200ᵇ	24400	29000ᵇ	30200	34800	46400ᵇ	52200	60300ʰ	70800
M12	84.3	33700	35400	42200	43800	50600	67400ᶜ	75900	87700	103000
M14	115	46000	48300	57500	59800	69000	92000ᶜ	104000	120000	140000
M16	157	62800	65900	78500	81600	94000	125000ᶜ	141000	163000	192000
M18	192	76800	80600	96000	99800	115000	159000	—	200000	234000
M20	245	98000	103000	122000	127000	147000	203000	—	255000	299000
M22	303	121000	127000	152000	158000	182000	252000	—	315000	370000
M24	353	141000	148000	176000	184000	212000	293000	—	367000	431000
M27	459	184000	193000	230000	239000	275000	381000	—	477000	560000
M30	561	224000	236000	280000	292000	337000	466000	—	583000	684000
M33	694	278000	292000	347000	361000	416000	576000	—	722000	847000
M36	817	327000	343000	408000	425000	490000	678000	—	850000	997000
M39	976	390000	410000	488000	508000	586000	810000	—	1020000	1200000

a $A_{s,公称}$的计算见 GB/T 3098.1 第 9.1.6.1 条。

b 6az 螺纹（GB/T 22029）的热浸镀锌紧固件，应按 GB/T 5267.3 中附录 A 的规定。

c 对栓接结构为：70000N（M12）、95500N（M14）和 130000N（M16）。

表 3-170 保证载荷（粗牙螺纹）

螺纹规格 (d)	螺纹公称应力截面积 $A_{s,公称}^a$ (mm²)	性能等级								
		4.6	4.8	5.6	5.8	6.8	8.8	9.8	10.9	12.9/12.9
		保证载荷 F_p（$A_{s,公称} \times S_{p,公称}$）（N）									
M3	5.03	1130	1560	1410	1910	2210	2920	3270	4180	4880
M3.5	6.78	1530	2100	1900	2580	2980	3940	4410	5630	6580
M4	8.78	1980	2720	2460	3340	3860	5100	5710	7290	8520
M5	14.2	3200	4400	3980	5400	6250	8230	9230	11800	13800
M6	20.1	4520	6230	5630	7640	8840	11600	13100	16700	19500
M7	28.9	6500	8960	8090	11000	12700	16800	18800	24000	28000
M8	36.6	8240ᵇ	11400	10200ᵇ	13900	16100	21200ᵇ	23800	30400ᵇ	35500
M10	58	13000ᵇ	18000	16200ᵇ	22000	25500	33700ᵇ	37700	48100ᵇ	56300
M12	84.3	19000	26100	23600	32000	37100	48900ᶜ	54800	70000	81800
M14	115	25900	35600	32200	43700	50600	66700ᶜ	74800	95500	112000
M16	157	35300	48700	44000	59700	69100	91000ᶜ	102000	130000	152000
M18	192	43200	59500	53800	73000	84500	115000	—	159000	186000
M20	245	55100	76000	68600	93100	108000	147000	—	203000	238000
M22	303	68200	93900	84800	115000	133000	182000	—	252000	294000
M24	353	79400	109000	98800	134000	155000	212000	—	293000	342000
M27	459	103000	142000	128000	174000	202000	275000	—	381000	445000

螺纹规格 (d)	螺纹公称 应力截面积 $A_{s,公称}^a$（mm²）	性能等级								
		4.6	4.8	5.6	5.8	6.8	8.8	9.8	10.9	12.9/<u>12.9</u>
		保证载荷 F_p（$A_{s,公称} \times S_{p,公称}$）（N）								
M30	561	126000	174000	157000	213000	247000	337000	—	466000	544000
M33	694	156000	215000	194000	264000	305000	416000	—	576000	673000
M36	817	184000	253000	229000	310000	359000	490000	—	678000	792000
M39	976	220000	303000	273000	371000	429000	586000	—	810000	947000

a $A_{s,公称}$ 的计算见 GB/T 3098.1 第 9.1.6.1 条。

b 6az 螺纹（GB/T 22029）的热浸镀锌紧固件，应按 GB/T 5267.3 中附录 A 的规定。

c 对栓接结构为：50700 N（M12）、68800N（M14）和 94500 N（M16）。

表 3-171 最小拉力载荷（细牙螺纹）

螺纹规格 ($d \times P$)	螺纹公称 应力截面积 $A_{s,公称}^a$（mm²）	性能等级								
		4.6	4.8	5.6	5.8	6.8	8.8	9.8	10.9	12.9/<u>12.9</u>
		最小拉力载荷 $F_{m,min}$（$A_{s,公称} \times R_{m,min}$）（N）								
M8×1	39.2	15700	16500	19600	20400	23500	31360	35300	40800	47800
M10×1.25	61.2	24500	25700	30600	31800	36700	49000	55100	63600	74700
M10×1	64.5	25800	27100	32300	33500	38700	51600	58100	67100	78700
M12×1.5	88.1	35200	37000	44100	45800	52900	70500	79300	91600	107000
M12×1.25	92.1	36800	38700	46100	47900	55300	73700	82900	95800	112000
M14×1.5	125	50000	52500	62500	65000	75000	100000	112000	130000	152000
M16×1.5	167	65800	70100	83500	86800	100000	134000	150000	174000	204000
M18×1.5	216	86400	90700	108000	112000	130000	179000	—	225000	264000
M20×1.5	272	109000	114000	136000	141000	163000	226000	—	283000	332000
M22×1.5	333	133000	140000	166000	173000	200000	276000	—	346000	406000
M24×2	384	154000	161000	192000	200000	230000	319000	—	399000	469000
M27×2	496	198000	208000	248000	258000	298000	412000	—	516000	605000
M30×2	621	248000	261000	310000	323000	373000	515000	—	646000	758000
M33×2	761	304000	320000	380000	396000	457000	632000	—	791000	928000
M36×3	865	346000	363000	432000	450000	519000	718000	—	900000	1055000
M39×3	1030	412000	433000	515000	536000	618000	855000	—	1070000	1260000

a $A_{s,公称}$ 的计算见 GB/T 3098.1 第 9.1.6.1 条。

表 3-172 保证载荷（细牙螺纹）

螺纹规格 ($d \times P$)	螺纹公称 应力截面积 $A_{s,公称}^a$（mm²）	性能等级								
		4.6	4.8	5.6	5.8	6.8	8.8	9.8	10.9	12.9/<u>12.9</u>
		保证载荷 F_p（$A_{s,公称} \times S_{p,公称}$）（N）								
M8×1	39.2	8820	12200	11000	14900	17200	22700	25500	32500	38000
M10×1.25	61.2	13800	19000	17100	23300	26900	355000	39800	50800	59400
M10×1	64.5	14500	20000	18100	24500	28400	37400	41900	53500	62700
M12×1.5	88.1	19800	27300	24700	33500	38800	51100	57300	73100	85500
M12×1.25	92.1	20700	28600	25800	35000	40500	53400	59900	76400	89300
M14×1.5	125	28100	38800	35000	47500	55000	72500	81200	104000	121000

螺纹规格 ($d \times P$)	螺纹公称 应力截面积 $A_{s,公称}$^a（mm²）	性能等级								
		4.6	4.8	5.6	5.8	6.8	8.8	9.8	10.9	12.9/12.9
		保证载荷 F_p（$A_{s,公称} \times S_{p,公称}$）（N）								
M16×1.5	167	37600	51800	46800	63500	73500	96900	109000	139000	162000
M18×1.5	216	48600	67000	60500	82100	95000	130000	—	179000	210000
M20×1.5	272	61200	84300	76200	103000	120000	163000	—	226000	264000
M22×1.5	333	74900	103000	93200	126000	146000	200000	—	276000	323000
M24×2	384	86400	119000	108000	146000	169000	230000	—	319000	372000
M27×2	496	112000	154000	139000	188000	218000	298000	—	412000	481000
M30×2	621	140000	192000	174000	236000	273000	373000	—	515000	602000
M33×2	761	171000	236000	213000	289000	335000	457000	—	632000	738000
M36×3	865	195000	268000	242000	329000	381000	519000	—	718000	839000
M39×3	1030	232000	319000	288000	391000	453000	618000	—	855000	999000

^a $A_{s,公称}$ 的计算见 GB/T 3098.1 第 9.1.6.1 条。

（8）紧固件机械性能　螺母

紧固件机械性能　螺母执行的国家标准为《紧固件机械性能　螺母》GB/T 3098.2。按螺母高度规定了三种型式螺母的技术要求：2 型高螺母、1 型标准螺母、0 型薄螺母。

在环境温度下，对规定性能等级的螺母进行试验时，保证载荷应符合表 3-173 和表 3-174 的规定，硬度应符合表 3-175 和表 3-176 的规定。

表 3-173　粗牙螺纹螺母保证载荷值

螺纹规格 D （mm）	螺距 P （mm）	保证载荷^a（N）						
		性能等级						
		04	05	5	6	8	10	12
M5	0.8	5400	7100	8250	9500	12140	14800	16300
M6	1	7640	10000	11700	13500	17200	20900	23100
M7	1	11000	14500	16800	19400	24700	30100	33200
M8	1.25	13900	18300	21600	24900	31800	38100	42500
M10	1.5	22000	29000	34200	39400	50500	60300	67300
M12	1.75	32000	42200	51400	59000	74200	88500	100300
M14	2	43700	57500	70200	80500	101200	120800	136900
M16	2	59700	78500	95800	109900	138200	164900	186800
M18	2.5	73000	96000	121000	138200	176600	203500	230400
M20	2.5	93100	122500	154400	176400	225400	259700	294000
M22	2.5	115100	151500	190900	218200	278800	321200	363600
M24	3	134100	176500	222400	254200	324800	374200	423600
M27	3	174400	229500	289200	330500	422300	486500	550800
M30	3.5	213200	280500	353400	403900	516100	594700	673200
M33	3.5	263700	347000	437200	499700	638500	735600	832800
M36	4	310500	408500	514700	588200	751600	866000	980400
M39	4	370900	488000	614900	702700	897900	1035000	1171000

^a 使用薄螺母时，应考虑其脱扣载荷低于全承载能力螺母的保证载荷。

表 3-174　细牙螺纹螺母保证载荷值

螺纹规格 $D \times P$ (mm)	保证载荷[a]（N）						
	性能等级						
	04	05	5	6	8	10	12
M8×1	14900	19600	27000	30200	37400	43100	47000
M10×1.25	23300	30600	44200	47100	58400	67300	73400
M10×1	24500	32200	44500	49700	61600	71000	77400
M12×1.5	33500	44000	60800	68700	84100	97800	105700
M12×1.25	35000	46000	63500	71800	88000	102200	110500
M14×1.5	47500	62500	86300	97500	119400	138800	150000
M16×1.5	63500	83500	115200	130300	159500	185400	200400
M18×2	77500	102000	146900	177500	210100	220300	—
M18×1.5	81700	107500	154800	187000	221500	232200	—
M20×2	98000	129000	185800	224500	265700	278600	—
M20×1.5	103400	136000	195800	236600	280200	293800	—
M22×2	120800	159000	229000	276700	327500	343400	—
M22×1.5	126500	166500	239800	289700	343000	359600	—
M24×2	145900	192000	276500	334100	395500	414700	—
M27×2	188500	248000	351100	431500	510900	536700	—
M30×2	236000	310500	447100	540300	639600	670700	—
M33×2	289200	380500	547900	662100	783800	821900	—
M36×3	328700	432500	622800	804400	942800	934200	—
M39×3	391400	5158000	741600	957900	1123000	1112000	—

[a] 使用薄螺母时，应考虑其脱扣载荷低于全承载能力螺母的保证载荷。

表 3-175　粗牙螺纹螺母硬度性能

螺纹规格 D (mm)	性能等级													
	04		05		5		6		8		10		12	
	维氏硬度 HV													
	min	max	min	max	min	max	min	max	min	max	min	max	min	max
M5≤D≤M16	188	302	272	353	130	302	150	302	200	302	272	353	295[c]	353
M16<D≤M39					146		170		233[a]	353[b]			272	
	布氏硬度 HB													
M5≤D≤M16	179	287	259	336	124	287	143	287	190	287	259	336	280[c]	336
M16<D≤M39					139		162		221[a]	336[b]			259	
	洛氏硬度 HRC													
M5≤D≤M16	—	30	26	36	—	30	—	30	—	30	26	36	29[c]	36
M16<D≤M39									—	36[b]			26	

注：1. 表面缺陷按 GB/T 5779.2 的规定。
　　2. 验收检查时，维氏硬度试验为仲裁方法。
[a] 对高螺母（2 型）的最低硬度值：180HV（171HB）。
[b] 对高螺母（2 型）的最高硬度值：302HV（287HB；30HRC）。
[c] 对高螺母（2 型）的最低硬度值：272HV（259HB；26HRC）。

表 3-176 细牙螺纹螺母硬度性能

螺纹规格 $D \times P$ (mm)	性能等级													
	04		05		5		6		8		10		12	
	维氏硬度 HV													
	min	max	min	max	min	max	min	max	min	max	min	max	min	max
$8 \times 1 \leqslant D \leqslant 16 \times 1.5$	188	302	272	353	175	302	188	302	250ª	353ᵇ	295ᶜ	353	295	353
$16 \times 1.5 < D \leqslant 39 \times 3$					190		233		295	353	260		—	—
	布氏硬度 HB													
$8 \times 1 \leqslant D \leqslant 16 \times 1.5$	179	287	259	336	166	287	179	287	238ª	336ᵇ	280ᶜ	36	280	336
$16 \times 1.5 < D \leqslant 39 \times 3$					181		221		280	336	247		—	—
	洛氏硬度 HRC													
$8 \times 1 \leqslant D \leqslant 16 \times 1.5$	—	30	26	36	—	30	—	30	22.2ª	36ᵇ	29ᶜ	36	29	36
$16 \times 1.5 < D \leqslant 39 \times 3$					—		—		29.2	36	24		—	—

注：1. 表面缺陷按 GB/T 5779.2 的规定。

2. 验收检查时，维氏硬度试验为仲裁方法。

ª 对高螺母（2 型）的最低硬度值：195HV（185HB）。

ᵇ 对高螺母（2 型）的最高硬度值：302HV（287HB；30HRC）。

ᶜ 对高螺母（2 型）的最低硬度值：250HV（238HB；22.2HRC）。

4. 钢网架焊接空心球节点

焊接空心球节点是指杆件与焊接空心球连接的节点。钢网架焊接空心球节点执行的行业标准为《钢网架焊接空心球节点》JG/T 11。此标准适用于网架、单层网壳和双层网壳（曲面型网架）结构等空间网格结构的焊接空心球节点网架零、部件产品的质量控制。

1）依据标准

《钢网架焊接空心球节点》JG/T 11

2）进场复验试验项目与取样规定

《天津市建筑工程施工质量验收资料管理规程》DB/T 29—209 中对钢网架焊接空心球节点进场复验试验项目与取样规定见表 3-177。

表 3-177 进场复验试验项目与取样规定

种类名称 相关标准、规范代号	复验项目	组批规则及取样数量规定
钢网架焊接空心球节点 （JG/T 11）	抗拉极限承载力、抗压极限承载力	①组批：检验批可以按交货验收的同一种型号产品作为一批，但每批不应少于 150 件，不多于 3500 个。②取样：每项试验做 3 个试件

3）技术指标要求

《钢网架焊接空心球节点》JG/T 11 中对焊接空心球的极限承载力的要求。

（1）不加肋焊接空心球抗拉、抗压极限承载力见表 3-178。

表 3-178 不加肋焊接空心球抗拉、抗压极限承载力

序号	产品标记	试验配合钢管直径 (mm)	抗拉、抗压极限承载力 (kN)		序号	产品标记	试验配合钢管直径 (mm)	抗拉、抗压极限承载力 (kN)	
			Q235	Q345				Q235	Q345
1	WS2006	φ76	244	352	4	WS2208	φ89	391	564
2	WS2008	φ76	325	469	5	WS2406	φ102	344	495
3	WS2206	φ89	293	423	6	WS2408	φ102	458	661

续表

序号	产品标记	试验配合钢管直径（mm）	抗拉、抗压极限承载力（kN）		序号	产品标记	试验配合钢管直径（mm）	抗拉、抗压极限承载力（kN）	
			Q235	Q345				Q235	Q345
7	WS2410	ϕ102	573	826	40	WS6028	ϕ245	3248	4673
8	WS2608	ϕ102	443	638	41	WS6030	ϕ245	3480	5007
9	WS2610	ϕ102	553	798	42	WS6520	ϕ245	2243	3227
10	WS2808	ϕ114	503	725	43	WS6525	ϕ245	2803	4034
11	WS2810	ϕ114	628	906	44	WS6528	ϕ245	3140	4518
12	WS2812	ϕ114	754	1087	45	WS6530	ϕ245	3364	4841
13	WS3008	ϕ114	488	704	46	WS7020	ϕ273	2535	3648
14	WS3010	ϕ114	610	880	47	WS7022	ϕ273	2788	4012
15	WS3012	ϕ114	732	1056	48	WS7025	ϕ273	3168	4559
16	WS3510	ϕ133	712	1026	49	WS7028	ϕ273	3549	5107
17	WS3512	ϕ133	854	1231	50	WS7030	ϕ273	3802	5471
18	WS3514	ϕ133	996	1437	51	WS7522	ϕ299	3082	4436
19	WS4012	ϕ146	922	1330	52	WS7525	ϕ299	3503	5040
20	WS4014	ϕ146	1076	1551	53	WS7528	ϕ299	3923	5645
21	WS4016	ϕ146	1230	1773	54	WS7530	ϕ299	4203	6048
22	WS4018	ϕ146	1319	1898	55	WS7535	ϕ299	4904	6339
23	WS4514	ϕ146	1028	1482	56	WS8022	ϕ325	3378	4860
24	WS4516	ϕ146	1174	1693	57	WS8025	ϕ325	3838	5523
25	WS4518	ϕ146	1260	1813	58	WS8028	ϕ325	4299	6186
26	WS4520	ϕ146	1400	2014	59	WS8030	ϕ325	4606	6628
27	WS5016	ϕ168	1369	1975	60	WS8035	ϕ325	5373	6946
28	WS5018	ϕ168	1469	2114	61	WS8522	ϕ351	3674	5286
29	WS5020	ϕ168	1632	2349	62	WS8525	ϕ351	4175	6007
30	WS5022	ϕ168	1795	2584	63	WS8528	ϕ351	4675	6728
31	WS5516	ϕ219	1721	2482	64	WS8530	ϕ351	5009	7209
32	WS5518	ϕ219	1846	2657	65	WS8535	ϕ351	5844	7555
33	WS5520	ϕ219	2051	2952	66	WS8540	ϕ351	6516	8634
34	WS5522	ϕ219	2256	3247	67	WS9025	ϕ351	4074	5862
35	WS5525	ϕ219	2564	3690	68	WS9028	ϕ351	4563	6566
36	WS6018	ϕ245	2088	3004	69	WS9030	ϕ351	4888	7035
37	WS6020	ϕ245	2320	3338	70	WS9035	ϕ351	5703	7372
38	WS6022	ϕ245	2552	3672	71	WS9040	ϕ351	6359	8426
39	WS6025	ϕ245	2900	4173	72	WS9045	ϕ351	7154	9479

注：直径 200 mm～900mm 的焊接空心球节点的极限承载力应按 JGJ 61 中 5.2.2 公式计算承载力设计值，再乘以承载力检验系数 1.6 确定。

（2）加肋焊接空心球抗拉、抗压极限承载力见表3-179。

表 3-179 加肋焊接空心球抗拉、抗压极限承载力

序号	产品标记	试验配合钢管直径 (mm)	抗拉极限承载力（kN）		抗压极限承载力（kN）	
			Q235	Q345	Q235	Q345
1	WSR3008	φ114	537	774	683	985
2	WSR3010	φ114	671	968	854	1231
3	WSR3012	φ114	805	1161	1025	1478
4	WSR3510	φ133	783	1129	996	1437
5	WSR3512	φ133	940	1355	1196	1724
6	WSR3514	φ133	1096	1580	1395	2011
7	WSR4012	φ146	1014	1463	1291	1862
8	WSR4014	φ146	1184	1707	1506	2172
9	WSR4016	φ146	1353	1950	1722	2482
10	WSR4018	φ146	1451	2088	1847	2657
11	WSR4514	φ146	1130	1630	1439	2074
12	WSR4516	φ146	1292	1863	1644	2371
13	WSR4518	φ146	1386	1994	1764	2538
14	WSR4520	φ146	1540	2216	1960	2820
15	WSR5016	φ168	1506	2172	1917	2764
16	WSR5018	φ168	1616	2325	2057	2959
17	WSR5020	φ168	1795	2584	2285	3288
18	WSR5022	φ168	1975	2842	2514	3617
19	WSR5516	φ219	1893	2730	2410	3474
20	WSR5518	φ219	2031	2922	2585	3719
21	WSR5520	φ219	2256	3247	2872	4133
22	WSR5522	φ219	2482	3572	3159	4546
23	WSR5525	φ219	2821	4059	3590	5166
24	WSR6018	φ245	2297	3305	2923	4206
25	WSR6020	φ245	2552	3672	3248	4673
26	WSR6022	φ245	2807	4039	3572	5141
27	WSR6025	φ245	3190	4590	4060	5842
28	WSR6028	φ245	3572	5141	4547	6543
29	WSR6030	φ245	3828	5508	4872	7010
30	WSR6520	φ245	2467	3550	3140	4518
31	WSR6525	φ245	3084	4438	3925	5648
32	WSR6528	φ245	3454	4970	4396	6325
33	WSR6530	φ245	3700	5325	4710	6777
34	WSR7020	φ273	2788	4012	3549	5107
35	WSR7022	φ273	3067	4414	3904	5617
36	WSR7025	φ273	3485	5015	4436	6383
37	WSR7028	φ273	3904	5617	4968	7149
38	WSR7030	φ273	4182	6019	5323	7660

续表

序号	产品标记	试验配合钢管直径 (mm)	抗拉极限承载力 (kN)		抗压极限承载力 (kN)	
			Q235	Q345	Q235	Q345
39	WSR7522	φ299	3391	4879	4315	6210
40	WSR7525	φ299	3853	5544	4904	7057
41	WSR7528	φ299	4315	6210	5492	7903
42	WSR7530	φ299	4623	6653	5884	8468
43	WSR7535	φ299	5394	6973	6865	8875
44	WSR8022	φ325	3715	5346	4729	6804
45	WSR8025	φ325	4222	6075	5373	7732
46	WSR8028	φ325	4729	6804	6018	8660
47	WSR8030	φ325	5066	7290	6448	9279
48	WSR8035	φ325	5911	7641	7523	9724
49	WSR8522	φ351	4041	5815	5143	7401
50	WSR8525	φ351	4592	6608	5844	8410
51	WSR8528	φ351	5143	7401	6546	9419
52	WSR8530	φ351	5510	7930	7013	10092
53	WSR8535	φ351	6429	8310	8182	10577
54	WSR8540	φ351	7168	9498	9123	12088
55	WSR9025	φ351	4481	6448	5703	8207
56	WSR9028	φ351	5019	7222	6388	9192
57	WSR9030	φ351	5377	7738	6844	9848
58	WSR9035	φ351	6274	8110	7984	10321
59	WSR9040	φ351	6995	9268	8903	11796
60	WSR9045	φ351	7869	10427	10015	13270

注：直径300mm～900mm的加肋焊接空心球节点的极限承载力，受压时应按JGJ 61中5.2.2公式计算承载力设计值，乘以提高系数1.4，再乘以检验系数1.6确定；受拉时应按JGJ 61中5.2.2公式计算承载力设计值，乘以提高系数1.1，再乘以检验系数1.6确定。

5. 螺栓球节点

螺栓球节点是指由螺栓球、高强度螺栓套筒、紧固螺钉和锥头或封板等零、部件组成的节点。

螺栓球节点执行的行业标准为《钢网架螺栓球节点》JG/T 10。此标准适用于网架和双层网壳（曲面型网架）结构的螺栓球节点零、部件产品的质量控制。

1）依据标准

《钢网架螺栓球节点》JG/T 10

2）进场复验试验项目与取样规定

《天津市建筑工程施工质量验收资料管理规程》DB/T 29—209中对螺栓球节点进场复验试验项目与取样规定见表3-180。

表3-180 进场复验试验项目与取样规定

种类名称 相关标准、规范代号	复验项目	组批规则及取样数量规定
钢网架螺栓球节点 (JG/T 10)	抗拉极限承载力	①组批：检验批可以按交货验收的同一种型号产品作为一批，但每批不应少于150件，不多于3500个。 ②取样：每项试验做3个试件

3）技术指标要求

《钢网架螺栓球节点》JG/T 10 中规定高强度螺栓抗拉极限承载力应符合表 3-181 的规定。

表 3-181　高强度螺栓抗拉极限承载力

螺栓规格	M12	M14	M16	M20	M22	M24	M27	M30	M33	M36
强度等级	10.9S									
有效截面积 A_s（mm^2）	84.3	115	157	245	303	353	459	561	694	817
抗拉极限承载力（kN）	88～105	120～143	163～195	255～304	315～376	367～438	477～569	583～696	722～861	850～1013
螺栓规格	M39	M42	M45	M48	M52	M56×4		M60×4		M64×4
强度等级	9.8S									
有效截面积 A_s（mm^2）	976	1120	1310	1470	1760	2144		2485		2851
抗拉极限承载力（kN）	878～1074	1008～1232	1179～1441	1323～1617	1584～1936	1930～2358		2237～2734		2566～3136

6. 涂装材料

钢结构通常在 450℃～650℃温度中就会失去承载能力、发生很大的形变，导致钢柱、钢梁弯曲，结果因过大的形变而不能继续使用，一般不加保护的钢结构的耐火极限为 15min 左右。这一时间的长短还与构件吸热的速度有关。

钢结构防火涂料是施涂于建（构）筑物钢结构表面，能形成耐火隔热保护层以提高钢结构耐火极限的涂料。钢结构防火涂料执行的国家标准为《钢结构防火涂料》GB 14907。此标准适用于建（构）筑物钢结构表面使用的各类钢结构防火涂料。

钢结构防火涂料（GT）按火灾防护对象分为普通钢结构防火涂料和特种钢结构防火涂料。按使用场所分为室内钢结构防火涂料（N）和室外钢结构防火涂料（W）。按分散介质分为水基性钢结构防火涂料（S）和溶剂性钢结构防火涂料（R）。按防火机理分为膨胀型钢结构防火涂料（P）和非膨胀型钢结构防火涂料（F）。钢结构防火涂料的耐火极限分为：0.50h、1.00h、1.50h、2.00h、2.50h 和 3.00h。

1）标准依据

《钢结构防火涂料》GB 14907

《钢结构通用规范》GB 55006

2）进场复验试验项目与取样规定

《天津市建筑工程施工质量验收资料管理规程》DB/T 29—209 中对涂装材料进场复验项目与取样规定见表 3-182。

表 3-182　进场复验试验项目与取样规定

种类名称 相关标准、规范代号	复验项目	组批规则及取样数量规定
钢结构防火涂料（GB 14907）	黏结强度、抗压强度	同一批材料、同一工艺条件下生产的产品，记录产品的桶数，按随机取样方法，对同一生产厂生产的相同包装的产品进行取样，取样数量不低于 $\sqrt{\frac{n}{2}}$（n 是交货产品的桶数）

3）技术指标要求

(1)《钢结构通用规范》GB 55006 中对钢结构防火涂料的要求

第 7.3.2 条规定：膨胀型防火涂料的涂层厚度应符合耐火极限的设计要求。非膨胀型防火涂料的涂层厚度，80％及以上面积应符合耐火极限的设计要求，且最薄处厚度不应低于设计要求的85％。检查数量按同类构件数抽查10％，且均不应少于3件。

（2）《钢结构防火涂料》GB 14907的要求

室内钢结构防火涂料的黏结强度、抗压强度应符合表3-183的规定。室外钢结构防火涂料的黏结强度、抗压强度应符合表3-184的规定。

表 3-183　室内钢结构防火涂料的理化性能

理化性能项目	技术指标		缺陷类别
	膨胀型	非膨胀型	
黏结强度（MPa）	≥0.15	≥0.04	A
抗压强度（MPa）	—	≥0.3	C

注：A 为致命缺陷，C 为轻缺陷；"—"表示无要求。

表 3-184　室外钢结构防火涂料的理化性能

理化性能项目	技术指标		缺陷类别
	膨胀型	非膨胀型	
黏结强度（MPa）	≥0.15	≥0.04	A
抗压强度（MPa）	—	≥0.5	C

注：A 为致命缺陷，C 为轻缺陷；"—"表示无要求。

3.2　结构实体检验规定

3.2.1　混凝土结构

《混凝土结构工程施工质量验收规范》GB 50204第2.0.11条规定：

结构实体检验是在结构实体上抽取试样，在现场进行检验或送至有相应检测资质的检测机构进行的检验。

《混凝土结构工程施工质量验收规范》GB 50204第10.1.1条规定：

对涉及混凝土结构安全的有代表性的部位应进行结构实体检验。结构实体检验应包括混凝土强度、钢筋保护层厚度、结构位置与尺寸偏差以及合同约定的项目；必要时可检验其他项目。

结构实体检验应由监理单位组织施工单位实施，并见证实施过程。施工单位应制定结构实体检验专项方案，并经监理单位审核批准后实施。除结构位置与尺寸偏差外的结构实体检验项目，应由具有相应资质的检测机构完成。

3.2.1.1　混凝土强度

《混凝土强度检验评定标准》GB/T 50107第2.1.1条规定：

混凝土是由水泥、骨料和水等按一定配合比，经搅拌、成型、养护等工艺硬化而成的工程材料。

《混凝土强度检验评定标准》GB/T 50107第2.1.3条规定：

混凝土强度（混凝土立方体抗压强度）是指混凝土的力学性能，表征其抵抗外力作用的能力。

《混凝土结构通用规范》GB 55008第5.4.2条规定：

混凝土工程应对结构混凝土强度等级进行检验评定，试件应在浇筑地点随机抽取。

1. 回弹-取芯法

1）概述

《混凝土结构工程施工质量验收规范》GB 50204第10.1.2条规定：

结构实体混凝土强度应按不同强度等级分别检验，检验方法宜采用同条件养护试件方法；当未取得同条件养护试件强度或同条件养护试件强度不符合要求时，可采用回弹-取芯法进行检验。

2）检测时间

混凝土龄期 14～1000d。

3）依据标准

《混凝土结构工程施工质量验收规范》GB 50204

《回弹法检测混凝土抗压强度技术规程》JGJ/T 23

《混凝土物理力学性能试验方法标准》GB/T 50081

《天津市建筑工程施工质量验收资料管理规程》DB/T 29－209

4）技术指标要求

（1）回弹数量与部位

《混凝土结构工程施工质量验收规范》GB 50204 第 3.0.5 条规定：

检验批抽样样本应随机抽取，并应满足分布均匀、具有代表性的要求。

《混凝土结构工程施工质量验收规范》GB 50204 附录 D.0.1 条规定：

同一混凝土强度等级的柱、梁、墙、板，抽取构件最小数量应符合表 3-185 的规定，并应均匀分布。不宜抽取截面高度小于 300mm 的梁和边长小于 300mm 的柱。

表 3-185 回弹构件抽取最小数量

构件总数量	最小抽样数量
20 以下	全数
20～150	20
151～280	26
281～500	40
501～1200	64
1201～3200	100

（2）回弹测区

《混凝土结构工程施工质量验收规范》GB 50204 附录 D.0.2 条规定：

每个构件应选取不少于 5 个测区进行回弹检测及回弹值计算，并应符合现行行业标准《回弹法检测混凝土抗压强度技术规程》JGJ/T 23 对单个构件检测的有关规定。楼板构件的回弹宜在板底进行。

（3）取芯规定

《混凝土结构工程施工质量验收规范》GB 50204 附录 D.0.3 条规定：

对同一强度等级的混凝土，应将每个构件 5 个测区中的最小测区平均回弹值进行排序，并在其最小的 3 个测区各钻取 1 个芯样。芯样应采用带水冷却装置的薄壁空心钻钻取，其直径宜为 100mm，且不宜小于混凝土骨料最大粒径的 3 倍。

（4）芯样尺寸及质量规定

《混凝土结构工程施工质量验收规范》GB 50204 附录 D.0.4 条规定：

芯样试件的端部宜采用环氧胶泥或聚合物水泥砂浆补平，也可采用硫黄胶泥修补。加工后芯样试件的尺寸偏差与外观质量应符合下列规定：

① 芯样试件的高度与直径之比实测值不应小于 0.95，也不应大于 1.05；

② 沿芯样高度的任一直径与其平均值之差不应大于 2mm；

③ 芯样试件端面的不平整度在 100mm 长度内不应大于 0.1mm；

④ 芯样试件端面与轴线的不垂直度不应大于 1°；

⑤ 芯样不应有裂缝、缺陷及钢筋等杂物。

（5）芯样量测精度规定

《混凝土结构工程施工质量验收规范》GB 50204 附录 D.0.5 条规定：

芯样试件尺寸的量测应符合下列规定：

① 应采用游标卡尺在芯样试件中部互相垂直的两个位置测量直径，取其算术平均值作为芯样试件的直径，精确至 0.1mm；

② 应采用钢板尺测量芯样试件的高度，精确至 1mm；

③ 垂直度应采用游标量角器测量芯样试件两个端线与轴线的夹角，精确至 0.1°；

④ 平整度应采用钢板尺或角尺紧靠在芯样试件端面上，一面转动钢板尺，一面用塞尺测量钢板尺与芯样试件端面之间的缝隙；也可采用其他专用设备测量。

（6）芯样试件抗压强度试验

《混凝土结构工程施工质量验收规范》GB 50204 附录 D.0.6 条规定：

芯样试件应按现行国家标准《普通混凝土力学性能试验方法标准》GB/T 50081 中圆柱体试件的规定进行抗压强度试验。[注：现标准为《混凝土物理力学性能试验方法标准》（GB 50081—2019）]

（7）合格标准

《混凝土结构工程施工质量验收规范》GB 50204 附录 D.0.7 条规定：

对同一强度等级的混凝土，当符合下列规定时，结构实体混凝土强度可判为合格：

① 三个芯样的抗压强度算术平均值不小于设计要求的混凝土强度等级值的 88%；

② 三个芯样抗压强度的最小值不小于设计要求的混凝土强度等级值的 80%。

2. 回弹法

1）概述

《建筑结构检测技术标准》GB/T 50344 第 2.1.8 条规定：

回弹法是通过测定回弹值及有关参数检测材料抗压强度和强度均质性的方法。

2）检测时间

混凝土龄期 28～1000d。

3）依据标准

《回弹法检测混凝土抗压强度技术规程》JGJ/T 23

《建筑结构检测技术标准》GB/T 50344

4）技术指标要求

（1）单个构件检测规定

《回弹法检测混凝土抗压强度技术规程》JGJ/T 23 第 4.1.4 条规定：

对于一般构件，测区数不宜少于 10 个。当受检构件数量大于 30 个且不需提供单个构件推定强度或受检构件某一方向尺寸不大于 4.5m 且另一方向尺寸不大于 0.3m 时，每个构件测区数量可适当减少，但不应少于 5 个。

（2）批量检测规定

《回弹法检测混凝土抗压强度技术规程》JGJ/T 23 第 4.1.3 条规定：

对于混凝土生产工艺、强度等级相同，原材料、配合比、养护条件基本一致且龄期相近的一批同类构件的检测应采用批量检测。按批量进行检测时，应随机抽取构件，抽检数量不宜少于同批构件总数的 30% 且不宜少于 10 件。当检验批构件数量大于 30 个时，抽样构件数量可适当调整，并不得少于国家现行有关标准规定的最少抽样数量。

（3）回弹值测量

《回弹法检测混凝土抗压强度技术规程》JGJ/T 23 第 4.2.1 条规定：

测量回弹值时，回弹仪的轴线应始终垂直于混凝土检测面，并应缓慢施压、准确读数、快速复位。

《回弹法检测混凝土抗压强度技术规程》JGJ/T 23 第 4.2.2 条规定：

每一测区应读取16个回弹值，每一测点的回弹值读数应精确至1。测点宜在测区范围内均匀分布，相邻两测点的净距离不宜小于20mm；测点距外露钢筋、预埋件的距离不宜小于30mm；测点不应在气孔或外露石子上，同一测点应只弹击一次。

（4）碳化深度值测量

① 测量数量和部位

《回弹法检测混凝土抗压强度技术规程》JGJ/T 23第4.3.1条规定：

回弹值测量完毕后，应在有代表性的测区上测量碳化深度值，测点数不应少于构件测区数的30%，应取其平均值作为该构件每个测区的碳化深度值。当碳化深度值极差大于2.0mm时，应在每个测区分别测量碳化深度值。

② 测量规定

《回弹法检测混凝土抗压强度技术规程》JGJ/T 23第4.3.2条规定：

碳化深度的测量应符合下列规定：

a. 可采用工具在测区表面形成直径约15mm的孔洞，其深度应大于混凝土的碳化深度；

b. 应清除孔洞中的粉末和碎屑，且不得用水擦洗；

c. 应采用浓度为1%～2%的酚酞酒精溶液滴在孔洞内壁的边缘处，当已碳化与未碳化界线清晰时，应采用碳化深度测量仪测量已碳化与未碳化混凝土交界面到混凝土表面的垂直距离，并应测量3次，每次读数应精确至0.25mm；

d. 应取三次测量的平均值作为检测结果，并应精确至0.5mm。

3. 钻芯法

1）概述

《钻芯法检测混凝土强度技术规程》JGJ/T 384第2.1.1条规定：

钻芯法是从结构或构件中钻取圆柱状试件得到在检测龄期混凝土强度的方法。

《钻芯法检测混凝土强度技术规程》JGJ/T 384第6.1.1条规定：

钻芯法可用于确定检测批或单个构件的混凝土抗压强度推定值，也可用于钻芯修正方法正间接强度检测方法得到的混凝土抗压强度换算值。

2）检测时间

混凝土龄期28～1000d。

3）依据标准

《钻芯法检测混凝土强度技术规程》JGJ/T 384

《混凝土物理力学性能试验方法标准》GB/T 50081

4）技术指标要求

（1）取芯部位

《钻芯法检测混凝土强度技术规程》JGJ/T 384第4.0.2条规定：

芯样宜在结构或构件的下列部位钻取：

① 结构或构件受力较小的部位；

② 混凝土强度具有代表性的部位；

③ 便于钻芯机安放与操作的部位；

④ 宜采用钢筋探测仪测试或局部剔凿的方法避开主筋、预埋件和管线。

芯样应从检测批的结构构件中随机抽取，每个芯样宜取自一个构件或结构的局部部位，取芯位置尚应符合《钻芯法检测混凝土强度技术规程》JGJ/T 384第6.3.1条规定。

（2）取芯数量

《钻芯法检测混凝土强度技术规程》JGJ/T 384第6.3.1条规定：

芯样试件的数量应根据检测批的容量确定。直径100mm的芯样试件的最小样本量不宜小于15个，小直径芯样试件的最小样本量不宜小于 20 个。

（3）取芯直径

《钻芯法检测混凝土强度技术规程》JGJ/T 384 第 6.1.2 条规定：

抗压芯样试件宜使用直径为 100mm 的芯样，且其直径不宜小于骨料最大粒径的 3 倍；也可采用小直径芯样，但其直径不应小于 70mm 且不得小于骨料最大粒径的 2 倍。

（4）芯样试件

① 芯样加工规定

《钻芯法检测混凝土强度技术规程》JGJ/T 384 第 5.0.2 条规定：

抗压芯样试件的高径比（H/d）宜为 1。

《钻芯法检测混凝土强度技术规程》JGJ/T 384 第 5.0.3 条规定：

抗压芯样试件内不宜含有钢筋，也可有一根直径不大于 10mm 的钢筋，且钢筋应与芯样试件的轴线垂直并离开端面 10mm 以上。

《钻芯法检测混凝土强度技术规程》JGJ/T 384 第 5.0.4 条规定：

锯切后芯样的端面处理。抗压芯样试件的端面处理，可采用在磨平机上磨平端面的处理方法，也可采用硫黄胶泥或环氧胶泥补平，补平层厚度不宜大于 2mm。

② 芯样试件试验前尺寸测量规定

《钻芯法检测混凝土强度技术规程》JGJ/T 384 第 5.0.5 条规定：

在试验前应按下列规定测量芯样试件的尺寸：

a. 平均直径应用游标卡尺在芯样试件上部、中部和下部相互垂直的两个位置上共测量六次，取测量的算术平均值作为芯样试件的直径，精确至 0.5mm。

b. 芯样试件高度可用钢卷尺或钢板尺进行测量，精确至 1.0mm。

c. 垂直度应用游标量角器测量芯样试件两个端面与母线的夹角，取最大值作为芯样试件的垂直度，精确至 0.1°。

d. 平整度可用钢板尺或角尺紧靠在芯样试件承压面（线）上，一面转动钢板尺，一面用塞尺测量钢板尺与芯样试件承压面（线）之间的缝隙，取最大缝隙为芯样试件的平整度；也可采用其他专用设备测量。

③ 不宜进行试验芯样

《钻芯法检测混凝土强度技术规程》JGJ/T 384 第 5.0.6 条规定：

芯样试件尺寸偏差及外观质量出现下列情况时，相应的芯样试件不宜进行试验：

a. 抗压芯样试件的实际高径比（H/d）小于要求高径比的 0.95 或大于 1.05。

b. 抗压芯样试件端面与轴线的不垂直度超过 1°。

c. 抗压芯样试件端面的不平整度在每 100mm 长度内超过 0.1mm，劈裂抗拉和抗折芯样试件抗压线的不平整度在每 100mm 长度内超过 0.025mm。

d. 沿芯样试件高度的任一直径与平均直径相差超过 1.5mm。

e. 芯样有较大缺陷。

（5）芯样试件抗压试验

① 试验条件

《钻芯法检测混凝土强度技术规程》JGJ/T 384 第 6.2.1 条规定：

芯样试件应在自然干燥状态下进行抗压试验。当结构工作条件比较潮湿，需要确定潮湿状态下混凝土的抗压强度时，芯样试件宜在 20℃±5℃ 的清水中浸泡 40h～48h，从水中取出后应去除表面水渍，并立即进行试验。

② 抗压试验

《钻芯法检测混凝土强度技术规程》JGJ/T 384 第 6.2.2 条规定：

芯样试件抗压试验的操作应符合现行国家标准《普通混凝土力学性能试验方法标准》GB/T 50081中对立方体试件抗压试验的规定。　［注：现标准为《混凝土物理力学性能试验方法标准》GB/T 50081—2019］

③ 芯样试件抗压强度值计算

《钻芯法检测混凝土强度技术规程》JGJ/T 384 第 6.2.3 条和第 6.2.4 条规定：

芯样试件抗压强度值可按式（3-4）计算：

$$f_{cu,cor} = \beta_c F_c / A_c \tag{3-4}$$

式中　$f_{cu,cor}$——芯样试件抗压强度值（MPa），精确至 0.1MPa；

　　　　F_c——芯样试件抗压试验的破坏荷载（N）；

　　　　A_c——芯样试件抗压截面面积（mm^2）；

　　　　β_c——芯样试件强度换算系数，取 1.0。

当有可靠试验依据时，芯样试件强度换算系数 β_c 也可根据混凝土原材料和施工工艺情况通过试验确定。

3.2.1.2　混凝土保护层厚度

《混凝土结构设计规范》GB 50010 第 2.1.18 条规定：

混凝土保护层是指结构构件中钢筋外边缘至构件表面范围用于保护钢筋的混凝土，简称保护层。

1. 电磁感应法

1）概述

《混凝土中钢筋检测技术标准》JGJ/T 152 第 2.1.1 条规定：

电磁感应法是指用电磁感应原理检测混凝土中钢筋间距、混凝土保护层厚度的方法。

2）依据标准

《混凝土结构工程施工质量验收规范》GB 50204

《混凝土中钢筋检测技术标准》JGJ/T 152

《天津市建筑工程施工质量验收资料管理规程》DB/T 29—209

3）技术指标要求

（1）检测构件数量与部位

《混凝土结构工程施工质量验收规范》GB 50204 附录 E.0.1 规定：

结构实体钢筋保护层厚度检验构件的选取应均匀分布，并应符合下列规定：

① 对非悬挑梁板类构件，应各抽取构件数量的 2% 且不少于 5 个构件进行检验。

② 对悬挑梁、应抽取构件数量的 5% 且不少于 10 个构件进行检验；当悬挑梁数量少于 10 个时，应全数检验。

③ 对悬挑板，应抽取构件数量的 10% 且不少于 20 个构件进行检验；当悬挑板数量少于 20 个时，应全数检验。

（2）检测规定

《混凝土结构工程施工质量验收规范》GB 50204 附录 E.0.2 规定：

对选定的梁类构件，应对全部纵向受力钢筋的保护层厚度进行检验；对选定的板类构件，应抽取不少于 6 根纵向受力钢筋的保护层厚度进行检验。对每根钢筋，应选择有代表性的不同部位量测 3 点取平均值。

《混凝土结构工程施工质量验收规范》GB 50204 附录 E.0.3 规定：

钢筋保护层厚度检验的检测误差不应大于 1mm。

4）合格标准

（1）允许偏差

《混凝土结构工程施工质量验收规范》GB 50204 附录 E.0.4 规定：

钢筋保护层厚度检验时，纵向受力钢筋保护层厚度的允许偏差应符合表 3-186 的规定。

表 3-186　结构实体纵向受力钢筋保护层厚度的允许偏差

构件类型	允许偏差（mm）
梁	+10，−7
板	+8，−5

（2）验收规定

《混凝土结构工程施工质量验收规范》GB 50204 附录 E.0.5 规定：

梁类、板类构件纵向受力钢筋的保护厚度应分别进行验收，并符合下列规定：

① 当全部钢筋保护层厚度检验的合格率为 90% 及以上时，可判为合格；

② 当全部钢筋保护层厚度检验的合格率小于 90% 但不小于 80% 时，可再抽取相同数量的构件进行检验；当按两次抽样总和计算的合格率为 90% 及以上时，仍可判为合格；

③ 每次抽样检验结果中不合格点的最大偏差均不应大于表 3-186 允许偏差的 1.5 倍。

2. 直接法

1）概述

《混凝土中钢筋检测技术标准》JGJ/T 152 第 2.1.6 条规定：

直接法是指混凝土剔凿后，直接测量钢筋的间距、直径、力学性能、锈蚀状况及混凝土中钢筋保护层厚度的方法。

2）依据标准

《混凝土中钢筋检测技术标准》JGJ/T 152

《混凝土结构现场检测技术标准》GB/T 50784

3）技术指标要求

（1）检测数量和部位

《混凝土中钢筋检测技术标准》JGJ/T 152 第 4.4.7 条规定：

当采用直接法验证时，应选取不少于 30% 的已测钢筋，且不应少于 7 根，当实际检测数量小于 7 根时应全部抽取。

（2）检测步骤

《混凝土中钢筋检测技术标准》JGJ/T 152 第 4.6.1 条规定：

混凝土保护层厚度检测应按下列步骤进行：

① 采用无损检测方法确定被检测钢筋位置；

② 采用空心钻头钻孔或剔凿去除钢筋外层混凝土直至被测钢筋直径方向完全暴露，且沿钢筋长度方向不宜小于 2 倍钢筋直径；

③ 采用游标卡尺测量钢筋外轮廓至混凝土表面最小距离。

（3）其他规定

《混凝土结构现场检测技术标准》GB/T 50784 第 9.3.1 条规定：

混凝土保护层厚度宜采用钢筋探测仪进行检测并应通过剔凿原位检测法进行验证。

《混凝土中钢筋检测技术标准》JGJ/T 152 第 4.4.6 条规定：

遇到下列情况之一时，应采用直接法进行验证：

① 认为相邻钢筋对检测结果有影响；

② 钢筋公称直径未知或有异议；

③ 钢筋实际根数、位置与设计有较大偏差；

④ 钢筋以及混凝土材质与校准试件有显著差异。

4）合格标准

同电磁感应法。

3.2.1.3 结构实体位置与尺寸偏差

1）概述

《建筑结构检测技术标准》GB/T 50344 第 2.1.29 条规定：

尺寸偏差是指实际几何尺寸与设计几何尺寸之间的差值。

2）依据标准

《建筑结构检测技术标准》GB/T 50344

《混凝土结构工程施工质量验收规范》GB 50204

《混凝土结构现场检测技术标准》GB/T 50784

《天津市建筑工程施工质量验收资料管理规程》DB/T 29—209

3）技术指标要求

（1）检测数量和部位

《混凝土结构工程施工质量验收规范》GB 50204 附录 F.0.1 规定：

结构实体位置与尺寸偏差检验构件的选取应均匀分布，并应符合下列规定：

① 梁、柱应抽取构件数量的 1%，且不应少于 3 个构件；

② 墙、板应按有代表性的自然间抽取 1%，且不应少于 3 间；

③ 层高应按有代表性的自然间抽查 1%，且不应少于 3 间。

（2）检测项目与方法

《混凝土结构工程施工质量验收规范》GB 50204 附录 F.0.2 规定：

对选定的构件，检测项目及检测方法应符合表 3-187 的规定，精确至 1mm。

表 3-187　结构实体位置与尺寸偏差检验项目及检验方法

项目	检验方法
柱截面尺寸	选取柱的一边量测柱中部、下部及其他部位，取 3 点平均值
柱垂直度	沿两个方向分别量测，取较大值
墙厚	墙身中部量测 3 点，取平均值；测点间距不应小于 1m
梁高	量测一侧边跨中及两个距离支座 0.1m 处，取 3 点平均值；量测值可取腹板高度加上此处楼板的实测厚度
板厚	悬挑板取距离支座 0.1m 处，沿宽度方向取包括中心位置在内的随机 3 点取平均值；其他楼板，在同一对角线上量测中间及距离两端各 0.1m 处，取 3 点平均值
层高	与板厚测点相同，量测板顶至上层楼板板底净高，层高量测值为净高与板厚之和，取 3 点平均值

4）合格标准

（1）允许偏差

《混凝土结构工程施工质量验收规范》GB 50204 附录 F.0.2 规定：

对选定的构件，允许偏差及检测方法应符合表 3-188、表 3-189 规定，精确至 1mm。

表 3-188　现浇结构位置和尺寸允许偏差及检验方法

项目			允许偏差（mm）	检验方法
轴线位置	整体基础		15	经纬仪及尺量
	独立基础		10	经纬仪及尺量
	柱、墙、梁		8	尺量
垂直度	层高	≤6m	10	经纬仪或吊线、尺量
		>6m	12	经纬仪或吊线、尺量
	全高（H）≤300m		$H/30000+20$	经纬仪、尺量
	全高（H）>300m		$H/10000$ 且≤80	经纬仪、尺量

项目		允许偏差（mm）	检验方法
标高	层高	±10	水准仪或拉线、尺量
	全高	±30	水准仪或拉线、尺量
截面尺寸	基础	+15，−10	尺量
	柱、梁、板、墙	+10，−5	尺量
	楼梯相邻踏步高差	6	尺量
电梯井	中心位置	10	尺量
	长、宽尺寸	+25，0	尺量
表面平整度		8	2m靠尺和塞尺量测
预埋件中心位置	预埋板	10	尺量
	预埋螺栓	5	尺量
	预埋管	5	尺量
	其他	10	尺量
预留洞、孔中心线位置		15	尺量

表 3-189　装配式结构构件位置和尺寸允许偏差及检验方法

项目			允许偏差（mm）	检验方法
构件轴线位置	竖向构件（柱、墙板、桁架）		8	经纬仪及尺量
	水平构件（梁、楼板）		5	
标高	梁、柱、墙板 楼板底面或顶面		±5	水准仪或拉线、尺量
构件垂直度	柱、墙板安装后的高度	≤6m	5	经纬仪或吊线、尺量
		>6m	10	
构件倾斜度	梁、桁架		5	经纬仪或吊线、尺量
相邻构件平整度	梁、楼板 底面	外露	3	2m靠尺和塞尺量测
		不外露	5	
	柱、墙板	外露	5	
		不外露	8	
构件搁置长度	梁、板		±10	尺量
支座、支垫中心位置	板、梁、柱、墙板、桁架		10	尺量
墙板接缝宽度			±5	尺量

（2）验收规定

《混凝土结构工程施工质量验收规范》GB 50204 附录 F.0.4 规定：

结构实体位置与尺寸偏差项目应分别进行验收，并符合下列规定：

① 当检验项目的合格率为 80% 及以上时，可判为合格；

② 当检验项目的合格率小于 80% 但不小于 70% 时，可再抽取相同数量的构件进行检验；当按两次抽样总和计算的合格率为 80% 及以上时，仍可判为合格。

3.2.1.4　后置埋件现场锚固承载力

1）概述

《混凝土结构后锚固技术规程》JGJ 145 第 2.1.2 条规定：

后锚固是指通过相关技术手段在已有混凝土结构上的锚固。

《混凝土结构后锚固技术规程》JGJ 145 第 2.1.6 条规定：

膨胀型锚栓是指利用膨胀件挤压锚孔孔壁形成锚固作用的锚栓，分为扭矩控制式膨胀型锚栓和位移控制式膨胀型锚栓。

《混凝土结构后锚固技术规程》JGJ 145 第 2.1.7 条规定：

化学锚栓是指由金属螺杆和锚固胶组成，通过锚固胶形成锚固作用的锚栓。化学锚栓分为普通化学锚栓和特殊倒锥形化学锚栓。

《混凝土结构后锚固技术规程》JGJ 145 第 2.1.8 条规定：

植筋是指以专用的有机或无机胶黏剂将带肋钢筋或全螺纹螺杆种植于混凝土基材中的一种后锚固连接方法。

《混凝土结构工程无机材料后锚固技术规程》JGJ/T 271 第 2.1.5 条规定：

抗拔承载力检验是指沿锚筋轴线施加轴向拉拔荷载，以检验其锚固性能的现场试验。抗拔承载力检验可分为破坏性检验和非破坏性检验。

2）基本规定

《混凝土结构后锚固技术规程》JGJ 145 附录 C.1.2 条规定：

后锚固工程质量应按锚固件抗拔承载力的现场抽样检验结果进行评定。

《混凝土结构后锚固技术规程》JGJ 145 附录 C.1.3 条规定：

后锚固件应进行抗拔承载力现场非破损检验，满足下列条件之一时，还应进行破坏性检验：

（1）安全等级为一级的后锚固构件；

（2）悬挑结构和构件；

（3）对后锚固设计参数有疑问；

（4）对该工程锚固质量有怀疑。

《混凝土结构后锚固技术规程》JGJ 145 第 3.1.2 条规定：

冻融受损混凝土、腐蚀受损混凝土、严重裂损混凝土、不密实混凝土等，不应作为锚固基材。

《混凝土结构后锚固技术规程》JGJ 145 第 3.1.3 条规定：

基材混凝土强度等级不应低于 C20，且不得高于 C60；安全等级为一级的后锚固连接，其基材混凝土强度等级不应低于 C30。

3）依据标准

《混凝土结构后锚固技术规程》JGJ 145

《天津市建筑工程施工质量验收资料管理规程》DB/T 29—209

《混凝土结构工程无机材料后锚固技术规程》JGJ/T 271

4）技术指标要求

（1）抽样规则

《混凝土结构后锚固技术规程》JGJ 145 附录 C.2.1 条规定：

锚固质量现场检验抽样时，应以同品种、同规格、同强度等级的锚固件安装于锚固部位基本相同的同类构件为一检验批，并应从每一检验批所含的锚固件中进行抽样。

《混凝土结构后锚固技术规程》JGJ 145 附录 C.2.2 条规定：

现场破坏性检验宜选择锚固区以外的同条件位置，应取每一检验批锚固件总数的 0.1% 且不少于 5 件进行检验。锚固件为植筋且数量不超过 100 件时，可取 3 件进行检验。

《混凝土结构后锚固技术规程》JGJ 145 附录 C.2.3 条规定：

现场非破损检验的抽样数量，应符合下列规定：

① 锚栓锚固质量的非破损检验

a. 对重要结构构件及生命线工程的非结构构件，应按表 3-190 规定的抽样数量对该检验批的锚栓进行检验；

表 3-190　重要结构构件及生命线工程的非结构构件锚栓锚固质量非破损检验抽样表

检验批的锚栓总数	≤100	500	1000	2500	≥5000
按检验批锚栓总数计算的最小抽样量	20%且不少于5件	10%	7%	4%	3%

注：当锚栓总数介于两栏数量之间时，可按线性内插法确定抽样数量。

b. 对一般结构构件，应取重要结构构件抽样量的50%且不少于5件进行检验；

c. 对非生命线工程的非结构构件，应取每一检验批锚固件总数的0.1%且不少于5件进行检验。

② 植筋锚固质量的非破损检验

a. 对重要结构构件及生命线工程的非结构构件，应取每一检验批植筋总数的3%且不少于5件进行检验；

b. 对一般结构构件，应取每一检验批植筋总数的1%且不少于3件进行检验；

c. 对非生命线工程的非结构构件，应取每一检验批锚固件总数的0.1%且不少于3件进行检验。

《混凝土结构后锚固技术规程》JGJ 145 附录 C.2.4 条规定：

胶黏的锚固件，其检验宜在锚固胶达到其产品说明书标示的固化时间的当天进行。若因故需推迟抽样与检验日期，除应征得监理单位同意外，推迟不应超过3d。

（2）加载方式

《混凝土结构后锚固技术规程》JGJ 145 附录 C.4.1 条规定：

检验锚固拉拔承载力的加载方式可为连续加载或分级加载，可根据实际条件选用。

《混凝土结构后锚固技术规程》JGJ 145 附录 C.4.2 条规定：

进行非破损检验时，施加荷载应符合下列规定：

① 连续加载时，应以均匀速率在2min～3min时间内加载至设定的检验荷载，并持荷2min；

② 分级加载时，应将设定的检验荷载均分为10级，每级持荷1min，直至设定的检验荷载，并持荷2min；

③ 荷载检验值应取 $0.9f_{yk}A_s$ 和 $0.8N_{Rk,*}$ 的较小值。$N_{Rk,*}$ 为非钢材破坏承载力标准值。可按本规程第6章有关规定计算。

《混凝土结构后锚固技术规程》JGJ 145 附录 C.4.3 条规定：

进行破坏性检验时，施加荷载应符合下列规定：

① 连续加载时，对锚栓应以均匀速率在2min～3min时间内加荷至锚固破坏，对植筋应以均匀速率在2min～7min时间内加荷至锚固破坏；

② 分级加载时，前8级，每级荷载增量应取为 $0.1N_u$，且每级持荷1min～1.5min；自第9级起，每级荷载增量应取为 $0.05N_u$，且每级持荷30s，直至锚固破坏。N_u 为计算的破坏荷载值。

5）合格标准

（1）非破损检验

《混凝土结构后锚固技术规程》JGJ 145 附录 C.5.1 条规定：

非破损检验的评定，应按下列规定进行：

① 试样在持荷期间，锚固件无滑移、基材混凝土无裂纹或其他局部破坏迹象出现，且加载装置的荷载示值在2min内无下降或下降幅度不超过5%的检验荷载时，应评定为合格；

② 一个检验批所抽取的试样全部合格时，该检验批应评定为合格检验批；

③ 一个检验批中不合格的试样不超过5%时，应另抽3根试样进行破坏性检验，若检验结果全部合格，该检验批仍可评定为合格检验批；

④ 一个检验批中不合格的试样超过5%时，该检验批应评定为不合格，且不应重做检验。

（2）破坏性检验

锚栓和植筋破坏性检验结果评定应满足《混凝土结构后锚固技术规程》JGJ 145 附录 C.5.2～附录 C.5.4 条规定。

（3）结果评定与处理

《混凝土结构后锚固技术规程》JGJ 145 附录 C.5.5 条规定：

当检验结果不满足本规程 C.5.2～C.5.4 条规定时，应判定该检验批后锚固连接不合格，并应会同有关部门根据检验结果，研究采取专门措施处理。

3.2.2 砌体结构工程

《砌体结构工程施工质量验收规范》GB 50203 第 2.0.1 条规定：

砌体结构是由块体和砂浆砌筑而成的墙、柱作为建筑物主要受力构件的结构。是砖砌体、砌块砌体和石砌体结构的统称。

《砌体结构工程施工质量验收规范》GB 50203 第 2.0.15 条规定：

实体检测是指由有检测资质的检测单位采用标准的检验方法，在工程实体上进行原位检测或抽取试样在试验室进行检验的活动。

《砌体结构通用规范》GB 55007 第 5.2.1 条规定：

对新建砌体结构，当遇到下列情况之一时，应检测砌筑砂浆强度、块材强度或砌体的抗压、抗剪强度：

① 砂浆试块缺乏代表性或数量不足；

② 砂浆试块强度的检验结果不满足设计要求；

③ 对块材或砂浆试块的检验结果有怀疑或争议；

④ 对施工质量有怀疑或争议，需进一步分析砂浆、块材或砌体的强度；

⑤ 发生工程事故，需进一步分析事故原因。

《砌体结构通用规范》GB 55007 第 5.3.1 条规定：

单位工程的砌体结构质量验收资料应满足工程整体验收的要求。当单位工程的砌体结构质量验收部分资料缺失时，应进行相应的实体检验或抽样检验。

3.2.2.1 砖抗压强度

《砌体结构设计规范》GB 50003 第 2.1.4 条规定：

烧结普通砖是指由煤矸石、页岩、粉煤灰或黏土为主要原料，经过焙烧而成的实心砖。分为烧结煤矸石砖、烧结页岩砖、烧结粉煤灰砖、烧结黏土砖等。

《砌体结构设计规范》GB 50003 第 2.1.5 条规定：

烧结多孔砖是指以煤矸石、页岩、粉煤灰或黏土为主要原料，经焙烧而成、孔洞率不大于 35%，孔的尺寸小而数量多，主要用于承重部位的砖。

1. 烧结砖回弹法

1）概述

《砌体工程现场检测技术标准》GB/T 50315 第 2.1.15 条规定：

烧结砖回弹法是指采用回弹仪检测烧结普通砖或烧结多孔砖表面的硬度，根据回弹值推定其抗压强度的方法。

2）检测时间

《砌体结构工程施工质量验收规范》GB 50203 第 2.0.5 条规定：

产品龄期。烧结砖出窑；蒸压砖、蒸压加气混凝土砌块出釜；混凝土砖、混凝土小型空心砌块成型后至某一日期的天数。

3）依据标准

《砌体工程现场检测技术标准》GB/T 50315

《砌体结构工程施工质量验收规范》GB 50203

《建筑结构检测技术标准》GB/T 50344

《天津市建筑工程施工质量验收资料管理规程》DB/T 29—209

4）技术指标要求

（1）适用范围

《砌体工程现场检测技术标准》GB/T 50315 第 14.1.1 条规定：

烧结砖回弹法适用于推定烧结砖砌体或烧结多孔砖砌体中砖的抗压强度，不适用于推定表面已风化或遭受冻害、环境侵蚀的烧结普通砖砌体或烧结多孔砖砌体中砖的抗压强度。

（2）检测数量与部位

《砌体工程现场检测技术标准》GB/T 50315 第 3.3.1 条规定：

当检测对象为整栋建筑物或建筑物的一部分时，应将其划分为一个或若干个可以独立进行分析的结构单元，每一结构单元应划分为若干个检测单元。

《砌体工程现场检测技术标准》GB/T 50315 第 14.1.2 条规定：

每个检测单元中应随机选择 10 个测区。每个测区的面积不宜小于 1.0m²，应在其中随机选择 10 块条面向外的砖作为 10 个测位供回弹测试。选择的砖与砖墙边缘的距离应大于 250mm。

（3）测试设备技术指标

《砌体工程现场检测技术标准》GB/T 50315 第 14.2.1 条规定：

烧结砖回弹法的测试设备，宜采用示值系统为指针直读式的砖回弹仪。

《砌体工程现场检测技术标准》GB/T 50315 第 14.2.2 条规定：

砖回弹仪的主要技术性能指标，应符合表 3-191 的要求。

表 3-191 砖回弹仪主要技术性能指标

项目	指标
标称动能（J）	0.735
指针摩擦力（N）	0.5±0.1
弹击杆端部球面半径（mm）	25±1.0
钢砧率定值（R）	74±2

《砌体工程现场检测技术标准》GB/T 50315 第 14.2.3 条规定：

砖回弹仪的检定和保养，应按国家现行有关回弹仪的检定标准执行。

《砌体工程现场检测技术标准》GB/T 50315 第 14.2.4 条规定：

砖回弹仪在工程检测前后，均应在钢砧上进行率定测试。

（4）测试步骤

《砌体工程现场检测技术标准》GB/T 50315 第 14.3.1 条规定：

被检测砖应为外观质量合格的完整砖。砖的条面应干燥、清洁、平整，不应有饰面层、粉刷层，必要时可用砂轮清除表面的杂物，并应磨平测面，同时应用毛刷刷去粉尘。

《砌体工程现场检测技术标准》GB/T 50315 第 14.3.2 条规定：

在每块砖的测面上应均匀布置 5 个弹击点。选定弹击点时应避开砖表面的缺陷。相邻两弹击点的间距不应小于 20mm，弹击点离砖边缘不应小于 20mm，每一弹击点应只能弹击一次，回弹值读数应估读至 1。测试时，回弹仪应处于水平状态，其轴线应垂直于砖的测面。

（5）数据分析

《砌体工程现场检测技术标准》GB/T 50315 第 14.4.1 条规定：

单个测位的回弹值，应取 5 个弹击点回弹值的平均值。

5）合格标准

砖抗压强度检测结果满足设计文件要求。

3.2.2.2　砂浆抗压强度

《贯入法检测砌筑砂浆抗压强度技术规程》JGJ/T 136 第 2.1.3 条规定：

砂浆抗压强度换算值是指由构件的砂浆贯入深度平均值通过测强曲线计算得到的砌筑砂浆抗压强度值。相当于被测构件在该龄期下同条件养护的边长为 70.7mm 立方体砂浆试块的抗压强度值。

1. 贯入法

1）概述

《贯入法检测砌筑砂浆抗压强度技术规程》JGJ/T 136 第 2.1.1 条规定：

贯入法检测是指采用贯入仪压缩工作弹簧加荷，把一测钉贯入砂浆中，根据测钉贯入砂浆的深度和砂浆抗压强度间的相关关系，由测钉的贯入深度通过测强曲线来换算砂浆抗压强度的检测方法。

2）检测时间

《砌体工程现场检测技术标准》GB/T 50315 第 3.4.5 条规定：

现场检测或取样检测时，砌筑砂浆的龄期不应低于 28d。

3）依据标准

《贯入法检测砌筑砂浆抗压强度技术规程》JGJ/T 136

《砌体工程现场检测技术标准》GB/T 50315

《建筑结构检测技术标准》GB/T 50344

《天津市建筑工程施工质量验收资料管理规程》DB/T 29—209

4）技术指标要求

（1）适用范围

《贯入法检测砌筑砂浆抗压强度技术规程》JGJ/T 136 第 1.0.2 条规定：

本规程适用于砌体结构中砌筑砂浆抗压强度的现场检测。本规程不适用于遭受高温、冻害、化学侵蚀、火灾等表面损伤砂浆的检测，以及冻结法施工砂浆在强度回升期的检测。

（2）检测条件

《砌体工程现场检测技术标准》GB/T 50315 第 3.4.6 条规定：

检测砌筑砂浆强度时，取样砂浆试件或原位检测的水平灰缝应处于干燥状态。

《贯入法检测砌筑砂浆抗压强度技术规程》JGJ/T 136 第 4.1.2 条规定：

采用贯入法检测的砌筑砂浆应符合下列规定：

① 自然养护；

② 龄期为 28d 或 28d 以上；

③ 风干状态；

④ 抗压强度为（0.4～16.0）MPa。

《贯入法检测砌筑砂浆抗压强度技术规程》JGJ/T 136 第 4.2.5 条规定：

检测范围内的饰面层、粉刷层、勾缝砂浆、浮浆以及表面损伤层等，应清除干净；应使待测灰缝砂浆暴露并经打磨平整后再进行检测。

（3）测试设备技术指标

《贯入法检测砌筑砂浆抗压强度技术规程》JGJ/T 136 第 3.1.3 条规定：

贯入仪应符合下列规定：

① 贯入力应为（800±8）N；

② 工作行程应为（20±0.10）mm。

《贯入法检测砌筑砂浆抗压强度技术规程》JGJ/T 136 第 3.1.4 条规定：

贯入深度测量表（数字式贯入深度测量表）应符合下列规定：

① 最大量程不应小于 20.00mm；

② 分度值应为 0.01mm。

《贯入法检测砌筑砂浆抗压强度技术规程》JGJ/T 136 第 3.1.5 条规定：

测钉宜采用高速工具钢制成，长度应为（40.00～40.10）mm，直径应为（3.50±0.05）mm，尖端锥度应为 45.0°±0.5°。测钉量规的量规槽长度应为（39.50～39.60）mm。

（4）检测数量与部位

《贯入法检测砌筑砂浆抗压强度技术规程》JGJ/T 136 第 4.2.2 条规定：

按批抽样检测时，应取龄期相近的同楼层、同来源、同种类、同品种和同强度等级的砌筑砂浆且不大于 250m³ 砌体为一批，抽检数量不应少于砌体总构件数的 30%，且不应少于 6 个构件。基础砌体可按一个楼层计。

《贯入法检测砌筑砂浆抗压强度技术规程》JGJ/T 136 第 4.2.1 条规定：

检测砌筑砂浆抗压强度时，应以面积不大于 25m² 的砌体构件或构筑物为一个构件。

《贯入法检测砌筑砂浆抗压强度技术规程》JGJ/T 136 第 4.2.6 条规定：

每一构件应测试 16 点。测点应均匀分布在构件的水平灰缝上，相邻测点水平间距不宜小于 240mm，每条灰缝测点不宜多于 2 点。

《贯入法检测砌筑砂浆抗压强度技术规程》JGJ/T 136 第 4.2.3 条规定：

被检测灰缝应饱满，其厚度不应小于 7mm，并应避开竖缝位置、门窗洞口、后砌洞口和预埋件的边缘。

（5）贯入检测操作程序

《贯入法检测砌筑砂浆抗压强度技术规程》JGJ/T 136 第 4.3.1 条规定：

贯入检测应按下列程序操作：

① 将测钉插入贯入杆的测钉座中，测钉尖端朝外，固定好测钉；

② 当用加力杠杆时，将加力杠杆插入贯入杆外端，施加外力使挂钩挂上；

③ 当用旋紧螺母加力时，用摇柄旋紧螺母，直至挂钩挂上为止，然后将螺母退至贯入杆顶端；

④ 将贯入仪扁头对准灰缝中间，并垂直贴在被测砌体灰缝砂浆的表面，握住贯入仪把手，扳动扳机，将测钉贯入被测砂浆中。

（6）贯入深度测量操作程序

《贯入法检测砌筑砂浆抗压强度技术规程》JGJ/T 136 第 4.3.4 条规定：

贯入深度的测量应按下列程序操作：

① 开启贯入深度测量表，将其置于钢制平整量块上，直至扁头端面和量块表面重合，使贯入深度测量表的读数为零；

② 将测钉从灰缝中拔出，用橡皮吹风器将测孔中的粉尘吹干净；

③ 将贯入深度测量表的测头插入测孔中，扁头紧贴灰缝砂浆，并垂直于被测砌体灰缝砂浆的表面，从测量表中直接读取显示值并记录；

④ 直接读数不方便时，可按一下贯入深度测量表中的"保持"键，显示屏会记录当时的示值，然后取下贯入深度测量表读数。

5）合格标准

砌筑砂浆抗压强度检测结果满足设计文件要求。

3.2.3　钢结构工程

《钢结构焊接规范》GB 50661 第 2.1.7 条规定：

钢结构检测是指按照规定程序，由确定给定产品的一种或多种特性进行检验、测试处理或提供服务所组成的技术操作。

《建筑结构检测技术标准》GB/T 50344 第 3.1.2 条规定：

遇有下列情况时，应委托第三方检测机构进行结构工程质量的检测：

① 国家现行有关标准规定的检测；

② 结构工程送样检验的数量不足或有关检验资料缺失；

③ 施工质量送样检验或有关方自检的结果未达到设计要求；

④ 对施工质量有怀疑或争议；

⑤ 发生质量或安全事故；

⑥ 工程质量保险要求实施的检测；

⑦ 对既有建筑结构的工程质量有怀疑或争议；

⑧ 未按规定进行施工质量验收的结构。

3.2.3.1 外观质量和尺寸检查

1. 检查时间

《钢结构工程施工质量验收标准》GB 50205 第5.1.3条规定：

焊缝应冷却到环境温度后方可进行外观检测。

2. 检查方法

《钢结构工程施工质量验收标准》GB 50205 第5.2.7条规定：

焊缝外观质量的检验方法：观察检查或使用放大镜、焊缝量规和钢尺检查，当有疲劳验算要求时，采用渗透或磁粉探伤检查。

《钢结构工程施工质量验收标准》GB 50205 第5.2.8条规定：

焊缝外观尺寸的检查方法：用焊缝量规检查。

3. 检查数量

《钢结构工程施工质量验收标准》GB 50205 第5.2.7条和第5.2.8条同时规定：

承受静荷载的二级焊缝每批同类构件抽查10％，承受静荷载的一级焊缝和承受动荷载的焊缝每批同类构件抽查15％，且不应少于3件。被抽查构件中，每一类型焊缝应按条数抽查5％。且不应少于1条；每条应抽查1处，总抽查数不应少于10处。

4. 依据标准

《钢结构焊接规范》GB 50661

《建筑结构检测技术标准》GB/T 50344

《钢结构工程施工质量验收标准》GB 50205

《天津市建筑工程施工质量验收资料管理规程》DB/T 29—209

5. 技术指标要求和合格标准

《钢结构工程施工质量验收标准》GB 50205 第5.2.7条规定：

无疲劳验算要求的钢结构焊缝外观质量要求见表3-192，有疲劳验算要求的钢结构焊缝外观质量要求见表3-193。

表 3-192 无疲劳验算要求的钢结构焊缝外观质量要求

检验项目	焊缝质量等级		
	一级	二级	三级
裂纹	不允许	不允许	不允许
未焊满	不允许	≤0.2mm+0.02t 且≤1mm，每100mm 长度焊缝内未焊满累计长度≤25mm	≤0.2mm+0.04t 且≤2mm，每100mm 长度焊缝内未焊满累计长度≤25mm
根部收缩	不允许	≤0.2mm+0.02t 且≤1mm，长度不限	≤0.2mm+0.04t 且≤2mm，长度不限
咬边	不允许	≤0.05t 且≤0.5mm，连续长度≤100mm，且焊缝两侧咬边总长≤10％焊缝全长	≤0.1t 且≤1mm，长度不限

检验项目	焊缝质量等级		
	一级	二级	三级
电弧擦伤	不允许	不允许	允许存在个别电弧擦伤
接头不良	不允许	缺口深度≤0.05t 且≤0.5mm，每 1000mm 长度焊缝内不得超过 1 处	缺口深度≤0.1t 且≤1mm，每 1000mm 长度焊缝内不得超过 1 处
表面气孔	不允许	不允许	每 50mm 长度焊缝内允许存在直径<0.4t 且≤3mm 的气孔 2 个，孔距应≥6 倍孔径
表面夹渣	不允许	不允许	深≤0.2t，长≤0.5t 且≤20mm

注：t 为接头较薄件母材厚度。

表 3-193　有疲劳验算要求的钢结构焊缝外观质量要求

检验项目	焊缝质量等级		
	一级	二级	三级
裂纹	不允许	不允许	不允许
未焊满	不允许	不允许	≤0.2mm＋0.02t 且≤1mm，每 100mm 长度焊缝内未焊满累积长度≤25mm
根部收缩	不允许	不允许	≤0.2mm＋0.02t 且≤1mm，长度不限
咬边	不允许	≤0.05t 且≤0.3mm，连续长度≤100mm，且焊缝两侧咬边总长≤10%焊缝全长	≤0.1t 且≤0.5mm，长度不限
电弧擦伤	不允许	不允许	允许存在个别电弧擦伤
接头不良	不允许	不允许	缺口深度≤0.05t 且≤0.5mm，每 1000mm 长度焊缝内不得超过 1 处
表面气孔	不允许	不允许	直径小于 1.0mm，每 1m 不多于 3 个，间距不小于 20mm
表面夹渣	不允许	不允许	深≤0.2t，长≤0.5t 且≤20mm

注：t 为接头较薄件母材厚度。

《钢结构工程施工质量验收标准》GB 50205 第 5.2.8 条规定：

无疲劳验算要求的钢结构对接焊缝与角焊缝外观尺寸允许偏差见表 3-194，有疲劳验算要求的钢结构焊缝外观尺寸允许偏差见表 3-195。

表 3-194　无疲劳验算要求的钢结构对接焊缝与角焊缝外观尺寸允许偏差

项目	示意图	外观尺寸允许偏差（mm）	
		一级、二级	三级
对接焊缝余高 C		B<20 时，C 为 0~3.0；B≥20 时，C 为 0~4.0	B<20 时，C 为 0~3.5；B≥20 时，C 为 0~5.0
对接焊缝错边 △		△<0.1t，且≤2.0	△<0.15t，且≤3.0

项目	示意图	外观尺寸允许偏差（mm）	
		一级、二级	三级
角焊缝余高 C		$h_f \leqslant 6$ 时，C 为 $0 \sim 1.5$； $h_f > 6$ 时，C 为 $0 \sim 3.0$	
对接和角接组合焊缝余高 C		$h_k \leqslant 6$ 时，C 为 $0 \sim 1.5$； $h_k > 6$ 时，C 为 $0 \sim 3.0$	

注：B 为焊缝宽度；t 为对接接头较薄件母材厚度。

表 3-195　有疲劳验算要求的钢结构焊缝外观尺寸允许偏差

项目	焊缝种类	外观尺寸允许偏差
焊脚尺寸	对接与角接组合焊缝 h_k	0；$+2.0$mm
	角焊缝 h_f	-1.0mm；$+2.0$mm
	手工焊角焊缝 h_f（全长的 10%）	-1.0mm；$+3.0$mm
焊缝高低差	角焊缝	$\leqslant 2.0$mm（任意 25mm 范围高低差）
余高	对接焊缝	$\leqslant 2.0$mm（焊缝宽 $b \leqslant 20$mm）
		$\leqslant 3.0$mm（$b > 20$mm）
余高铲磨后表面	横向对接焊缝	表面不高于母材 0.5mm
		表面不低于母材 0.3mm
		粗糙度 50μm

3.2.3.2　内部缺陷的无损检测

《钢结构现场检测技术标准》GB/T 50621 第 2.1.3 条规定：

无损检测是指对材料或工件实施的一种不损害其使用性能或用途的检测方法。

1. 检测方法

《建筑结构检测技术标准》GB/T 50344 第 6.3.7 条规定：

对设计上要求全焊透的一、二级焊缝和设计上没有要求的钢材等强对焊拼接焊缝的缺陷，应采用超声波探伤的方法进行检测。

《钢结构现场检测技术标准》GB/T 50621 第 2.1.6 条规定：

超声波检测是指利用超声波在介质中遇到界面产生反射的性质及其在传播时产生衰减的规律，来检测缺陷的无损检测方法。

2. 检测比例

《钢结构工程施工质量验收标准》GB 50205 第 5.2.4 条关于内部缺陷超声探伤的规定：

设计要求的一、二级焊缝应进行内部缺陷的无损检测，一、二级焊缝的质量等级和检测要求应符合表 3-196 的规定（全数检查）。

表 3-196 一级、二级焊缝质量等级及无损检测要求

焊缝质量等级		一级	二级
内部缺陷 超声波探伤	缺陷评定等级	Ⅱ	Ⅲ
	检验等级	B 级	B 级
	检测比例	100%	20%

注：二级焊缝检测比例的计数方法应按以下原则确定：工厂制作焊缝按照焊缝长度计算百分比，且探伤长度不小于 200mm；当焊缝长度小于 200mm 时，应对整条焊缝探伤；现场安装焊缝应按照同一类型、同一施焊条件的焊缝条数计算百分比，且不应少于 3 条焊缝。

3. 检测时间

《钢结构工程施工质量验收标准》GB 50205 第 5.1.3 条规定：

无损检测应在外观检测合格后进行。

4. 依据标准

《钢结构现场检测技术标准》GB/T 50621

《建筑结构检测技术标准》GB/T 50344

《钢结构工程施工质量验收标准》GB 50205

《钢结构焊接规范》GB 50661

《天津市建筑工程施工质量验收资料管理规程》DB/T 29－209

5. 技术指标要求

《钢结构现场检测技术标准》GB/T 50621 第 7.1.3 条规定：

钢结构焊缝质量的超声波探伤检验等级，可按下列规定划分为 A、B、C 三级：

① A 级检验：采用一种角度探头在焊缝的单面单侧进行检验，只对允许扫查到的焊缝截面进行探测。一般可不要求作横向缺陷的检验。母材厚度大于 50mm 时，不得采用 A 级检验。

② B 级检验：宜采用一种角度探头在焊缝的单面双侧进行检验，对整个焊缝截面进行探测。母材厚度大于 100mm 时，应采用双面双侧检验；当受构件的几何条件限制时，可在焊缝的双面单侧采用两种角度的探头进行探伤；条件允许时要求作横向缺陷的检验。

③ C 级检验：至少应采用两种角度探头在焊缝的单面双侧进行检验，且应同时作两个扫查方向和两种探头角度的横向缺陷检验，母材厚度大于 100mm 时，宜采用双面双侧检验。

《钢结构现场检测技术标准》GB/T 50621 第 7.1.4 条规定：

钢结构焊缝质量的超声波探伤检验等级应根据工件的材质、结构、焊接方法、受力状态选择，当结构设计和施工上无特别规定时，钢结构焊缝质量的超声波探伤检验等级宜选用 B 级。

《钢结构焊接规范》GB 50661—2011 第 8.3.4 条规定：

超声波检测范围和等级应符合表 3-197 规定：

表 3-197 焊缝超声波检测范围和检验等级

焊缝质量级别	探伤部位	探伤比例	板厚 t（mm）	检验等级
一、二级横向 对接焊缝	全长	100%	10≤t≤46	B
	—	—	46<t≤80	B（双面双侧）
二级纵向对接焊缝	焊缝两端各 1000mm	100%	10≤t≤46	B
	—	—	46<t≤80	B（双面双侧）
二级角焊缝	两端螺栓孔部位并延长 500mm，板梁主梁及纵、横梁跨中加探 1000mm	100%	10≤t≤46	B（双面双侧）
	—	—	46<t≤80	B（双面双侧）

6. 合格标准

《钢结构焊接规范》GB 50661 第 8.2.4 条规定：

超声波检测缺欠等级评定应符合表 3-198 规定：

表 3-198　超声波检测缺欠等级评定

评定等级	检验等级		
	A	B	C
	板厚 t（mm）		
	3.5～50	3.5～150	3.5～150
Ⅰ	$2t/3$；最小 8mm	$t/3$；最小 6mm，最大 40mm	$t/3$；最小 6mm，最大 40mm
Ⅱ	$3t/4$；最小 8mm	$2t/3$；最小 8mm，最大 70mm	$2t/3$；最小 8mm，最大 50mm
Ⅲ	$<t$；最小 16mm	$3t/4$；最小 12mm，最大 90mm	$3t/4$；最小 12mm，最大 75mm
Ⅳ	超过Ⅲ级者		

3.3　建筑节能实体检测

3.3.1　墙体节能工程检测

3.3.1.1　墙体节能工程检测概述

墙体节能工程检测包括围护结构的外墙节能构造现场实体检测、外墙外保温节能系统拉伸黏结强度检测、外墙外保温节能系统抗冲击性能检测和围护结构热工性能检测。

3.3.1.2　墙体节能工程检测标准依据

《建筑节能工程施工质量验收标准》GB 50411

《居住建筑节能检测标准》JGJ/T 132

《外墙外保温工程技术标准》JGJ 144

《保温装饰板外墙外保温系统材料》JG/T 287

《外墙保温用锚栓》JG/T 366

《天津市民用建筑围护结构节能检测技术规程》DB/T 29—88

《天津市民用建筑节能工程施工质量验收规程》DB 29—126

《天津市建筑工程施工质量验收资料管理规程》DB/T 29—209

3.3.1.3　墙体节能工程检测项目

常见的墙体节能工程检测项目，见表 3-199

表 3-199　墙体节能工程检测项目

检测内容	检测项目
外墙节能构造现场实体检测	保温系统构造检测
外墙外保温节能系统拉伸黏结强度检测	基层与胶黏剂拉伸黏结强度、保温板与基层拉伸黏结强度、锚栓现场拉拔力、黏结面积比、胶黏剂及抹面胶浆聚合物有效成分
外墙外保温节能系统抗冲击性能检测	抗冲击性能
围护结构热工性能检测	传热系数

3.3.1.4　墙体节能工程检测抽样要求

1. 外墙节能构造现场实体检测

《建筑节能工程施工质量验收标准》GB 50411 中附录 F.0.4 条规定：

钻芯检验外墙节能构造的取样部位和数量，应符合下列规定：

1）取样部位应由检测人员随机抽样确定，不得在外墙施工前预先确定；

2）取样部位应选取节能构造有代表性的外墙上相对隐蔽的部位，并宜兼顾不同朝向和楼层；

3）外墙取样数量为一个单位工程每种节能保温做法至少取 3 个芯样。取样部位宜均匀分布，不宜在同一个房间外墙上取 2 个或 2 个以上芯样。

2. 外墙外保温节能系统拉伸黏结强度检测

1）基层与胶黏剂拉伸黏结强度

《天津市民用建筑围护结构节能检测技术规程》DB/T 29—88 附录 B.1.1 条规定：

本试验应在保温板材粘贴完工 28d 后进行，取样部位选取有代表性的 5 处。

2）保温板与基层拉伸黏结强度

《天津市民用建筑围护结构节能检测技术规程》DB/T 29—88 中附录 B.2.1 和 B.2.2 条规定：

本试验应在保温板材粘贴完工 28d 后进行。

以每 5000m² 同类保温体系为一个检验批，不足 5000m² 应按 5000m² 计，每批应取一组 9 个试样，每相邻的三个楼层应至少取一组试样，试样应随机抽取，取样间距不得小于 1m，并应兼顾不同楼层不同朝向。

3）锚栓现场拉拔力

《外墙保温用锚栓》JG/T 366 中附录 B.1.2 条规定：

在实际工程现场的基层墙体上，应进行不少于 15 次拉拔试验，来确定锚栓的实际抗拉承载力标准值。试验时，拉力荷载应同轴作用在锚栓上。试验也可在实验室中同样材料的基层墙体试块上进行。

4）黏结面积比

《建筑节能工程施工质量验收标准》GB 50411 中附录 C.0.3 条规定：

取样部位、数量及面积（尺寸），应符合下列规定：

① 取样部位应随机确定，宜兼顾不同朝向和楼层、均匀分布，不得在外墙施工前预先确定；

② 取样数量为每处检验 1 块整板，保温板面积（尺寸）应具代表性。

5）胶黏剂、抹面胶浆聚合物有效成分

《天津市民用建筑围护结构节能检测技术规程》DB/T 29—88 附录 C.0.8 条规定：

取样位置为已完工的外墙外保温分项工程外墙实体，建筑实体单栋每 10000m² 为一个检验批，不足 10000m² 按一个检验批计，一批中至少取 3 个点，应选取相对隐蔽部位，并宜兼顾不同朝向和楼层，可在外墙外保温节能系统拉伸黏结强度检测同时进行取样，取样数量为各点相加胶黏剂、抹面胶浆各 500g。

3. 外墙外保温节能系统抗冲击性能检测

《天津市民用建筑节能工程施工质量验收规程》DB 29—126 第 4.2.14 条规定：

1）建筑物首层墙面及门窗口等易受碰撞部位，应分别抽取一组做 10J 级抗冲击性试验；

2）建筑物二层及以上墙面应抽取不少于 3 组做 3J 级抗冲击性试验，试验应隔层抽取。

4. 围护结构热工性能检测

《天津市民用建筑围护结构节能检测技术规程》DB/T 29—88 附录 E.0.1 条规定：

① 热流计应直接安装在被测围护结构的内表面上，且应与表面完全接触，同一被测部位热流计不应少于 3 个；

② 温度传感器应在被测围护结构内、外侧表面安装。内表面温度传感器应靠近热流计处安装不少于 2 个，外表面温度传感器 1 个，宜与热流计的位置相对应。温度传感器连同 0.1m 长引线应与被测表

面紧密接触，传感器表面的辐射系数应与被测表面基本相同。

3.3.1.5　墙体节能工程检测技术要求

1. 保温系统构造检测

《建筑节能工程施工质量验收标准》GB 50411附录F.0.8条规定：

在垂直于芯样表面（外墙面）的方向上实测芯样保温层厚度，当实测厚度的平均值达到设计厚度的95%及以上时，应判定保温层厚度符合设计要求；否则，应判定保温层厚度不符合设计要求。

2. 外墙外保温节能系统拉伸黏结强度检测

1）基层与胶黏剂拉伸黏结强度

《天津市民用建筑围护结构节能检测技术规程》DB/T 29—88第4.1.4条规定：

试验结果应该≥0.3MPa。

2）保温板与基层拉伸黏结强度

《天津市民用建筑围护结构节能检测技术规程》DB/T 29—88第4.1.4条规定：

EPS≥0.10MPa、XPS≥0.15 MPa、泡沫水泥保温板≥0.10MPa、模塑石墨聚苯板≥0.10MPa、硬泡聚氨酯复合保温板≥0.12MPa，且破坏部位位于保温板内部；其他材料应符合设计要求。

3）锚栓现场拉拔力

《天津市民用建筑围护结构节能检测技术规程》DB/T 29—88第4.1.4条规定：

应符合设计要求（JG/T 366）。

4）黏结面积比

《建筑节能工程施工质量验收标准》GB 50411附录C.0.6条规定：

保温板黏结面积比应符合设计要求且不小于40%。

5）胶黏剂、抹面胶浆聚合物有效成分

《天津市民用建筑围护结构节能检测技术规程》DB/T 29—88中第4.1.4条规定：

不得低于胶黏剂质量的2%；不得低于抹面胶浆质量的3%

3. 外墙外保温节能系统抗冲击性能检测

《外墙外保温工程技术标准》JGJ 144附表A.4.3条规定：

结果判定时，10J级试验10个冲击点中破坏点不超过4个时，应判定为10J级。10J级试验10个冲击点中破坏点超过4个，3J级试验10个冲击点中破坏点不超过4个时，应判定为3J级。试验报告中应写明抹面层和饰面层厚度以及玻纤网类型和层数。

4. 围护结构热工性能检测

《居住建筑节能检测标准》JGJ/T 132第7.2.1条规定：

受检围护结构主体部位传热系数应满足设计图纸的规定，当设计图纸未作具体规定时，应符合国家现行有关标准的规定。

3.3.2　幕墙节能工程检测

3.3.2.1　幕墙节能工程检测概述

幕墙节能工程检测包括透明幕墙和采光顶采用的中空玻璃的玻璃厚度检测及间隔层厚度、镀膜玻璃的膜面位置检测。

3.3.2.2　幕墙节能工程标准依据

《天津市民用建筑围护结构节能检测技术规程》DB/T 29—88

《天津市民用建筑节能工程施工质量验收规程》DB 29—126

《天津市建筑工程施工质量验收资料管理规程》DB/T 29—209

3.3.2.3 幕墙节能工程项目

幕墙节能工程现场实体检测项目，见表 3-200。

表 3-200 幕墙节能工程现场实体检测项目

检测内容	检测项目
幕墙节能工程现场实体检测	透明幕墙和采光顶采用的中空玻璃的玻璃厚度及间隔层厚度、镀膜玻璃的膜面位置

3.3.2.4 幕墙节能工程抽样要求

1. 中空玻璃厚度及间隔层厚度

《天津市民用建筑围护结构节能检测技术规程》DB/T 29—88 中附录 D 中第 D.4.2 条规定：

本试验应为工程现场见证检测，抽检比例不少于玻璃面积的 5%，试样规格不小于 300×300mm。

2. 镀膜玻璃的膜面位置

《天津市民用建筑围护结构节能检测技术规程》DB/T 29—88 中附录 D 中第 D.3.2 条规定：

本试验应为工程现场见证检测，抽检比例不少于玻璃面积的 5%，试样规格不小于 300×300mm。

3.3.2.5 幕墙节能工程技术要求

1. 中空玻璃厚度及间隔层厚度

《天津市民用建筑围护结构节能检测技术规程》DB/T 29—88 中附录 D 中第 D.4.4 条规定：

用设备测量室内侧玻璃、室外玻璃和空气层厚度，测量位置为被测试件中心部位，检测过程不得对被测试件造成破坏。

2. 镀膜玻璃的膜面位置

《天津市民用建筑围护结构节能检测技术规程》DB/T 29—88 中附录 D 中第 D.3.5 条规定：

检测结果膜层所在位置应与工程设计要求一致，所有被测玻璃均合格该项检测结果为合格。

3.3.3 门窗节能工程检测

3.3.3.1 门窗节能检测概述

门窗节能检测主要是对建筑外窗的气密性、淋水、中空玻璃的玻璃厚度及间隔层厚度、镀膜玻璃的膜面位置进行检测。

3.3.3.2 门窗节能检测标准依据

《建筑门窗工程检测技术规程》JG/T 205

《建筑外窗气密、水密、抗风压性能现场检测方法》GJ/T 211

《天津市民用建筑围护结构节能检测技术规程》DB/T 29—88

《天津市民用建筑节能工程施工质量验收规程》DB/T 29—126

《天津市建筑工程施工质量验收资料管理规程》DB/T 29—209

3.3.3.3 门窗节能检测项目

门窗节能检测项目，见表 3-201。

表 3-201 门窗节能检测项目

检测内容	检测项目
建筑外窗现场实体检测	气密性、淋水、中空玻璃的玻璃厚度及间隔层厚度、镀膜玻璃膜面位置

3.3.3.4 门窗节能检测抽样要求

1. 气密性

《天津市民用建筑围护结构节能检测技术规程》DB/T 29—88 中第 6.0.4 条规定：

外窗气密性能现场实体检验应按单位工程进行,同一工程项目、同一厂家、同一型材和同一玻璃品种的门窗,抽检一组 3 樘。

2. 水密性

住宅淋水试验的抽查量每个栋号不少于外窗面积的 10%,别墅项目淋水试验的抽查量不少于该标段别墅单体总量的 10%。

3. 中空玻璃的玻璃厚度及间隔层厚度

《天津市民用建筑围护结构节能检测技术规程》DB/T 29—88 中第 6.0.4 条规定:

单位工程抽验不少于玻璃总面积的 5%。

4. 镀膜玻璃的膜面位置

《天津市民用建筑围护结构节能检测技术规程》DB/T 29—88 中第 6.0.4 条规定:

单位工程抽验不少于玻璃总面积的 5%。

3.3.3.5 门窗节能检测技术要求

1. 气密性

《天津市民用建筑围护结构节能检测技术规程》DB/T 29—88 中第 6.0.4 条规定:

符合设计要求。

2. 水密性

《建筑门窗工程检测技术规程》JGJ/T 205 中第 7.2.2 条规定:

以设计要求为基准,按现行国家标准《建筑外门窗气密、水密、抗风压性能分级及检测方法》(GB/T 7106) 的相应指标评定。

3. 中空玻璃的玻璃厚度及间隔层厚度

《天津市民用建筑围护结构节能检测技术规程》DB/T 29—88 中第 6.0.4 条规定:

玻璃厚度与设计值偏差不大于 ±0.5mm;间隔层厚度与设计值偏差不大于 ±1.0mm。

4. 镀膜玻璃膜面位置

《天津市民用建筑围护结构节能检测技术规程》DB/T 29—88 中第 6.0.4 条规定:

符合设计要求。

4　建筑节能工程

建筑节能是指在保证和提高建筑舒适性的条件下，合理使用能源，不断提高能源利用效率。通过采取合理的建筑设计和选用符合节能要求的墙体材料、屋面隔热材料、门窗、空调等措施所建造的房屋，与没有采取节能措施的房屋相比，在保证相同的室内热舒适环境条件下，它可以提高能源利用效率，减少建筑能耗。

建筑节能工程涉及内容广泛，工作面广，是一项系统工程。它包含有建筑、施工、采暖、通风、空调、照明、家电、建材、热工、能源、环境等许多专业内容。从建设程序看，建筑节能与规划、设计、施工、监理、检测等过程都密切相关，不可分割。建筑物的朝向、布局、地面绿化率、自然通风效果等与规划有关的性能都能带来良好的节能效果。从建筑技术看，建筑节能包含了众多技术，如围护结构保温隔热技术、建筑遮阳技术、太阳能与建筑一体化技术、新型供冷供热技术、照明节能技术等。从建筑材料看，建筑节能包含了墙体节能、地面节能、门窗节能、幕墙节能、供暖节能、通风与空调节能、配电与照明系统节能等。

为执行国家有关节约能源、保护生态环境、应对气候变化的法律、法规，落实碳达峰、碳中和决策部署，提高能源资源利用效率，推动可再生能源利用，降低建筑碳排放，营造良好的建筑室内环境，满足经济社会高质量发展的需要，住房城乡建设部、国家市场监督管理总局联合发布《建筑节能与可再生能源利用通用规范》GB 55015，此规范为强制性工程建设规范，于2022年4月1日实施，全部条文必须严格执行。新建、扩建和改建建筑以及既有建筑节能改造工程的建筑节能与可再生能源建筑应用系统的设计、施工、验收及运行管理必须执行此规范。

4.1　墙体节能

墙体节能是指建筑外围护结构采用板材、浆料、块材及预制复合墙板等墙体保温材料或构件的建筑墙体节能工程。

墙体节能工程属于建筑节能子分部工程围护结构节能工程的分项工程，由基层、保温隔热构造、抹面层、饰面层、保温隔热砌体等构成。

4.1.1　绝热用模塑聚苯乙烯泡沫塑料（EPS板）

绝热用模塑聚苯乙烯泡沫塑料（EPS板）指的是可发性聚苯乙烯珠粒经加热顶发泡后，在模具中加热成型而制得的具有闭孔结构的使用温度不超过75℃的绝热用模塑聚苯乙烯泡沫塑料及其切割而成的制品。

绝热用模塑聚苯乙烯泡沫塑料（EPS板）执行的国家标准为《绝热用模塑聚苯乙烯泡沫塑料（EPS）》GB/T 10801.1。此标准将绝热用模塑聚苯乙烯泡沫塑料（EPS板）按压缩强度分为Ⅰ、Ⅱ、Ⅲ、Ⅳ、Ⅴ、Ⅵ、Ⅶ级，见表4-1。

表4-1　按压缩强度分类

等级	压缩强度范围（kPa）
Ⅰ	60～＜100
Ⅱ	100～＜150
Ⅲ	150～＜200

等级	压缩强度范围（kPa）
Ⅳ	200～＜300
Ⅴ	300～＜500
Ⅵ	500～＜800
Ⅶ	≥800

《绝热用模塑聚苯乙烯泡沫塑料（EPS）》GB/T 10801.1 中将绝热用模塑聚苯乙烯泡沫塑料（EPS板）按绝热性能分为 2 级：033 级、037 级。将绝热用模塑聚苯乙烯泡沫塑料（EPS板）按燃烧性能分为 3 级：B1、B2、B3 级。

《模塑聚苯板薄抹灰外墙外保温系统材料》GB/T 29906 中将绝热用模塑聚苯乙烯泡沫塑料（EPS板）按绝热性能分为 2 级：033 级、039 级。

4.1.1.1　依据标准

《绝热用模塑聚苯乙烯泡沫塑料（EPS）》GB/T 10801.1

《模塑聚苯板薄抹灰外墙外保温系统材料》GB/T 29906

《天津市民用建筑围护结构节能检测技术规程》DB/T 29—88

《天津市建筑工程施工质量验收资料管理规程》DB/T 29—209

《天津市泡沫塑料板薄抹灰外墙外保温系统应用技术规程》DB/T 29—227

4.1.1.2　进场复验试验项目与取样规定

《天津市建筑工程施工质量验收资料管理规程》DB/T 29—209 中对绝热用模塑聚苯乙烯泡沫塑料（EPS板）进场复验试验项目与取样规定，见表 4-2。

表 4-2　绝热用模塑聚苯乙烯泡沫塑料（EPS板）进场复验试验项目与取样规定

种类名称 相关标准、规范代号	复验项目	组批规则及取样数量规定
绝热用模塑聚苯乙烯泡沫塑料（EPS板） （GB/T 10801.1） （DB/T 29—227） （GB/T 29906）	导热系数、表观密度、抗压强度、垂直于板面方向的抗拉强度、吸水率、尺寸稳定性、燃烧性能、氧指数	①组批：同一生产厂家、同一规格产品、同一批次进厂，每 5000m² 为一批，不足 5000m² 的按一批计。 ②取样：从外观合格的产品中抽取 15 块进行检验

4.1.1.3　技术指标要求

1. 《绝热用模塑聚苯乙烯泡沫塑料（EPS）》GB/T 10801.1 中规定的性能要求，见表 4-3 和表 4-4。

表 4-3　绝热用模塑聚苯乙烯泡沫塑料（EPS板）复验项目物理机械性能

复验项目	单位	性能指标						
		Ⅰ	Ⅱ	Ⅲ	Ⅳ	Ⅴ	Ⅵ	Ⅶ
表观密度偏差	％	±5						
压缩强度	kPa	≥60	≥100	≥150	≥200	≥300	≥500	≥800
吸水率（体积分数）	％	≤6	≤4	≤2				

表 4-4　绝热用模塑聚苯乙烯泡沫塑料（EPS板）复验项目绝热性能

复验项目	单位	性能指标	
		033 级	037 级
导热系数	W/（m·K）	≤0.033	≤0.037

2.《天津市民用建筑围护结构节能检测技术规程》DB/T 29—88 及《天津市泡沫塑料板薄抹灰外墙外保温系统应用技术规程》DB/T 29—227 中规定的性能要求，见表4-5。

表 4-5　绝热用模塑聚苯乙烯泡沫塑料（EPS 板）复验项目性能要求

复验项目	单位	性能要求
导热系数	W/（m·K）	≤0.039
表观密度	kg/m³	18.0～22.0
压缩强度	kPa	≥100
垂直于板面方向的抗拉强度	MPa	≥0.10
吸水率（体积分数）	％	≤3.0
尺寸稳定性	％	≤0.3
燃烧性能等级	—	不低于 B_1（C）级
氧指数	％	≥30

3.《模塑聚苯板薄抹灰外墙外保温系统材料》GB/T 29906 规定的性能要求，见表4-6。

表 4-6　绝热用模塑聚苯乙烯泡沫塑料（EPS 板）复验项目性能要求

复验项目	单位	性能要求	
		039 级	033 级
导热系数	W/（m·K）	≤0.039	≤0.033
表观密度	kg/m³	18～22	
垂直于板面方向的抗拉强度	MPa	≥0.10	
吸水率（体积分数）	％	≤3	
尺寸稳定性	％	≤0.3	
燃烧性能等级	—	不低于 B_2 级	B_1 级

4.1.2　模塑石墨聚苯板（GEPS 板）

原料中通过添加石墨等添加剂改性制成的绝热用模塑聚苯乙烯泡沫塑料（EPS 板）及其切割而成的制品。

4.1.2.1　依据标准

《绝热用模塑聚苯乙烯泡沫塑料（EPS）》GB/T 10801.1
《模塑聚苯板薄抹灰外墙外保温系统材料》GB/T 29906
《建筑节能工程施工质量验收标准》GB 50411
《天津市建筑工程施工质量验收资料管理规程》DB/T 29—209
《天津市泡沫塑料板薄抹灰外墙外保温系统应用技术规程》DB/T 29—227

4.1.2.2　进场复验试验项目与取样规定

《天津市建筑工程施工质量验收资料管理规程》DB/T 29—209 中对模塑石墨聚苯板（GEPS 板）进场复验试验项目与取样规定，见表4-7。

表 4-7　模塑石墨聚苯板（GEPS 板）进场复验试验项目与取样规定

种类名称 相关标准、规范代号	复验项目	组批规则及取样数量规定
模塑石墨聚苯板（GEPS 板） （DB/T 29—227） （GB/T 29906）	导热系数、表观密度、抗压强度、垂直于板面方向的抗拉强度、吸水率、尺寸稳定性、燃烧性能、氧指数	①组批：同一生产厂家、同一规格产品、同一批次进厂，每5000m²为一批，不足5000m²的按一批计。 ②取样：从外观合格的产品中抽取15块进行检验

4.1.2.3　技术指标要求

《天津市泡沫塑料板薄抹灰外墙外保温系统应用技术规程》DB/T 29—227 中对模塑石墨聚苯板（GEPS 板）的性能要求，见表 4-8。

表 4-8　模塑石墨聚苯板（GEPS 板）复验项目性能要求

复验项目	单位	性能要求
导热系数	W/（m·K）	≤0.033
表观密度	kg/m³	18～22
压缩强度	kPa	≥100
垂直于板面方向的抗拉强度	MPa	≥0.10
吸水率（体积分数）	%	≤3
尺寸稳定性	%	≤0.3
燃烧性能等级	—	不低于 B_1（B）级
氧指数	%	≥32

4.1.3　绝热用挤塑聚苯乙烯泡沫塑料（XPS 板）

绝热用挤塑聚苯乙烯泡沫塑料（XPS 板）是以聚苯乙烯树脂或其共聚物为主要成分，添加少量添加剂，通过加热挤塑成型而制成的具有闭孔结构的硬质泡沫塑料制品。

绝热用挤塑聚苯乙烯泡沫塑料（XPS 板）执行的国家标准为《绝热用挤塑聚苯乙烯泡沫塑料（XPS）》GB/T 10801.2。此标准适用于使用温度不超过 75℃ 的绝热用挤塑聚乙烯泡沫塑料（XPS），包括添加石墨等红外阻隔剂的挤塑聚苯乙烯泡沫塑料，也包括带有表皮和不带表皮的挤塑聚乙烯泡沫塑料、带有特殊边缘结构和表面处理的挤塑聚苯乙烯泡沫塑料，也适用于预制构件和复合保温系统的绝热用挤塑聚苯乙烯泡沫塑料。

此标准对绝热用挤塑聚苯乙烯泡沫塑料（XPS）进行了分类：

按制品压缩强度 p 和表皮分为以下 12 个等级：

a）X150——p≥150kPa，带表皮；

b）X200——p≥200kPa，带表皮；

c）X250——p≥250kPa，带表皮；

d）X300——p≥300kPa，带表皮；

e）X350——p≥350kPa，带表皮；

f）X400——p≥400kPa，带表皮；

g）X450——p≥450kPa，带表皮；

h）X500——p≥500kPa，带表皮；

i）X700——p≥700kPa，带表皮；

j）X900——p≥900kPa，带表皮；

k）W200——p≥200kPa，不带表皮；

l）W300——p≥300kPa，不带表皮。

按燃烧性能分为 2 级：B1 级、B2 级。

按绝热性能分为 3 级：024 级、030 级、034 级。

按制品边缘结构分为 SS 平头型产品、SL 型产品（搭接）、TG 型产品（榫槽）和 RC 型产品（雨槽）4 类。

4.1.3.1　标准依据

《绝热用挤塑聚苯乙烯泡沫塑料（XPS）》GB/T 10801.2

《挤塑聚苯板（XPS）薄抹灰外墙外保温系统材料》GB/T 30595

《天津市民用建筑围护结构节能检测技术规程》DB/T 29—88

《天津市建筑工程施工质量验收资料管理规程》DB/T 29—209

《天津市泡沫塑料板薄抹灰外墙外保温系统应用技术规程》DB/T 29—227

4.1.3.2 进场复验试验项目与取样规定

《天津市建筑工程施工质量验收资料管理规程》DB/T 29—209 中对绝热用挤塑聚苯乙烯泡沫塑料（XPS 板）进场复验试验项目与取样规定，见表 4-9。

表 4-9 模塑石墨聚苯板（GEPS 板）进场复验试验项目与取样规定

种类名称 相关标准、规范代号	复验项目	组批规则及取样数量规定
绝热用挤塑聚苯乙烯泡沫塑料（XPS 板） （GB/T 10801.2） （DB/T 29—227） （GB/T 30595）	导热系数、表观密度、抗压强度、垂直于板面方向的抗拉强度、吸水率、尺寸稳定性、燃烧性能、氧指数、玻璃化转变温度、受热残重	①组批：同一生产厂家、同一规格产品、同一批次进厂，每 5000m² 为一批，不足 5000m² 的按一批计。 ②取样：从外观合格的产品中抽取 16 块板材，100g 同批次生产原料进行检验

4.1.3.3 技术指标要求

1.《挤塑聚苯板（XPS）薄抹灰外墙外保温系统材料》GB/T 30595 中对绝热用挤塑聚苯乙烯泡沫塑料（XPS 板）的要求，见表 4-10。

表 4-10 绝热用挤塑聚苯乙烯泡沫塑料（XPS 板）复验项目性能要求

复验项目	单位	性能要求
导热系数（25℃）	W/（m·K）	不带表皮的毛面板，≤0.032； 带表皮的开槽板，≤0.030
表观密度	kg/m³	22～35
压缩强度	MPa	≥0.20
垂直于板面方向的抗拉强度	MPa	≥0.20
吸水率（V/V）	%	≤1.5
尺寸稳定性	%	≤1.3
燃烧性能等级	—	不低于 B_2 级
氧指数	%	≥26

2.《天津市民用建筑围护结构节能检测技术规程》DB/T 29—88 及《天津市泡沫塑料板薄抹灰外墙外保温系统应用技术规程》DB/T 29—227 中对绝热用挤塑聚苯乙烯泡沫塑料（XPS 板）的要求，见表 4-11。

表 4-11 绝热用挤塑聚苯乙烯泡沫塑料（XPS 板）复验项目性能要求

复验项目	单位	性能要求
导热系数	W/（m·K）	≤0.032
表观密度	kg/m³	22～35
压缩强度	kPa	150～350
垂直于板面方向的抗拉强度	MPa	≥0.20
吸水率（体积分数）	%	≤1.5
尺寸稳定性	%	≤1.0

续表

复验项目	单位	性能要求
燃烧性能等级	—	不低于 B_1（C）级
氧指数	%	≥30
玻璃化转化温度	℃	板与原料 T_g 差≤6.5℃
受热残重	%	板与原料受热残重差≤3.5

3.《绝热用挤塑聚苯乙烯泡沫塑料（XPS）》GB/T 10801.2 中对绝热用挤塑聚苯乙烯泡沫塑料（XPS板）的要求，见表 4-12 和表 4-13。

表 4-12　绝热用挤塑聚苯乙烯泡沫塑料（XPS板）物理力学性能

复验项目	单位	性能指标											
		带表皮										不带表皮	
		X150	X200	X250	X300	X350	X400	X450	X500	X700	X900	W200	W300
压缩强度	kPa	≥150	≥200	≥250	≥300	≥350	≥400	≥450	≥500	≥700	≥900	≥200	≥300
吸水率，浸水96h	%（体积分数）	≤2.0	≤1.5	≤1.0								≤2.0	≤1.5
尺寸稳定性	%	≤1.5								≤3.0		≤1.5	

表 4-13　绝热用挤塑聚苯乙烯泡沫塑料（XPS板）产品绝热性能

材料名称	复验项目	单位	性能指标		
			024级	030级	034级
绝热用挤塑聚苯乙烯泡沫塑料（XPS板）	导热系数	W/（m·K）平均温度 10℃ 25℃	≤0.022 ≤0.024	≤0.028 ≤0.030	≤0.032 ≤0.034

《绝热用挤塑聚苯乙烯泡沫塑料（XPS）》GB/T 10801.2 中规定燃烧性能应满足 GB 8624 中 B_1 级或 B_2 级的要求。

4.1.4　岩棉板/岩棉条

岩棉板是指由玄武岩及其他火成岩等天然矿石为主要原料，经高温熔融后，通过离心力制成无机纤维，加适量的热固性树脂胶黏剂及憎水剂等，经压制、固化、切割等工艺制成的板状制品。

岩棉条是将岩棉板以一定的间距切割成条状翻转 90°使用的制品，该制品的厚度为切割间距，宽度为原岩棉板的厚度。

岩棉板/岩棉条执行的国家标准为《建筑外墙外保温用岩棉制品》GB/T 25975。此标准适用于薄抹灰外墙外保温系统用岩棉板和岩棉条。此标准将岩棉按垂直于表面的抗拉强度水平分为：岩棉条 TR100；岩棉板 TR15、TR10、TR 7.5 三种。《天津市民用建筑围护结构节能检测技术规程》DB/T 29—88 中将岩棉按垂直于表面的抗拉强度水平分为：岩棉带 TR80；岩棉板 TR15、TR10 两种。

4.1.4.1　依据标准

《建筑外墙外保温用岩棉制品》GB/T 25975
《建筑节能工程施工质量验收标准》GB 50411
《天津市建筑工程施工质量验收资料管理规程》DB/T 29—209
《天津市岩棉外墙外保温系统应用技术规程》DB/T 29—217

159

《天津市民用建筑围护结构节能检测技术规程》DB/T 29—88

4.1.4.2 进场复验试验项目与取样规定

《天津市建筑工程施工质量验收资料管理规程》DB/T 29—209 中对岩棉板/岩棉条进场复验试验项目与取样规定，见表 4-14。

表 4-14 岩棉板/岩棉条进场复验试验项目与取样规定

种类名称 相关标准、规范代号	复验项目	组批规则及取样数量规定
岩棉板/岩棉条 (DB/T 29—217) (GB/T 25975)	密度、导热系数、酸度系数、垂直于表面的抗拉强度、憎水率、压缩性能、短期吸水量	①组批：同一生产厂家、同一规格产品、同一批次进厂，每 5000m² 为一批，不足 5000m² 的按一批计。 ②取样：从外观合格的产品中抽取 3 块岩棉板或者 10 条岩棉条进行检验

4.1.4.3 技术指标要求

1.《建筑外墙外保温用岩棉制品》GB/T 25975 中对岩棉板/岩棉条的要求，见表 4-15。

表 4-15 岩棉板/岩棉条复验项目性能要求

复验项目	单位	性能要求	
		岩棉板	岩棉条
导热系数（平均温度 25℃）	W/(m·K)	应不大于 0.040，有标称值时还应不大于其标称值	应不大于 0.046，有标称值时还应不大于其标称值
酸度系数	—	应不小于 1.8	
垂直于表面的抗拉强度	kPa	TR15≥15 TR10≥10 TR7.5≥7.5	TR100≥100
压缩强度	kPa	厚度<50mm，≥20 厚度≥50mm，≥40	≥40
憎水率	%	应不小于 98.0%	
短期吸水量（部分浸入）	kg/m²	不大于 0.4	不大于 0.5

2.《天津市岩棉外墙外保温系统应用技术规程》DB/T 29—217 中对岩棉板/岩棉条的要求，见表 4-16。

表 4-16 岩棉板/岩棉条复验项目性能要求

复验项目	单位	性能要求	
		岩棉板	岩棉条
密度	kg/m³	≥140	≥100
导热系数（平均温度 25℃）	W/(m·K)	≤0.040	≤0.046
酸度系数	—	≥1.8	
垂直于表面的抗拉强度	kPa	TR10≥10 TR15≥15	TR100≥100
压缩强度	kPa	≥40	≥60
憎水率	%	≥98.0	
短期吸水量（24h）	kg/m²	≤0.2	≤0.4

3.《天津市民用建筑围护结构节能检测技术规程》DB/T 29—88中对岩棉板/岩棉条的要求，见表4-17。

表4-17　岩棉板/岩棉条复验项目性能要求

复验项目	单位	性能要求	
		岩棉板	岩棉条
密度	kg/m³	≥140	≥100
导热系数（平均温度25℃）	W/（m·K）	≤0.040	≤0.048
酸度系数	—	≥1.8	
垂直于表面的抗拉强度	kPa	TR10≥10 TR15≥15 TR80≥80	
压缩强度	kPa	≥40	≥60
憎水率	%	≥98.0	
短期吸水量	kg/m²	≤1.0	

4.1.5　建筑用界面处理剂

建筑用界面处理剂是指用于建筑工程中对材料表面进行处理的涂覆材料，以改善并提高与其他材料的黏结性能，简称界面剂。界面剂适用于普通混凝土、加气混凝土、挤塑聚苯乙烯泡沫塑料板、硬质酚醛泡沫塑料板、砂加气保温板、岩棉板/条及岩棉防火隔离带的基面处理。

建筑用界面处理剂包括粉类和乳液类两大类，粉类界面剂是由水泥等无机胶凝材料、填料和有机外加剂等组成的界面剂，按照组分形态分为单组分和双组分，单组分粉类界面剂中有机外加剂一般为可再分散乳胶粉，双组分粉类界面剂中有机外加剂一般为合成树脂乳液。用于改善黏结性能的界面砂浆可归于粉类界面剂。乳液类界面剂是由合成树脂乳液和助剂组成的界面剂。

从适用材料上，界面剂可分为普通混凝土用界面剂、加气混凝土用界面剂、保温材料用界面剂：

普通混凝土用界面剂是用于改善混凝土与砂浆层等材料基面黏结性能的界面剂，也可用于新老混凝土之间的界面。

加气混凝土用界面剂是用于改善蒸压加气混凝土基面黏结性能的界面剂。

保温材料用界面剂是用于改善保温材料基面与砂浆层黏结性能的界面剂，适用于挤塑聚苯乙烯泡沫塑料板、硬质酚醛泡沫塑料板、砂加气保温板、岩棉板/条及岩棉防火隔离带等基面。

4.1.5.1　标准依据

《建筑节能工程施工质量验收标准》GB 50411
《天津市建筑工程施工质量验收资料管理规程》DB/T 29—209
《天津市民用建筑围护结构节能检测技术规程》DB/T 29—88
《建筑用界面处理剂应用技术规程》DB/T 29—133
《天津市岩棉外墙外保温系统应用技术规程》DB/T 29—217
《天津市泡沫塑料板薄抹灰外墙外保温系统应用技术规程》DB/T 29—227

4.1.5.2　进场复验试验项目与取样规定

《天津市建筑工程施工质量验收资料管理规程》DB/T 29—209中对界面剂进场复验试验项目与取样规定，见表4-18。

表 4-18　界面剂进场复验试验项目与取样规定

种类名称 相关标准、规范代号	复验项目	组批规则及取样数量规定
界面剂 (DB/T 29—133)	粉类：拉伸黏结强度（原强） 乳液类：不挥发物含量	①同种产品，同一配料工艺，粉状材料 20t，液体材料 10t 为一批。 ②取样：从合格的产品中抽取粉状产品 8kg 或液体类产品 2L 进行检验

4.1.5.3　技术指标要求

1.《建筑用界面处理剂应用技术规程》DB/T 29—133 中对界面剂的要求，见表 4-19～表 4-22。

表 4-19　普通混凝土用粉类界面剂物理性能

复验项目	单位	性能要求
拉伸黏结强度（原强）	MPa	7d，≥0.4 14d，≥0.6

表 4-20　室内普通混凝土用乳液类界面剂及加气混凝土用乳液类界面剂物理性能

复验项目	单位	性能要求
不挥发物含量	%	≥8.0

表 4-21　加气混凝土用粉类界面剂及砂加气保温板用粉类界面剂物理性能

复验项目	单位	性能要求
拉伸黏结强度（原强）	MPa	7d，≥0.3 14d，≥0.5

表 4-22　保温材料用粉类界面剂性能

复验项目	单位	性能要求
拉伸黏结强度（原强）	MPa	破坏在保温板材内

2.《天津市岩棉外墙外保温系统应用技术规程》DB/T 29—217 中对界面剂的要求，见表 4-23。

表 4-23　界面剂主要性能

复验项目	单位	性能要求
不挥发物含量	%	≥23

3.《天津市民用建筑围护结构节能检测技术规程》DB/T 29—88 中对界面剂的要求，见表 4-24。

表 4-24　界面剂主要性能

复验项目	单位	性能要求	
拉伸黏结强度 （未处理 14d）	MPa	与水泥砂浆	≥0.6
		与 XPS 板	≥0.20
		与岩棉	破坏界面在岩棉上

4.《天津市泡沫塑料板薄抹灰外墙外保温系统应用技术规程》DB/T 29—227 中对界面剂的要求，见表 4-25。

表 4-25　界面剂主要性能

复验项目	单位	性能要求	
不挥发物含量	%	用于 XPS 板	≥23
		用于 PF 板	≥18
		用于岩棉防火隔离带	≥23

4.1.6　硬泡聚氨酯复合保温板（芯材）

硬泡聚氨酯板是以热固性材料硬泡聚氨酯（包括聚异氰脲酸酯硬质泡沫塑料和聚氨酯硬质泡沫塑料）为芯材，在工厂制成的、双面带有界面层的保温板。

硬泡聚氨酯板执行的国家标准为《建筑绝热用硬质聚氨酯泡沫塑料》GB/T 21558，此标准适用于建筑绝热用硬质聚氨酯泡沫塑料。此标准将产品按照用途分为Ⅰ类：适用于无承载要求的场合；Ⅱ类：适用于有一定承载要求，且有抗高温和抗压缩蠕变要求的场合，本类产品也可用于Ⅰ类产品的应用领域；Ⅲ类：适用于有更高承载要求，且有抗压、抗压缩蠕变要求的场合，本类产品也可用于Ⅰ类和Ⅱ类产品的应用领域。

《绝热用喷涂硬质聚氨酯泡沫塑料》GB/T 20219 中将产品按照发泡剂类型、是否承载、泡沫开闭孔状态分为ⅠA、ⅠB、ⅠC、ⅡA、ⅡB 五类，见表4-26。

表 4-26　硬泡聚氨酯复合保温板分类情况

分类	发泡剂	开闭孔	承载	说明
ⅠA	氟碳类	闭孔	非承载	可能不暴露于环境中，泡沫仅需自撑，比如墙体、屋顶或者类似场所的绝热
ⅠB	水与异氰酸酯反应生成的二氧化碳	半闭孔	非承载	可能不暴露于环境中，泡沫仅需自撑，比如墙体、屋顶或者类似场所的绝热
ⅠC	水与异氰酸酯反应生成的二氧化碳	开孔	非承载	可能不暴露于环境中，泡沫仅需自撑，比如墙体、屋顶或者类似场所的绝热
ⅡA	氟碳类	闭孔	有限承载	可能暴露或不暴露于环境中，如可以承载人员踩踏的甲板等场合，可能会遇到升温或压缩蠕变等情况
ⅡB	水与异氰酸酯反应生成的二氧化碳	闭孔	有限承载	可能暴露或不暴露于环境中，如可以承载人员踩踏的甲板等场合，可能会遇到升温或压缩蠕变等情况

4.1.6.1　依据标准

《建筑节能工程施工质量验收标准》GB 50411
《绝热用喷涂硬质聚氨酯泡沫塑料》GB/T 20219
《建筑绝热用硬质聚氨酯泡沫塑料》GB/T 21558
《硬泡聚氨酯板薄抹灰外墙外保温系统材料》JG/T 420
《天津市建筑工程施工质量验收资料管理规程》DB/T 29—209
《天津市泡沫塑料板薄抹灰外墙外保温系统应用技术规程》DB/T 29—227

4.1.6.2　进场复验试验项目与取样规定

《天津市建筑工程施工质量验收资料管理规程》DB/T 29—209 中对硬泡聚氨酯复合保温板（芯材）进场复验试验项目与取样规定，见表4-27。

表 4-27　硬泡聚氨酯复合保温板（芯材）进场复验试验项目与取样规定

种类名称 相关标准、规范代号	复验项目	组批规则及取样数量规定
硬泡聚氨酯复合保温板（芯材） （DB/T 29） （JG/T 420）	表观密度、导热系数、抗压强度、弯曲变形、垂直于板面方向的抗拉强度、吸水率、水蒸气透过系数、燃烧性能、氧指数、芯材与面层的拉伸黏结强度、面层厚度	①组批：同一生产厂家，统一规格产品、同一批次进厂，每5000m²为一批，不足5000m²的按一批次。 ②取样：从外观合格的产品中抽取15块进行检验

4.1.6.3　技术指标要求

1. 《天津市泡沫塑料板薄抹灰外墙外保温系统应用技术规程》DB/T 29—227 中对硬泡聚氨酯复合保温板（芯材）的要求，见表 4-28。

表 4-28　硬泡聚氨酯复合保温板（芯材）复验项目性能要求

复验项目	单位	性能要求
表观密度	kg/m³	≤0.024
导热系数	W/（m·K）	40～50
抗压强度	kPa	≥150
弯曲变形	mm	≥8
垂直于板面方向的抗拉强度	MPa	≥0.15
吸水率（体积分数）	%	≤3
水蒸气透过系数	ng/（Pa·m·s）	≤6.5
燃烧性能	—	不低于 B₁（C）级
氧指数	%	≥30
芯材与面层的拉伸黏结强度	MPa	≥0.15
面层厚度	mm	≥14

4.1.7　泡沫玻璃绝热制品

泡沫玻璃是由熔融玻璃发泡制成的具有大量闭孔结构的硬质绝热材料。

泡沫玻璃绝热制品执行的行业标准为《泡沫玻璃绝热制品》JC/T 647。此标准将泡沫玻璃绝热制品按外形分为平板（用 P 表示）、管壳（用 G 表示）和弧形板（用 H 表示）。此标准适用于工业绝热、建筑绝热等领域使用的具有封闭气孔结构的泡沫玻璃绝热制品，其使用温度范围为 73～673K（−200℃～400℃）。此标准将制品按密度分为 Ⅰ 型、Ⅱ 型、Ⅲ 型和 Ⅳ 型四个型号，具体分类见表 4-29；将制品按用途分为工业用泡沫玻璃绝热制品（用 GY 表示）、建筑用泡沫玻璃绝热制品（用 JZ 表示）。

表 4-29　泡沫玻璃绝热制品分类

型号	密度（kg/m³）
Ⅰ 型	98～140
Ⅱ 型	141～160
Ⅲ 型	161～180
Ⅳ 型	≥181

4.1.7.1　依据标准

《绝热材料及相关术语》GB/T 4132
《天津市建筑工程施工质量验收资料管理规程》DB/T 29—209
《泡沫玻璃绝热制品》JC/T 647

4.1.7.2　进场复验试验项目与取样规定

《天津市建筑工程施工质量验收资料管理规程》DB/T 29—209 中对泡沫玻璃绝热制品进场复验试

验项目与取样规定，见表4-30。

表4-30 泡沫玻璃绝热制品进场复验试验项目与取样规定

种类名称 相关标准、规范代号	复验项目	组批规则及取样数量规定
泡沫玻璃绝热制品 （JC/T 647）	导热系数、表现密度、 抗压强度、抗折强度	①组批：同一生产厂家、同一规格产品、同一批次进厂，每5000m²为一批，不足5000m²的按一批计。 ②取样：从外观合格的产品中抽取10块进行检验

4.1.7.3 技术指标要求

《泡沫玻璃绝热制品》JC/T 647中对泡沫玻璃绝热制品的要求，见表4-31和表4-32。

表4-31 工业用泡沫玻璃绝热制品复验项目性能要求

复验项目		单位	性能要求			
			Ⅰ型	Ⅱ型	Ⅲ型	Ⅳ型
导热系数	(150±3)℃	W/（m·K）	≤0.069	≤0.086	≤0.090	≤0.096
	(25±2)℃		≤0.045	≤0.058	≤0.062	≤0.068
	(10±2)℃		≤0.043	≤0.056	≤0.059	≤0.066
	(−40±2)℃		≤0.036	≤0.048	≤0.052	≤0.058
密度允许偏差		%	±5			
抗压强度		MPa	≥0.50	≥0.50	≥0.60	≥0.80
抗折强度		MPa	≥0.40	≥0.50	≥0.60	≥0.80

表4-32 建筑用泡沫玻璃绝热制品复验项目性能要求

复验项目	单位	性能要求			
		Ⅰ型	Ⅱ型	Ⅲ型	Ⅳ型
导热系数平均温度（25±2）℃	W/（m·K）	≤0.045	≤0.058	≤0.062	≤0.068
密度允许偏差	%	±5			
抗压强度	MPa	≥0.50	≥0.50	≥0.60	≥0.80
抗折强度	MPa	≥0.40	≥0.50	≥0.60	≥0.80

4.1.8 胶粉聚苯颗粒保温浆料

胶粉聚苯颗粒保温浆料是由可再分散胶粉、无机胶凝材料、外加剂等制成的胶粉料与作为主要集料的聚苯颗粒复合而成的保温灰浆。胶粉聚苯颗粒保温浆料可直接作为保温层材料的胶粉聚苯颗粒浆料，简称保温浆料。

胶粉聚苯颗粒浆料执行的行业标准为《胶粉聚苯颗粒外墙外保温系统材料》JG/T 158。此标准适用于民用建筑采用胶粉聚苯颗粒外墙外保温系统的产品。

4.1.8.1 依据标准

《天津市建筑工程施工质量验收资料管理规程》DB/T 29—209

《胶粉聚苯颗粒外墙外保温系统材料》JG/T 158

4.1.8.2 进场复验试验项目与取样规定

《天津市建筑工程施工质量验收资料管理规程》DB/T 29—209中对胶粉聚苯颗粒保温浆料进场复验试验项目与取样规定，见表4-33。

表 4-33　胶粉聚苯颗粒保温浆料进场复验试验项目与取样规定

种类名称 相关标准、规范代号	复验项目	组批规则及取样数量规定
胶粉聚苯颗粒保温浆料 （JG/T 158）	干表观密度、导热系数、抗压强度、软化系数、拉伸黏结强度、抗拉强度、燃烧性能	①组批： a. 粉状材料：以同种产品，同一级别，同一规格产品 20t 为一批，不足一批的按一批计。从每批任抽 10 袋，从每袋中分别取样不少于 500 克，混合均匀，按四分法缩取，算比实验所需量大 1.5 倍的试样为检验样。 b. 液态剂的材料：以同种产品，同一级别，同一规格产品 10t 为一批，不足一批的按一批计。取样方法按 GB 3186《涂料产品的取样》的规定进行。 取样：胶粉 70kg，12 袋颗粒

4.1.8.3　技术指标要求

《胶粉聚苯颗粒外墙外保温系统材料》JG/T 158 中对胶粉聚苯颗粒保温浆料的性能要求，见表 4-34。

表 4-34　胶粉聚苯颗粒保温浆料复验项目性能要求

复验项目		单位	性能要求		
			保温浆料	贴砌浆料	
干表观密度		kg/m³	180～250	250～350	
导热系数		W/（m·K）	≤0.06	≤0.08	
抗压强度		MPa	≥0.20	≥0.30	
软化系数		—	≥0.5	≥0.6	
拉伸黏结强度 （与水泥砂浆）	标准状态	MPa	≥0.1	≥0.12	破坏部位不应位于界面
	浸水处理			≥0.10	
拉伸黏结强度 （与聚苯板）	标准状态		—	≥0.10	
	浸水处理			≥0.08	
抗拉强度		MPa	≥0.1	≥0.12	
燃烧性能		—	不低于 B₁ 级	A 级	

4.1.9　防火隔离带

防火隔离带是指设置在可燃、难燃保温材料外墙外保温工程中，按水平方向分布，采用不燃保温材料制成、以阻止火灾沿外墙面或在外墙外保温系统内蔓延的防火构造。

防火隔离带执行的行业标准为《建筑外墙外保温防火隔离带技术规程》JGJ 289。此标准中将防火隔离带按用途分为外墙外保温系统用和屋面保温系统用；按形式分为岩棉条和岩棉板。

4.1.9.1　依据标准

《天津市建筑工程施工质量验收资料管理规程》DB/T 29—209

《建筑防火隔离带用岩棉制品》JC/T 2292

《建筑外墙外保温防火隔离带技术规程》JGJ 289

4.1.9.2　进场复验试验项目与取样规定

《天津市建筑工程施工质量验收资料管理规程》DB/T 29—209 中对防火隔离带进场复验试验项目与取样规定，见表 4-35。

表 4-35　防火隔离带进场复验试验项目与取样规定

种类名称 相关标准、规范代号	复验项目	组批规则及取样数量规定
防火隔离带 （JGJ 289）	导热系数、密度、垂直于表面的 抗拉强度、燃烧性能	①组批：同工程、同材料、同施工单位为一批。 ②取样：从外观合格的产品中抽取 10 块进行检验

4.1.9.3　技术指标要求

1.《建筑防火隔离带用岩棉制品》JC/T 2292 中对防火隔离带的性能要求，见表 4-36。

表 4-36　防火隔离带复验项目性能要求

复验项目	单位	性能要求	
		岩棉条	岩棉板
导热系数	W/（m·K）	≤0.048	≤0.040
密度允许偏差	%	±10	
垂直于表面的抗拉强度	kPa	≥80	—
燃烧性能	W/（m·K）	A 级	

2.《建筑外墙外保温防火隔离带技术规程》JGJ 289 中对防火隔离带的性能要求，见表 4-37。

表 4-37　防火隔离带复验项目性能要求

复验项目	单位	性能要求		
		岩棉带	发泡水泥板	泡沫玻璃板
导热系数	W/（m·K）	≤0.048	≤0.070	≤0.052
密度	kg/m³	≥100	≤250	≤160
垂直于表面的抗拉强度	kPa	≥80	≥80	≥80
燃烧性能	W/（m·K）	A 级		

4.1.10　复合保温板

复合保温板是指在工厂预制成型的板状制品，由保温材料、装饰面板以及胶黏剂、连接件复合而成，具有保温和装饰功能。保温材料主要有泡沫塑料保温板、无机保温板等，装饰面板由无机非金属材料衬板及装饰材料组成，也可为单一无机非金属材料。

复合保温板按保温装饰板单位面积质量分为Ⅰ型、Ⅱ型。Ⅰ型：<20kg/m²；Ⅱ型：20kg/m²～30kg/m²。

4.1.10.1　标准依据

《天津市建筑工程施工质量验收资料管理规程》DB/T 29—209

《保温装饰板外墙外保温系统材料》JG/T 287

《天津市保温装饰板外墙外保温系统技术规程》DB/T 29—240

4.1.10.2　进场复验试验项目与取样规定

《天津市建筑工程施工质量验收资料管理规程》DB/T 29—209 中对复合保温板进场复验试验项目与取样规定，见表 4-38。

表 4-38　复合保温板进场复验试验项目与取样规定

种类名称 相关标准、规范代号	复验项目	组批规则及取样数量规定
复合保温板 （JGJ 287） （DB/T 29—240）	传热系数或热阻、单位面积质量、拉伸黏结强度、燃烧性能（不燃材料除外）	①组批：同一生产厂家、同一规格产品、同一批次进厂，每5000m²为一批，不足5000m²的按一批计。 ②取样：从外观合格的产品中抽取15块进行检验

4.1.10.3　技术指标要求

《保温装饰板外墙外保温系统材料》JG/T 287 中对复合保温板的性能要求，见表 4-39。

表 4-39　复合保温板复验项目性能要求

复验项目		单位	性能要求	
			Ⅰ型	Ⅱ型
保温材料导热系数		—	符合相关标准的要求	
单位面积质量		kg/m²	<20	20～30
拉伸黏结强度	原强度	MPa	≥0.10，破坏发生在保温材料中	≥0.15，破坏发生在保温材料中
	耐水强度		≥0.10	≥0.15
	耐冻融强度		≥0.10	≥0.15
保温材料燃烧性能分级		—	有机材料不低于C级（B₁级），无机材料不低于A₂级（A级）	

4.1.11　胶黏剂

《模塑聚苯板薄抹灰外墙外保温系统材料》GB/T 29906 中将胶黏剂定义为由水泥基胶凝材料、高分子聚合物材料以及填料和添加剂等组成，专用于将模塑聚苯板粘贴在基层墙体上的黏结材料。

《天津市岩棉外墙外保温系统应用技术规程》DB/T 29—217 中将胶黏剂定义为由高分子聚合物、水泥等胶凝材料、砂和添加剂、填料等组成的单组分干粉状聚合物改性水泥砂浆，使用时按规定比例加水搅拌均匀，将岩棉粘贴到建筑物基层墙体上的黏结材料。

《天津市泡沫塑料板薄抹灰外墙外保温系统应用技术规程》DB/T 29—227 中将胶黏剂定义为由水泥基胶凝材料、高分子聚合物材料以及填料和添加剂等组成，专用于将泡沫塑料板粘贴在基层墙体上的聚合物砂浆。

4.1.11.1　依据标准

《建筑节能与可再生能源利用通用规范》GB 55015
《模塑聚苯板薄抹灰外墙外保温系统材料》GB/T 29906
《天津市民用建筑围护结构节能检测技术规程》DB/T 29—88
《天津市建筑工程施工质量验收资料管理规程》DB/T 29—209
《天津市岩棉外墙外保温系统应用技术规程》DB/T 29—217
《天津市泡沫塑料板薄抹灰外墙外保温系统应用技术规程》DB/T 29—227

4.1.11.2　进场复验试验项目与取样规定

《天津市建筑工程施工质量验收资料管理规程》DB/T 29—209 中对胶黏剂进场复验试验项目与取样规定，见表 4-40。

表 4-40　胶黏剂进场复验试验项目与取样规定

种类名称 相关标准、规范代号	复验项目	组批规则及取样数量规定
胶黏剂（DB/T 29—88） （DB/T 29—227） （DB/T 29—217）	拉伸黏结强度（与水泥砂浆及保温板）、可操作时间、聚合物有效成分含量	①组批：同一生产时间、同一配料工艺条件下制得的产品为一批，粉状产品每20t为一批；液态产品每10t为一批。 ②取样：8kg，液体类产品：2L

4.1.11.3 技术指标要求

1.《模塑聚苯板薄抹灰外墙外保温系统材料》GB/T 29906 中对胶黏剂的要求，见表 4-41。

表 4-41　胶黏剂复验项目性能要求

复验项目			单位	性能要求
拉伸黏结强度 （与水泥砂浆）	原强度		MPa	≥0.6
	耐水强度	浸水 48h，干燥 2h		≥0.3
		浸水 48h，干燥 7h		≥0.6
拉伸黏结强度 （与模塑板）	原强度		MPa	≥0.10，破坏发生在模塑板中
	耐水强度	浸水 48h，干燥 2h		≥0.06
		浸水 48h，干燥 7h		≥0.10
可操作时间			h	1.5～4.0

2.《建筑节能与可再生能源利用通用规范》GB 55015 中对胶黏剂的要求，见表 4-42。

表 4-42　胶黏剂复验项目性能要求

复验项目			单位	性能要求
拉伸黏结强度 （与水泥砂浆）	原强度		MPa	≥0.60
	耐水强度	浸水 48h，干燥 2h		≥0.30
		浸水 48h，干燥 7h		≥0.60
拉伸黏结强度 （与保温板）	原强度		MPa	≥0.10，破坏发生在保温板中
	耐水强度	浸水 48h，干燥 2h		≥0.06
		浸水 48h，干燥 7h		≥0.10，破坏发生在保温板中

3.《天津市泡沫塑料板薄抹灰外墙外保温系统应用技术规程》DB/T 29—227 中对胶黏剂的要求，见表 4-43。

表 4-43　胶黏剂复验项目性能要求

复验项目			单位	性能要求
拉伸黏结强度 （与水泥砂浆）	原强度		MPa	≥0.60
	耐水强度	浸水 48h，干燥 2h		≥0.30
		浸水 48h，干燥 7h		≥0.60
拉伸黏结强度 （与 EPS 板）	原强度		MPa	≥0.10，且破坏界面发生在 EPS 板内
	耐水强度	浸水 48h，干燥 2h		≥0.06
		浸水 48h，干燥 7h		≥0.10
拉伸黏结强度 （与 GEPS 板）	原强度		MPa	≥0.10，且破坏界面发生在 GEPS 板内
	耐水强度	浸水 48h，干燥 2h		≥0.06
		浸水 48h，干燥 7h		≥0.10
拉伸黏结强度 （与 XPS 板）	原强度		MPa	≥0.20，且破坏界面发生在 XPS 板内
	耐水强度	浸水 48h，干燥 2h		≥0.10
		浸水 48h，干燥 7h		≥0.20
拉伸黏结强度 （与 PF 板）	原强度		MPa	≥0.10，且破坏界面发生在 PF 板内
	耐水强度	浸水 48h，干燥 2h		≥0.06
		浸水 48h，干燥 7h		≥0.10

复验项目			单位	性能要求
拉伸黏结强度（与PU复合板）	原强度		MPa	≥0.15，且破坏界面发生在PU复合板芯材板内
	耐水强度	浸水48h，干燥2h		≥0.10
		浸水48h，干燥7h		≥0.15
拉伸黏结强度（与防火隔离带）	原强度		kPa	≥80
	浸水48h，干燥7h			≥80
可操作时间			h	1.5～4.0
聚合物有效成分含量			%	≥2.0

4.《天津市岩棉外墙外保温系统应用技术规程》DB/T 29—217 中对胶黏剂的要求，见表4-44。

表4-44 胶黏剂复验项目性能要求

复验项目			单位	性能要求
拉伸黏结强度（与水泥砂浆）	原强度		MPa	≥0.70
	耐水强度	浸水48h，干燥2h		≥0.40
		浸水48h，干燥7h		≥0.70
拉伸黏结强度（与岩棉板 TR10）	原强度		kPa	≥10，破坏界面发生在岩棉板上
	耐水强度	浸水48h，干燥2h		≥5
		浸水48h，干燥7h		≥10
拉伸黏结强度（岩棉板 TR15）	原强度		kPa	≥15，破坏界面发生在岩棉板上
	耐水强度	浸水48h，干燥2h		≥10
		浸水48h，干燥7h		≥15
拉伸黏结强（与岩棉条 TR100）	原强度		kPa	≥100，破坏界面发生在岩棉条上
	耐水强度	浸水48h，干燥2h		≥60
		浸水48h，干燥7h		≥100
可操作时间			h	1.5～4.0
聚合物有效成分含量			%	≥2.0

5.《天津市民用建筑围护结构节能检测技术规程》DB/T 29—88 中对胶黏剂的要求，见表4-45。

表4-45 胶黏剂复验项目性能要求

复验项目	性能要求			
	材料名称	原强度（MPa）	耐水（MPa）	
			浸水48h，干燥2h	浸水48h，干燥7d
拉伸黏结强度（与水泥砂浆）	EPS板	≥0.60	≥0.30	≥0.60
	XPS板	≥0.60	≥0.30	≥0.60
	岩棉板（带）	≥0.70	≥0.40	≥0.70
	石墨聚苯板	≥0.60	≥0.30	≥0.60
	泡沫水泥保温板	≥0.60	≥0.30	≥0.60
	泡沫玻璃	≥0.60	≥0.30	≥0.60
	硬泡聚氨酯复合保温板	≥0.60	≥0.30	≥0.60
拉伸黏结强度（与保温板）	EPS板	≥0.10	破坏部位位于保温板内 ≥0.06	≥0.10
	XPS板	≥0.20	≥0.10	≥0.20

复验项目	性能要求			
	材料名称		原强度（MPa）	耐水（MPa）
				浸水48h，干燥2h	浸水48h，干燥7d
拉伸黏结强度（与保温板）	岩棉板	TR10	≥0.010	≥0.005	≥0.010
		TR15	≥0.015	≥0.010	≥0.015
	岩棉带	TR80	≥0.080	破坏部位位于保温板内	≥0.050	≥0.080
	石墨聚苯板		≥0.10		≥0.06	≥0.10
	泡沫水泥保温板		≥0.10		≥0.06	≥0.10
	泡沫玻璃		≥0.10		≥0.06	≥0.10
	硬泡聚氨酯复合保温板		≥0.15		≥0.10	≥0.15
可操作时间	（1.5～4.0）h				
胶黏剂中聚合物有效成分含量	≥2.0%				

4.1.12 抹面胶浆

《模塑聚苯板薄抹灰外墙外保温系统材料》GB/T 29906中将抹面胶浆定义为由水泥基胶凝材料、高分子聚合物材料以及填料和添加剂等组成，具有一定变形能力和良好黏结性能的抹面材料。

《天津市泡沫塑料板薄抹灰外墙外保温系统应用技术规程》DB/T 29—227中将抹面胶浆定义为由水泥基胶凝材料、高分子聚合物材料以及填料和添加剂等组成，具有一定变形能力和良好黏结性能，与耐碱玻纤网共同组成抹面层的聚合物砂浆。

4.1.12.1 标准依据

《建筑节能与可再生能源利用通用规范》GB 55015

《模塑聚苯板薄抹灰外墙外保温系统材料》GB/T 29906

《天津市民用建筑围护结构节能检测技术规程》DB/T 29—88

《天津市建筑工程施工质量验收资料管理规程》DB/T 29—209

《天津市岩棉外墙外保温系统应用技术规程》DB/T 29—217

《天津市泡沫塑料板薄抹灰外墙外保温系统应用技术规程》DB/T 29—227

4.1.12.2 进场复验试验项目与取样规定

《天津市建筑工程施工质量验收资料管理规程》DB/T 29—209中对抹面胶浆进场复验试验项目与取样规定，见表4-46。

表4-46 抹面胶浆进场复验试验项目与取样规定

材料名称相关标准、规范代号	复验项目	组批规则及取样数量规定
抹面胶浆（DB/T 29—88）（DB/T 29—227）（DB/T 29—217）	拉伸黏结强度、柔韧性、可操作时间、聚合物有效成分含量	①组批：同一生产时间、同一配料工艺条件下制得的产品为一批，粉状产品每20t为一批；液态产品每10t为一批。②取样：8kg，液体类产品：2L

4.1.12.3 技术指标要求

1.《模塑聚苯板薄抹灰外墙外保温系统材料》GB/T 29906中对抹面胶浆的要求，见表4-47。

表 4-47　抹面胶浆复验项目性能要求

复验项目			单位	性能要求
拉伸黏结强度 （与模塑板）	原强度		MPa	≥0.10，破坏发生在模塑板中
	耐水强度	浸水 48h，干燥 2h		≥0.06
		浸水 48h，干燥 7h		≥0.10
	耐冻融强度			≥0.10
柔韧性	压折比（水泥基）		—	≤3.0
	开裂应变（非水泥基）		%	≥1.5
可操作时间			h	1.5～4.0

2. 《建筑节能与可再生能源利用通用规范》GB 55015 中对抹面胶浆的要求，见表 4-48。

表 4-48　抹面胶浆复验项目性能要求

复验项目			单位	性能要求
拉伸黏结强度 （与保温板）	原强度		MPa	≥0.10 破坏发生在保温材料内
	耐水强度	浸水 48h，干燥 2h		≥0.06
		浸水 48h，干燥 7h		≥0.10 破坏发生在保温材料内
	耐冻融强度			≥0.10
拉伸黏结强度 （与保温浆料）	原强度		MPa	≥0.06，破坏发生在保温材料内
	耐水强度	浸水 48h，干燥 2h		≥0.03
		浸水 48h，干燥 7h		≥0.06，破坏发生在保温材料内
	耐冻融强度			≥0.06

3. 《天津市泡沫塑料板薄抹灰外墙外保温系统应用技术规程》DB/T 29—227 中对抹面胶浆的要求，见表 4-49。

表 4-49　抹面胶浆复验项目性能要求

复验项目			单位	性能要求
拉伸黏结强度 （与 EPS 板）	原强度		MPa	≥0.10，且破坏界面发生在 EPS 板内
	耐水强度	浸水 48h，干燥 2h		≥0.06
		浸水 48h，干燥 7h		≥0.10
	耐冻融			≥0.10
拉伸黏结强度 （与 GEPS 板）	原强度		MPa	≥0.10，且破坏界面发生在 GEPS 板内
	耐水强度	浸水 48h，干燥 2h		≥0.06
		浸水 48h，干燥 7h		≥0.10
	耐冻融			≥0.10
拉伸黏结强度 （与 XPS 板）	原强度		MPa	≥0.20，且破坏界面发生在 XPS 板内
	耐水强度	浸水 48h，干燥 2h		≥0.10
		浸水 48h，干燥 7h		≥0.20
	耐冻融			≥0.20
拉伸黏结强度 （与 PF 板）	原强度		MPa	≥0.10，且破坏界面发生在 PF 板内
	耐水强度	浸水 48h，干燥 2h		≥0.06
		浸水 48h，干燥 7h		≥0.10
	耐冻融			≥0.10

续表

复验项目			单位	性能要求
拉伸黏结强度 （与PU复合板）	原强度		MPa	≥0.15，且破坏界面发生在PU复合板芯材板内
	耐水强度	浸水48h，干燥2h		≥0.10
		浸水48h，干燥7h		≥0.15
	耐冻融			≥0.15
拉伸黏结强度 （与防火隔离带）	原强度		kPa	≥80
	浸水48h，干燥7h			≥80
	耐冻融			≥80
压折比			—	≤3.0
可操作时间			h	1.5～4.0
聚合物有效成分含量			%	≥3.0

4.《天津市岩棉外墙外保温系统应用技术规程》DB/T 29—217中对抹面胶浆的要求，见表4-50。

表4-50　抹面胶浆复验项目性能要求

复验项目			单位	性能要求
拉伸黏结强度 （与岩棉板TR10）	原强度		kPa	≥10，破坏界面发生在岩棉板上
	耐水强度	浸水48h，干燥2h		≥5
		浸水48h，干燥7h		≥10
	耐冻融强度			≥10
拉伸黏结强度 （岩棉板TR15）	原强度		kPa	≥15，破坏界面发生在岩棉板上
	耐水强度	浸水48h，干燥2h		≥10
		浸水48h，干燥7h		≥15
	耐冻融强度			≥15
拉伸黏结强 （与岩棉条TR100）	原强度		kPa	≥100，破坏界面发生在岩棉条上
	耐水强度	浸水48h，干燥2h		≥60
		浸水48h，干燥7h		≥100
	耐冻融强度			≥100
压折比			—	≤3.0
可操作时间			h	1.5～4.0
聚合物有效成分含量			%	≥3.0

5.《天津市民用建筑围护结构节能检测技术规程》DB/T 29—88中对抹面胶浆的要求，见表4-51。

表4-51　抹面胶浆复验项目性能要求

复验项目	性能要求				
	材料名称		原强度（MPa）	耐水（MPa）	
				浸水48h，干燥2h	浸水48h，干燥7d	耐冻融（MPa）
拉伸黏结强度	EPS板		≥0.10	≥0.06	≥0.10	≥0.10
	XPS板		≥0.20	≥0.10	≥0.20	≥0.20
	岩棉板	TR10	≥0.010	≥0.005	≥0.010	≥0.010
		TR15	≥0.015	≥0.010	≥0.015	≥0.015

173

续表

<table>
<tr><td>复验项目</td><td colspan="7">性能要求</td></tr>
<tr><td rowspan="7">拉伸黏结强度</td><td colspan="2" rowspan="2">材料名称</td><td colspan="2" rowspan="2">原强度（MPa）</td><td colspan="2">耐水（MPa）</td><td rowspan="2">耐冻融（MPa）</td></tr>
<tr><td>浸水48h，干燥2h</td><td>浸水48h，干燥7d</td></tr>
<tr><td>岩棉带</td><td>TR80</td><td>≥0.080</td><td rowspan="5">破坏部位位于保温板内</td><td>≥0.050</td><td>≥0.080</td><td>≥0.080</td></tr>
<tr><td colspan="2">石墨聚苯板</td><td>≥0.10</td><td>≥0.06</td><td>≥0.10</td><td>≥0.10</td></tr>
<tr><td colspan="2">泡沫水泥保温板</td><td>≥0.10</td><td>≥0.06</td><td>≥0.10</td><td>≥0.10</td></tr>
<tr><td colspan="2">泡沫玻璃</td><td>≥0.10</td><td>≥0.06</td><td>≥0.10</td><td>≥0.10</td></tr>
<tr><td colspan="2">硬泡聚氨酯复合保温板</td><td>≥0.15</td><td>≥0.10</td><td>≥0.15</td><td>≥0.15</td></tr>
<tr><td rowspan="2">柔韧性</td><td colspan="7">压折比（水泥基）≤3.0</td></tr>
<tr><td colspan="7">开裂应变（非水泥基）≥1.5%</td></tr>
<tr><td>可操作时间</td><td colspan="7">（1.5～4.0）h</td></tr>
<tr><td>抹面胶浆中聚合物有效成分含量</td><td colspan="7">≥3.0%</td></tr>
</table>

4.1.13 抗裂砂浆

抗裂砂浆是以高分子聚合物、水泥、砂为主要材料配制而成的具有良好抗拉变形能力和粘结性能的聚合物砂浆。

4.1.13.1 依据标准

《天津市民用建筑围护结构节能检测技术规程》DB/T 29—88

《天津市建筑工程施工质量验收资料管理规程》DB/T 29—209

《胶粉聚苯颗粒外墙外保温系统材料》JG/T 158

4.1.13.2 进场复验试验项目与取样规定

《天津市建筑工程施工质量验收资料管理规程》DB/T 29—209 中对抗裂砂浆进场复验试验项目与取样规定，见表 4-52。

表 4-52 抗裂砂浆进场复验试验项目与取样规定

材料名称 相关标准、规范代号	复验项目	组批规则及取样数量规定
抗裂砂浆 （JG/T 158）	可操作时间、拉伸黏结强度、压折比	①组批：同一生产时间、同一配料工艺条件下制得的产品为一批，粉状产品每 20t 为一批；液态产品每 10t 为一批。 ②取样：8kg，液体类产品：2L

4.1.13.3 技术指标要求

《天津市民用建筑围护结构节能检测技术规程》DB/T 29—88 和《胶粉聚苯颗粒外墙外保温系统材料》JG/T 158 中对抗裂砂浆的性能要求，见表 4-53。

表 4-53 抗裂砂浆复验项目性能要求

复验项目		单位	性能要求
拉伸黏结强度（与水泥砂浆）	标准状态	MPa	≥0.7
	浸水处理		≥0.5
	冻融循环处理		≥0.5
拉伸黏结强度（与胶粉聚苯颗粒浆料）	标准状态		≥0.1
	浸水处理		≥0.1

续表

复验项目	单位	性能要求
可操作时间	h	≥1.5
压折比	—	≤3.0

4.1.14 界面砂浆

界面砂浆是用以改善基层墙体或聚苯板表面黏结性能的聚合物水泥砂浆，分为基层界面砂浆和聚苯板界面砂浆（包括 EPS 板界面砂浆和 XPS 板界面砂浆）。

4.1.14.1 依据标准

《天津市民用建筑围护结构节能检测技术规程》DB/T 29—88
《天津市建筑工程施工质量验收资料管理规程》DB/T 29—209
《胶粉聚苯颗粒外墙外保温系统材料》JG/T 158

4.1.14.2 进场复验试验项目与取样规定

《天津市建筑工程施工质量验收资料管理规程》DB/T 29—209 中对界面砂浆进场复验试验项目与取样规定，见表 4-54。

表 4-54 界面砂浆进场复验试验项目与取样规定

材料名称 相关标准、规范代号	复验项目	组批规则及取样数量规定
界面砂浆 （JG/T 158）	拉伸黏结强度	①组批：同一生产时间、同一配料工艺条件下制得的产品为一批，粉状产品每 20t 为一批；液态产品每 10t 为一批。 ②取样：4kg

4.1.14.3 技术指标要求

1. 《胶粉聚苯颗粒外墙外保温系统材料》JG/T 158 中对界面砂浆的性能要求，见表 4-55。

表 4-55 界面砂浆复验项目性能要求

复验项目		单位	性能要求		
			基层界面砂浆	EPS 板界面砂浆	XPS 板界面砂浆
拉伸黏结强度 （与水泥砂浆）	标准状态	MPa	≥0.5	—	—
	浸水处理		≥0.3	—	—
拉伸黏结强度 （与聚苯板）	标准状态		—	≥0.10， 且 EPS 板破坏	≥0.15， 且 XPS 板破坏
	浸水处理		—		

2. 《天津市民用建筑围护结构节能检测技术规程》DB/T 29—88 中对界面砂浆的性能要求，见表 4-56。

表 4-56 界面砂浆复验项目性能要求

复验项目		单位	性能要求
拉伸黏结强度 （与水泥砂浆）	标准状态	MPa	≥0.5
	浸水处理		≥0.3
拉伸黏结强度 （与 EPS 板）	标准状态		≥0.10
	浸水处理		≥0.10
拉伸黏结强度 （与 XPS 板）	标准状态		≥0.20
	浸水处理		≥0.20

4.1.15 锚栓

锚栓是由膨胀件和膨胀套管组成，或由膨胀套管构成，依靠膨胀产生的摩擦力和机械锁定作用连接保温系统与基层墙体的机械固定件。

锚栓执行的行业标准为《外墙保温用锚栓》JG/T 366。此标准适用于固定在混凝土、砌体基层墙体上，以粘贴为主、机械锚固为辅的外墙保温系统中附加锚固所用的锚栓。

按照锚栓构造方式分为圆盘锚栓（代号Y）和凸缘的锚栓（代号T）。圆盘锚栓是指用于固定保温材料，膨胀套管带有圆盘的锚栓；凸缘锚栓是指用于固定外保温系统用托架，膨胀套管不带有圆盘而带有凸缘的锚栓。

按照锚栓安装方式分为旋入式锚栓（代号X）和敲击式锚栓（代号Q），旋入式锚栓是指将膨胀件旋入膨胀套管使其挤压钻孔孔壁，产生膨胀力或机械锁定作用的锚栓；敲击式锚栓是指敲击膨胀件或膨胀套管使其挤压钻孔孔壁，产生膨胀力的锚栓。

按照锚栓的承载机理分为仅通过摩擦承载的锚栓（代号C），和通过摩擦和机械锁定承载的锚栓（代号J）。

按照锚栓的膨胀件和膨胀套管材料分为碳钢（代号G）、塑料（代号S）、不锈钢（代号B）。

4.1.15.1 依据标准

《外墙保温用锚栓》JG/T 366

《天津市民用建筑围护结构节能检测技术规程》DB/T 29—88

《天津市岩棉外墙外保温系统应用技术规程》DB/T 29—217

《天津市建筑工程施工质量验收资料管理规程》DB/T 29—209

4.1.15.2 进场复验试验项目与取样规定

《天津市建筑工程施工质量验收资料管理规程》DB/T 29—209中对锚栓进场复验试验项目与取样规定，见表4-57。

表 4-57　锚栓进场复验试验项目与取样规定

材料名称 相关标准、规范代号	复验项目	组批规则及取样数量规定
锚栓 （JG/T 366）	锚栓抗拉承载力、圆盘抗拉拔力标准值	①组批：同一厂家生产的同一规格、同尺寸和同成分、同一批次的产品每10000个为一批。 ②取样：30个

4.1.15.3 技术指标要求

1.《外墙保温用锚栓》JG/T 366和《天津市民用建筑围护结构节能检测技术规程》DB/T 29—88中对锚栓的性能要求，见表4-58。

表 4-58　锚栓复验项目性能要求（标准试验条件下）

复验项目	单位	性能指标				
		A类基层墙体	B类基层墙体	C类基层墙体	D类基层墙体	E类基层墙体
锚栓抗拉承载力标准值	kN	≥0.60	≥0.50	≥0.40	≥0.30	≥0.30
圆盘抗拉拔力标准值	kN	≥0.50				

注：当锚栓不适用于某类基层墙体时，可不做相应的抗拉承载力标准值检测。

2. 《天津市岩棉外墙外保温系统应用技术规程》DB/T 29—217 中对锚栓的性能要求，见表 4-59。

表 4-59 锚栓复验项目性能要求（标准试验条件下）

复验项目	单位	性能指标		
		混凝土（C25）基层墙体	实心砌体基层墙体	蒸压加气混凝土砌块基层墙体
抗拉承载力标准值（岩棉板用）	kN	≥1.20	≥0.80	≥0.60
抗拉承载力标准值（岩棉条用）		≥0.60	≥0.50	≥0.30

4.1.16 耐碱玻纤网格布

耐碱玻纤网格布是以耐碱玻璃纤维织成的网布为基布，表面涂覆高分子耐碱涂层制成的，埋入抹面胶浆中，形成岩棉外墙外保温系统防护层，用以提高防护层的机械强度和抗裂性能。

耐碱玻纤网格布执行的行业标准为《耐碱玻璃纤维网布》JC/T 841。此标准适用于采用耐碱玻璃纤维纱织造，并经有机材料涂覆处理的网布。该产品主要用于水泥基制品的增强材料，如隔墙板、网架板、外墙保温工程用材料等，也可用作聚合物及石膏、沥青等基体的增强材料。

4.1.16.1 依据标准

《胶粉聚苯颗粒外墙外保温系统材料》JG/T 158
《耐碱玻璃纤维网布》JC/T 841
《天津市民用建筑围护结构节能检测技术规程》DB/T 29—88
《天津市建筑工程施工质量验收资料管理规程》DB/T 29—209

4.1.16.2 进场复验试验项目与取样规定

《天津市建筑工程施工质量验收资料管理规程》DB/T 29—209 中对耐碱玻纤网格布进场复验试验项目与取样规定，见表 4-60。

表 4-60 耐碱玻纤网格布进场复验试验项目与取样规定

材料名称 相关标准、规范代号	复验项目	组批规则及取样数量规定
耐碱玻纤网格布（JG/T 841）	单位面积质量、拉伸断裂强力（经、纬向）、耐碱拉伸断裂强力保留率（经、纬向）、断裂伸长率（经、纬向）	①组批：同一规格、同一生产工艺、稳定连续生产的材料每 5000m² 为一批，不足 5000m² 的按一批计。 ②取样：从外观合格的产品中抽取 4m² 进行检验

4.1.16.3 技术指标要求

1. 《天津市民用建筑围护结构节能检测技术规程》DB/T 29—88 中对耐碱玻纤网格布的性能要求，见表 4-61。

表 4-61 耐碱玻纤网格布复验项目性能要求

复验项目	单位	性能要求
单位面积质量	g/m²	≥160
拉伸断裂强力（经、纬向）	N/50mm	≥1250
耐碱拉伸断裂强力保留率（经、纬向）	%	≥75
断裂伸长率（经、纬向）	%	≤4.0

2.《胶粉聚苯颗粒外墙外保温系统材料》JG/T 158 中对耐碱玻纤网格布的性能要求，见表 4-62。

表 4-62 耐碱玻纤网格布复验项目性能要求

复验项目	单位	性能要求	
		普通型（用于涂料饰面工程）	加强型（用于面砖饰面工程）
单位面积质量	g/m²	≥160	≥270
拉伸断裂强力（经、纬向）	N/50mm	≥1000	≥1500
耐碱拉伸断裂强力保留率（经、纬向）	%	≥80	≥90
断裂伸长率（经、纬向）	%	≤5.0	≤4.0

4.1.17 弹性底漆

弹性底漆是由弹性防水乳液、助剂、填料配制而成的具有防水透气效果的封底弹性涂层。

4.1.17.1 依据标准

《胶粉聚苯颗粒外墙外保温系统材料》JG/T 158
《天津市民用建筑围护结构节能检测技术规程》DB/T 29—88
《天津市建筑工程施工质量验收资料管理规程》DB/T 29—209

4.1.17.2 进场复验试验项目与取样规定

《天津市建筑工程施工质量验收资料管理规程》DB/T 29—209 中对弹性底漆进场复验试验项目与取样规定，见表 4-63。

表 4-63 弹性底漆进场复验试验项目与取样规定

材料名称 相关标准、规范代号	复验项目	组批规则及取样数量规定
弹性底漆 （JG/T 158）	干燥时间、断裂伸长率、表面憎水率	①组批：同种产品，同一级别，同一规格，10t 为一个检验批。不足 10t 按一批次。 ②取样：5kg

4.1.17.3 技术指标要求

《天津市民用建筑围护结构节能检测技术规程》DB/T 29—88 和《胶粉聚苯颗粒外墙外保温系统材料》JG/T 158 中对弹性底漆的性能要求，见表 4-64。

表 4-64 弹性底漆复验项目性能要求

复验项目		单位	性能要求
干燥时间	表干时间	h	≤4
	实干时间	h	≤8
断裂伸长率		%	≥100
表面憎水率		%	≥98

4.1.18 建筑外墙用腻子

建筑外墙用腻子是指涂饰工程前，施涂于建筑物外墙，以找平、抗裂为主要目的的基层表面处理材料。

建筑外墙用腻子执行的行业标准为《建筑外墙用腻子》JG/T 157。此标准适用于以水泥、聚合物粉末、合成树脂乳液等材料为主要黏结剂，配以填料、助剂等制成的用于普通外墙、外墙外保温等涂料底层的外墙腻子。

按腻子膜柔韧性或动态抗开裂性指标分为三种类别：

普通型：普通型建筑外墙用腻子，适用于普通建筑外墙涂饰工程（不适宜用于外墙外保温涂饰工程）。

柔性：柔性建筑外墙用腻子，适用于普通外墙、外墙外保温等有抗裂要求的建筑外墙涂饰工程。

弹性：弹性建筑外墙用腻子，适用于抗裂要求较高的建筑外墙涂饰工程。

4.1.18.1 依据标准

《建筑外墙用腻子》JG/T 157

《天津市民用建筑围护结构节能检测技术规程》DB/T 29—88

《天津市建筑工程施工质量验收资料管理规程》DB/T 29—209

4.1.18.2 进场复验试验项目与取样规定

《天津市建筑工程施工质量验收资料管理规程》DB/T 29—209 中对建筑外墙用腻子进场复验试验项目与取样规定，见表 4-65。

表 4-65 建筑外墙用腻子进场复验试验项目与取样规定

材料名称 相关标准、规范名称	复验项目	组批规则及取样数量规定
建筑外墙用腻子 （JG/T 157）	容器中状态、施工性、干燥时间（表干）、初期抗裂性、打磨性、吸水量、耐水性 96h、耐碱性 48h、黏结强度、柔韧性、低温贮存稳定性	①组批：同种产品，同一级别，同一规格，10t 为一个检验批。不足 10t 按一批次。 ②取样：5kg

4.1.18.3 技术指标要求

《天津市民用建筑围护结构节能检测技术规程》DB/T 29—88 和《建筑外墙用腻子》JG/T 157 中对建筑外墙用腻子的性能要求，见表 4-66。

表 4-66 建筑外墙用腻子复验项目性能要求

复验项目		单位	性能要求		
			普通型（P）	柔性（R）	弹性（T）
容器中状态		—	无结块、均匀		
施工性		—	刮涂无障碍		
干燥时间（表干）		h	≤5		
初期抗裂性	单道施工厚度≤1.5mm 的产品	—	1mm 无裂纹		
	单道施工厚度＞1.5mm 的产品	—	2mm 无裂纹		
打磨性		—	手工可打磨		—
吸水量		g/10min	≤2.0		
耐水性 96h		—	无异常		
耐碱性 48h		—	无异常		
黏结强度	标准状态	MPa	≥0.60		
	冻融循环（5 次）		≥0.40		
柔韧性		—	直径 100mm，无裂纹	直径 50mm，无裂纹	—
低温贮存稳定性		—	三次循环不变质		

4.1.19 外墙饰面涂料

外墙饰面涂料是由底漆、中层漆和面漆组成的具有多种装饰效果的质感涂料。

根据使用部位分为：内墙（N）、外墙（W）；根据功能性分为：普通型（P）、弹性（T）；根据面漆组成分为：水性（S）、溶剂型（R）；

根据施工厚度和产品类型分为：

Ⅰ型（薄涂，施工厚度<1mm）：单色型、多彩型；

Ⅱ型（厚涂，施工厚度>1mm）：厚浆型、岩片型、砂粒型等；

Ⅲ型（施工厚度>1mm）：复合型，任一Ⅰ型和Ⅱ型的配套使用。

4.1.19.1 依据标准

《复层建筑涂料》GB/T 9779

《建筑防水涂料试验方法》GB/T 16777

《天津市民用建筑围护结构节能检测技术规程》DB/T 29—88

《天津市建筑工程施工质量验收资料管理规程》DB/T 29—209

4.1.19.2 进场复验试验项目与取样规定

《天津市建筑工程施工质量验收资料管理规程》DB/T 29—209 中对外墙饰面涂料进场复验试验项目与取样规定，见表4-67。

表4-67　外墙饰面涂料进场复验试验项目与取样规定

材料名称 相关标准、规范代号	复验项目	组批规则及取样数量规定
外墙饰面涂料 （GB/T 16777） （GB/T 9779）	平涂用涂料：断裂伸长率 连续性复层建筑涂料：断裂伸长率 浮雕类非连续性复层建筑涂料：主涂层初期干燥抗裂性	①组批：同种产品，同一级别，同一规格，10t为一个检验批，不足10t按一批计。 ②取样：2kg

4.1.19.3 技术指标要求

《天津市民用建筑围护结构节能检测技术规程》DB/T 29—88 中对外墙饰面涂料的性能要求，见表4-68。

表4-68　外墙饰面涂料复验项目性能要求

复验项目	单位	性能要求		
		平涂用涂料	连续性复层建筑涂料	复层建筑涂料
断裂伸长率	%	≥150	—	—
主涂层的断裂伸长率	%	—	≥100	—
主涂层初期干燥抗裂性	—	—	—	主涂层初期干燥抗裂性满足要求

4.1.20 镀锌电焊网

镀锌电焊网指的是低碳钢丝通过点焊加工成形后，浸入到熔融的锌液中，经热镀锌工艺处理后形成的方格网。

镀锌电焊网执行的国家标准为《镀锌电焊网》GB/T 33281。此标准适用于建筑、种植、养殖、机器防护罩、围栏、家禽笼、盛蛋筐及交通运输采矿等用途的电焊网。

4.1.20.1 标准依据

《镀锌电焊网》GB/T 33281

《胶粉聚苯颗粒外墙外保温系统材料》JG/T 158

《天津市民用建筑围护结构节能检测技术规程》DB/T 29—88

《天津市建筑工程施工质量验收资料管理规程》DB/T 29—209

4.1.20.2 进场复验试验项目与取样规定

《天津市建筑工程施工质量验收资料管理规程》DB/T 29—209 中对镀锌电焊网进场复验试验项目与取样规定，见表 4-69。

表 4-69 镀锌电焊网进场复验试验项目与取样规定

材料名称 相关标准、规范代号	复验项目	组批规则及取样数量规定
镀锌电焊网 （GB/T 33281）	焊点抗拉力、镀锌层质量	①组批：同一生产厂家，同一规格产品，同一批次进厂，每 4000m² 为一批，不足 4000m² 的按一批计。 ②取样：2m²

4.1.20.3 技术指标要求

1. 《天津市民用建筑围护结构节能检测技术规程》DB/T 29—88 中对镀锌电焊网的性能要求，见表 4-70。

表 4-70 镀锌电焊网复验项目性能要求

复验项目	单位	性能要求
焊点抗拉力	N	≥65
镀锌层质量	g/m²	≥122

2. 《镀锌电焊网》GB/T 33281 中对镀锌电焊网的性能要求，见表 4-71。

表 4-71 镀锌电焊网复验项目性能要求

丝径 D （mm）	焊点抗拉力 N	丝径 D （mm）	焊点抗拉力 N
4.00	>580	1.20	>120
3.40	>550	1.00	>80
3.00	>520	0.90	>65
2.50	>500	0.80	>50
2.00	>330	0.70	>40
1.80	>270	0.60	>30
1.60	>210	0.55	>25
1.40	>160	0.50	>20

《镀锌电焊网》GB/T 33281 中规定的电焊网镀锌层质量应大于 140g/m²。

4.1.21 面砖粘结砂浆

面砖黏结砂浆是一种用于固定和黏结砖块的建筑材料。它通常由水泥、石灰、砂等原料混合而成，具有良好的黏结性和强度。面砖黏结砂浆主要用于室内外墙面、地面、瓷砖等的铺设和装修。

面砖黏结砂浆的主要作用是将砖块牢固地黏结在一起，形成坚固的墙体或地面。它能够填充砖缝，增加整体的稳定性和强度。同时，面砖黏结砂浆还能够填平不平整的表面，使铺设的砖块更加平整美观。

4.1.21.1 标准依据

《胶粉聚苯颗粒外墙外保温系统材料》JG/T 158

《天津市民用建筑围护结构节能检测技术规程》DB/T 29—88

《天津市建筑工程施工质量验收资料管理规程》DB/T 29—209

4.1.21.2 进场复验试验项目与取样规定

《天津市建筑工程施工质量验收资料管理规程》DB/T 29—209 中对面砖黏结砂浆进场复验试验项目与取样规定，见表 4-72。

表 4-72 面砖黏结砂浆进场复验试验项目与取样规定

材料名称 相关标准、规范代号	复验项目	组批规则及取样数量规定
面砖黏结砂浆 (DB/T 29—88)	拉伸黏结强度、横向变形	①组批：同种产品，同一级别，同一规格，粉状材料 30t 为一批。 ②取样：5kg

4.1.21.3 技术指标要求

《天津市民用建筑围护结构节能检测技术规程》DB/T 29—88 和《胶粉聚苯颗粒外墙外保温系统材料》JG/T 158 中对面砖黏结砂浆的性能要求，见表 4-73。

表 4-73 面砖黏结砂浆复验项目性能要求

复验项目		单位	性能要求
拉伸黏结强度	标准状态	MPa	≥0.5
	浸水处理		
	热老化处理		
	冻融循环处理		
	晾置 20min 后		
横向变形		mm	≥1.5

4.1.22 面砖勾缝料

面砖勾缝料是指对外墙外保温系统陶瓷砖饰面系统的砖缝进行填缝处理的材料。

4.1.22.1 依据标准

《胶粉聚苯颗粒外墙外保温系统材料》JG/T 158

《天津市民用建筑围护结构节能检测技术规程》DB/T 29—88

《天津市建筑工程施工质量验收资料管理规程》DB/T 29—209

4.1.22.2 进场复验试验项目与取样规定

《天津市建筑工程施工质量验收资料管理规程》DB/T 29—209 中对面砖勾缝剂进场复验试验项目与取样规定，见表 4-74。

表 4-74 面砖勾缝剂进场复验试验项目与取样规定

材料名称 相关标准、规范代号	复验项目	组批规则及取样数量规定
面砖勾缝剂 (DB/T 29—88)	收缩值、抗折强度、压折比、透水性	①组批：同种产品，同一级别，同一规格，同一批次，粉状材料 30t 为一批。 ②取样：5kg

4.1.22.3　技术指标要求

1.《天津市民用建筑围护结构节能检测技术规程》DB/T 29—88 中对面砖勾缝剂的性能要求，见表 4-75。

表 4-75　面砖勾缝剂复验项目性能要求

复验项目		单位	性能要求
收缩值		mm/m	≤2
抗折强度	标准状态	MPa	≥3.5
	冻融循环处理		≥3.5

2.《胶粉聚苯颗粒外墙外保温系统材料》JG/T 158 中对面砖勾缝剂的性能要求，见表 4-76。

表 4-76　面砖勾缝剂复验项目性能要求

复验项目		单位	性能要求
收缩值		mm/m	≤3.0
抗折强度	标准状态	MPa	≥2.50
	冻融循环处理		≥2.50
压折比		—	≤3.0
透水性（24h）		mL	≤3.0

4.1.23　饰面砖

外墙饰面砖是用于建筑外墙外表面装饰装修的无机薄型块状材料。饰面砖主要包括陶瓷砖、釉面陶瓷砖、陶瓷锦砖、玻化砖、劈开砖等。

4.1.23.1　依据标准

《外墙饰面砖工程施工及验收规程》JGJ 126
《天津市民用建筑围护结构节能检测技术规程》DB/T 29—88
《天津市建筑工程施工质量验收资料管理规程》DB/T 29—209

4.1.23.2　进场复验试验项目与取样规定

《天津市建筑工程施工质量验收资料管理规程》DB/T 29—209 中对饰面砖进场复验试验项目与取样规定，见表 4-77。

表 4-77　饰面砖进场复验试验项目与取样规定

材料名称 相关标准、规范代号	复验项目	组批规则及取样数量规定
饰面砖 （DB/T 29—88）	表面面积、厚度、单位面积质量、吸水率	①组批：同种产品，同一级别，同一规格，同一批次，抽检一组。 ②取样：10块整砖

4.1.23.3　技术指标要求

《天津市民用建筑围护结构节能检测技术规程》DB/T 29—88 中对饰面砖的性能要求，见表 4-78。

表 4-78　饰面砖复验项目性能要求

复验项目	单位	性能要求
表面面积	cm²	≤150
厚度	mm	≤7
单位面积质量	kg/cm²	≤20
吸水率	％	0.2～3

4.1.24 蒸压加气混凝土砌块

蒸压加气混凝土是以硅质材料和钙质材料为主要原材料，掺加发气剂及其他调节材料，通过配料浇注、发气静停、切割、蒸压养护等工艺制成的多孔轻质硅酸盐建筑制品。蒸压加气混凝土砌块是指蒸压加气混凝土中用于墙体砌筑的矩形块材。

砌块按尺寸偏差分为Ⅰ型和Ⅱ型。Ⅰ型适用于薄灰缝砌筑，Ⅱ型适用于厚灰缝砌筑。按抗压强度分为 A1.5、A2.0、A2.5、A3.5、A5.0 五个级别，强度级别 A1.5、A2.0 适用于建筑保温。按干密度分为 B03、B04、B05、B06、B07 五个级别，干密度级别 B03、B04 适用于建筑保温。

4.1.24.1 标准依据

《蒸压加气混凝土砌块》GB/T 11968

《天津市民用建筑围护结构节能检测技术规程》DB/T 29—88

《天津市建筑工程施工质量验收资料管理规程》DB/T 29—209

4.1.24.2 进场复验试验项目与取样规定

《天津市建筑工程施工质量验收资料管理规程》DB/T 29—209 中对蒸压加气混凝土砌块进场复验试验项目与取样规定，见表4-79。

表 4-79 蒸压加气混凝土砌块进场复验试验项目与取样规定

材料名称 相关标准、规范代号	复验项目	组批规则及取样数量规定
蒸压加气混凝土砌块 （GB 11968）	抗压强度（用于自保温体系：干燥收缩、干密度、导热系数）	①组批：每一生产厂家，每1万块为一验收批，不足1万块按一批记。 ②取样： 抗压强度：100＊100＊100（mm）3组共9块； 干密度：100＊100＊100（mm）3组共9块； 干燥收缩：40＊40＊160（mm）1组共3块； 导热系数：300＊300＞25～30（mm）2组共2块。 密度等级、干体积密度、导热系数、抗压强度、干燥收缩

4.1.24.3 技术指标要求

1.《蒸压加气混凝土砌块》GB/T 11968 中对蒸压加气混凝土砌块的性能要求，见表4-80和表4-81。

表 4-80 蒸压加气混凝土砌块复验项目性能要求（抗压强度和干密度要求）

强度级别	抗压强度（MPa）		干密度级别	平均干密度（kg/m³）
	平均值	最小值		
A1.5	≥1.5	≥1.2	B03	≤350
A2.0	≥2.0	≥1.7	B04	≤450
A2.5	≥2.5	≥2.1	B04	≤450
			B05	≤550
A3.5	≥3.5	≥3.0	B04	≤450
			B05	≤550
			B06	≤650
A5.0	≥5.0	≥4.2	B05	≤550
			B06	≤650
			B07	≤750

表 4-81　蒸压加气混凝土砌块复验项目性能要求（导热系数）

干密度级别	B03	B04	B05	B06	B07
导热系数（干态）[W/ (m·K)]	≤0.10	≤0.12	≤0.14	≤0.16	≤0.18

干燥收缩：干燥收缩值应不大于 0.50mm/m。

2.《天津市民用建筑围护结构节能检测技术规程》DB/T 29—88 中对蒸压加气混凝土砌块的性能要求，见表 4-82。

表 4-82　蒸压加气混凝土砌块复验项目性能要求

复验项目	单位	性能要求		
密度等级	—	B04	B05	B06
干体积密度	kg/m³	≤425	≤525	≤625
导热系数	W/ (m·K)	≤0.11	≤0.13	≤0.15
抗压强度	kPa	≥2.5	≥2.5	≥3.5
干燥收缩（标准法）	mm/m	≤0.50	≤0.50	≤0.50

4.1.25　建筑保温砂浆

建筑保温砂浆是以膨胀珍珠岩、玻化微珠、膨胀蛭石等为集料，掺和胶凝材料及其他功能组分制成的干混砂浆。建筑保温砂浆按其性能分为Ⅰ型和Ⅱ型。

建筑保温砂浆执行的国家标准为《建筑保温砂浆》GB/T 20473。此标准适用于建筑保温隔热用干混砂浆。

4.1.25.1　依据标准

《建筑保温砂浆》GB/T 20473

《天津市民用建筑围护结构节能检测技术规程》DB/T 29—88

《天津市建筑工程施工质量验收资料管理规程》DB/T 29—209

4.1.25.2　进场复验试验项目与取样规定

《天津市建筑工程施工质量验收资料管理规程》DB/T 29—209 中对建筑保温砂浆进场复验试验项目与取样规定，见表 4-83。

表 4-83　建筑保温砂浆进场复验试验项目与取样规定

材料名称相关标准、规范代号	复验项目	组批规则及取样数量规定
建筑保温砂浆（GB/T 20473）	干密度、抗压强度、导热系数、压剪黏结强度	①组批：同种产品，同一级别，同一规格，粉状材料 60t 为一批。②取样：至少 10kg

4.1.25.3　技术指标要求

1.《建筑保温砂浆》GB/T 20473 中对建筑保温砂浆的性能要求，见表 4-84。

表 4-84　建筑保温砂浆复验项目性能要求

复验项目	单位	性能要求	
		Ⅰ型	Ⅱ型
干密度	kg/m³	≤350	≤450

复验项目	单位	性能要求	
		Ⅰ型	Ⅱ型
抗压强度	MPa	≥0.50	≥1.0
导热系数（平均温度25℃）	W/（m·K）	≤0.070	≤0.085
压剪黏结强度	kPa	≥60	

2.《天津市民用建筑围护结构节能检测技术规程》DB/T 29—88 中对建筑保温砂浆的性能要求，见表4-85。

表 4-85　建筑保温砂浆复验项目性能要求

复验项目	单位	性能要求	
		Ⅰ型	Ⅱ型
干密度	kg/m³	240～300	301～400
抗压强度	MPa	≥0.20	≥0.40
导热系数（平均温度25℃）	W/（m·K）	≤0.070	≤0.085
压剪黏结强度	kPa	≥50	

4.1.26　膨胀玻化微珠保温隔热砂浆

膨胀玻化微珠保温隔热砂浆是以膨胀玻化微珠、无机胶凝材料、添加剂、填料等混合而成的干混料，用于建筑物墙体、地面、屋面保温隔热，现场搅拌后可直接施工。

膨胀玻化微珠保温隔热砂浆执行的国家标准为《膨胀玻化微珠保温隔热砂浆》GB/T 26000。此标准适用于工业与民用建筑墙体地面及屋面保温隔热用膨胀玻化微珠保温隔热砂浆。此标准按使用部分将膨胀玻化微珠保温隔热砂浆分为墙体用（QT）和地面及屋面用（DW）。

4.1.26.1　依据标准

《膨胀玻化微珠保温隔热砂浆》GB/T 26000

《天津市建筑工程施工质量验收资料管理规程》DB/T 29—209

4.1.26.2　进场复验试验项目与取样规定

《天津市建筑工程施工质量验收资料管理规程》DB/T 29—209 中对膨胀玻化微珠保温隔热砂浆进场复验试验项目与取样规定，见表4-86。

表 4-86　膨胀玻化微珠保温隔热砂浆进场复验试验项目与取样规定

材料名称 相关标准、规范代号	复验项目	组批规则及取样数量规定
膨胀玻化微珠 保温隔热砂浆 （GB/T 26000）	干密度、抗压强度、 导热系数、压剪黏结强度	①组批：同种产品，同一级别，同一规格，粉状材料60t为一批。 ②取样：至少10kg

4.1.26.3　技术指标要求

《膨胀玻化微珠保温隔热砂浆》GB/T 26000 中对膨胀玻化微珠保温隔热砂浆的性能要求，见表4-87。

表 4-87　膨胀玻化微珠保温隔热砂浆复验项目性能要求

复验项目	单位	性能要求
干密度	kg/m³	≤300
抗压强度（墙体用）	MPa	≥0.20
抗压强度（地面及屋面用）		≥0.30
导热系数	W/（m·K）	≤0.070
压剪黏结强度（与水泥砂浆块）	%	原强度≥0.050
		耐水强度≥0.050

4.2　地面节能

地面节能是指建筑工程中接触土壤或室外空气的地面、毗邻不供暖空间的地面，以及与土壤接触的地下室外墙等的节能工程。地面节能工程属于建筑节能子分部工程围护结构节能工程的分项工程，由基层、保温隔热构造、保护层、面层等构成。

4.2.1　绝热用模塑聚苯乙烯泡沫塑料（EPS 板）

4.2.1.1　进场复验试验项目与取样规定

《天津市建筑工程施工质量验收资料管理规程》DB/T 29—209 中对绝热用模塑聚苯乙烯泡沫塑料（EPS 板）进场复验试验项目与取样规定，见表 4-88。

表 4-88　绝热用模塑聚苯乙烯泡沫塑料（EPS 板）进场复验试验项目与取样规定

材料名称 相关标准、规范代号	复验项目	组批规则及取样数量规定
绝热用模塑聚苯乙烯泡沫塑料（EPS 板） （GB/T 10801.1） （DB/T 29—227）	表观密度、压缩强度、导热系数、吸水率、燃烧性能、氧指数	①组批：同一生产厂家，同一规格产品，同一批次进厂，每 1000m² 为一批，不足 1000m² 的按一批计。 ②取样：从外观合格的产品中抽取 15 块进行检验

4.2.1.2　技术指标要求

1.《热用模塑聚苯乙烯泡沫塑料（EPS）》GB/T 10801.1 中对绝热用模塑聚苯乙烯泡沫塑料（EPS 板）的性能要求，见表 4-89 和表 4-90。

表 4-89　绝热用模塑聚苯乙烯泡沫塑料（EPS 板）复验项目物理机械性能

复验项目	单位	性能指标						
		Ⅰ	Ⅱ	Ⅲ	Ⅳ	Ⅴ	Ⅵ	Ⅶ
表观密度	kg/m³	由供需双方协商决定，表观密度偏差（%）为±5						
压缩强度	kPa	≥60	≥100	≥150	≥200	≥300	≥500	≥800
吸水率（体积分数）	%	≤6	≤4	≤2				

表 4-90　绝热用模塑聚苯乙烯泡沫塑料（EPS 板）复验项目绝热性能

复验项目	单位	性能指标	
		033 级	037 级
导热系数	W/（m·K）	≤0.033	≤0.037

2.《天津市民用建筑围护结构节能检测技术规程》DB/T 29—88 及《天津市泡沫塑料板薄抹灰外墙外保温系统应用技术规程》DB/T 29—227 中对绝热用模塑聚苯乙烯泡沫塑料（EPS 板）的性能要求，见表 4-91。

表 4-91　绝热用模塑聚苯乙烯泡沫塑料（EPS 板）复验项目性能要求

复验项目	单位	性能要求
表观密度	kg/m³	18~22
压缩强度	kPa	≥100
导热系数	W/（m·K）	≤0.039
吸水率（体积分数）	%	≤3
燃烧性能等级	—	不低于 B_1（C）级
氧指数	%	≥30

4.2.2　模塑石墨聚苯板（GEPS 板）

4.2.2.1　进场复验试验项目与取样规定

《天津市建筑工程施工质量验收资料管理规程》DB/T 29—209 中对模塑石墨聚苯板（GEPS 板）进场复验试验项目与取样规定，见表 4-92。

表 4-92　模塑石墨聚苯板（GEPS 板）进场复验试验项目与取样规定

材料名称 相关标准、规范代号	复验项目	组批规则及取样数量规定
模塑石墨聚苯板（GEPS 板） （DB/T 29—227） （GB/T 29906）	导热系数、表观密度、压缩强度、吸水率、燃烧性能、氧指数	①组批：同一生产厂家，同一规格产品，同一批次进厂，每 1000m² 为一批，不足 1000m² 的按一批计。 ②取样：从外观合格的产品中抽取 15 块进行检验

4.2.2.2　技术指标要求

《天津市泡沫塑料板薄抹灰外墙外保温系统应用技术规程》DB/T 29—227 中对模塑石墨聚苯板（GEPS 板）的性能要求，见表 4-93。

表 4-93　模塑石墨聚苯板（GEPS 板）复验项目性能要求

复验项目	单位	性能要求
导热系数	W/（m·K）	≤0.033
表观密度	kg/m³	18~22
压缩强度	kPa	≥100
吸水率（体积分数）	%	≤3
燃烧性能等级	—	不低于 B_1（B）级
氧指数	%	≥32

4.2.3　绝热用挤塑聚苯乙烯泡沫塑料（XPS 板）

4.2.3.1　进场复验试验项目与取样规定

《天津市建筑工程施工质量验收资料管理规程》DB/T 29—209 中对绝热用挤塑聚苯乙烯泡沫塑料（XPS 板）进场复验试验项目与取样规定，见表 4-94。

表 4-94　绝热用挤塑聚苯乙烯泡沫塑料（XPS 板）进场复验试验项目与取样规定

材料名称 相关标准、规范代号	复验项目	组批规则及取样数量规定
绝热用挤塑聚苯乙烯 泡沫塑料（XPS 板） （GB/T 10801.2）	导热系数、表观密度、压缩强度、吸水率、燃烧性能、氧指数、玻璃化转化温度、受热残重	①组批：同一生产厂家，同一规格产品，同一批次进厂，每 1000m² 为一批，不足 1000m² 的按一批计。 ②取样：从外观合格的产品中抽取 16 块板材，100g 同批次生产原料进行检验

4.2.3.2　技术指标要求

1.《挤塑聚苯板（XPS）薄抹灰外墙外保温系统材料》GB/T 30595 中对绝热用挤塑聚苯乙烯泡沫塑料（XPS 板）的要求，见表 4-95。

表 4-95　绝热用挤塑聚苯乙烯泡沫塑料（XPS 板）复验项目性能要求

复验项目	单位	性能要求
导热系数（25℃）	W/（m·K）	不带表皮的毛面板，≤0.032； 带表皮的开槽板，≤0.030
表观密度	kg/m³	22～35
压缩强度	MPa	≥0.20
吸水率（V/V）	%	≤1.5
燃烧性能等级	—	不低于 B_2 级
氧指数	%	≥26

2.《天津市泡沫塑料板薄抹灰外墙外保温系统应用技术规程》DB/T 29—227 中对绝热用挤塑聚苯乙烯泡沫塑料（XPS 板）的要求，见表 4-96。

表 4-96　绝热用挤塑聚苯乙烯泡沫塑料（XPS 板）复验项目性能要求

复验项目	单位	性能要求
导热系数	W/（m·K）	≤0.032
表观密度	kg/m²	22～35
压缩强度	kPa	150～350
吸水率（体积分数）	%	≤1.5
燃烧性能等级	—	不低于 B_1（C）级 OI≥30%
氧指数	%	≥30

3.《天津市民用建筑围护结构节能检测技术规程》DB/T 29—88 中对绝热用挤塑聚苯乙烯泡沫塑料（XPS 板）的要求，见表 4-97。

表 4-97　绝热用挤塑聚苯乙烯泡沫塑料（XPS 板）复验项目性能要求

复验项目	单位	性能要求
导热系数	W/（m·K）	≤0.032
表观密度	kg/m³	22～35
压缩强度	kPa	150～350
吸水率（体积分数）	%	≤1.5

续表

复验项目	单位	性能要求
燃烧性能等级	—	不低于 B_1（C）级 OI≥30%
氧指数	%	≥30
玻璃化转化温度	℃	板与原料 T_g 差≤6.5℃
受热残重	%	板与原料受热残重差≤3.5%

4.《绝热用挤塑聚苯乙烯泡沫塑料（XPS）》GB/T 10801.2 中对绝热用挤塑聚苯乙烯泡沫塑料（XPS 板）的要求，见表 4-98 和表 4-99。

表 4-98　绝热用挤塑聚苯乙烯泡沫塑料（XPS 板）物理力学性能

复验项目	单位	性能指标										不带表皮	
		带表皮											
		X150	X200	X250	X300	X350	X400	X450	X500	X700	X900	W200	W300
压缩强度	kPa	≥150	≥200	≥250	≥300	≥350	≥400	≥450	≥500	≥700	≥900	≥200	≥300
吸水率，浸水 96h	%（体积分数）	≤2.0	≤1.5	≤1.0								≤2.0	≤1.5

表 4-99　绝热用挤塑聚苯乙烯泡沫塑料（XPS 板）产品绝热性能

复验项目	单位	性能指标		
		024 级	030 级	034 级
导热系数	W/（m·K） 平均温度 10℃ 25℃	≤0.022 ≤0.024	≤0.028 ≤0.030	≤0.032 ≤0.034

《绝热用挤塑聚苯乙烯泡沫塑料（XPS）》GB/T 10801.2 中规定燃烧性能应满足 GB 8624 中 B_1 级或 B_2 级的要求。

4.2.4　岩棉板/岩棉条

4.2.4.1　进场复验试验项目与取样规定

《天津市建筑工程施工质量验收资料管理规程》DB/T 29—209 中对岩棉板/岩棉条进场复验试验项目与取样规定，见表 4-100。

表 4-100　岩棉板/岩棉条进场复验试验项目与取样规定

材料名称 相关标准、规范代号	复验项目	组批规则及取样数量规定
岩棉板/岩棉条 （GB/T 19686）	密度、导热系数、酸度系数、压缩强度、憎水率、短期吸水量	①组批：同一生产厂家，同一规格产品，同一批次进厂，每1000m²为一批，不足1000m²的按一批计。 ②取样：从外观合格的产品中抽取4块进行检验

4.2.4.2　技术指标要求

见 4.1.4.3。

4.3　门窗节能

近年来，绿色建筑和超低能耗建筑在我国蓬勃发展，门窗是建筑物围护结构中热工性能最薄弱的构件，其质量直接影响建筑物的使用功能。因此，门窗不仅应符合建筑节能设计标准要求，而且应具备美观、适用、耐久、良好的与建筑物使用功能相适应的物理性能及安全性能。门窗节能主要涉及的产品有建筑外门窗、玻璃、密封胶条、隔热型材和披水板。

《建筑节能与可再生能源利用通用规范》GB 55015 中明确规定，门窗（包括天窗）节能工程施工采用的材料、构件和设备进场时，除核查质量证明文件、节能性能标识证书、门窗节能性能计算书及复验报告外，还应对下列内容进行复验：①严寒、寒冷地区门窗的传热系数及气密性能；②夏热冬冷地区门窗的传热系数、气密性能，玻璃的太阳得热系数及可见光透射比；③夏热冬暖地区门窗的气密性能，玻璃的太阳得热系数及可见光透射比；④严寒、寒冷、夏热冬冷和夏热冬暖地区透光、部分透光遮阳材料的太阳光透射比、太阳光反射比及中空玻璃的密封性能。

4.3.1　建筑外门窗

建筑外门窗是建筑外门及外窗的统称。主要包括金属门窗、塑料门窗、木门窗、各种复合门窗、特种门窗及天窗等建筑外门窗。门窗是建筑物围护结构中保温和气密性能最差、单位面积耗热/冷量最大、对室外气候变化最敏感的构件，门窗质量直接影响建筑物的使用功能和供暖空调能耗的多少。

建筑外门窗执行的国家标准为《建筑幕墙、门窗通用技术条件》GB/T 31433。此标准适用于民用建筑用幕墙和门窗，不适用于防火门窗、逃生门窗、排烟窗、防射线屏蔽门窗等特种门窗。

4.3.1.1　术语和定义

1. 气密性能

可开启部分在正常锁闭状态时，外门窗阻止空气渗透的能力。

2. 水密性能

可开启部分在正常锁闭状态时，在风雨同时作用下，外门窗阻止雨水渗漏的能力。

3. 抗风压性能

可开启部分在正常锁闭状态时，在风压作用下，外门窗变形不超过允许值且不发生损坏或功能障碍的能力。

4. 门窗传热系数

稳态传热条件下，门窗两侧空气温差为 1K 时单位时间内通过单位面积的传热量。

5. 遮阳系数

在给定条件下，太阳能总透射比与厚度 3mm 无色透明玻璃的太阳能总透射比的比值。

4.3.1.2　标准依据

《建筑节能工程施工质量验收标准》GB 50411

《建筑节能与可再生能源利用通用规范》GB 55015

《建筑玻璃　可见光透射比、太阳光直接透射比、太阳能总透射比、紫外线透射比及有关窗玻璃参数的测定》GB/T 2680

《建筑外门窗气密、水密、抗风压性能检测方法》GB/T 7106

《建筑外门窗保温性能检测方法》GB/T 8484

《建筑幕墙、门窗通用技术条件》GB/T 31433

《天津市民用建筑围护结构节能检测技术规程》DB/T 29—88

《民用建筑节能门窗工程技术标准》DB/T 29—164

《天津市建筑工程施工质量验收资料管理规程》DB/T 29—209

4.3.1.3 进场复验试验项目与取样规定

《天津市建筑工程施工质量验收资料管理规程》DB/T 29—209 中对建筑外门窗进场复验试验项目与取样规定，见表 4-101。

表 4-101　建筑外门窗进场复验试验项目与取样规定

种类名称 相关标准、规范代号	复验项目	组批规则及取样数量规定
建筑外门窗	气密性、水密性、抗风压、传热系数、遮阳系数	同一工程项目、同一厂家、同一型材、同一玻璃品种的门窗抽样复验有代表性的 1 组，每组为 3 樘试件。同一工程项目、同一厂家生产的阳台门、分户门、单元门分别抽检 1 组

4.3.1.4 评定指标

1. 指标分级

1）气密性能

门窗气密性能以单位缝长空气渗透量 q_1 或单位面积空气渗透量 q_2 为分级指标，门窗气密性能分级应符合《建筑幕墙、门窗通用技术条件》GB/T 31433 的规定，见表 4-102。

表 4-102　门窗气密性能分级

分级	1	2	3	4	5	6	7	8
分级指标值 q_1 [m³/(m·h)]	$4.0 \geqslant q_1 > 3.5$	$3.5 \geqslant q_1 > 3.0$	$3.0 \geqslant q_1 > 2.5$	$2.5 \geqslant q_1 > 2.0$	$2.0 \geqslant q_1 > 1.5$	$1.5 \geqslant q_1 > 1.0$	$1.0 \geqslant q_1 > 0.5$	$q_1 \leqslant 0.5$
分级指标值 q_2 [m³/(m²·h)]	$12 \geqslant q_2 > 10.5$	$10.5 \geqslant q_2 > 9.0$	$9.0 \geqslant q_2 > 7.5$	$7.5 \geqslant q_2 > 6.0$	$6.0 \geqslant q_2 > 4.5$	$4.5 \geqslant q_2 > 3.0$	$3.0 \geqslant q_2 > 1.5$	$q_2 \leqslant 1.5$

注：第 8 级应在分级后同时注明具体分级指标值。

2）水密性能

门窗的水密性能以严重渗漏压力差值的前一级压力差值 Δp 为分级指标，分级应符合《建筑幕墙、门窗通用技术条件》GB/T 31433 的规定，见表 4-103。

表 4-103　门窗水密性能分级　　　　　　　　　　　Pa

分级	1	2	3	4	5	6
分级指标 Δp	$100 \leqslant \Delta p < 150$	$150 \leqslant \Delta p < 250$	$250 \leqslant \Delta p < 350$	$350 \leqslant \Delta p < 500$	$500 \leqslant \Delta p < 700$	$\Delta p \geqslant 700$

3）抗风压性能

门窗抗风压性能以定级检测压力 p_3 为分级指标，分级应符合《建筑幕墙、门窗通用技术条件》GB/T 31433 的规定，见表 4-104。

表 4-104　门窗抗风压性能分级

分级	1	2	3	4	5	6	7	8	9
分级指标值 p_3 (kPa)	$1.0 \leqslant p_3 < 1.5$	$1.5 \leqslant p_3 < 2.0$	$2.0 \leqslant p_3 < 2.5$	$2.5 \leqslant p_3 < 3.0$	$3.9 \leqslant p_3 < 3.5$	$3.5 \leqslant p_3 < 4.0$	$4.0 \leqslant p_3 < 4.5$	$4.5 \leqslant p_3 < 5.0$	$p_3 \geqslant 5.0$

注：第 9 级应在分级后同时注明具体分级指标值。

4）门窗传热系数

门窗传热系数以传热系数 K 为分级指标，应符合《建筑幕墙、门窗通用技术条件》GB/T 31433

的规定，见表 4-105。

表 4-105 门窗传热系数分级　　　　　W/（m²·K）

分级	1	2	3	4	5
分级指标值 K	K≥5.0	5.0>K≥4.0	4.0>K≥3.5	3.5>K≥3.0	3.0>K≥2.5
分级	6	7	8	9	10
分级指标值 K	2.5>K≥2.0	2.0>K≥1.6	1.6>K≥1.3	1.3>K≥1.1	K<1.1

注：第 10 级应在分级后同时注明具体分级指标值。

5）遮阳系数

门窗遮阳性能以遮阳系数 SC 为分级指标，分级应符合《建筑幕墙、门窗通用技术条件》GB/T 31433 的规定，见表 4-106。

表 4-106 门窗遮阳性能分级

分级	1	2	3	4	5	6	7
分级指标值 SC	0.8≥SC>0.7	0.7≥SC>0.6	0.6≥SC>0.5	0.5≥SC>0.4	0.4≥SC>0.3	0.3≥SC>0.2	SC≤0.2

2. 评定指标

建筑外门窗评定指标，见表 4-107。

表 4-107 建筑外门窗评定指标

序号	复验项目	评定指标	标准依据
1	气密性能	居建≥7 级 公建≥6 级	DB/T 29—88
2	水密性能	≥3 级	DB/T 29—88
3	抗风压性能	低层、多层建筑≥4 级 中高层、高层建筑≥5 级	DB/T 29—88
4	传热系数	符合设计要求	DB/T 29—88
5	遮阳系数	符合设计要求	DB/T 29—88

4.3.2 玻璃

门窗玻璃的面积在门窗整体面积中所占比例约为 70%～80%，因此，玻璃对门窗的保温性能影响很大。

玻璃执行的国家标准为《中空玻璃》GB/T 11944 和《镀膜玻璃 第 2 部分：低辐射镀膜玻璃》GB/T 18915.2。《中空玻璃》GB/T 11944 适用于建筑及建筑以外的冷藏、装饰和交通用中空玻璃，其他用途的中空玻璃可参照使用。《镀膜玻璃 第 2 部分：低辐射镀膜玻璃》GB/T 18915.2 适用于建筑用低辐射镀膜玻璃，其他用途的低辐射镀膜玻璃可参照《镀膜玻璃 第 2 部分：低辐射镀膜玻璃》GB/T 18915.2。

4.3.2.1 术语和定义

1. 中空玻璃

两片或者多片玻璃以有效支撑均匀隔开并周边黏结密封，使玻璃层间形成有干燥气体空间的玻璃制品。

2. 低辐射镀膜玻璃（Low-E 玻璃）

对 4.5μm～25μm 红外线有较高反射比的镀膜玻璃，也称 Low-E 玻璃（Low-E coated glass）。

3. 太阳得热系数

太阳光直接透射比与被玻璃组件吸收的太阳辐射向室内的二次热传递系数之和，称为太阳得热系数。

4. 可见光透射比

透过透光材料的可见光光通量与投射在其表面上的可见光光通量之比。

4.3.2.2 标准依据

《建筑节能工程施工质量验收标准》GB 50411

《建筑节能与可再生能源利用通用规范》GB 55015

《建筑玻璃 可见光透射比、太阳光直接透射比、太阳能总透射比、紫外线透射比及有关窗玻璃参数的测定》GB/T 2680

《中空玻璃》GB/T 11944

《天津市民用建筑围护结构节能检测技术规程》DB/T 29—88

《民用建筑节能门窗工程技术标准》DB/T 29—164

《天津市建筑工程施工质量验收资料管理规程》DB/T 29—209

4.3.2.3 进场复验试验项目与取样规定

《天津市建筑工程施工质量验收资料管理规程》DB/T 29—209 中对玻璃进场复验试验项目与取样规定，见表 4-108。

表 4-108 玻璃进场复验试验项目与取样规定

种类名称 相关标准、规范代号	复验项目	组批规则及取样数量规定
玻璃	中空玻璃密封性能、Low-E 玻璃的膜面辐射率、可见光透射比、充气中空玻璃初始气体含量	同一工程项目，同一厂家，同一型材，同一玻璃品种的门窗抽样复验有代表性的 1 组，每组为 3 樘试件。中空玻璃抽样复验不少于 4 块

4.3.2.4 评定指标

玻璃评定指标，见表 4-109。

表 4-109 玻璃评定指标

序号	复验项目	评定指标	标准依据
1	中空玻璃密封性能	≤−40℃	DB/T 29—88
2	Low-E 玻璃的膜面辐射率	在线≤0.25 离线≤0.15 并应符合设计要求	DB/T 29—88
3	可见光透射比	≥0.40	GB 55015
4	充气中空玻璃初始气体含量	大于等于 85%	DB/T 29—88

4.3.3 密封胶条

门窗用密封胶条关系到门窗的密闭性能，应具有抗紫外线、耐老化、耐污染、弹性好、永久变形小等特性，所以应对其材质进行控制。应根据门窗的类型，建筑的朝向合理选择不同硬度，几何形状和压缩范围的密封胶条。

密封胶条执行的国家标准为《建筑门窗、幕墙用密封胶条》GB/T 24498。此标准适用于建筑门窗、幕墙用硫化橡胶类、热塑性弹性体类弹性密封胶条。不适用于发泡类、复合类密封胶条。

4.3.3.1 标准依据

《建筑节能工程施工质量验收标准》GB 50411

《建筑节能与可再生能源利用通用规范》GB 55015

《建筑门窗、幕墙用密封胶条》GB/T 24498

《天津市民用建筑围护结构节能检测技术规程》DB/T 29—88

《天津市建筑工程施工质量验收资料管理规程》DB/T 29—209

4.3.3.2 进场复验试验项目与取样规定

《天津市建筑工程施工质量验收资料管理规程》DB/T 29—209 中对密封胶条进场复验试验项目与取样规定，见表 4-110。

表 4-110 密封胶条进场复验试验项目与取样规定

种类名称 相关标准、规范代号	复验项目	组批规则及取样数量规定
密封胶条	加热收缩率和拉伸恢复	同一厂家，同一材质，同一外形尺寸，同一级别的产品复验至少1组，每组取样至少2m

4.3.3.3 评定指标

密封胶条评定指标，见表 4-111。

表 4-111 密封胶条评定指标

序号	复验项目	评定指标
1	加热收缩率	$<2\%$
2	拉伸恢复	$>97\%$

4.3.4 门窗钢附框

附框是指预埋或预先安装在门窗洞口中，用于固定门窗的杆件系统。材质为钢材的为钢附框。

门窗钢附框执行的国家标准为《建筑门窗附框技术要求》GB/T 39866，此标准适用于建筑门窗用附框。

4.3.4.1 标准依据

《建筑门窗术语》GB/T 5823

《建筑门窗附框技术要求》GB/T 39866

《天津市民用建筑围护结构节能检测技术规程》DB/T 29—88

《民用建筑节能门窗工程技术标准》DB/T 29—164

《天津市建筑工程施工质量验收资料管理规程》DB/T 29—209

4.3.4.2 进场复验试验项目与取样规定

《天津市建筑工程施工质量验收资料管理规程》DB/T 29—209 中对门窗钢附框进场复验试验项目与取样规定，见表 4-112。

表 4-112 门窗钢附框进场复验试验项目与取样规定

种类名称 相关标准、规范代号	复验项目	组批规则及取样数量规定
门窗钢附框	实测壁厚、镀锌层厚度	同一工程项目、同一厂家抽验一组4根

4.3.4.3 评定指标

门窗钢附框评定指标，见表 4-113。

表 4-113　门窗钢附框评定指标

序号	复验项目	评定指标
1	实测壁厚	≥2mm
2	镀锌层厚度	≥55μm

4.3.5　隔热型材

隔热型材是以隔热材料连接铝合金型材而制成的具有隔热功能的复合型材。隔热型材复合方式分为穿条式和浇注式。

隔热型材执行的国家标准为《铝合金建筑型材 第6部分：隔热型材》GB/T 5237.6。此标准适用于穿条式隔热铝合金建筑型材或浇注式隔热铝合金建筑型材。其他行业用的隔热铝合金型材也可参照执行此标准。

4.3.5.1　标准依据

《建筑节能工程施工质量验收标准》GB 50411

《铝合金建筑型材 第6部分：隔热型材》GB/T 5237.6

《天津市建筑工程施工质量验收资料管理规程》DB/T 29—209

《民用建筑节能门窗工程技术标准》DB/T 29—164

《天津市民用建筑围护结构节能检测技术规程》DB/T 29—88

4.3.5.2　进场复验试验项目与取样规定

《天津市民用建筑围护结构节能检测技术规程》DB/T 29—209 中对隔热型材进场复验试验项目与取样规定，见表 4-114。

表 4-114　隔热型材进场复验试验项目与取样规定

种类名称 相关标准、规范代号	复验项目	组批规则及取样数量规定
隔热型材	横向抗拉特征值、纵向抗剪特征值	组批及取样：同一工程项目、同一厂家、同一型材，批量不限，抽样复验有代表性1组4根

4.3.5.3　评定指标

隔热型材评定指标，见表 4-115。

表 4-115　隔热型材评定指标

序号	复验项目	评定指标
1	横向抗拉特征值	≥24N/mm
2	纵向抗剪特征值	≥24N/mm

4.3.6　披水板

批水板是安装于外窗室外侧下框底部，具有一定倾斜坡度用于排水的部件。为改善门窗与墙体及保温连接处的漏水情况，在门窗下侧安装披水板，防止雨水在门窗下侧渗漏进保温材料。

4.3.6.1　标准依据

《天津市民用建筑围护结构节能检测技术规程》DB/T 29—88

《民用建筑节能门窗工程技术标准》DB/T 29—164

4.3.6.2　进场复验试验项目与取样规定

《天津市建筑工程施工质量验收资料管理规程》DB/T 29—209中对披水板进场复验试验项目与取样规定，见表4-116。

表4-116　披水板进场复验试验项目与取样规定

种类名称 相关标准、规范代号	复验项目	组批规则及取样数量规定
披水板	厚度、热镀锌钢板披水板镀锌层厚度	同一工程项目、同一厂家抽验1块

4.3.6.3　评定指标

披水板评定指标，见表4-117。

表4-117　披水板评定指标

序号	复验项目		评定指标
1	厚度	金属	≥1.5mm
		玻璃钢	≥3mm
2	热镀锌钢板披水板镀锌层厚度		≥55μm

4.4　幕墙节能

由支承结构体系与面板组成的、相对主体结构有一定位移能力或自身能适应主体结构位移、不分担主体结构所受作用的建筑外围护结构或装饰性结构，称为建筑幕墙。随着科技的进步，建筑幕墙中新材料、新工艺、新技术、新体系被不断采用，建筑幕墙按面材可分为玻璃幕墙、金属幕墙、石材幕墙、人造板材幕墙以及由各种面板组合而成的幕墙。

幕墙对建筑能耗高低的影响主要有两个方面，一是幕墙的热工性能影响到冬季供暖、夏季空调室内外温差传热；二是幕墙的透光材料（如玻璃）受太阳辐射影响而造成的建筑室内的得热。冬季，通过窗口和透光幕墙进入室内的太阳辐射有利于建筑的节能，因此，减小幕墙的传热系数，抑制温差传热是降低幕墙热损失的主要途径之一；夏季，通过幕墙进入室内的太阳辐射成为空调降温的负荷，因此，减少进入室内的太阳辐射以及减小幕墙的温差传热都是降低空调能耗的途径。此外，幕墙气密性也是影响建筑能耗的主要因素，而且随着围护结构保温隔热性能提升，气密性对建筑能耗的影响也越来越显著，因此，气密性也是幕墙节能诊断的重要项目。幕墙节能主要涉及的产品有建筑幕墙、Low-E玻璃、透光、半透光遮阳材料、隔热型材、幕墙保温材料。

《建筑节能与可再生能源利用通用规范》GB 55015中明确规定，建筑幕墙（含采光顶）节能工程采用的材料、构件和设备施工进场复验应包括下列内容：①保温隔热材料的导热系数或热阻、密度、吸水率及燃烧性能（不燃材料除外）；②幕墙玻璃的可见光透射比、传热系数、太阳得热系数及中空玻璃的密封性能；③隔热型材的抗拉强度及抗剪强度；④透光、半透光遮阳材料的太阳光透射比及太阳光反射比。

4.4.1　建筑幕墙

建筑幕墙由透光面板与支承体系（支承装置和支承结构）组成。不承担主体结构所受作用且与水平方向夹角小于75°的建筑外围护结构，称为采光顶。

建筑幕墙执行的国家标准为《建筑幕墙》GB/T 21086和《建筑幕墙、门窗通用技术条件》GB/T 31433。《建筑幕墙》GB/T 21086适用于以玻璃、石材、金属板、人造板材为饰面材料的构件式幕墙、单元式幕墙、双层幕墙，还适用于全玻幕墙、点支承玻璃幕墙。采光顶、金属屋面、装饰性幕墙和其他建筑幕墙可参照使用。《建筑幕墙》GB/T 21086 不适用于混凝土板幕墙、面板直接粘贴在主体结构的外墙装饰系统，也不适用于无支承框架结构的外墙干挂系统。《建筑幕墙、门窗通用技术条件》GB/T 31433 适用于民用建筑用幕墙和门窗。《建筑幕墙、门窗通用技术条件》GB/T 31433 不适用于面板直接粘贴在主体结构的外墙装饰系统、无支承框架结构的外墙干挂系统；不适用于防火门窗、逃生门窗、排烟窗、防射线屏蔽门窗等特种门窗。

4.4.1.1 术语和定义

1. 气密性能

可开启部分处于关闭状态，试件阻止空气渗透的能力。

2. 水密性能

可开启部分处于关闭状态，在风雨同时作用下，试件阻止雨水向室内侧渗漏的能力。

3. 抗风压性能

可开启部分处于关闭状态，在风压作用下，试件主要受力构件变形不超过允许值且不发生结构性损坏及功能障碍的能力。

注 1：结构性损坏包括裂缝、面板破损、连接破坏、黏结破坏等。

注 2：功能障碍包括五金件松动、启闭困难等。

4. 层间变形

在地震、风荷载等作用下，建筑物相邻两个楼层间在幕墙平面内水平方向（X 轴），平面外水平方向 Y 轴，垂直于 X 轴方向）和垂直方向（Z 轴）的相对位移。X 轴、Y 轴、Z 轴方向见图 4-1。

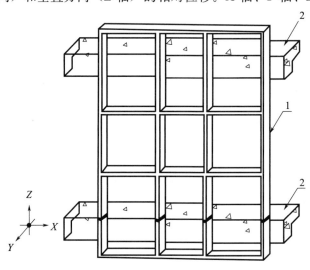

1—幕墙试件；2—楼层。

图 4-1　层间变形 X 轴、Y 轴、Z 轴方向

5. 幕墙传热系数

表征建筑幕墙保温性能的参数。在稳定传热状态下，幕墙两侧空气温差为 1K，单位时间内通过单位面积的传热量。

6. 遮阳系数

在给定条件下，太阳能总透射比与厚度 3mm 无色透明玻璃的太阳能总透射比的比值。

7. 可见光透射比

透过透光材料的可见光光通量与投射在其表面上的可见光光通量之比。

4.4.1.2 依据标准

《建筑节能工程施工质量验收标准》GB 50411

《建筑节能与可再生能源利用通用规范》GB 55015

《建筑玻璃 可见光透射比、太阳光直接透射比、太阳能总透射比、紫外线透射比及有关窗玻璃参数的测定》GB/T 2680

《建筑幕墙气密、水密、抗风压性能检测方法》GB/T 15227

《建筑幕墙层间变形性能分级及检测方法》GB/T 18250

《建筑幕墙保温性能分级及检测方法》GB/T 29043

《建筑幕墙、门窗通用技术条件》GB/T 31433

《天津市民用建筑围护结构节能检测技术规程》DB/T 29—88

《天津市建筑工程施工质量验收资料管理规程》DB/T 29—209

《天津市建筑幕墙工程技术规范》DB 29—221

4.4.1.3 进场复验试验项目与取样规定

《天津市建筑工程施工质量验收资料管理规程》DB/T 29—209 中对建筑幕墙进场复验试验项目与取样规定，见表 4-118。

表 4-118 建筑幕墙进场复验试验项目与取样规定

种类名称 相关标准、规范代号	复验项目	组批规则及取样数量规定
建筑幕墙、采光顶	气密性、水密性、抗风压、层间变形、传热系数、遮阳系数、可见光透射比	同一工程项目、同一厂家、同一品种、同一类型的产品各抽样复验不少于一组

4.4.1.4 评定指标

1. 指标分级

1）气密性能

幕墙气密性能以可开启部分单位缝长空气渗透量 q_L 和幕墙整体单位面积空气渗透量 q_A 为分级指标，幕墙气密性能分级应符合表 4-119 的规定。

表 4-119 幕墙气密性能分级

分级代号		1	2	3	4
分级指标值 q_L [m³/(m·h)]	可开启部分	$4.0 \geqslant q_L > 2.5$	$2.5 \geqslant q_L > 1.5$	$1.5 \geqslant q_L > 0.5$	$q_L \leqslant 0.5$
分级指标值 q_A [m³/(m²·h)]	整体幕墙	$4.0 \geqslant q_A > 2.0$	$2.0 \geqslant q_A > 1.2$	$1.2 \geqslant q_A > 0.5$	$q_A \leqslant 0.5$

注：第 4 级应在分级后同时注明具体分级指标值。

2）水密性能

幕墙水密性能以严重渗漏压力差值的前一级压力差值 Δp 为分级指标，分级应符合表 4-120 的规定。

表 4-120 幕墙水密性能分级 Pa

分级代号		1	2	3	4	5
分级指标 Δp	固定部分	$500 \leqslant \Delta p < 700$	$700 \leqslant \Delta p < 1000$	$1000 \leqslant \Delta p < 1500$	$1500 \leqslant \Delta p < 2000$	$\Delta p \geqslant 2000$
	可开启部分	$250 \leqslant \Delta p < 350$	$350 \leqslant \Delta p < 500$	$500 \leqslant \Delta p < 700$	$700 \leqslant \Delta p < 1000$	$\Delta p \geqslant 1000$

3）抗风压性能

幕墙抗风压性能以定级检测压力 P_3 为分级指标，分级应符合表 4-121 的规定。

表 4-121　幕墙抗风压性能分级

分级	1	2	3	4	5	6	7	8	9
分级指标值 P_3/kPa	$1.0{\leqslant}P_3$ <1.5	$1.5{\leqslant}P_3$ <2.0	$2.0{\leqslant}P_3$ <2.5	$2.5{\leqslant}P_3$ <3.0	$3.9{\leqslant}P_3$ <3.5	$3.5{\leqslant}P_3$ <4.0	$4.0{\leqslant}P_3$ <4.5	$4.5{\leqslant}P_3$ <5.0	$P_3{\geqslant}5.0$

注：第 9 级应在分级后同时注明具体分级指标值。

4）层间变形

幕墙平面内变形性能以 X 轴维度方向层间位移角作为分级指标值，用 γ_X 表示。

幕墙平面外变形性能以 Y 轴维度方向层间位移角作为分级指标值，用 γ_Y 表示。

幕墙垂直方向变形性能以 Z 轴维度方向层间高度变化量作为分级指标值，用 δ_Z 表示。

建筑幕墙层间变形性能分级见表 4-122。

表 4-122　建筑幕墙层间变形性能分级

分级指标	分级代号				
	1	2	3	4	5
γ_X	$1/400{\leqslant}\gamma_x<1/300$	$1/300{\leqslant}\gamma_x<1/200$	$1/200{\leqslant}\gamma_x<1/150$	$1/150{\leqslant}\gamma_x<1/100$	$\gamma_x{\geqslant}1/100$
γ_Y	$1/400{\leqslant}\gamma_y<1/300$	$1/300{\leqslant}\gamma_y<1/200$	$1/200{\leqslant}\gamma_y<1/150$	$1/150{\leqslant}\gamma_y<1/100$	$\gamma_y{\geqslant}1/100$
δ_Z（mm）	$5{\leqslant}\delta_z<10$	$10{\leqslant}\delta_z<15$	$15{\leqslant}\delta_z<20$	$20{\leqslant}\delta_z<25$	$\delta_z{\geqslant}25$

注：5 级时应注明相应的数值。组合层间位移检测时分别注明级别。

5）传热系数

以传热系数 K 为分级指标，应符合表 4-123 的规定。

表 4-123　传热系数分级　　　　　W/（m^2·K）

分级代号	1	2	3	4	5	6	7	8
分级指标值 K	$K{\geqslant}5.0$	$5.0>K{\geqslant}4.0$	$4.0>K{\geqslant}3.0$	$3.0>K{\geqslant}2.5$	$2.5>K{\geqslant}2.0$	$2.0>K{\geqslant}1.5$	$1.5>K{\geqslant}1.0$	$K<1.0$

注：第 8 级应在分级后同时注明具体分级指标值。

6）遮阳系数

幕墙遮阳性能以遮阳系数 SC 为分级指标，分级应分别符合表 4-124 的规定。

表 4-124　门窗遮阳性能分级

分级	1	2	3	4	5	6	7	8
分级指标值 SC	$0.9{\geqslant}SC>0.8$	$0.8{\geqslant}SC>0.7$	$0.7{\geqslant}SC>0.6$	$0.6{\geqslant}SC>0.5$	$0.5{\geqslant}SC>0.4$	$0.4{\geqslant}SC>0.3$	$0.3{\geqslant}SC>0.2$	$SC{\leqslant}0.2$

2. 评定指标

建筑幕墙评定指标，见表 4-125。

表 4-125　建筑幕墙评定指标

序号	复验项目	评定指标		标准依据
1	气密性能	7 层以下	≥2 级并符合设计要求	DB/T 29—88
		7 层及以上	≥3 级并符合设计要求	
2	水密性能	≥2 级		DB/T 29—88
3	抗风压性能	符合设计要求		DB/T 29—88
4	层间变形	符合设计要求		DB 29—221
5	传热系数	符合设计要求		GB 50411
6	遮阳系数	符合设计要求		GB 50411

4.4.2 玻璃

术语和定义、标准依据等详见本章"4.3 门窗节能"中"4.3.2 玻璃"的相关内容。

4.4.2.1 进场复验试验项目与取样规定

《天津市建筑工程施工质量验收资料管理规程》DB/T 29—209 中对玻璃进场复验试验项目与取样规定，见表4-126。

表 4-126 玻璃进场复验试验项目与取样规定

种类名称 相关标准、规范代号	复验项目	组批规则及取样数量规定
玻璃	可见光透射比、传热系数、太阳得热系数、中空玻璃的密封性能、Low-E 玻璃的膜面辐射率	单项建设工程项目，同一生产厂家的建筑幕墙、采光顶分别抽取 1 组，每组为 10 块中空玻璃

4.4.2.2 评定指标

玻璃评定指标，见表4-127。

表 4-127 玻璃评定指标

序号	复验项目	评定指标	标准依据
1	可见光透射比	符合设计要求	GB 55015
2	传热系数	符合设计要求	GB 55015
3	太阳得热系数	符合设计要求	GB 55015
4	中空玻璃密封性能	≤−40℃	GB 55015
5	Low-E 玻璃的膜面辐射率	在线≤0.25 离线≤0.15 并应符合设计要求	DB/T 29—88

4.4.3 透光、半透光遮阳材料

如果遮阳材料是透光的或半透光的，遮阳性能会受到很大影响，效果会大打折扣，如浅色遮阳帘等。因此，这些遮阳帘的透光特性应该复验。而不透光的遮阳材料则能取得很好的遮阳效果，不用再测试其光学性能。所有金属材料均属于不透光材料，木材、深色板材也基本上不透光，织物属于半透光的则比较多。

4.4.3.1 依据标准

《建筑节能工程施工质量验收标准》GB 50411
《建筑节能与可再生能源利用通用规范》GB 55015
《天津市民用建筑围护结构节能检测技术规程》DB/T 29—88
《天津市建筑工程施工质量验收资料管理规程》DB/T 29—209

4.4.3.2 进场复验试验项目与取样规定

《天津市建筑工程施工质量验收资料管理规程》DB/T 29—209 中对透光、半透光遮阳材料进场复验试验项目与取样规定，见表4-128。

表 4-128 透光、半透光遮阳材料进场复验试验项目与取样规定

种类名称 相关标准、规范代号	复验项目	组批规则及取样数量规定
透光、半透光遮阳材料	太阳光透射、太阳光反射比	单项建设工程项目，同一生产厂家，同一品种的抽取 1 组，每组为 1 块

4.4.3.3 评定指标

透光、半透光遮阳材料评定指标，见表 4-129。

表 4-129 透光、半透光遮阳材料评定指标

序号	复验项目	评定指标
1	太阳光透射比	符合设计要求
2	太阳光反射比	符合设计要求

4.4.4 隔热型材

详见本章"4.3 门窗节能"中"4.3.5 隔热型材"的相关内容。

4.4.5 幕墙保温材料

详见本章"4.1 墙体节能"中保温材料相关内容。

4.5 配电与照明系统节能

配电与照明节能主要涉及的产品有配电电缆、电线、照明开关、插座、高效节能照明光源、灯具及附属装置。

《建筑节能与可再生能源利用通用规范》GB 55015 中明确规定，配电与照明节能工程采用的材料、构件和设备施工进场复验应包括下列内容：①照明光源初始光效；②照明灯具镇流器能效值；③照明灯具效率或灯具能效；④照明设备功率、功率因数和谐波含量值；⑤电线、电缆导体电阻值。

同时，《建筑节能与可再生能源利用通用规范》GB 55015 中明确规定，配电与照明工程安装完成后，应进行系统节能性能的检测，且应由建设单位委托具有相应检测资质的检测机构检测并出具报告。配电与照明系统节能性能检测主要项目及要求见表 4-130。

表 4-130 配电与照明系统节能性能检测主要项目及要求

检测项目	抽样数量	允许偏差或规定值
照度与照明功率密度	每个典型功能区域不少于 2 处，且均匀分布，并具有代表性	照度不低于设计值的 90%；照明功率密度值不应大于设计值

4.5.1 配电电缆、电线

电线电缆包括绝缘材料和导体。电线电缆绝缘材料主要有 3 种，PVC/C 型（固定敷设用电缆）、PVC/D 型（软电缆）、PVC/E 型（内部布线用耐热电缆）。电线电缆的导体种类共分为 4 种：第 1 种、第 2 种、第 5 种、第 6 种。其中：实心导体用第 1 种、绞合导体用第 2 种、软导体用第 5 种、特软导体用第 6 种。

电缆的型号表示法：用两位数表示，放在 60227 IEC 后面。第一个数字表示电缆的基本分类，第二个数字表示基本分类中的特定形式。

0——固定布线用无护套电缆

　01——一般用途单芯硬导体无护套电缆（60227 IEC 01）

　02——一般用途单芯软导体无护套电缆（60227 IEC 02）

1——固定布线用护套电缆

　10——轻型聚氯乙烯护套电缆（60227 IEC 10）

4——轻型无护套电缆

5——一般用途护套软电缆

7——特殊用途护套软电缆

配电电缆、电线执行的国家标准为《额定电压450/750V及以下聚氯乙烯绝缘电缆 第1部分：一般要求》GB/T 5023.1和《额定电压450/750V及以下聚氯乙烯绝缘电缆 第3部分：固定布线用无护套电缆》GB/T 5023.3。《额定电压450/750V及以下聚氯乙烯绝缘电缆 第1部分：一般要求》GB/T 5023.1规定GB/T 5023的本部分适用于额定电压U_0/U为450/750V及以下聚氯乙烯绝缘和护套（若有）软电缆和硬电缆，用于交流标称电压不超过450/750V的动力装置。《额定电压450/750 V及以下聚氯乙烯绝缘电缆 第3部分：固定布线用无护套电缆》GB/T 5023.3详细规定了额定电压450/750V及以下固定布线用聚氯乙烯绝缘单芯无护套电缆的技术要求。所有电缆均应符合GB/T 5023.1规定的相应要求，并且各种型号电缆应分别符合对应标准规定的特殊要求。

4.5.1.1　依据标准

《建筑电气工程施工质量验收规范》GB 50303

《建筑节能与可再生能源利用通用规范》GB 55015

《电缆的导体》GB/T 3956

《额定电压450/750V及以下聚氯乙烯绝缘电缆 第1部分：一般要求》GB/T 5023.1

《额定电压450/750V及以下聚氯乙烯绝缘电缆 第3部分：固定布线用无护套电缆》GB/T 5023.3

《额定电压1kV（U_m＝1.2kV）到35kV（U_m＝40.5kV）挤包绝缘电力电缆及附件 第1部分：额定电压1kV（U_m＝1.2kV）和3kV（U_m＝3.6kV）电缆》GB/T 12706.1

《天津市建筑工程施工质量验收资料管理规程》DB/T 29—209

4.5.1.2　进场复验试验项目与取样规定

《天津市建筑工程施工质量验收资料管理规程》DB/T 29—209中对配电电缆、电线进场复验试验项目与取样规定，见表4-131。

表4-131　配电电缆、电线进场复验试验项目与取样规定

种类名称 相关标准、规范代号	复验项目	组批规则及取样数量规定
配电电缆、电线	绝缘电阻（或最高使用温度的绝缘电阻常数）、电压试验、导体电阻	同一厂家各种总数的10%，且不少于2个规格，每个规格20m

4.5.1.3　评定指标

1. 绝缘电阻（或最高使用温度的绝缘电阻常数）

1) 一般用途单芯硬导体无护套电缆（60227 IEC 01）绝缘电阻应不小于表4-132规定值。

表4-132　一般用途单芯硬导体无护套电缆（60227 IEC 01）绝缘电阻评定指标

导体标称截面积（mm²）	导体种类	70℃时最小绝缘电阻（MΩ·km）
1.5	实心导体	0.011
1.5	绞合导体	0.010
2.5	绞合导体	0.010
2.5	绞合导体	0.009
4	绞合导体	0.0085
4	绞合导体	0.0077
6	绞合导体	0.0070
6	绞合导体	0.0065

导体标称截面积（mm²）	导体种类	70℃时最小绝缘电阻（MΩ·km）
10	实心导体	0.0070
10	绞合导体	0.0065
16	绞合导体	0.0050
25	绞合导体	0.0050
35	绞合导体	0.0043
50	绞合导体	0.0043
70	绞合导体	0.0035
95	绞合导体	0.0035
120	绞合导体	0.0032
150	绞合导体	0.0032
185	绞合导体	0.0032
240	绞合导体	0.0032
300	绞合导体	0.0030
400	绞合导体	0.0028

2）一般用途单芯软导体无护套电缆（60227 IEC 02）绝缘电阻应不小于表4-133的规定值。

表 4-133　一般用途单芯软导体无护套电缆（60227 IEC 02）绝缘电阻评定指标

导体标称截面积（mm²）	70℃时最小绝缘电阻（MΩ·km）
1.5	0.010
2.5	0.009
4	0.007
6	0.006
10	0.0056
16	0.0046
25	0.0044
35	0.0038
50	0.0037
70	0.0032
95	0.0032
120	0.0029
150	0.0029
185	0.0029
240	0.0028

2. 电压试验

聚氯乙烯（PVC）绝缘电缆电压试验应符合表 4-134 要求。

表 4-134 聚氯乙烯（PVC）绝缘电缆电压试验要求

试验项目	单位	电缆额定电压		
		300/300V	300/500V	450/750V
试验条件：				
——试样最小长度	m	10	10	10
——浸水最少时间	h	1	1	1
——水温	℃	20±5	20±5	20±5
试验电压（交流）	V	2000	2000	2500
每次最少施加电压时间	min	5	5	5
试验结果		不击穿	不击穿	不击穿

3. 导体电阻

导体电阻应符合《电缆的导体》GB/T 3956 的要求，部分产品的导体电阻评定指标见表 4-135。

表 4-135 单芯和多芯电缆用第 1 种实心导体

标称截面积（mm²）	20℃时导体最大电阻（Ω/km）		
	圆形退火铜导体		铝导体和铝合金导体，圆形或成型[c]
	不镀金属	镀金属	
0.5	36.0	36.7	—
0.75	24.5	24.8	—
1.0	18.1	18.2	—
1.5	12.1	12.2	—
2.5	7.41	7.56	—
4	4.61	4.70	—
6	3.08	3.11	—
10	1.83	1.84	3.08[a]
16	1.15	1.16	1.91[a]
25	0.727[b]	—	1.20[a]
35	0.524[b]	—	0.868[a]
50	0.387[b]	—	0.641
70	0.268[b]	—	0.443
95	0.193[b]	—	0.320[a]
120	0.153[b]	—	0.253
150	0.124[b]	—	0.2064
185	0.101[b]	—	0.164
240	0.0775[b]	—	0.125[d]
300	0.0620[b]	—	0.100[d]
400	0.0465[b]	—	0.0778
500	—	—	0.0605
630	—	—	0.0469

续表

标称截面积（mm²）	20℃时导体最大电阻（Ω/km）		铝导体和铝合金导体，圆形或成型c
	圆形退火铜导体		
	不镀金属	镀金属	
800	—	—	0.0367
1000	—	—	0.0291
1200	—	—	0.0247

a 仅适用于截面积 10mm²～35mm² 的圆形铝导体。

b 标称截面积 25 mm² 及以上的实心铜导体用于特殊型的电缆，如矿物绝缘电缆，而非一般用途。

c 对于具有与铝导体相同标称截面积的实心铝合金导体，表中给出的电阻值可乘以 1.162 的系数，除非制造方和买方另有规定。

d 对于单芯电缆，四根扇形成型导体可以组合成一根圆形导体。该组合导体的最大电阻值应为单根构件导体的 25%。

4.5.2 照明开关、插座

开关是设计用以接通或分断一个或多个电路里的电流的装置。其种类包括按钮开关、瞬动式开关、拉线开关、小间隙结构开关、微间隙结构开关等。

插座是预期为一般人员频繁使用，具有用于与插头插销插合的插套，并且装有用于软缆电气连接和机械定位部件的电器附件。其种类包括明装式插座、暗装式插座、移动式插座、地板暗装式插座等。

4.5.2.1 依据标准

《建筑电气工程施工质量验收规范》GB 50303

《建筑电气与智能化通用规范》GB 55024

《家用和类似用途插头插座 第 1 部分：通用要求》GB/T 2099.1

《家用和类似用途固定式电气装置的开关 第 1 部分：通用要求》GB/T 16915.1

4.5.2.2 进场复验试验项目与取样规定

《天津市建筑工程施工质量验收资料管理规程》DB/T 29—209 中对照明开关、插座进场复验试验项目与取样规定，见表 4-136。

表 4-136 照明开关、插座进场复验试验项目与取样规定

种类名称 相关标准、规范代号	复验项目	组批规则及取样数量规定
照明开关、插座	温升、电气间隙、耐非正常热和耐燃	同厂家每种相同规格抽取 1 组 6 个

4.5.2.3 评定指标

1. 温升

1）开关温升：端子的温升不应超过 45K。

2）对于带有组装元件的移动式插座和可拆线插头温升：除了要验证端子的温升，应测量可触及金属部件的最大温升且其不应超过 30K，可触及非金属部件的温升不应超过 40K。

2. 电气间隙

1）开关电气间隙

（1）触头分开时，被分隔的带电部件之间距离不小于 3mm，如果是小间隙结构开关里触头分开过程中会移动的带电部件，触头分开时，此值要降至 1.2mm。如果是微间隙结构开关里触头分开过程中会移动的带电部件、触头分开时，此值不规定。

（2）不同极性的带电部件之间距离不小于 4mm。

（3）带电部件与

——接地电路部件之间，不小于 3mm；

——支承暗装式开关底座的金属框架之间，不小于 3mm；

——用以固定底座、盖或盖板的螺钉或器件之间，不小于 3mm；

——开关机构中要求与带电部件绝缘的金属部件之间，不小于 3mm。

2）插座电气间隙

（1）不同极性的带电部件之间距离不小于 4mm。

（2）带电部件与

——易触及绝缘部件表面之间距离，不小于 3mm。

——第（3）项和第（4）项未提及的接地金属部件（包括接地电路部件）之间距离不小于 3mm。

——支承暗装式插座主要部件的金属框架之间距离不小于 3mm。

——用以固定固定式插座主要部件、盖或盖板的螺钉或零件之间距离不小于 3mm。

——外部装配螺钉之间距离不小于 3mm，插头插合面上的及其与接地电路相隔离的螺钉除外。

（3）带电部件与

——在插座处于最不利位置的情况下专门接地的金属盒之间距离不小于 3mm。

——在插座处于最不利位置的情况下无绝缘衬垫的不接地金属盒之间距离不小于 4.5mm。

——插座和插头中易触及的不接地或功能接地的金属部件之间距离不小于 6mm。

（4）带电部件与明装式插座的主要部件的安装表面之间距离不小于 6mm。

（5）带电部件与明装式插座的主要部件单导线凹槽（如有）的底部之间距离不小于 3mm。

3. 耐非正常热和耐燃

1）开关

会受到电热应力的，以及劣化后会危及电器附件安全的绝缘材料部件，不应受到非正常热和火的过度影响。是否合格，进行灼热丝试验检查。如果出现下列情况，开关视作灼热丝试验合格：

① 无可见火焰，又无持续灼热；

② 在灼热丝撤走后 30s 之内，开关上的火焰和灼热熄灭。

绢纸不应起火，松木板不应烧焦。

2）插座

由于电气作用会经受热应力，而且如果劣化则会损害电器附件安全的绝缘材料部件，应不受非正常热和火的过度影响。是否合格，进行灼热丝试验检查，此外，对插销带有绝缘护套的插头，还要进行带有绝缘护套的插销试验检查。灼热丝试验如果属于下列情况，应视作合格：

① 无可见的火焰又无持续的辉光；

② 在灼热丝移去后 30s 内，试样上的火焰熄灭或辉光消失。

绢纸不应起火，松木板不应烧焦。

带有绝缘护套的插销试验结果，肉眼检查时，在无任何附加放大的情况下，应没有正常或校正视力下可见的裂痕，而且绝缘护套尺寸的变化应不足以损害防意外接触的保护。

4.5.3 高效节能照明光源、灯具及附属装置

高效节能照明光源、灯具及附属装置主要分为传统照明灯具及镇流器等附属装置和 LED 灯具及附属装置。

4.5.3.1 依据标准

《建筑照明设计标准》GB 50034

《建筑电气工程施工质量验收规范》GB 50303

《建筑节能工程施工质量验收标准》GB 50411

《灯具 第 1 部分：一般要求与试验》GB 7000.1

《双端荧光灯 性能要求》GB/T 10682

《电磁兼容 限值 谐波电流发射限值（设备每相输入电流≤16A)》GB 17625.1

《管形荧光灯镇流器能效限定值及能效等级》GB/T 17896

《道路与街路照明灯具性能要求》GB/T 24827

《反射型自镇流 LED 灯性能测试方法》GB/T 29295

《双端 LED 灯（替换直管形荧光灯用）性能要求》GB/T 36949

《嵌入式 LED 灯具性能要求》GB/T 30413

4.5.3.2 进场复验试验项目与取样规定

《天津市建筑工程施工质量验收资料管理规程》DB/T 29—209 中对高效节能照明光源、灯具及附属装置进场复验试验项目与取样规定，见表 4-137。

表 4-137 高效节能照明光源、灯具及附属装置进场复验试验项目与取样规定

种类名称 相关标准、规范代号	复验项目	组批规则及取样数量规定
高效节能照明光源、灯具及附属装置	传统照明灯具：照明光源初始光效、镇流器能效值、照明灯具效率、谐波含量、功率因数 LED 灯具：灯具效能、功率、功率因数、色度参数（含色温、显色指数）	同厂家的照明光源、镇流器、灯具、照明设备，不足 100 套（个）检测不少于 1 套，数量在 200 套（个）及以下时，抽检 2 套（个）；数量在 201 套（个）～2000 套（个）时，抽检 3 套（个）；当数量在 2000 套（个）以上时，每增加 1000 套（个）时应增加抽检 1 套（个）

4.5.3.3 评定指标

1. 传统照明（荧光灯）：

1）光源的初始光效

光源的初始光效应符合表 4-138 的要求

表 4-138 灯的初始光效要求

工作类型	标称功率（W）	标称管径（mm）	补充信息	参数表号	光效（斜线"/"前后分别是额定值和极限值）(lm/W)							
					使用三基色荧光粉的灯				使用卤磷酸钙荧光粉的灯			
					RC	RR RZ	RL RB	RN RD	RC	RR RZ	RL RB	RN RD
a) 交流电源频率带启动器预热阴极荧光灯	4	16		1020	—	*	*	*	—	24/22	29/27	29/27
	6	16		1030	—	*	*	*	—	35/32	40/37	43/40
	8	16		1040	—	*	60/55	63/58	44/40	49/45	53/49
	13	16		1060	—		74/68	76/70	—	50/46	57/52	62/57
	15	26	标称长度450mm	2120	—	60/55	63/58	53/58	—	45/41	47/43	47/43
	15	26	标称长度550mm	2215	—	63/58	66/61	66/61	—	47/43	52/48	53/49
	18	26		2220	70/64	72/66	75/62	75/69	52/48	54/50	57/52	57/52
	20	32		2230						51/47	60/55	60/55
	20	38		2240						51/47	60/55	60/55
	25	38		2315						*	*	*
	30	26		2320	75/69	77/71	80/74	80/74	56/52	58/53	62/57	62/57
	30	38		2340						59/54	69/63	71/65
	33	26		2415	—	*	*	*		61/56	64/59	65/60
	36	26		2420	80/74	84/78	86/80	86/80	62/57	67/62	69/63	69/63

工作类型	标称功率 (W)	标称管径 (mm)	补充信息	参数表号	光效（斜线"/"前后分别是额定值和极限值）(lm/W)							
					使用三基色荧光粉的灯				使用卤磷酸钙荧光粉的灯			
					RC	RR RZ	RL RB	RN RD	RC	RR RZ	RL RB	RN RD
a) 交流电源频率带启动器预热阴极荧光灯	38	26		2425	—	*	*	*	—	*	*	*
	40	32		2430	—	—	—	—	—	62/57	68/63	70/64
	40	38		2440	—	—	—	—	—	61/56	67/62	70/64
	58	26		2520	80/74	82/74	86/77	86/77	62/57	64/59	67/62	67/62
	65	32		2530	—	—	—	—	—	66/61	77/71	81/75
	65	38		2540	—	—	—	—	—	64/59	75/69	78/72
	70	26		2620	—	*	*	*	—	*	*	*
	75	38		2640	—	—	—	—	—	*	*	*
	80	38		2660	—	—	—	—	—	61/56	72/66	74/68
	85	38		2670	—	—	—	—	—	61/56	75/69	78/71
	100	38		2840	—	—	—	—	—	59/54	71/65	73/67
	125	38		2880	—	—	—	—	—	61/56	71/65	72/66
b) 快速启动荧光灯	4	16	高阴极电阻	3020	—	*	*	*	—	*	*	*
	6	16		3030	—	*	*	*	—	*	*	*
	8	16		3040	—	*	*	*	—	*	*	*
	20	38		4240	—	—	—	—	—	40/37	48/44	48/44
	30	38		4340	—	—	—	—	—	*	*	*
	40	38		4440	—	—	—	—	—	51/47	54/50	56/52
	65	38		4540	—	—	—	—	—	*	*	*
	75	38		4640	—	—	—	—	—	*	*	*
	80	38		4660	—	—	—	—	—	*	*	*
	85	38		4670	—	—	—	—	—	*	*	*
	125	38		4680	—	—	—	—	—	*	*	*
c) 快速启动荧光灯	20	32	低阴极电阻	5230	—	—	—	—	—	40/37	48/44	48/44
	20	38		5240	—	—	—	—	—	40/37	48/44	48/44
	30	38		5340	—	—	—	—	—	*	*	*
	40	32		5430	—	—	—	—	—	51/47	54/80	56/52
	40	38		5440	—	—	—	—	—	51/47	54/80	56/52
	65	38		5540	—	—	—	—	—	*	*	*
	85	38		5840	—	—	—	—	—	*	*	*
	60	38		5960	—	—	—	—	—	*	*	*
	87	38		5970	—	—	—	—	—	*	*	*
	112	38		5980	—	—	—	—	—	*	*	*
d) 高频预热阴极荧光灯	6	7		6030	—	*	*	*	—	*	*	*
	8	7		6040	—	x	*	*	—	*	*	*
	11	7		6050	—	*	*	*	—	*	*	*
	13	7		6060	—	*	*	*	—	*	*	*
	14	16	T5高光效系列	6520	71/65	75/69	81/75	81/75	—	—	—	—

工作类型	标称功率 (W)	标称管径 (mm)	补充信息	参数表号	光效（斜线"/"前后分别是额定值和极限值）(lm/W)							
					使用三基色荧光粉的灯				使用卤磷酸钙荧光粉的灯			
					RC	RR RZ	RL RB	RN RD	RC	RR RZ	RL RB	RN RD
d) 高频预热阴极荧光灯	21	16	T5高光效系列	6530	78/72	81/75	90/83	90/83	—	—	—	—
	24	16	T5高光通系列	6620	68/63	71/65	73/67	73/67	—	—	—	—
	28	16	T5高光效系列	6640	80/74	84/77	89/82	89/82	—	—	—	—
	35	16	T5高光效系列	6650	81/75	82/75	89/82	89/82	—	—	—	—
	39	16	T5高光通系列	6730	70/64	73/67	77/71	77/71	—	—	—	—
	49	16	T5高光通系列	6750	78/72	82/75	86/79	86/79	—	—	—	—
	54	16	T5高光通系列	6840	70/64	73/67	78/72	78/72	—	—	—	—
	80	16	T5高光通系列	6850	66/61	69/63	73/67	73/67	—	—	—	—
	16	26		7220	—	72/66	81/75	81/75	—	—	—	—
	32	26		7420	—	85/78	91/84	91/84	—	—	—	—
	23	26		7222	—	84/76	90/85	90/85	—	—	—	—
	45	26		7422	—	93/85	98/90	98/90	—	—	—	—
	50	26		7520	—	*	*	*	—	*	*	*
e) 工作于交流电源频率线路的非预热阴灯	20	38		8240	—	—	—	—	—	38/35	44/40	46/42
	40	38		8440	—	—	—	—	—	50/46	55/51	55/51
	65	38		8540	—	—	—	—	—	*	*	*
	39	38		8640	—	—	—	—	—	*	*	*
	57	38		8740	—	—	—	—	—	*	*	*
	75	38		8840								
f) 工作于高频线路的非预热阴极灯	32	26		9420	—	*	*	*	—	*	*	*
	50	26		9520	—	*	*	*	—	*	*	*

注：1. 对于显色指数在 90 以上的灯，表中的光效要求不适用。由于这种灯对光谱分布的高要求而采用特别的荧光粉，因此其光效低于同型号的三基色荧光灯。

2. "＊"表示相关参数待定。

3. "—"表示无相应的灯种。

2）镇流器能效值

镇流器能效值应符合《管形荧光灯镇流器能效限定值及能效等级》GB/T 17896 的要求。

3）灯具效率

荧光灯灯具的效率不应低于表 4-139 的规定。

表 4-139　荧光灯灯具的效率 %

灯具出光口形式		开敞式	保护罩（玻璃或塑料）		格栅	格栅或透光罩
			透明	棱镜		
直管形		75	70	55	65	—
紧凑型筒灯		55	50		45	—
小功率金属卤化物灯筒灯		60	55		50	—
高强度气体放电灯		75	—		—	60
发光二极管筒灯	2700K	—	60		55	—
	3000K	—	65		60	—
	4000K	—	70		65	—
发光二极管平面灯	2700K	反射式：60，直射式：65				
	3000K	反射式：65，直射式：70				
	4000K	反射式：70，直射式：75				

4）谐波含量

（1）有功输入功率大于 25W

对于有功输入功率大于 25W 的照明设备，谐波电流不应超过表 4-141 给出的相关限值，但是，表 4-140的限值适用于带有内置式调光器或壳式调光器的白炽灯照明设备。对于带有内置式调光器、独立式调光器或壳式调光器的放电照明设备，使用下列条件：

① 在最大负荷状态下谐波电流不应超过表 4-141 给出的百分数限值；

② 在任何调光位置，谐波电流不应超过最大负荷条件下允许的电流值。

（2）有效输入功率不大于 25W

对于有效功率不大于 25W 的放电灯，应符合下列两项要求之一：

① 谐波电流不超过表 4-142 第 2 栏中与功率相关的限值；

② 用基波电流百分数表示的 3 次谐波电流应不超过 86%，5 次谐波不超过 61%；同时，当基波电源电压过零点作为参考 0 时，输入电流波形应在 60°或之前达到电流阈值，在 65°或之前出现峰值，在 90°之前不能降低到电流阈值以下。电流阈值等于在测量窗口内出现的最高绝对峰值的 5%，在包括该最高绝对峰值的周期之内确定相位角测量值。

表 4-140　A 类照明设备谐波含量限值

谐波次数 n	最大允许谐波电流 A（%）
3	2.30
5	1.14
7	0.77
9	0.40
11	0.33
13	0.21
15≤n≤39	0.15×15/n
2	1.08
4	0.43
6	0.30
8≤n≤40	0.23×8/n

表 4-141　C 类照明设备谐波含量限值

谐波次数 n	最大允许谐波电流 A（%）
2	2
3	$30 \cdot \lambda^a$
5	10
7	7
9	5
$11 \leqslant n \leqslant 39$（仅有奇次谐波）	3

a λ 是电路功率因数

表 4-142　D 类设备每瓦允许的最大谐波电流

谐波次数 n	每瓦允许的最大谐波电流（mA/W）
3	3.4
5	1.9
7	1.0
9	0.5
11	0.35
$11 \leqslant n \leqslant 39$（仅有奇次谐波）	$3.85/n$

5）功率因数

道路与街路照明灯具应符合表 4-143 要求。

表 4-143　相关要求

项目		A 级	B 级
灯具功率因数（7.5）	电感镇流器	$\geqslant 0.90$	$\geqslant 0.85$
	电子镇流器	$\geqslant 0.95$	$\geqslant 0.90$

其他灯具应符合相应产品标准。

2. LED 灯具

1）灯具效能

（1）按照《LED 筒灯性能要求》GB/T 29294 要求：

LED 筒灯的初始效能不应低于 90% 额定值，而且其初始效能不应低于 35lm/W。

（2）按照《嵌入式 LED 灯具性能要求》GB/T 30413 要求：

嵌入式 LED 灯具的初始效能不应低于 90% 额定值，而且其初始效能不应低于 50lm/W。

2）功率

灯在额定电压和额定频率下工作时，其实际消耗的功率不大于标称功率的 110%。

3）功率因数

灯在额定电压和额定频率下工作时，其实际功率因数应不比生产者的标称值低 0.05。若灯宣称为高功率因数的，灯的标称功率因数应不低于 0.9。

4）色度参数（含色温、显色指数）

（1）相关色温（CCT）

室内灯具的相关色温不宜高于 4000K，调节范围包括 4000K 的可调色温灯具除外。应符合表 4-144 中要求。

表 4-144 初始相关色温的要求

标称 CCT[a]（K）	目标 CCT 及其允差（K）	目标 D_{uv} 及其容差
2700	2725±145	0.000±0.006
3000	3045±175	0.000±0.006
3500	3465±245	0.000±0.006
4000	3985±275	0.001±0.006
4500	4503±243	0.001±0.006
5000	5028±283	0.002±0.006
5700[b]	5665±355	0.002±0.006
6500[b]	6530±510	0.003±0.006
灵活的 CCT（2700K~6500K）	$T^{c}±\Delta T^{d}$	$D_{uv}^{e}±0.006$

[a]标称 CCT 中的 6 个数值符合对荧光灯相应 2700K、3000K（暖白）、3500K（白）、4100 K（冷白）、5000K 和 6500 K（日光）的规定。

[b]仅商业照明。

[c]T 的选择以 100K 为步幅（2800、2900、…，6400K），表 4-144 中列出的 8 个 CCT 除外。

[d]ΔT 由 $\Delta T=0.0000108×T^2+0.0262×T+8$ 给出。

[e]D_{uv} 由 $D_{uv}=57700×（1/T）^2-44.6×（1/T）+0.0085$ 给出。

（2）显色指数（CRI）

① 以 LED 为光源、电源电压不超过 250V 的室内一般照明用嵌入式灯具的初始一般显色指数额定值 R_a 不应低于 80 时，R_9 应大于 0。

测得的所有受试样品的一般显色指数的减少不应大于：

——对于 CRI 初始值，额定 CRI 值的 3 个数值；

——光通量维持率试验 6000h 时的 CRI 维持值，额定 CRI 值的 5 个数值。

② 反射型自镇流 LED 灯应符合表 4-145 要求。

表 4-145 反射型自镇流 LED 灯一般显色指数

色调	代表符号	一般显色指数
F6500（日光色）	RR	A 类：>85（R_9>0） B 类：>80（R_9>0）
F5000（中性白色）	RZ	
F4000（冷白色）	RL	
F3500（白色）	RB	A 类：>90（R_9>0） B 类：>85（R_9>0）
F3000（暖白色）	RN	
F2700（白炽灯色）	RD	

③ 双端 LED 灯（替换直管形荧光灯用）应符合表 4-146 要求

表 4-146 双端 LED 灯一般显色指数

色调规格	色调代码	一般显色指数 R_0
6500K（日光色）	65	Ⅰ级：80 Ⅱ级：70
5000K（中性白色）	50	
4000K（冷白色）	40	
3500K（白色）	35	
3000K（暖白色）	30	
2700K（白炽灯色）	27	

5 建筑防水工程

防水工程是为保证建筑物不受水侵蚀，内部空间不受危害，提高建筑物使用功能和生产、生活质量，改善人居环境，是一项系统工程，它涉及防水材料、防水工程设计、施工技术等各个方面。

为规范建筑与市政工程防水性能，保障人身健康和生命财产安全、生态环境安全、防水工程质量，满足经济社会管理需要，依据有关法律、法规，住房城乡建设部、市场监管总局联合发布《建筑与市政工程防水通用规范》GB 55030。此规范为强制性工程建设规范，于 2023 年 4 月 1 日实施，建筑与市政工程防水必须执行此规范。

本章详细阐述防水工程中使用的防水材料的进场复验项目、组批规则及取样数量，同时给出复验项目的标准规定。

5.1 依据标准及术语

5.1.1 依据标准

《建筑防水卷材试验方法》GB/T 328.1～GB/T 328.27

《色漆、清漆和色漆与清漆用原材料取样》GB/T 3186

《聚氯乙烯（PVC）防水卷材》GB 12952

《氯化聚乙烯防水卷材》GB 12953

《建筑防水涂料试验方法》GB/T 16777

《高分子防水材料 第 1 部分：片材》GB/T 18173.1

《弹性体改性沥青防水卷材》GB 18242

《塑性体改性沥青防水卷材》GB 18243

《建筑防水材料老化试验方法》GB/T 18244

《改性沥青聚乙烯胎防水卷材》GB 18967

《聚氨酯防水涂料》GB/T 19250

《带自粘层的防水卷材》GB/T 23260

《自粘聚合物改性沥青防水卷材》GB 23441

《聚合物水泥防水涂料》GB/T 23445

《预铺防水卷材》GB/T 23457

《湿铺防水卷材》GB/T 35467

《种植屋面用耐根穿刺防水卷材》GB/T 35468

《建筑与市政工程防水通用规范》GB 55030

《水乳型沥青防水涂料》JC/T 408

《聚合物乳液建筑防水涂料》JC/T 864

《天津市建筑工程施工质量验收资料管理规程》DB/T 29—209

5.1.2 术语

1. 改性沥青

在沥青中均匀混入橡胶、合成树脂等分子量大于沥青本身分子量的有机高分子聚合物而制得的混合物。

2. 弹性体改性沥青

沥青与橡胶类弹性体混溶而得到的混合物。

3. 塑性体改性沥青

沥青与塑性体类非弹性体混溶而得到的混合物。

4. 聚酯毡

以涤纶纤维为原料,采用针刺法经热黏合或化学黏合方法生产的非织造布。

5. 玻纤毡

以中碱或无碱玻璃纤维为原料,用黏合剂湿法成型的薄毡或加筋薄毡。

6. 聚乙烯膜

以高密度聚乙烯为原料挤出成型的薄膜。

7. 涤棉无纺布

以涤纶纤维及植物纤维采用化学黏合剂制成的非织造布。

8. 沥青基防水涂料

以沥青为基料配制成的水乳型或溶剂型防水涂料。

9. 高聚物改性沥青防水涂料

以沥青为基料,用合成高分子聚合物进行改性,配制成的水乳型或溶剂型防水涂料。

10. 一道防水层

具有独立防水功能的构造层。

11. 附加防水层

一定范围内,采用相同或相容的材料对防水层的性能进行加强的措施,又称为附加层。

5.2 进场复验试验项目与取样规定

《天津市建筑工程施工质量验收资料管理规程》DB/T 29—209 中,将防水材料按照屋面防水工程、地下防水工程、外墙防水工程进行划分。

5.2.1 屋面防水工程

屋面防水工程用防水材料包括防水卷材、防水涂料、密封材料和其他防水材料。

5.2.1.1 防水卷材进场复验试验项目与取样规定

《天津市建筑工程施工质量验收资料管理规程》DB/T 29—209 中对防水卷材进场复验试验项目与取样规定见表5-1。

表 5-1 防水卷材进场复验试验项目与取样规定

种类名称 相关标准、规范代号	复验项目	组批规则及取样数量规定
弹性体改性沥青防水卷材 (GB 18242) 塑性体改性沥青防水卷材 (GB 18243)	可溶物含量、拉力、最大拉力时延伸率、耐热性、低温柔性、不透水性	①组批:以同一类型,同一规格10000m²为一批,不足10000m²亦可作为一批。 ②取样:大于1000卷抽5卷,每500卷~1000卷抽4卷,100卷~499卷抽3卷,100卷以下抽2卷,进行规格尺寸和外观质量检验。在外观质量检验合格的卷材中,任取一卷做物理性能检验

种类名称 相关标准、规范代号	复验项目	组批规则及取样数量规定
带自粘层的防水卷材 （GB/T 23260）	可溶物含量、拉力、最大拉力时延伸率、耐热性、低温柔性、不透水性	①组批：以同一类型，同一规格 10000m² 为一批，不足 10000m² 亦可作为一批。 ②取样：大于 1000 卷抽 5 卷，每 500 卷～1000 卷抽 4 卷，100 卷～499 卷抽 3 卷，100 卷以下抽 2 卷，进行规格尺寸和外观质量检验。在外观质量检验合格的卷材中，任取一卷做物理性能检验
预铺防水卷材 （GB/T 23457）		
湿铺防水卷材 （GB/T 35467）		
自粘聚合物改性沥青防水卷材 （GB 23441）		
种植屋面用耐根穿刺防水卷材 （JC/T 10758） （GB/T 35468）		
改性沥青聚乙烯胎防水卷材 （GB 18967）	拉力、最大拉力时延伸率、低温柔性、耐热性、不透水性、断裂拉伸强度、断裂伸长率、不透水性、低温弯折性	①组批：以同类同型的 10000m² 卷材为一批，不足 10000m² 也可作为一批。 ②取样：大于 1000 卷抽 5 卷，每 500 卷～1000 卷抽 4 卷，100 卷～499 卷抽 3 卷，100 卷以下抽 2 卷，进行规格尺寸和外观质量检验。在外观质量检验合格的卷材中，任取一卷做物理性能检验
聚氯乙烯（PVC）防水卷材 （GB 12952）		
氯化聚乙烯防水卷材 （GB 12953）		
热塑性聚烯烃（TPO）防水卷材 （GB/T 27789）		
高分子防水卷材 （第 1 部分：片材） （GB/T 18173.1）		①组批：以连续生产的同品种、同规格的 5000m² 片材为一批（不足 5000m² 时，以连续生产的同品种、同规格的片材量为一批，日产量超过 8000m² 则以 8000m² 为一批）。 ②取样：大于 1000 卷抽 5 卷，每 500 卷～1000 卷抽 4 卷，100 卷～499 卷抽 3 卷，100 卷以下抽 2 卷，进行规格尺寸和外观质量检验。在外观质量检验合格的卷材中，任取一卷做物理性能检验

5.2.1.2　防水涂料进场复验试验项目与取样规定

《天津市建筑工程施工质量验收资料管理规程》DB/T 29—209 中对防水涂料进场复验试验项目与取样规定见表 5-2。

表 5-2　防水涂料进场复验试验项目与取样规定

种类名称 相关标准、规范代号	复验项目	组批规则及取样数量规定
水乳型沥青防水涂料 （JC/T 408）	固体含量、耐热度、低温柔度、不透水性、断裂伸长率	①组批：每 10t 为一批，不足 10t 按一批抽样。 ②取样：在每批产品中按 GB/T 3186 规定取样，总共取 2kg，放入干燥密闭容器中密封好
非固化橡胶沥青防水涂料 （JC/T 2428）	固体含量、延伸性、低温柔性、耐热性、闪点	①组批：每 10t 为一批，不足 10t 按一批抽样。 ②取样：在每批产品中随机抽取两组样品，一组样品用于检验，另一组样品封存备用，每组至少 4kg

续表

种类名称 相关标准、规范代号	复验项目	组批规则及取样数量规定
聚氨酯防水涂料 (GB/T 19250)	固体含量、拉伸强度、断裂伸长率、低温弯折性（低温柔性）、不透水性	①组批：每10t为一批，不足10t按一批抽样。 ②取样：在每批产品中随机抽取两组样品，一组样品用于检验，另一组样品封存备用。每组至少5kg（多组分产品按比例抽取），抽取前产品应搅拌均匀
聚合物乳液建筑防水涂料 (JC/T 864)		①组批：每10t为一批，不足10t按一批抽样。 ②取样：产品抽样按GB/T 3186进行，总共取4kg样品用于检验
喷涂聚脲防水涂料 (GB/T 23446)		①组批：每10t为一批，不足10t按一批抽样。 ②取样：在每批产品中按GB/T 3186规定取样，按配比总共取不少于40kg样品，分为两组，放入不与涂料发生反应的干燥密闭容器中，密封存好
聚合物水泥防水涂料 (GB/T 23445)		①组批：每10t为一批，不足10t按一批抽样。 ②取样：产品的液体组分抽样按GB/T 3186的规定进行，配套固体组分的抽样按GB/T 12573中袋装水泥的规定进行，两组分共取5kg样品
水泥基渗透结晶型防水材料 (GB 18445)	含水率、细度、28d抗渗性能	①组批：每10t为一批，不足10t按一批抽样。 ②抽样：每批产品随机抽样，抽取10kg样品，充分混匀。取样后，将样品一分为二。一份检验，一份留样备用

5.2.1.3 密封材料进场复验试验项目与取样规定

《天津市建筑工程施工质量验收资料管理规程》DB/T 29—209 中对密封材料进场复验试验项目与取样规定见表 5-3。

表 5-3 密封材料进场复验试验项目与取样规定

种类名称 相关标准、规范代号	复验项目	组批规则及取样数量规定
硅酮和改性硅酮建筑密封胶 (GB/T 14683) 混凝土接缝用建筑密封胶 (JC/T 881)	拉伸模量、定伸黏结性	①组批：每1t产品为一批，不足1t的按一批抽样。 ②取样：单组分产品由该批产品中随机抽取3件包装箱，从每件包装箱中随机抽取4支样品，共取12支。多组分产品按配比随机抽样，共抽取6kg，取样后应立即密封包装。取样后，将样品均分为两份。一份检验，一份备用
聚氨酯建筑密封胶 (JC/T 482)		①组批：每1t产品为一批，不足1t的按一批抽样。 ②取样：单组分支装产品由该批产品中随机抽取3件包装箱，从每件包装箱中随机抽取2～3支样品，共取6～9支；多组分桶装产品的样品的抽样及数量按照GB/T 3186的规定执行，样品总量为4kg，取样后立即密封包装
聚硫建筑密封 (JC/T 483)		①组批：每1t产品为一批，不足1t的按一批抽样。 ②取样：样品的抽样及数量按照GB/T 3186的规定执行，样品总量为4kg，取样后立即密封包装
幕墙玻璃接缝用密封胶 (JC/T 882)		①组批：每1t产品为一批，不足1t的按一批抽样。 ②取样：支装产品在该批产品中随机抽取3件包装箱，从每件包装中随机抽取2～3支，共取6～9支，总体积不少于2700mL或净质量不少于3.5kg。单组分桶装产品、多组分产品随机取样，样品总量为4kg，取样后应立即密封包装
建筑用硅酮结构密封胶 (GB/T 16776)	下垂度、挤出性、适用期、表干时间、硬度、23℃拉伸黏结性	①组批：每1t产品为一批，不足1t的按一批抽样。 ②取样：随机抽样。单组分产品抽样量为5支，双组分产品从原包装中抽样，抽样量为3kg～5kg，抽取的样品立即密封包装

5.2.1.4 其他防水材料进场复验试验项目与取样规定

《天津市建筑工程施工质量验收资料管理规程》DB/T 29—209 中对其他防水材料进场复验试验项目与取样规定见表 5-4。

表 5-4 其他防水材料进场复验试验项目与取样规定

种类名称 相关标准、规范代号	复验项目	组批规则及取样数量规定
坡屋面用防水材料 聚合物改性沥青防水垫层 (JC/T 1067) 坡屋面用防水材料 自粘聚合物沥青防水垫层 (JC/T 1068)	拉力、延伸率	①组批：每 3000m² 为一批，不足 3000m² 的按一批抽样。 ②取样：随机抽取一卷至少 1.5m² 的样品进行检测
沥青基防水卷材用基层处理剂 (JC/T 1069)	固体含量、耐热性、低温柔性、剥离强度	①组批：每 5t 产品为一批，不足 5t 的按一批抽样。 ②取样：在每批产品中按 GB/T 3168 规定取样，总共取 2kg 样品，放入洁净密闭容器中密封好
高分子防水卷材胶黏剂 (JC/T 863)	剥离强度	①组批：每 5t 产品为一批，不足 5t 的按一批抽。 ②取样：每批产品按 JC/T 863 随机抽样，抽取 2kg 样品，充分混匀。将样品分为两份，一份检验，一份备用
玻纤胎沥青瓦 (GB/T 20474)	可溶物含量、拉力、耐热度、柔度、不透水性、叠层剥离强度	①组批：同一批至少抽一次。 ②取样：在每批产品中随机抽取 5 包进行质量、规格尺寸、外观检查，在上述检查合格后，从 5 包中，每包抽取同样数量的沥青瓦片数 1 片～4 片并标注编号，抽取量满足试验要求
烧结瓦 (GB/T 21149)	抗渗性、抗冻性、吸水率	①组批：同批至少抽一次。 ②取样：抗渗性：3 块；抗冻性：5 块；吸水率：5 块
混凝土瓦 (JC/T 746)		①组批：同批至少抽一次。 ②取样：抗渗性：3 块；抗冻性：3 块；吸水率：7 块
彩色涂层钢板及钢带 (GB/T 12754)	屈服强度、抗拉强度、断后伸长率、镀层重量、涂层厚度	①组批：同牌号、同规格、同镀层重量、同涂层厚度、同涂料种类和颜色为一批。 ②取样：按 GB/T 12754 取样

5.2.2 地下防水工程

地下防水工程用防水材料包括防水卷材、防水涂料、密封材料和其他防水材料。

5.2.2.1 防水卷材进场复验试验项目与取样规定

《天津市建筑工程施工质量验收资料管理规程》DB/T 29—29 中对防水卷材进场复验试验项目与取样规定见表 5-5。

表 5-5 防水卷材进场复验试验项目与取样规定

种类名称 相关标准、规范代号	复验项目	组批规则及取样数量规定
改性沥青聚乙烯胎防水卷材 (GB 18967) 弹性体改性沥青防水卷材 (GB 18242) 塑性体改性沥青防水卷材 (GB 18243)	可溶物含量、拉力、延伸率、低温柔度、热老化后低温柔度、不透水性	①组批：以同一类型，同一规格 10000m² 为一批，不足 10000m² 亦可作为一批。 ②取样：大于 1000 卷抽 5 卷，每 500 卷～1000 卷抽 4 卷，100 卷～499 卷抽 3 卷，100 卷以下抽 2 卷，进行规格尺寸和外观质量检验。在外观质量检验合格的卷材中，任取一卷做物理性能检验

种类名称 相关标准、规范代号	复验项目	组批规则及取样数量规定
自粘聚合物改性沥青防水卷材 （GB 23441）	可溶物含量、拉力、延伸率、低温柔度、热老化后低温柔度、不透水性	①组批：以同一类型、同一规格 10000m² 为一批，不足 10000m² 亦可作为一批。 ②取样：大于 1000 卷抽 5 卷，每 500 卷～1000 卷抽 4 卷，100 卷～499 卷抽 3 卷，100 卷以下抽 2 卷，进行规格尺寸和外观质量检验。在外观质量检验合格的卷材中，任取一卷做物理性能检验
带自粘层的防水卷材 （GB/T 23260）		
预铺防水卷材 （GB/T 23457）		
湿铺防水卷材 （GB/T 35467）		
聚氯乙烯（PVC）防水卷材 （GB 12952）	断裂拉伸强度、断裂伸长率、不透水性、低温弯折性、撕裂强度	①组批：以同一类型、同一规格 10000m² 为一批，不足 10000m² 亦可作为一批。 ②取样：大于 1000 卷抽 5 卷，每 500 卷～1000 卷抽 4 卷，100 卷～499 卷抽 3 卷，100 卷以下抽 2 卷，进行规格尺寸和外观质量检验。在外观质量检验合格的卷材中，任取一卷做物理性能检验
氯化聚乙烯防水卷材 （GB 12953）		
高分子防水卷材 （第 1 部分：片材） （GB/T 18173.1）		①组批：以连续生产的同品种、同规格的 5000m² 片材为一批（不足 5000m² 时，以连续生产的同品种、同规格的片材量为一批，日产量超过 8000m² 则以 8000m² 为一批）。 ②取样：大于 1000 卷抽 5 卷，每 500 卷～1000 卷抽 4 卷，100 卷～499 卷抽 3 卷，100 卷以下抽 2 卷，进行规格尺寸和外观质量检验。在外观质量检验合格的卷材中，任取一卷做物理性能检验

5.2.2.2 防水涂料进场复验试验项目与取样规定

《天津市建筑工程施工质量验收资料管理规程》DB/T 29—209 中对防水涂料进场复验试验项目与取样规定见表 5-6。

表 5-6 防水涂料进场复验试验项目与取样规定

种类名称 相关标准、规范代号	复验项目	组批规则及取样数量规定
聚氨酯防水涂料 （GB/T 19250）	拉伸强度、断裂伸长率、撕裂强度、低温弯折性、不透水性	①组批：每 5t 为一批，不足 5t 按一批抽样。 ②取样：在每批产品中随机抽取两组样品，一组样品用于检验，另一组样品封存备用。每组至少 5kg（多组分产品按比例抽取），抽取前产品应搅拌均匀
聚合物乳液建筑防水涂料 （JC/T 864）	拉伸强度、断裂延伸率、低温柔性、不透水性	①组批：每 5t 为一批，不足 5t 按一批抽样。 ②取样：产品抽样按 GB/T 3186 进行，总共取 4kg 样品用于检验
聚合物水泥防水涂料 （GB/T 23445）	拉伸强度（无处理）、断裂伸长率（无处理）、黏结强度（无处理）、低温柔性、不透水性（Ⅰ型）、抗渗性（Ⅱ型、Ⅲ型）	①组批：每 5t 为一批，不足 5t 按一批抽样。 ②取样：产品的液体组分抽样按 GB/T 3186 的规定进行，配套固体组分的抽样按 GB/T 12573 中袋装水泥的规定进行，两组分共取 5kg 样品
水泥基渗透结晶型防水材料 （GB/T 18445）	抗折强度、黏结强度、抗渗性	①组批：每 10t 为一批，不足 10t 按一批抽样。 ②抽样：每批产品随机抽样，抽取 10kg 样品，充分混匀。取样后，将样品一分为二。一份检验，一份留样备用
聚合物水泥防水砂浆 （JC/T 984）		①组批：每 10t 为一批，不足 10t 按一批抽样。 ②抽样：在每批产品中不少于 6 个（组）取样点随机抽取，样品总质量不少于 20kg。样品分为两份，一份试验，一份备用。试验前应将所取样品充分混合均匀

5.2.2.3 密封材料进场复验试验项目与取样规定

《天津市建筑工程施工质量验收资料管理规程》DB/T 29—209 中对密封材料进场复验试验项目与取样规定见表 5-7。

表 5-7 密封材料进场复验试验项目与取样规定

种类名称 相关标准、规范代号	复验项目	组批规则及取样数量规定
聚氨酯建筑密封胶 (JC/T 482)	挤出性（单组分）、适用期（多组分）、拉伸模量、定伸黏结性	①组批：每 2t 为一批，不足 2t 按一批抽样。 ②取样：单组分支装产品由该批产品中随机抽取 3 件包装箱，从每件包装箱中随机抽取 2～3 支样品，共取 6～9 支；多组分桶装产品的样品的抽样及数量按照 GB/T 3186 的规定执行，样品总量为 4kg，取样后立即密封包装
聚硫建筑密封胶 (JC/T 483)	适用期、弹性回复率、定伸黏结性	①组批：每 2t 为一批，不足 2t 按一批抽样。 ②取样：样品的抽样及数量按照 GB/T 3186 的规定执行，样品总量为 4kg，取样后立即密封包装
混凝土接缝用建筑密封胶 (JC/T 881)	流动性、挤出性、定伸黏结性	①组批：每 2t 为一批，不足 2t 按一批抽样。 ②取样：单组分产品由该批产品中随机抽取 3 件包装箱，从每件包装箱中随机抽取 4 支样品，共取 12 支。多组分产品按配比随机抽样，共抽取 6kg，取样后应立即密封包装。取样后，将样品均分为两份。一份检验，一份备用

5.2.2.4 其他材料进场复验试验项目与取样规定

《天津市建筑工程施工质量验收资料管理规程》DB/T 29—209 中对其他材料进场复验试验项目与取样规定见表 5-8。

表 5-8 其他材料进场复验试验项目与取样规定

种类名称 相关标准、规范代号	复验项目	组批规则及取样数量规定
高分子防水材料 第 2 部分：止水带 (GB/T 18173.2)	拉伸强度、扯断伸长率、撕裂强度	①组批：每月同标记的止水带产量为一批抽样。 ②取样：1m
高分子防水材料 第 3 部分：遇水膨胀橡胶 (GB/T 18173.3)	硬度、拉伸强度、拉断伸长率、体积膨胀倍率	①组批：每 5000m 为一批，不足 5000m 按一批抽样。 ②取样：任意 1m 处随机取 3 点进行规格尺寸检验，并在检验合格的产品中随机抽取足够的试样
高分子防水卷材胶黏剂 (JC/T 863)	剥离强度	①组批：每 5t 产品为一批，不足 5t 的按一批抽样。 ②取样：每批产品随机抽取 2kg 样品，充分混匀。将样品分为两份，一份检验，一份备用
沥青基防水卷材用基层处理剂 (JC/T 1069)	固体含量、耐热性、低温柔性、剥离强度	①组批：每 5t 产品为一批，不足 5t 的按一批抽样。 ②取样：在每批产品总共取 2kg 样品，放入洁净密闭容器中密封好
膨润土橡胶遇水膨胀止水条 (JG/T 141)	规定时间吸水膨胀倍率、最大吸水膨胀倍率、密度、耐热性、低温柔性、耐水性	①组批：每 5000m 为一批，不足 5000m 按一批抽样。 ②抽样：每批任选 3 箱，每箱任选一盘，检测外观及规格尺寸后，在距端部 0.1m 外任一部位截取长度约 1m 试样一条
遇水膨胀止水胶 (JG/T 312)	表干时间、拉伸性能、体积膨胀倍率	①组批：每 5t 产品为一批，不足 5t 的按一批抽样。 ②取样：随机抽样，抽样量为 5 支
钠基膨润土防水毯 (JG/T 193)	单位面积质量、膨润土膨胀指数、拉伸强度、最大负荷下伸长率、剥离强度、渗透系数、滤失量、膨润土耐久性	①组批：每 100 卷为一批，不足 100 卷按一批抽样； ②抽样：100 卷以下抽 5 卷，进行尺寸偏差和外观质量检验。在外观质量检验合格的卷材中，任取一卷做物理性能检验

种类名称 相关标准、规范代号	复验项目	组批规则及取样数量规定
水泥基渗透结晶型防水材料 （GB 18445）	抗折强度、抗压强度、湿基面黏结性能、细度、28d 抗渗性能	①组批：每 10t 为一批，不足 10t 按一批抽样。 ②抽样：每批产品随机抽样，抽取 10kg 样品，充分混匀。取样后，将样品一分为二，一份检验，一份留样备用
砂浆、混凝土防水剂 （JC/T 474）	密度、氯离子含量、总碱量、细度、含水率、固体含量	①组批：年产不小于 500t 的每 50t 为一批，年产 500t 以下的每 30t 为一批，不足 50t 或者 30t 的，也按一个批量计。 ②抽样：取样量不少于 0.2t 水泥所需用的外加剂量
混凝土膨胀剂 （GB/T 23439）	细度、凝结时间、水中 7d 的限制膨胀率、7d 的抗压强度	①组批：日产量超过 200t 时，以不超过 200t 为一编号，不足 200t 时，以日产量为一编号。 ②抽样：取样应具有代表性，可连续取，也可从 20 个以上不同部位取等量样品，总量不小于 10kg
聚合物水泥防水砂浆 （JC/T 984）	抗压性能、抗折性能、黏结强度、抗渗性	①组批：每 10t 为一批，不足 10t 按一批抽样。 ②抽样：在每批产品中不少于 6 个（组）取样点随机抽取，样品总质量不少于 20kg。样品分为两份，一份试验，一份备用。试验前应将所取样品充分混合均匀
建筑用橡胶结构密封垫 （GB/T 23661）	硬度、拉伸强度、拉断伸长率、压缩永久变形（100℃、22h）、热空气老化（100℃、14d）	①组批：每月同标记的密封材料产量为一批抽样。 ②取样：取足够试验的试样

5.2.3　外墙防水工程

外墙防水工程用防水材料包括防水砂浆、防水涂料和防水透气膜。

外墙防水工程用防水材料进场复验试验项目与取样规定见表 5-9。

表 5-9　外墙防水工程用防水材料进场复验试验项目与取样规定

种类名称 相关标准、规范代号	复验项目	组批规则及取样数量规定
防水砂浆	黏结强度、抗渗性能	①组批：相同材料、工艺和施工条件的外墙防水工程每 1000m² 应划分为一个检验批，不足 1000m² 时也应划分为一个检验批。 ②取样：（1）黏结强度、抗渗性能 20kg。（2）低温柔性、不透水性 2kg。（3）不透水性：150mm×150mm
防水涂料	低温柔性、不透水性	
防水透气膜	不透水性	

5.3　质量验收要求

《建筑与市政工程防水通用规范》GB 55030 中对防水材料进行了规定。

第 3.1.1 条规定：防水材料的耐久性应与工程防水设计工作年限相适应。

第 3.1.2 条规定：

防水材料选用应符合下列规定：

1. 材料性能应与工程使用环境条件相适应；

2. 每道防水层厚度应满足防水设防的最小厚度要求；

3. 防水材料影响环境的物质和有害物质限量应满足要求。

第 3.1.3 条规定：外露使用防水材料的燃烧性能等级不应低于 B_2 级。

第3.3.1条规定：防水材料耐水性测试试验应按不低于 23℃×14d 的条件进行，试验后不应出现裂纹、分层、起泡和破碎等现象。当用于地下工程时，浸水试验条件不应低于 23℃×7d，防水卷材吸水率不应大于 4%；防水涂料与基层的黏结强度浸水后保持率不应小于 80%，非固化橡胶沥青防水涂料应为内聚破坏。

第3.3.2条规定：沥青类材料的热老化测试试验应按不低于 70℃×14d 的条件进行，高分子类材料的热老化测试试验应按不低于 80℃×14d 的条件进行，试验后材料的低温柔性或低温弯折性温度升高不应超过热老化前标准值2℃。

5.4 技术指标

5.4.1 防水卷材

以原纸、纤维毡、纤维布、金属箔、塑料膜或纺织物等材料中的一种或数种复合为胎基，浸涂石油沥青、煤沥青、高聚物改性沥青制成的或以合成高分子材料为基料加入助剂、填充剂，经过多种工艺加工而成的长条片状成卷供应并起防水作用的产品称为防水卷材。

防水卷材在我国建筑防水材料的应用中处于主导地位，在建筑防水工程的实践中起着重要的作用，广泛应用于建筑物地上、地下和其他特殊构筑物的防水，是一种面广量大的防水材料。

常用的防水卷材按照材料的组成不同一般可分为沥青防水卷材、合成高分子防水卷材两大系列，此外还有柔性聚合物水泥防水卷材、金属防水卷材等产品。

5.4.1.1 弹性体改性沥青防水卷材

弹性体改性沥青防水卷材是以玻纤毡、聚酯毡、玻纤增强聚酯毡为胎基，苯乙烯-丁二烯-苯乙烯（SBS）热塑性弹性体作石油沥青改性剂，两面覆以隔离材料所做成的一种性能优异的防水材料，简称SBS卷材。具有耐热、耐寒、耐腐蚀、抗老化、热塑性好、抗拉力大、延伸率高、抗撕裂性强等优点。适用于工业、民用建筑如屋面、地下室、墙体、卫生间、水池、水渠、地铁、洞库、公路、桥梁和机场跑道等防水保护工程，并适用于金属容器、管道防腐保护，是一种用途广泛、性能优异的防水材料。

弹性体改性沥青防水卷材执行的国家标准为《弹性体改性沥青防水卷材》GB 18242。标准中将弹性体改性沥青防水卷材按胎基分为聚酯毡（PY）、玻纤毡（G）、玻纤增强聚酯毡（PYG）。按上表面隔离材料分为聚乙烯膜（PE）、细砂（S）、矿物粒料（M）。下表面隔离材料为细砂（S）、聚乙烯膜（PE）。按材料性能分为Ⅰ型和Ⅱ型。

弹性体改性沥青防水卷材材料进场复验试验项目的技术指标应符合《弹性体改性沥青防水卷材》GB 18242 的要求，见表5-10。

表5-10 弹性体改性沥青防水卷材进场复验试验项目技术指标要求

序号	项目		指标				
			Ⅰ		Ⅱ		
			PY	G	PY	G	PYG
1	可溶物含量（g/m²）≥	3mm	2100				—
		4mm	2900				—
		5mm	3500				
		试验现象	—	胎基不燃	—	胎基不燃	—
2	耐热性	℃	90		105		
		≤mm	2				
		试验现象	无流淌，滴落				

续表

序号	项目		指标				
			Ⅰ		Ⅱ		
			PY	G	PY	G	PYG
3	低温柔性（℃）		−20		−25		
			无裂缝				
4	不透水性 30min		0.3MPa	0.2MPa	0.3MPa		
5	拉力	最大峰拉力（N/50mm）≥	500	350	800	500	900
		次大峰拉力（N/50mm）≥	—	—	—	—	800
		试验现象	拉伸过程中，试件中部无沥青涂盖层开裂或与胎基分离现象				
6	延伸率	最大峰时延伸率（%）≥	30	—	40	—	
		第二峰时延伸率（%）≥	—	—	—	—	15
7	热老化	拉力保持率（%）≥	90				
		延伸率保持率（%）≥	80				
		低温柔性（℃）	−15		−20		
			无裂缝				
		尺寸变化率（%）≤	0.7	—	0.7	—	0.3
		质量损失（%）≤	1.0				

5.4.1.2　塑性体改性沥青防水卷材

塑性体改性沥青防水卷材是以聚酯毡、玻纤毡、玻纤增强聚酯毡为胎基，以无规聚丙烯（APP）或聚烯烃类聚合物（APAO、APO）等作石油沥青改性剂，两面覆以隔离材料所制成的防水卷材。APP 卷材适用于工业与民用建筑的屋面和地下防水工程，以及道路、桥梁等建筑物的防水，尤其适用于较高气温环境的建筑防水。

塑性体改性沥青防水卷材执行的国家标准为《塑性体改性沥青防水卷材》GB 18243。按胎基分为聚酯毡（PY）、玻纤毡（G）和玻纤增强聚酯毡（PYG）。按上表面隔离材料分为聚乙烯膜（PE）、细砂（S）和矿物粒料（M）。下表面隔离材料分为细砂（S）、聚乙烯膜（PE）。按材料性能分为Ⅰ型和Ⅱ型。

塑性体改性沥青防水卷材进场复验试验项目的技术指标应符合《塑性体改性沥青防水卷材》GB 18243 的要求，见表 5-11。

表 5-11　塑性体改性沥青防水卷材进场复验试验项目技术指标要求

序号	项目		指标				
			Ⅰ		Ⅱ		
			PY	G	PY	G	PYG
1	可溶物含量（g/m²）≥	3mm	2100			—	
		4mm	2900			—	
		5mm	3500				
		试验现象	—	胎基不燃	—	胎基不燃	—
2	耐热性	℃	110		130		
		≤mm	2				
		试验现象	无流淌，滴落				
3	低温柔性（℃）		−7		−15		
			无裂缝				

序号	项目		指标				
			I		II		
			PY	G	PY	G	PYG
4	不透水性 30min		0.3MPa	0.2MPa	0.3MPa		
5	拉力	最大峰拉力（N/50mm）≥	500	350	800	500	900
		次高峰拉力（N/50mm）≥	—	—	—	—	800
		试验现象	拉伸过程中，试件中部无沥青涂盖层开裂或与胎基分离现象				
6	延伸率	最大峰时延伸率（%）≥	25		40		—
		第二峰时延伸率（%）≥	—		—		15
7	热老化	拉力保持率（%）≥	90				
		延伸率保持率（%）≥	80				
		低温柔性（℃）		—2		—10	
			无裂缝				
		尺寸变化率（%）≤	0.7	—	0.7	—	0.3
		质量损失（%）≤	1.0				

5.4.1.3 带自粘层的防水卷材

带自粘层的防水卷材执行的国家标准为《带自粘层的防水卷材》GB/T 23260。此标准适用于表面覆以自粘层的冷施工防水卷材。

《带自粘层的防水卷材》GB/T 23260 规定：

带自粘层的防水卷材应符合主体材料相关现行产品标准要求，见表 5-12。

表 5-12 部分相关主体材料产品标准

序号	标准名称
1	聚氯乙烯防水卷材 GB 12952
2	氯化聚乙烯防水卷材 GB 12953
3	高分子防水材料 第1部分：片材 GB 18173.1
4	弹性体改性沥青防水卷材 GB 18242
5	塑性体改性沥青防水卷材 GB 18243
6	改性沥青聚乙烯胎防水卷材 GB 18967
7	氯化聚乙烯-橡胶共混防水卷材 JC/T 684
8	胶粉改性沥青玻纤毡与玻纤网格布增强防水卷材 JC/T 1076
9	胶粉改性沥青玻纤毡与聚乙烯膜增强防水卷材 JC/T 1077
10	胶粉改性沥青聚酯毡与玻纤网格布增强防水卷材 JC/T 1078

5.4.1.4 预铺防水卷材

预铺防水卷材是由主体材料、自粘胶、表面防（减）黏保护层（除卷材搭接区域），隔离材料（需要时）构成的，与后浇混凝土黏结，防止黏结面窜水的防水卷材。

预铺防水卷材执行的国家标准为《预铺防水卷材》GB/T 23457。此标准适用于以塑料、沥青、橡胶为主体材料，一面有自粘胶，胶表面采用不黏或减黏材料处理，与后浇混凝土黏结的防水卷材。按主体材料分为塑料防水卷材（P 类）、沥青基聚酯胎防水卷材（PY 类）和橡胶防水卷材（R 类）。

预铺防水卷材进场复验试验项目的技术指标应符合《预铺防水卷材》GB/T 23457 的要求，见表 5-13。

表 5-13　预铺防水卷材进场复验试验项目技术指标要求

序号	项目		指标		
			P	PY	R
1	可溶物含量（g/m²）≥		—	2900	—
2	拉伸性能	拉力（N/50mm）≥	600	800	350
		拉伸强度（MPa）≥	16	—	9
		膜断裂伸长率（%）≥	400	—	300
		最大拉力时伸长率（%）≥	—	40	—
		拉伸时现象	胶层与主体材料或胎基无分离现象		
3	耐热性		80℃，2h无滑移、流淌、滴落	70℃，2h无滑移、流淌、滴落	100℃，2h无滑移、流淌、滴落
4	低温弯折性		主体材料−35℃，无裂纹	—	主体材料和胶层−35℃，无裂纹
5	低温柔性		胶层−25℃，无裂纹	−20℃，无裂纹	—
6	不透水性（0.3MPa，120min）		不透水		
7	热老化（80℃，168h）	拉力保持率（%）≥	90		80
		伸长率保持率（%）≥	80		70
		低温弯折性	主体材料−32℃，无裂纹	—	主体材料和胶层−32℃，无裂纹
		低温柔性（℃）	胶层−23℃，无裂纹	−18℃，无裂纹	—

5.4.1.5　湿铺防水卷材

湿铺防水卷材用于非外露防水工程，采用水泥净浆或水泥砂浆与混凝土基层黏结，卷材间宜采用自粘搭接。

湿铺防水卷材执行的国家标准为《湿铺防水卷材》GB/T 35467。此标准适用于采用水泥净浆或水泥砂浆与混凝土基层黏结的具有自粘性的聚合物改性沥青防水卷材。湿铺防水卷材按增强材料分为高分子膜基防水卷材、聚酯胎基防水卷材（PY 类）。高分子膜基防水卷材分为高强度类（H 类）、高延伸率类（E 类）。高分子膜可以位于卷材的表层或中间。产品按黏结表面分为单面黏合（S）、双面黏合（D）。

湿铺防水卷材进场复验试验项目的技术指标应符合《湿铺防水卷材》GB/T 35467 的要求，见表 5-14。

表 5-14　湿铺防水卷材进场复验试验项目技术指标要求

序号	项目		指标		
			H	E	PY
1	可溶物含量（g/m²）≥		—		2100
2	拉伸性能	拉力（N/50mm）≥	300	200	500
		最大拉力时伸长率（%）	50	180	30
		拉伸时现象	胶层与高分子膜或胎基无分离		
3	耐热性（70℃，2h）		无流淌、滴落，滑移≤2mm		
4	不透水性（0.3MPa，120min）		不透水		
5	低温柔性（−20℃）		无裂纹		
6	热老化（80℃，168h）	拉力保持率（%）≥	90		
		伸长率保持率（%）≥	80		
		低温柔性（−18℃）	无裂纹		

225

5.4.1.6 自粘聚合物改性沥青防水卷材

自粘聚合物改性沥青防水卷材执行的国家标准为《自粘聚合物改性沥青防水卷材》GB 23441。此标准适用于以自粘聚合物改性沥青为基料，非外露使用的无胎基或采用聚酯胎基增强的本体自粘防水卷材。产品按有无胎基增强分为无胎基（N 类）和聚酯胎基（PY 类）。N 类按上表面材料分为聚乙烯膜（PE）、聚酯膜（PET）和无膜双面自粘（D）。PY 类按上表面材料分为聚乙烯膜（PE）、细砂（S）和无膜双面自粘（D）。产品按性能分为Ⅰ型和Ⅱ型。卷材厚度为 2.0mm 的 PY 类只有Ⅰ型。

自粘聚合物改性沥青防水卷材进场复验试验项目的技术指标应符合《自粘聚合物改性沥青防水卷材》GB 23441 的要求，见表 5-15 和表 5-16。

表 5-15　N 类卷材进场复验试验项目技术指标要求

序号	项目		指标				
			PE		PET		D
			Ⅰ	Ⅱ	Ⅰ	Ⅱ	
1	拉伸性能	拉力（N/50mm）≥	150	200	150	200	—
		最大拉力时延伸率（%）≥	200		30		—
		沥青断裂延伸率（%）≥	250		150		450
		拉伸时现象	拉伸过程中，在膜断裂前无沥青涂盖层与膜分离现象				—
2	耐热性		70℃滑动不超过 2mm				
3	低温柔性（℃）		−20	−30	−20	−30	−20
			无裂纹				
4	不透水性		0.2MPa，120min 不透水				—
5	热老化	拉力保持率（%）≥	80				
		最大拉力时延伸率（%）≥	200		30		400（沥青层断裂延伸率）
		低温柔性（℃）	−18	−28	−18	−28	−18
			无裂纹				
		剥离强度卷材与铝板（N/mm）≥	1.5				

表 5-16　PY 类卷材进场复验试验项目技术指标要求

序号	项目			指标	
				Ⅰ	Ⅱ
1	可溶物含量（g/m²）≥		2.0mm	1300	—
			3.0mm	2100	
			4.0mm	2900	
2	拉伸性能	拉力（N/50mm）≥	2.0mm	350	—
			3.0mm	450	600
			4.0mm	450	800
		最大拉力时伸长率（%）≥		30	40
3	耐热性			70℃无滑移、流淌、滴落	
4	不透水性			0.3MPa，120min 不透水	
5	低温柔性（℃）			−20	−30
				无裂纹	

续表

序号	项目		指标	
			I	II
6	热老化	最大拉力时延伸率（%）≥	30	40
		低温柔性（℃）	−18	−28
			无裂纹	
		剥离强度 卷材与铝板（N/mm）≥	1.5	
		尺寸稳定性（%）≤	1.5	1.0

5.4.1.7 种植屋面用耐根穿刺防水卷材

种植屋面用耐根穿刺防水卷材执行的国家标准为《种植屋面用耐根穿刺防水卷材》GB/T 35468。此标准适用于种植屋面用具有耐根穿刺性能的防水卷材，不适用于由不同类型的卷材复合而成的系统。按采用的主要材料类别分为：沥青类、塑料类和橡胶类。

根穿刺是指在试验条件下，植物根已经生长进入或穿透试验卷材的平面或者接缝中，在植物的地下部分主动形成根穴，引起卷材的破坏。阻根剂是在防水卷材或接缝材料中，加入的阻止或延缓植物根生长的化学添加剂。

《种植屋面用耐根穿刺防水卷材》GB/T 35468 规定：

种植屋面用耐根穿刺防水卷材的基本性能应符合表 5-17 相应现行国家标准中的全部相关要求，其他聚合物改性沥青防水卷材类产品除耐热性外应符合 GB 18242 中 II 型的全部相关要求。

表 5-17 防水卷材的基本性能及相关要求

序号	材料名称	要求
1	弹性体改性沥青防水卷材	GB 18242 中 II 型全部要求
2	塑性体改性沥青防水卷材	GB 18243 中 II 型全部要求
3	聚氯乙烯防水卷材	GB 12952 中全部相关要求（外露卷材）
4	热塑性聚烃（TPO）防水卷材	GB 27789 中全部相关要求（外露卷材）
5	高分子防水材料	GB/T 18173.1 中全部相关要求
6	改性沥青聚乙烯胎防水卷材	GB 18967 中 R 类全部要求

5.4.1.8 改性沥青聚乙烯胎防水卷材

改性沥青聚乙烯胎防水卷材是以高密度聚乙烯膜为胎基，上下两面为改性沥青或自粘沥青，表面覆盖隔离材料制成的防水卷材。

改性沥青聚乙烯胎防水卷材执行的国家标准为《改性沥青聚乙烯胎防水卷材》GB 18967。按产品的施工工艺分为热熔型和自粘型两种。热熔型产品按改性剂的成分分为改性氧化沥青防水卷材、丁苯橡胶改性氧化沥青防水卷材、高聚物改性沥青防水卷材、高聚物改性沥青耐根穿刺防水卷材四类。

改性沥青聚乙烯胎防水卷材进场复验试验项目技术指标应符合《改性沥青聚乙烯胎防水卷材》GB 18967 的要求，见表 5-18。

表 5-18 改性沥青聚乙烯胎防水卷材进场复验试验项目技术指标要求

序号	项目	指标				
		T				S
		O	M	P	R	M
1	耐热性（℃）	90				70
		无流淌、无起泡				无流淌、无起泡

续表

序号	项目			指标			
				T			S
			O	M	P	R	M
2	低温柔性（℃）		−5	−10	−20	−20	−20
			无裂纹				
3	不透水性		0.4MPa，30min 不透水				
4	拉伸性能	拉力（N/50mm）≥	纵向	200		400	200
			横向				
		断裂伸长率（%）	纵向	120			
			横向				
5	热空气老化	纵向拉力（N/50mm）≥		200		400	200
		纵向断裂延伸率（%）≥		120			
		低温柔性（℃）	5	0	−10	−10	−10
			无裂纹				

5.4.1.9 聚氯乙烯（PVC）防水卷材

聚氯乙烯（PVC）防水卷材执行的国家标准为《聚氯乙烯（PVC）防水卷材》GB 12952。此标准适用于建筑防水工程用的以聚氯乙烯为主要原料制成的防水卷材。

聚氯乙烯（PVC）防水卷材按产品的组分分为：

均质的聚氯乙烯防水卷材（H）：不采用内增强材料或背衬材料的聚氯乙烯防水卷材；

带纤维背衬的聚氯乙烯防水卷材（L）：用织物如聚酯无纺布等复合在卷材下表面的聚氯乙烯防水卷材；

织物内增强的聚氯乙烯防水卷材（P）：用聚酯或玻纤网格布在卷材中间增强的聚氯乙烯防水卷材；

玻璃纤维内增强的聚氯乙烯防水卷材（G）：在卷材中加入短切玻璃纤维或玻璃纤维无纺布，对拉伸性能等力学性能无明显影响，仅提高产品尺寸稳定性的亲氯乙烯防水卷材；

玻璃纤维内增强带纤维背衬的聚氯乙烯防水卷材（GL）：在卷材中加入短切玻璃纤维无纺布，并用织物如聚酯无纺布等复合在卷材下表面的聚氯乙烯防水卷材。

聚氯乙烯（PVC）防水卷材进场复验试验项目技术指标应符合《聚氯乙烯（PVC）防水卷材》GB 12952 的要求，见表 5-19。

表 5-19 聚氯乙烯（PVC）防水卷材进场复验试验项目技术指标要求

序号	项目		指标				
			H	L	P	G	GL
1	低温弯折性		−25℃无裂纹				
2	不透水性		0.3MPa，2h 不透水				
3	拉伸性能	最大拉力（N/cm）≥	—	120	250	—	120
		拉伸强度（MPa）≥	10.0	—	—	10.0	—
		最大拉力时伸长率（%）≥	—	—	15	—	—
		断裂伸长率（%）≥	200	150	—	200	100
4	热空气老化	时间（h）	672				
		外观	无起泡、裂纹、分层、黏结和孔洞				
		最大拉力保持率（%）≥	—	85	85	—	85

序号	项目		指标				
			H	L	P	G	GL
4	热空气老化	拉伸强度保持率（%）≥	85	—	—	85	
		最大拉力时伸长率保持率（%）≥	—	—	80	—	
		断裂伸长率保持率（%）≥	80	80	—	80	80
		低温弯折性	−20℃无裂纹				

5.4.1.10 氯化聚乙烯防水卷材

氯化聚乙烯防水卷材执行的国家标准为《氯化聚乙烯防水卷材》GB 12953。此标准适用于建筑防水工程用的以氯化聚乙烯为主要原料制成的防水卷材，包括无复合层、用纤维单面复合及织物内增强的氯化聚乙烯防水卷材。产品按有无复合层分类，无复合层的为 N 类，用纤维单面复合的为 L 类，织物内增强的为 W 类。每类产品按理化性能分为 Ⅰ 型和 Ⅱ 型。

氯化聚乙烯防水卷材进场复验试验项目技术指标应符合《氯化聚乙烯防水卷材》GB 12953 的要求，见表 5-20 和表 5-21。

表 5-20　N 类卷材进场复验试验项目技术指标要求

序号	项目	指标	
		Ⅰ 型	Ⅱ 型
1	拉伸强度（MPa）≥	5.0	8.0
2	断裂伸长率（%）≥	200	300
3	不透水性	不透水	
4	低温弯折性	−20℃无裂纹	−25℃无裂纹

表 5-21　L 类与 W 类卷材进场复验试验项目技术指标要求

序号	项目	指标	
		Ⅰ 型	Ⅱ 型
1	拉力（N/cm）≥	70	120
2	断裂伸长率（%）≥	125	250
3	不透水性	不透水	
4	低温弯折性	−20℃无裂纹	−25℃无裂纹

5.4.1.11 热塑性聚烯烃（TPO）防水卷材

热塑性聚烯烃（TPO）防水卷材执行的国家标准为《热塑性聚烯烃（TPO）防水卷材》GB/T 27789。此标准适用于建筑工程用的以乙烯和 α 烯烃的聚合物为主要原料制成的防水卷材。按产品的组成分为均质卷材（代号 H）、带纤维背衬卷材（代号 L）和织物内增强卷材（代号 P）。

热塑性聚烯烃（TPO）防水卷材进场复验试验项目技术指标应符合《热塑性聚烯烃（TPO）防水卷材》GB/T 27789 的要求，见表 5-22。

表 5-22　热塑性聚烯烃（TPO）防水卷材进场复验试验项目技术指标要求

序号	项目		指标		
			H	L	P
1	拉伸性能	最大拉力（N/cm）≥	—	200	250
		拉伸强度（MPa）≥	12.0	—	—

序号	项目		指标		
			H	L	P
1	拉伸性能	最大拉力时伸长率（%）≥	—	—	15
		断裂伸长率（%）≥	500	250	—
2	低温弯折性		—40℃无裂纹		
3	不透水性		0.3MPa，2h不透水		

5.4.1.12 高分子防水卷材

高分子防水卷材执行的国家标准为《高分子防水卷材 第1部分：片材》GB 18173.1。此标准适用于以高分子材料为主材料，以挤出或压延等方法生产，用于各类工程防水、防渗、防潮、隔气、防污染、排水等的均质片、复合片材、异型片材、自粘片材、点（条）粘片材等。

均质片是以高分子合成材料为主要材料，各部位截面结构一致的防水片材。

复合片是以高分子合成材料为主要材料，复合织物等保护或增强层，以改变其尺寸稳定性和力学特性，各部位截面结构一致的防水片材。

自粘片是在高分子片材表面复合一层自粘材料和隔离保护层，以改善或提高其与基层的黏结性能，各部位截面结构一致的防水片材。

异型片是以高分子合成材料为主要材料，经特殊工艺加工成表面为连续凸凹壳体或特定几何形状的防（排）水片材。

点（条）粘片是指均质片材与织物等保护层多点（条）黏结在一起，黏结点（条）在规定区域内均匀分布，利用粘接点（条）的间距，使其具有切向排水功能的防水片材。

片材进场复验试验项目技术指标应符合《高分子防水卷材 第1部分：片材》GB 18173.1的要求，见表5-23～表5-26。

表5-23 均质片进场复验试验项目技术指标要求

项目		指标								
		硫化橡胶类			非硫化橡胶类			树脂类		
		JL1	JL2	JL3	JF1	JF2	JF3	JS1	JS2	JS3
拉伸强度（MPa）	常温（23℃）≥	7.5	6.0	6.0	4.0	3.0	5.0	10	16	14
	高温（60℃）≥	2.3	2.1	1.8	0.8	0.4	1.0	4	6	5
拉断伸长率（%）	常温（23℃）≥	450	400	300	400	200	200	200	550	500
	低温（—20℃）≥	200	200	170	200	100	100	—	350	300
不透水性（30min）		0.3MPa 无渗漏	0.3MPa 无渗漏	0.3MPa 无渗漏	0.3MPa 无渗漏	0.3MPa 无渗漏	0.3MPa 无渗漏	0.3MPa 无渗漏	0.3MPa 无渗漏	0.3MPa 无渗漏
低温弯折		—40℃ 无裂纹	—30℃ 无裂纹	—30℃ 无裂纹	—30℃ 无裂纹	—20℃ 无裂纹	—20℃ 无裂纹	—20℃ 无裂纹	—35℃ 无裂纹	—35℃ 无裂纹

表5-24 复合片进场复验试验项目技术指标要求

项目		指标			
		硫化橡胶类		树脂类	
		FL	FF	FS1	FS2
拉伸强度（N/cm）	常温（23℃）≥	80	60	100	60
	高温（60℃）≥	30	20	40	30

项目		指标			
		硫化橡胶类		树脂类	
		FL	FF	FS1	FS2
拉断伸长率（%）	常温（23℃）≥	300	250	150	400
	低温（－20℃）≥	150	50	—	300
不透水性（0.3MPa 30min）		无渗漏	无渗漏	无渗漏	无渗漏
低温弯折		－35℃无裂纹	－20℃无裂纹	－30℃无裂纹	－20℃无裂纹

表 5-25　异型片进场复验试验项目技术指标要求

项目	指标		
	膜片厚度＜0.8mm	膜片厚度0.8mm～1.0mm	膜片厚度≥1.0mm
拉伸强度（N/cm）≥	40	56	72
拉断伸长率（%）≥	25	35	50

表 5-26　点（条）粘片进场复验试验项目技术指标要求

项目	指标		
	DS1/TS1	DS2/TS2	DS3/TS3
常温（23℃）拉伸强度（N/cm）≥	100	60	
常温（23℃）拉断伸长率（%）≥	150	400	

5.4.2　防水涂料

建筑防水涂料指常温下呈液态的（少部分为粉料，施工前加水搅拌），具有防水抗渗功能的合成材料或者组合/复合材料。一般而言，主要是按照溶剂的不同，分为溶剂型防水涂料和水性防水涂料。依据产品主要材质主要分为聚氨酯类防水涂料、高分子聚合物类防水涂料、沥青类防水涂料、水泥基类防水涂料和橡胶类防水涂料等。

5.4.2.1　水乳型沥青防水涂料

水乳型沥青防水涂料是以水为介质，采用化学乳化剂和/或矿物乳化剂制得的沥青基防水涂料。执行的行业标准为《水乳型沥青防水涂料》JC/T 408。产品按性能分为 H 型和 L 型。

水乳型沥青防水涂料进场复验试验项目技术指标应符合《水乳型沥青防水涂料》JC/T 408 的要求，见表 5-27。

表 5-27　水乳型沥青防水涂料进场复验试验项目技术指标要求

序号	项目		L	H
1	固体含量（%）≥		45	
2	耐热度（℃）		80±2	110±2
			无流淌、滑动、滴落	
3	不透水性		0.10MPa，30min 无渗水	
4	低温柔度（℃）	标准条件	－15	0
		碱处理		
		热处理	－10	5
		紫外线处理		

序号	项目		L	H
5	断裂伸长率（%）≥	标准条件	600	
		碱处理		
		热处理		
		紫外线处理		

5.4.2.2 非固化橡胶沥青防水涂料

非固化橡胶沥青防水涂料是以橡胶、沥青为主要组分，加入助剂混合制成的在使用年限内保持黏性膏状体的防水涂料。非固化橡胶沥青防水涂料执行的行业标准为《非固化橡胶沥青防水涂料》JC/T 2428。此标准适用于建设工程非外露防水用的非固化橡胶沥青防水涂料。

非固化橡胶沥青防水涂料进场复验试验项目技术指标应符合《非固化橡胶沥青防水涂料》JC/T 2428的要求，见表5-28。

表5-28 非固化橡胶沥青防水涂料进场复验试验项目技术指标要求

序号	项目	技术指标
1	闪点（℃）	≥180
2	固体含量（%）	≥98
3	延伸性（mm）	≥15
4	低温柔性	-20℃，无断裂
5	耐热性	65℃，无滑动、流淌、滴落

5.4.2.3 聚氨酯防水涂料

聚氨酯防水涂料执行的国家标准为《聚氨酯防水涂料》GB/T 19250。产品按组分分为单组分（S）和多组分（M）两种产品。按基本性能分为Ⅰ型、Ⅱ型和Ⅲ型。产品按是否曝露使用分为外露（E）和非外露（N）。产品按有害物质限量分为A类和B类。

聚氨酯防水涂料进场复验试验项目技术指标应符合《聚氨酯防水涂料》GB/T 19250的要求，见表5-29。

表5-29 聚氨酯防水涂料进场复验试验项目技术指标要求

序号	项目		技术指标		
			Ⅰ	Ⅱ	Ⅲ
1	固体含量（%）≥	单组分	85.0		
		多组分	92.0		
2	低温弯折性		-35℃，无裂纹		
3	不透水性		0.3MPa，120min 不透水		
4	拉伸强度（MPa）≥		2.00	6.00	12.00
5	断裂伸长率（%）≥		500	450	250

5.4.2.4 聚合物乳液建筑防水涂料

聚合物乳液建筑防水涂料执行的行业标准为《聚合物乳液建筑防水涂料》JC/T 864。此标准适用于各类以聚合物乳液为主要原料，加入其他添加剂而制得的单组分水乳型防水涂料。此标准适用的产品可在非长期浸水环境下的建筑防水工程中使用。若用于地下及其他建筑防水工程，其技术性能还应符合相关技术规程的规定。产品按物理性能分为Ⅰ类和Ⅱ类。Ⅰ类产品不用于外露场合。

聚合物乳液建筑防水涂料进场复验试验项目技术指标应符合《聚合物乳液建筑防水涂料》JC/T

864 的要求，见表 5-30。

表 5-30　聚合物乳液建筑防水涂料进场复验试验项目技术指标要求

序号	试验项目	指标	
		Ⅰ	Ⅱ
1	固体含量（%）≥	65	
2	不透水性，（0.3MPa，30min）	不透水	
3	拉伸强度（MPa）≥	1.0	1.5
4	断裂延伸率（%）≥	300	
5	低温柔性，绕φ10mm棒弯180°	−10℃，无裂纹	−20℃，无裂纹

5.4.2.5　喷涂聚脲防水涂料

喷涂聚脲防水涂料是以异氰酸酯类化合物为甲组分、胺类化合物为乙组分，采用喷涂施工工艺使两组分混合、反应生成的弹性体防水涂料。

喷涂聚脲防水涂料执行的国家标准为《喷涂聚脲防水涂料》GB/T 23446。产品按组成分为喷涂（纯）聚脲防水涂料（代号 JNC）、喷涂聚氨酯（脲）防水涂料（代号 JNJ）。产品按物理力学性能分为Ⅰ型和Ⅱ型。

喷涂聚脲防水涂料进场复验试验项目技术指标应符合《喷涂聚脲防水涂料》GB/T 23446 的要求，见表 5-31。

表 5-31　喷涂聚脲防水涂料进场复验试验项目技术指标要求

序号	项目	技术指标	
		Ⅰ型	Ⅱ型
1	固体含量（%）≥	96	98
2	不透水性	0.4MPa，2h 不透水	
3	拉伸强度（MPa）≥	10.0	16.0
4	断裂伸长率（%）≥	300	450
5	低温弯折性（℃）≤	−35	−40

5.4.2.6　聚合物水泥防水涂料

聚合物水泥防水涂料是以丙烯酸酯、乙烯-乙酸乙烯酯等聚合物乳液和水泥为主要原料，加入填料及其他助剂配制而成，经水分挥发和水泥水化反应固化成膜的双组分水性防水涂料。

聚合物水泥防水涂料执行的国家标准为《聚合物水泥防水涂料》GB/T 23445。产品按物理力学性能分为Ⅰ型、Ⅱ型和Ⅲ型。Ⅰ型适用于活动量较大的基层，Ⅱ型和Ⅲ型适用于活动量较小基层。

聚合物水泥防水涂料进场复验试验项目技术指标应符合《聚合物水泥防水涂料》GB/T 23445 的要求，见表 5-32。

表 5-32　聚合物水泥防水涂料进场复验试验项目技术指标要求

序号	试验项目		技术指标		
			Ⅰ	Ⅱ	Ⅲ
1	固体含量（%）≥		70	70	70
2	拉伸强度	无处理（MPa）≥	1.2	1.8	1.8
		加热处理后保持率（%）≥	80	80	80
		碱处理后保持率（%）≥	60	70	70
		浸水处理后保持率（%）≥	60	70	70
		紫外线处理后保持率（%）≥	80	—	—

序号	试验项目		技术指标		
			I	II	III
3	断裂伸长率	无处理（%）≥	200	80	30
		加热处理（%）≥	150	65	20
		碱处理（%）≥	150	65	20
		浸水处理（%）≥	150	65	20
		紫外线处理（%）≥	150	—	—
4	低温柔性（φ10mm 棒）		−10℃，无裂纹	—	—
5	不透水性（0.3MPa，30min）		不透水	不透水	不透水

5.4.2.7 水泥基渗透结晶型防水材料

水泥基渗透结晶型防水材料是一种用于水泥混凝土的刚性防水材料。其与水作用后，材料中含有的活性化学物质以水为载体在混凝土中渗透，与水泥水化产物生成不溶于水的针状结晶体，填塞毛细孔道和微细缝隙，从而提高混凝土致密性与防水性。

水泥基渗透结晶型防水材料执行的国家标准为《水泥基渗透结晶型防水材料》GB 18445。此标准适用于以硅酸盐水泥为主要成分，掺入一定量的活性化学物质制成的粉状水泥基渗透结晶型防水材料，用于水泥混凝土结构防水工程。按使用方法分为水泥基渗透结晶型防水涂料（代号 C）和水泥基渗透结晶型防水剂（代号 A）。

水泥基渗透结晶型防水材料进场复验试验项目技术指标应符合《水泥基渗透结晶型防水材料》GB 18445 的要求，见表 5-33 和表 5-34。

表 5-33 水泥基渗透结晶型防水涂料进场复验试验项目技术指标要求

序号	试验项目		性能指标
1	含水率（%）≤		1.5
2	细度，0.63mm 筛余（%）≤		5
3	砂浆抗渗性能	带涂层砂浆的抗渗压力（MPa），28d	报告实测值
		抗渗压力比（带涂层）（%），28d≥	250
		去除涂层砂浆的抗渗压力（MPa），28d	报告实测值
		抗渗压力比（去除涂层）（%），28d≥	175
4	混凝土抗渗性能	带涂层混凝土的抗渗压力（MPa），28d	报告实测值
		抗渗压力比（带涂层）（%），28d≥	250
		去除涂层混凝土的抗渗压力（MPa），28d	报告实测值
		抗渗压力比（去除涂层）（%），28d≥	175
		带涂层混凝土的第二次抗渗压力（MPa），56d≥	0.8

表 5-34 水泥基渗透结晶型防水剂进场复验试验项目技术指标要求

序号	试验项目		性能指标
1	含水率（%）≤		1.5
2	细度，0.63mm 筛余（%）≤		5
3	混凝土抗渗性能	掺防水剂混凝土的抗渗压力（MPa），28d	报告实测值
		抗渗压力比（%），28d≥	200
		掺防水剂混凝土的第二次抗渗压力（MPa），56d	报告实测值
		第二次抗渗压力比（%），56d≥	150

5.4.2.8 聚合物水泥防水砂浆

聚合物水泥防水砂浆是以水泥、细集料为主要组分，以聚合物乳液或可再分散乳胶粉为改性剂，添加适量助剂混合制成的防水砂浆。

聚合物水泥防水砂浆执行的行业标准为《聚合物水泥防水砂浆》JC/T 984。产品按组分分为单组分（S类）和双组分（D类）。按物理力学性能分为Ⅰ型和Ⅱ型。

聚合物水泥防水砂浆进场复验试验项目技术指标应符合《聚合物水泥防水砂浆》JC/T 984 的要求，见表5-35。

表5-35 聚合物水泥防水砂浆进场复验试验项目技术指标要求

序号	项目			技术指标	
				Ⅰ型	Ⅱ型
1	抗折强度（MPa）≥			6.0	8.0
2	黏结强度（MPa）≥	7d		0.8	1.0
		28d		1.0	1.2
3	抗渗压力（MPa）≥	涂层试件	7d	0.4	0.5
		砂浆试件	7d	0.8	1.0
			28d	1.5	1.5

5.4.3 密封材料

密封胶由于面对着不同种类的基材、静态和动态接缝以及各种形状的黏结密封部位，致使高分子密封材料品种繁多，化学组成多样化，性状也各异。

5.4.3.1 硅酮和改性硅酮建筑密封胶

硅酮建筑密封胶是以聚硅氧烷为主要成分、室温固化的单组分和多组分密封胶，按固化体系分为酸性和中性。

硅酮和改性硅酮建筑密封胶执行的国家标准为《硅酮和改性硅酮建筑密封胶》GB/T 14683。此标准适用于普通装饰装修和建筑幕墙非结构性装配用硅酮建筑密封胶，以及建筑接缝和干缩位移接缝用改性硅酮建筑密封胶。产品按组分分为单组分（Ⅰ）和多组分（Ⅱ）两个类型。硅酮建筑密封胶按用途分为三类：F类——建筑接缝用；Gn类——普通装饰装修镶装玻璃用，不适用于中空玻璃；Gw类——建筑幕墙非结构性装配用，不适用于中空玻璃。

改性硅酮建筑密封胶是以端硅烷基聚醚为主要成分、室温固化的单组分和多组分密封胶。按用途分为两类：F类——建筑接缝用；R类——干缩位移接缝用，常见于装配式预制混凝土外挂墙板接缝。

硅酮和改性硅酮建筑密封胶进场复验试验项目技术指标应符合《硅酮和改性硅酮建筑密封胶》GB/T 14683 的要求，见表5-36 和表5-37。

表5-36 硅酮建筑密封胶（SR）进场复验试验项目技术指标要求

序号	项目		技术指标							
			50LM	50HM	35LM	35HM	25LM	25HM	20LM	20HM
1	拉伸模量（MPa）	23℃	≤0.4 和 ≤0.6	>0.4 或 >0.6	≤0.4 和 ≤0.6	>0.4 或 >0.6	≤0.4 和 ≤0.6	>0.4 或 >0.6	≤0.4 和 ≤0.6	>0.4 或 >0.6
		-20℃								
2	定伸黏结性		无破坏							

表 5-37　改性硅酮建筑密封胶（MS）进场复验试验项目技术指标要求

序号	项目		技术指标				
			25LM	25HM	20LM	20HM	20LM-R
1	拉伸模量（MPa）	23℃	≤0.4 和≤0.6	>0.4 或>0.6	≤0.4 和≤0.6	>0.4 或>0.6	≤0.4 和≤0.6
		−20℃					
2	定伸黏结性		无破坏				

5.4.3.2　混凝土接缝用建筑密封胶

混凝土接缝用建筑密封胶执行的行业标准为《混凝土接缝用建筑密封胶》JC/T 881。产品按组分分为单组分（Ⅰ）和多组分（Ⅱ）两个品种。产品按流动性分为非下垂型（N）和自流平型（L）两个类型。产品按照满足接缝密封功能的位移能力进行分级，见表 5-38。

表 5-38　密封胶级别

级别	试验拉压幅度（%）	位移能力（%）
50	±50	50.0
35	±35	35.0
25	±25	25.0
20	±20	20.0
12.5	±12.5	12.5

次级别：50、35、25、20 级别按拉伸模量分为高模量（HM）和低模量（LM）两个次级别。12.5 级别的次级别为 12.5E，即弹性恢复率等于或大于 40% 的弹性密封胶。

混凝土接缝用建筑密封胶进场复验试验项目技术指标应符合《混凝土接缝用建筑密封胶》JC/T 881 的要求，见表 5-39。

表 5-39　混凝土接缝用建筑密封胶进场复验试验项目技术指标要求

序号	项目		技术指标						
			50LM	35LM	25LM	25HM	20LM	20HM	12.5E
1	拉伸模量（MPa）	23℃	≤0.4 和≤0.6			>0.4 或>0.6	≤0.4 和≤0.6	>0.4 或>0.6	—
		−20℃							
2	定伸黏结性		无破坏						

5.4.3.3　聚氨酯建筑密封胶

聚氨酯建筑密封胶执行的行业标准为《聚氨酯建筑密封胶》JC/T 482。此标准适用于以氨基甲酸酯聚合物为主要成分的单组分和多组分聚氨酯建筑密封胶。产品按组分分为单组分（Ⅰ）和多组分（Ⅱ）两个品种。产品按流动性分为非下垂型（N）和自流平型（L）两个类型。产品按照满足接缝密封功能的位移能力进行分级，见表 5-40。

表 5-40　聚氨酯建筑密封胶级别

级别	试验拉压幅度（%）	位移能力（%）
50	±50	50.0
35	±35	35.0
25	±25	25.0
20	±20	20.0

产品按拉伸模量分为高模量（HM）和低模量（LM）两个次级别。

聚氨酯建筑密封胶进场复验试验项目技术指标应符合《聚氨酯建筑密封胶》JC/T 482 的要求，见表 5-41。

表 5-41 聚氨酯建筑密封胶进场复验试验项目技术指标要求

序号	项目		技术指标							
			50LM	50HM	35LM	35HM	25LM	25HM	20LM	20HM
1	拉伸模量（MPa）	23℃	≤0.4 和 ≤0.6	>0.4 或 >0.6	≤0.4 和 ≤0.6	>0.4 或 >0.6	≤0.4 和 ≤0.6	>0.4 或 >0.6	≤0.4 和 ≤0.6	>0.4 或 >0.6
		−20℃								
2	定伸黏结性		无破坏							

5.4.3.4 聚硫建筑密封胶

聚硫建筑密封胶执行的行业标准为《聚硫建筑密封胶》JC/T 483。此标准适用于以液态聚硫橡胶为基料的室温硫化多组分建筑密封胶，不适用于中空玻璃二道密封用聚硫密封胶。产品按用途分为普通接缝用（P）、渠道衬砌接缝用（Q）、管道接缝用（G）。产品按流动性分为非下垂型（N）和自流平型（L）两个类型。

级别：产品按照满足接缝密封功能的位移能力进行分级，见表 5-42。

表 5-42 聚硫建筑密封胶级别

级别	试验拉压幅度（%）	位移能力（%）
50	±50	50.0
35	±35	35.0
25	±25	25.0
20	±20	20.0

次级别：产品按拉伸模量分为高模量（HM）和低模量（LM）两个次级别。

聚硫建筑密封胶进场复验试验项目技术指标应符合《聚硫建筑密封胶》JC/T 483 的要求，见表 5-43。

表 5-43 聚硫建筑密封胶进场复验试验项目技术指标要求

序号	项目		技术指标					
			50LM	35LM	25LM	25HM	20LM	20HM
1	拉伸模量（MPa）	23℃	≤0.4 和 ≤0.6	≤0.4 和 ≤0.6	≤0.4 和 ≤0.6	>0.4 或 >0.6	≤0.4 和 ≤0.6	>0.4 或 >0.6
		−20℃						
2	定伸黏结性		无破坏					

5.4.3.5 幕墙玻璃接缝用密封胶

幕墙玻璃接缝用密封胶执行的行业标准为《幕墙玻璃接缝用密封胶》JC/T 882。此标准适用于玻璃幕墙工程中嵌填玻璃与玻璃接缝的硅酮耐候密封胶，玻璃与铝等金属材料接缝的耐候密封胶也可参照采用。密封胶分为单组分（Ⅰ）和多组分（Ⅱ）两个品种。密封胶按位移能力分为 25、20 两个级别。密封胶级别见表 5-44。

表 5-44 幕墙玻璃接缝用密封胶级别

级别	试验拉压幅度（%）	位移能力（%）
25	±25.0	25
25	±20.0	20

幕墙玻璃接缝用密封胶进场复验试验项目技术指标应符合《幕墙玻璃接缝用密封胶》JC/T 882 的要求，见表 5-45。

表 5-45　幕墙玻璃接缝用密封胶进场复验试验项目技术指标要求

序号	项目		技术指标			
			25LM	25HM	20LM	20HM
1	拉伸模量（MPa）	标准条件	≤0.4 和≤0.6	>0.4 或>0.6	≤0.4 和≤0.6	>0.4 或>0.6
		−20℃				
2	定伸黏结性		无破坏			

5.4.3.6　建筑用硅酮结构密封胶

建筑用硅酮结构密封胶执行的国家标准为《建筑用硅酮结构密封胶》GB/T 16776。此标准适用于建筑幕墙及其他结构黏结装配用硅酮结构密封胶。产品按组成分单组分型和双组分型，分别用数字 1 和 2 表示。按产品适用的基材分类，代号表示如下：M（适用的基材为金属）；G（适用的基材为玻璃）；Q（适用的基材为其他）。

建筑用硅酮结构密封胶进场复验试验项目技术指标应符合《建筑用硅酮结构密封胶》GB/T 16776 的要求，见表 5-46。

表 5-46　建筑用硅酮结构密封胶进场复验试验项目技术指标要求

序号	项目		技术指标
1	下垂度	垂直放置（mm）	≤3
		水平放置	不变形
2	挤出性（s）		≤10
3	适用期（min）		≥20
4	表干时间（h）		≤3
5	硬度（Shore A）		20～60
6	23℃拉伸黏结性（MPa）		≥0.60

5.4.4　其他防水材料

5.4.4.1　坡屋面用防水材料 聚合物改性沥青防水垫层

坡屋面用防水材料 聚合物改性沥青防水垫层执行的行业标准为《坡屋面用防水材料 聚合物改性沥青防水垫层》JC/T 1067。此标准适用于坡屋面建筑工程中，各种瓦材及其他屋面材料下面使用的聚合物改性沥青防水垫层（以下简称改性垫层）。改性垫层的上表面材料一般为聚乙烯膜（PE）、细砂（S）、铝箔（AL）等，增强胎基为聚酯毡（PY）、玻纤毡（G）。

改性垫层进场复验试验项目技术指标应符合《坡屋面用防水材料 聚合物改性沥青防水垫层》JC/T 1067 的要求，见表 5-47。

表 5-47　改性垫层进场复验试验项目技术指标要求

序号	项目	指标	
		PY	G
1	拉力（N/50mm）≥	300	200
2	延伸率（%）≥	20	—

5.4.4.2　坡屋面用防水材料 自粘聚合物沥青防水垫层

坡屋面用防水材料 自粘聚合物沥青防水垫层执行的行业标准为《坡屋面用防水材料 自粘聚合物沥

青防水垫层》JC/T 1068。此标准适用于坡屋面建筑工程中，各种瓦材及其他屋面材料下面使用的自粘聚合物沥青防水垫层（以下简称自粘垫层）。产品所用沥青完全为自粘聚合物沥青。自粘垫层的上表面材料一般为聚乙烯膜（PE）、聚酯膜（PET）、铝箔（AL）等，无内部增强胎基。自粘垫层也可按照生产商要求采用其他类型的上表面材料。

自粘聚合物沥青防水垫层进场复验试验项目技术指标应符合《坡屋面用防水材料 自粘聚合物沥青防水垫层》JC/T 1068 的要求，见表5-48。

表 5-48　自粘聚合物沥青防水垫层进场复验试验项目技术指标要求

序号	项目	指标
1	拉力（N/25mm）≥	70
2	断裂延伸率（%）≥	200

5.4.4.3　沥青基防水卷材用基层处理剂

沥青基防水卷材用基层处理剂执行的行业标准为《沥青基防水卷材用基层处理剂》JC/T 1069。此标准适用于沥青基防水卷材施工配套使用的基层处理剂。产品分为水性（W）和溶剂型（S）。

沥青基防水卷材用基层处理剂进场复验试验项目技术指标应符合《沥青基防水卷材用基层处理剂》JC/T 1069 的要求，见表5-49。

表 5-49　沥青基防水卷材用基层处理剂进场复验试验项目技术指标要求

序号	项目	技术指标	
		W	S
1	固体含量（%）≥	40	30
2	剥离强度（N/mm）≥	0.8	
3	耐热性	80℃无流淌	
4	低温柔性	0℃无裂纹	

5.4.4.4　高分子防水卷材胶黏剂

高分子防水卷材胶黏剂执行的行业标准为《高分子防水卷材胶粘剂》JC/T 863。此标准适用于以合成弹性体为基料冷黏结的高分子防水卷材胶黏剂。高分子防水卷材胶黏剂按组分分为单组分（Ⅰ）和双组分（Ⅱ）两个类型。按用途分为基底胶（J）和搭接胶（D）两个品种。基底胶指用于卷材与基层黏结的胶黏剂。搭接胶指用于卷材与卷材接缝搭接的胶黏剂。

高分子防水卷材胶黏剂进场复验试验项目技术指标应符合《高分子防水卷材胶粘剂》JC/T 863 的要求，见表5-50。

表 5-50　高分子防水卷材胶黏剂进场复验试验项目技术指标要求

序号	项目			技术指标	
				基底胶 J	搭接胶 D
1	剥离强度	卷材-卷材	标准试验条件（N/mm）≥	—	1.5
			浸水后保持率（%）168h≥	—	70

5.4.4.5　玻纤胎沥青瓦

玻纤胎沥青瓦是以石油沥青为主要原料，加入矿物填料，采用玻纤毡为胎基、上表面覆以矿物粒（片）料，用于搭接铺设施工的坡屋面用沥青瓦。

玻纤胎沥青瓦执行的国家标准为《玻纤胎沥青瓦》GB/T 20474。此标准适用于以石油沥青为主要原料，加入矿物填料，采用玻纤毡为胎基、上表面覆以矿物粒（片）料，用于搭接铺设施工的坡屋面用沥青瓦。按产品形式分为平瓦（P）和叠瓦（L）。平面沥青瓦是以玻纤毡为胎基，用沥青材料浸渍涂盖后，表面覆以保护隔离材料，并且外表面平整的沥青瓦，俗称平瓦。叠合沥青瓦是采用玻纤毡为胎基生产的沥青瓦，在其实际使用的外露面的部分区域，用沥青黏合了一层或多层沥青瓦材料形成叠合状，俗称叠瓦。

玻纤胎沥青瓦进场复验试验项目技术指标应符合《玻纤胎沥青瓦》GB/T 20474 的要求，见表 5-51。

表 5-51　玻纤胎沥青瓦进场复验试验项目技术指标要求

序号	项目		指标	
			P	L
1	可溶物含量（g/m²）≥		800	1500
2	拉力（N/50mm）	纵向≥	600	
		横向≥	400	
3	耐热度（90℃）		无流淌、滑动、滴落、气泡	
4	柔度（10℃）		无裂纹	
5	不透水性（2m 水柱，24h）		不透水	
6	叠层剥离强度（N）≥		—	20

5.4.4.6　烧结瓦

烧结瓦是由黏土或其他无机非金属原料，经成型、烧结等工艺处理，用于建筑物屋面覆盖及装饰用的板状或块状烧结制品。

烧结瓦执行的国家标准为《烧结瓦》GB/T 21149。此标准适用于建筑物屋面覆盖及装饰用的烧结瓦类产品（以下简称瓦）。根据形状分为平瓦、脊瓦、三曲瓦、双筒瓦、鱼鳞瓦、牛舌瓦、板瓦、筒瓦、滴水瓦、沟头瓦、J 形瓦、S 形瓦、波形瓦、平板瓦和其他异形瓦及其配件、饰件。根据表面状态可分为有釉瓦（含表面经加工处理形成装饰薄膜层的瓦）和无釉瓦（含青瓦）。根据吸水率不同烧结瓦分为Ⅰ类瓦（≤6.0%）、Ⅱ类瓦（6.0%～10.0%）和Ⅲ类瓦（10.0%～18.0%）。

烧结瓦进场复验试验项目技术指标应符合《烧结瓦》GB/T 21149 的要求，见表 5-52。

表 5-52　烧结瓦进场复验试验项目技术指标要求

序号	项目		技术指标
1	吸水率（%）	Ⅰ类瓦	≤6.0
		Ⅱ类瓦	>6.0，≤10.0
		Ⅲ类瓦	>10.0，≤18.0
2	抗冻性能	慢冻法（15 次冻融循环）	规定次数冻融循环后不出现剥落、掉角、掉棱及裂纹增加现象
		快冻法（100 次冻融循环）	
3	抗渗性能	无釉瓦（3h 渗水试验）	瓦背面无水滴

5.4.4.7　混凝土瓦

混凝土瓦是由混凝土制成的屋面瓦和配件瓦的统称。

混凝土瓦执行的行业标准为《混凝土瓦》JC/T 746。此标准适用于由水泥、细集料和水等为主要原材料经拌和、挤压、静压成型或其他成型方法制成的用于坡屋面的混凝土屋面瓦及与其配合使用的混凝土配件瓦。混凝土瓦可以是本色的、着色的或表面经过处理的。混凝土瓦可分为混凝土屋面瓦及混凝土配件瓦。混凝土屋面瓦又分为波形屋面瓦和平板屋面瓦。

混凝土瓦进场复验试验项目技术指标应符合《混凝土瓦》JC/T 746 的要求，见表 5-53。

表 5-53 混凝土瓦进场复验试验项目技术指标要求

性能	技术指标
吸水率	混凝土瓦的吸水率应不大于 10.0%
抗渗性能	混凝土瓦经抗渗性能检验后，瓦的背面不得出现水滴现象
抗冻性能	混凝土屋面瓦经抗冻性能检验后，其承载力仍不小于承载力标准值。同时，外观质量应符合标准规定

5.4.4.8 彩色涂层钢板及钢带

彩色涂层钢板及钢带是指在经过表面预处理的基板上连续涂覆有机涂料，然后进行烘烤固化而成的产品。

彩色涂层钢板及钢带执行的行业标准为《彩色涂层钢板及钢带》GB/T 12754。此标准适用于建筑内、外用途的彩色涂层钢板及钢带。家电及其他用途的彩色涂层钢板及钢带可参考适用。

彩色涂层钢板及钢带的分类及代号见表 5-54。

表 5-54 彩色涂层钢板及钢带的分类及代号

分类	项目	代号
用途	建筑外用	JW
	建筑内用	JN
	家电	JD
	其他	QT
基板类型	热镀锌基板	Z
	热镀锌铁合金基板	ZF
	热镀铝锌合金基板	AZ
	热镀锌铝合金基板	ZA
	热镀铝硅合金基板	AS
	热镀锌铝镁合金基板	ZM
	电镀锌基板	ZE
涂层表面状态	普通涂层板	TC
	压花板	YA
	印花板	YI
	网纹板	WA
	绒面板	RO
	珠光板	ZH
	磨砂板	MO
面漆种类	聚酯	PE
	硅改性聚酯	SMP
	高耐久性聚酯	HDP
	聚偏二氟乙烯	PVDF
面漆功能	普通	—
	自洁	AP
	抗静电	AS
	抗菌	AB
	隔热	AH

分类	项目	代号
涂层结构	正面二层、反面一层	2/1
	正面二层、反面二层	2/2
热镀锌基板表面结构	小锌花	MS
	无锌花	FS
耐中性盐雾性能	1级	S1
	2级	S2
	3级	S3
	4级	S4
紫外灯加速老化性能	1级	U1
	2级	U2
	3级	U3
	4级	U4

彩涂板基板的力学性能、镀层性能、镀层重量、表面质量及镀层表面结构应符合相应牌号基板标准的规定。

正面涂层厚度应不小于 $20\mu m$，如涂层厚度小于 $20\mu m$ 应在订货时协商。正面涂层厚度为三个试样平均值，单个试样值应不小于规定值的 90%。

6 建筑装饰装修工程

建筑装饰装修是为保护建筑物的主体结构、完善建筑物的使用功能和美化建筑物，采用装饰装修材料或饰物，对建筑物的内外表面及空间进行的各种处理过程。

建筑装饰装修材料按材质分类有塑料、金属、陶瓷、玻璃、木材、无机矿物、涂料、纺织品、石材等种类。按功能分类有吸声、隔热、防水、防潮、防火、防霉、耐酸碱、耐污染等种类。按装饰部位分类有墙面装饰材料、顶棚装饰材料、地面装饰材料。

本章详细阐述装饰装修工程中使用的装饰装修材料的进场复验项目、组批规则及取样数量，同时给出复验项目的标准规定。

6.1 抹灰工程

抹灰工程是用灰浆涂抹在房屋建筑的墙、地、顶棚、表面上的一种传统做法的装饰工程。《建筑装饰装修工程质量验收标准》GB 50210 规定：抹灰工程分为普通抹灰和高级抹灰，当设计无要求时，按普通抹灰验收。一般抹灰包括水泥砂浆、水泥混合砂浆、聚合物水泥砂浆和粉刷石膏等抹灰。

6.1.1 依据标准

《预拌砂浆》GB/T 25181
《聚合物水泥防水砂浆》JC/T 984

6.1.2 进场复验试验项目与取样规定

抹灰工程进场复验试验项目与取样规定见表 6-1。

表 6-1 抹灰工程进场复验试验项目与取样规定

种类名称	复验项目	组批规则及取样数量规定
砂浆	拉伸黏结强度	①组批：相同材料、工艺和施工条件的室外抹灰工程每 1000m² 应划为一个检验批，不足 1000m² 也应划分为一个检验批。相同材料、工艺和施工条件的室内抹灰工程每 50 个自然间应划分为一检验批，不足 50 间也应划为一个检验批，大面积房间和走廊可按抹面积每 30m² 计为一间。
聚合物砂浆	保水率	②取样：（1）拉伸黏结强度；（2）保水率：5kg

6.1.3 技术指标要求

6.1.2.1 预拌砂浆

预拌砂浆执行的国家标准为《预拌砂浆》GB/T 25181。此标准适用于专业生产厂生产的，用于建设工程的砌筑、抹灰、地面等工程及其他用途的水泥基预拌砂浆。

预拌砂浆进场复验试验项目技术指标应符合《预拌砂浆》GB/T 25181 的要求，见表 6-2 和表 6-3。

表 6-2　湿拌砂浆进场复验试验项目技术指标要求

项目	湿拌抹灰砂浆	
	普通抹灰砂浆	机喷抹灰砂浆
保水率（%）	≥88.0	≥92.0
14d 拉伸粘结强度（MPa）	M5：≥0.15 ＞M5：≥0.20	≥0.20

表 6-3　干混砂浆进场复验试验项目技术指标要求

项目	干混抹灰砂浆		
	普通抹灰砂浆	薄层抹灰砂浆	机抹灰砂浆
保水率（%）	≥88.0	≥99.0	≥92.0
14d 拉伸粘结强度（MPa）	M5：≥0.15 ＞M5：≥0.20	≥0.30	≥0.20

6.1.2.2　聚合物水泥防水砂浆

聚合物水泥防水砂浆是以水泥、细集料为主要组分，以聚合物乳液或可再分散乳胶粉为改性剂，添加适量助剂混合制成的防水砂浆。

聚合物水泥防水砂浆执行的行业标准为《聚合物水泥防水砂浆》JC/T 984。产品按组分分为单组分（S 类）和双组分（D 类）两类。单组分（S 类）是由水泥、细集料和可再分散乳胶粉、添加剂等组成。双组分（D 类）是由粉料（水泥、细集料等）和液料（聚合物乳液、添加剂等）组成。产品按物理力学性能分为 I 型和 II 型两种。

6.2　吊顶工程及轻质隔墙工程

人造板是以木材或非木材植物纤维为主要原料，加工成各种材料单元。施加（或不施加）胶黏剂和其他添加剂，组坯胶合而成的板材或成型制品。主要包括胶合板、刨花板、纤维板及其表面装饰板等产品。广泛应用在吊顶工程及轻质隔墙工程。

6.2.1　进场复验试验项目与取样规定

吊顶工程及轻质隔墙工程进场复验试验项目与取样规定见表 6-4。

表 6-4　吊顶工程及轻质隔墙工程进场复验试验项目与取样规定

种类名称	复验项目	组批规则及取样数量规定
人造木板	甲醛释放量	①组批：同一品种的吊顶工程每 50 间应划分为一个检验批，不足 50 间也应划分为一个检验批，大面积房间和走廊可按吊顶面积每 30m² 计为一间。每个检验批应至少抽查 10%。 ②取样：500mm×500mm 2 块

6.2.2　技术指标要求

《室内装饰装修材料　人造板及其制品中甲醛释放限量》GB 18580 规定：
室内装饰装修材料人造板及其制品中甲醛释放限量值为 0.124mg/m³，限量标识 E_1。

6.3　饰面板和饰面砖工程

饰面工程就是将人造的、天然的块料镶贴于基层表面形成装饰层。块料的种类很多，可分为：饰面砖（如釉面砖、外墙面砖、陶瓷锦砖）、天然石饰面板（如大理石、花岗岩等）、人造石饰面板（如预制水磨石、水刷石、人造大理石等）。

6.3.1　进场复验试验项目与取样规定

饰面板和饰面砖工程进场复验试验项目与取样规定见表 6-5。

表 6-5　饰面板和饰面砖工程进场复验试验项目与取样规定

种类名称	复验项目	组批规则及取样数量规定
饰面板工程		
室内用花岗石板	放射性	①组批：相同材料、工艺和施工条件的室内饰面砖工程每 50 间应划分为一个检验批，不足 50 间也应划分为一个检验批，大面积房间和走廊可按饰面砖面积每 30m² 计为一间。 ②取样：a. 放射性：2kg；b. 甲醛释放量：500mm×500mm 2 块；c. 拉伸黏结强度：5kg；d. 吸水率、抗冻性（严寒和寒冷地区）：150mm×150mm，10 块
室内用人造木板	甲醛释放量	
水泥基黏结料	黏结强度	
外墙陶瓷板	吸水率 抗冻性（严寒和寒冷地区）	
饰面砖工程		
室内用花岗石板和瓷质饰面砖	放射性	①组批：相同材料、工艺和施工条件的室内饰面砖工程每 50 间应划分为一个检验批，不足 50 间也应划分为一个检验批，大面积房间和走廊可按饰面砖面积每 30m² 计为一间；相同材料、工艺和施工条件的室外饰面砖工程每 1000m² 应划分为 1 个检验批，不足 1000m² 也应划分为一个检验批。 ②取样：a. 放射性：2kg；b. 甲醛释放量：500mm×500mm 2 块；c. 拉伸黏结强度：5kg；d. 吸水率、抗冻性（严寒和寒冷地区）：150mm×150mm，10 块
水泥基黏结材料与外墙所用饰面砖	拉伸黏结强度	
外墙陶瓷饰面砖	吸水率 抗冻性（严寒和寒冷地区）	

6.3.2　技术指标要求

6.3.2.1　花岗石板和瓷质饰面砖

天然石材是指经选择和加工成的特殊尺寸或形状的天然岩石，按照材质主要分为大理石、花岗石、石灰石、砂岩板石等，按照用途主要分为天然建筑石材和天然装饰石材等。

《建筑材料放射性核素限量》GB 6566 规定：

根据装饰装修材料放射性水平大小划分为以下三类。

1. A 类装饰装修材料

装饰装修材料中天然放射性核素镭-226、钍-232、钾-40 的放射性比活度同时满足 $I_{Ra} \leqslant 1.0$ 和 $I_\gamma \leqslant 1.3$ 要求的为 A 类装饰装修材料。A 类装饰装修材料产销与使用范围不受限制。

2. B 类装饰装修材料

不满足 A 类装饰装修材料要求但同时满足 $I_{Ra} \leqslant 1.3$ 和 $I_\gamma \leqslant 1.9$ 要求的为 B 类装饰装修材料。B 类装饰装修材料不可用于 I 类民用建筑的内饰面，但可用于 II 类民用建筑物、工业建筑内饰面及其他一切建筑的外饰面。

3. C 类装饰装修材料

不满足 A、B 类装修材料要求但满足 $I_\gamma \leqslant 2.8$ 要求的为 C 类装饰装修材料。C 类装饰装修材料只可用于建筑物的外饰面及室外其他用途。

《建筑环境通用规范》GB 55016 第 5.3.3 条规定：

建筑工程所使用的石材、建筑卫生陶瓷、石膏制品、无机粉状粘结材料等无机非金属装饰装修材料，其放射性限量应分类符合表 6-6 的规定。

表 6-6　无机非金属装饰装修材料放射性限量

测定项目	限量	
	A 类	B 类
内照射指数（I_{Ra}）	≤1.0	≤1.3
外照射指数（I_{γ}）	≤1.3	≤1.9

《建筑环境通用规范》GB 55016 第 5.3.4 条规定：

Ⅰ类民用建筑工程室内装饰装修采用的无机非金属装饰装修材料放射性限量应符合 A 类的规定。

6.3.2.2　室内用人造木板

《室内装饰装修材料 人造板及其制品中甲醛释放限量》GB 18580 规定：

室内装饰装修材料人造板及其制品中甲醛释放限量值为 0.124mg/m³，限量标识 E_1。

6.3.2.3　水泥基胶结料

水泥基胶结料是由硅酸盐水泥熟料加入规定的混合材料和适量石膏，磨细制成适用于室内装修工程的水硬性胶凝材料，其中混合材料掺加量按质量分数计应不大于 70%，必要时可掺加可再分散性乳胶粉和/或纤维素醚调节性能。

《室内装修用水泥基胶结料》GB/T 40376 规定：

水泥基胶结料胶砂 14d 拉伸黏结强度不小于 0.25MPa。

6.3.2.4　外墙陶瓷板

陶瓷板是由黏土和其他无机非金属材料经成形高温烧成等生产工艺制成的板状陶瓷制品。按吸水率分为：瓷质板（E≤0.5%）；炻质板（0.5%＜E＜10%）；陶质板（E＞10%）。按表面特征分为有釉陶瓷板和无釉陶瓷板。

《陶瓷板》GB/T 23266 规定：

1. 吸水率

瓷质板吸水率平均值：E≤0.5%；单值：E≤0.6%；

炻质板吸水率平均值：0.5%＜E≤10.0%；单值：E≤11.0%；

陶质板吸水率平均值：E＞10.0%；单值：E＞9.0%。

2. 抗冻性

用于受冻环境的陶瓷板应进行抗冻试验，经抗冻试验后应无裂纹或剥落。

6.3.2.5　外墙饰面砖

外墙饰面砖是用于建筑外墙外表面装饰装修的无机薄型块状材料。

《外墙饰面砖工程施工及验收规程》JGJ 126 规定：

外墙饰面砖产品应符合国家现行标准《陶瓷砖》GB/T 4100、《陶瓷马赛克》JC/T 456 和《薄型陶瓷砖》JC/T 2195 的规定。

《外墙饰面砖工程施工及验收规程》JGJ 126 第 3.1.4 条规定：

外墙饰面砖工程中采用的陶瓷砖，根据本规程附录 A 和附录 B 不同气候区划分，应符合下列相应规定。

1. Ⅰ、Ⅵ、Ⅶ区吸水率不应大于 3%；Ⅱ区吸水率不应大于 6%；Ⅲ、Ⅳ、Ⅴ区和冰冻期一个月以上的地区吸水率不宜大于 6%。吸水率应按现行国家标准《陶瓷砖试验方法 第 3 部分：吸水率、显气孔率、表观相对密度和容重的测定》GB/T 3810.3 进行试验。

2. Ⅰ、Ⅵ、Ⅶ区冻融循环 50 次不得破坏；Ⅱ区冻融循环 40 次不得破坏。冻融循环应以低温环境温度为 −30℃±2℃，保持 2h 后放入不低于 10℃的清水中融化 2h 为一个循环，按现行国家标准《陶瓷砖试验方法 第 12 部分：抗冻性的测定》GB/T 3810.12 进行试验。

6.2.3.6 水泥基粘结材料与外墙所用饰面砖拉伸黏结强度

《建筑工程饰面砖粘结强度检验标准》JGJ/T 110 第 3.0.4 条规定：

现场粘贴外墙饰面砖施工前应对饰面砖样板黏结强度进行检验。

《建筑工程饰面砖粘结强度检验标准》JGJ/T 110 第 2.0.5 条规定：

黏结力是检测试样饰面砖与黏结层界面、黏结层自身、黏结层与找平层界面、找平层自身或找平层与基体界面，在垂直于表面的拉力作用下断开时的拉力值。

《建筑工程饰面砖粘结强度检验标准》JGJ/T 110 第 2.0.6 条规定：

黏结强度是检测试样饰面砖单位面积上的黏结力。

1. 检验时间

《建筑工程饰面砖粘结强度检验标准》JGJ/T 110 第 3.0.7 条规定：

当按现行行业标准《外墙饰面砖工程施工及验收规程》JGJ 126 采用水泥基黏结材料粘贴外墙饰面砖后，可按水泥基黏结材料使用说明书的规定时间或样板饰面砖黏结强度达到合格的龄期，进行饰面砖黏结强度检验。当粘贴后 28d 以内达不到标准或有争议时，应以 28d～60d 内约定时间检验的黏结强度为准。

2. 检验方法

《外墙饰面砖工程施工及验收规程》JGJ 126 第 6.0.2 条规定：

外墙饰面砖工程的饰面砖粘结强度检验应按现行行业标准《建筑工程饰面砖粘结强度检验标准》JGJ 110 的规定执行。

3. 检验数量

现场粘贴饰面砖黏结强度检验应以每 500m² 同类基体饰面砖为一个检验批，不足 500m² 应为一个检验批。每批应取不少于一组 3 个试样，每连续三个楼层应取不少于一组试样，取样宜均匀分布。

4. 依据标准

《建筑装饰装修工程质量验收标准》GB 50210

《外墙饰面砖工程施工及验收规程》JGJ 126

《建筑工程饰面砖粘结强度检验标准》JGJ/T 110

《天津市建筑工程施工质量验收资料管理规程》DB/T 29—209

5. 技术指标要求

《建筑工程饰面砖粘结强度检验标准》JGJ/T 110 第 6.0.2 条规定：

现场粘贴的同类饰面砖，当一组试样均符合判定指标要求时，判定其黏结强度合格；当一组试样均不符合判定指标要求时，判定其黏结强度不合格；当一组试样仅符合判定指标的一项要求时，应在该组试样原取样检验批内重新抽取两组试样检验，若检验结果仍有一项不符合判定指标要求时，判定其黏结强度不合格。判定指标应符合下列规定：

(1) 每组试样平均黏结强度不应小于 0.4MPa；

(2) 每组允许有一个试样的黏结强度小于 0.4MPa，但不应小于 0.3MPa。

7 建筑给排水及供暖工程

建筑给水排水系统是保障城镇居民生活的重要系统，是保障公众身体健康、水环境质量的必须设施，是绿色可持续性发展的重要组成部分；建筑给水与排水是城镇给水排水系统的末端及起端，对合理利用各种水资源，在减少对环境的污染方面是最终的用户与起始的控制单元，是城镇节水的关键组成环节。

随着经济的发展，人们生活水平的提高和科学技术的不断进步，在集中供暖技术的基础上，以热水或蒸汽为热媒，由热源集中向一个城镇或较大区域供应热能的方式称为集中供热。目前，集中供热已成为现代化城镇的重要基础设施之一，是城镇公共事业的重要组成部分。供暖系统由热媒制备（热源）、热媒输送（供热管网）、热媒利用（散热设备）三个主要部分组成。建筑物内的供热系统管道包括供暖系统和生活热水系统，当环境空气温度低于管道介质温度时，设置绝热层可防止不必要的热量损失。

为保障建筑给水排水系统、设施基本功能和技术性能的相关要求，建筑给水排水设施应具有预防多种突发事件影响的能力；在得到相关突发事件将影响设施功能信息时，应能采取应急准备措施，最大限度地避免或减轻对设施功能带来的损害；应设置相应监测和预警系统，能及时、准确识别突发事件对建筑给水排水设施带来的影响，并有效采取措施抵御突发事件带来的灾害，采取相关补救、替代措施保障设施基本功能。住房城乡建设部、市场监管总局联合发布《建筑给水排水与节水通用规范》GB 55020，自 2022 年 4 月 1 日起实施。该规范为强制性工程建设规范，全部条文必须严格执行。

本章详细阐述建筑给排水及供暖工程中使用的材料包括管材、管件、散热器和保温材料等材料的进场复验项目、组批规则及取样数量，同时给出复验项目的标准规定。

7.1 管材、管件

建筑给水排水系统工程中使用的管材、管件种类有：塑料管材、镀锌钢管、复合型管材、钢丝网骨架塑料复合管、球墨铸铁管、钢筋混凝土管、波纹管等。与传统的铸铁管、镀锌钢管相比，塑料管材具有材质轻、耐腐蚀、不生锈、不结垢、内壁光滑、水流阻力小、卫生性能好、运输方便、施工便捷、劳动强度小、工程造价低等优点。住房城乡建设部等四部委明令规定自 2000 年 6 月 1 日起，在城镇新建住宅中禁止将铸铁管和冷轧镀锌钢管用于室内给排水管道，推广使用塑料及塑料复合管等新型化学建材。截至目前，塑料管材已被国内外广泛应用于城市供水、城市排水、建筑给水、建筑排水、热水供应、供热采暖、建筑雨水排水、城市燃气、农业排灌、化工流体输送以及电线、电缆保护管等领域。

塑料管按原料分有热塑性塑料管和热固性塑料管两大类。热塑性塑料管采用的主要树脂有聚氯乙烯树脂（PVC）、未增塑聚氯乙烯（或硬聚氯乙烯）（PVC-U）、氯化聚氯乙烯（PVC-C）、聚乙烯树脂（PE）、交联聚乙烯（PE-X）、聚丙烯树脂（PP）、无规共聚聚丙烯（PP-R）、结晶改善的无规共聚聚丙烯（PP-RCT）、均聚聚丙烯（PP-H）、耐冲击共聚聚丙烯（PP-B）、聚苯乙烯树脂（PS）、丙烯腈-丁二烯-苯乙烯树脂（ABS）、聚丁烯树脂（PB）、高密度聚乙烯（HDPE）、中密度聚乙烯（MDPE）、低密度聚乙烯（LDPE）、线性低密度聚乙烯（LLDPE）等；热固性塑料采用的主要树脂有不饱和聚酯树脂、环氧树脂、呋喃树脂、酚醛树脂等。

塑料管按结构分为实壁管、结构壁管、多层管、复合管（PAP：聚乙烯/铝合金/聚乙烯；PPAP：无规共聚聚丙烯/铝合金/无规共聚聚丙烯；RPAP：耐热聚乙烯/铝合金/耐热聚乙烯；XPAP：交联聚乙烯/铝合金/交联聚乙烯）、多层复合管、增强热塑性复合管、纤维增强塑料管、阻隔管、包覆管等。

7.1.1　术语和定义

1. 给水工程

原水取集、输送、处理和成品水供配的工程。

2. 排水工程

污水和雨水收集、输送、处理、再生和处置的工程。

3. 压力管道

指工作压力大于或等于 0.1MPa 的给排水管道。

4. 无压管道

指工作压力小于 0.1MPa 的给排水管道。

5. 公称外径

管材或管件插口部位外径的名义值。

6. 平均外径

管道部件任一横截面的外圆周长除以 3.142（圆周率）并向大圆整到 0.1mm 得到的值。

7. 公差

规定量值的允许偏差范围，用最大允许值与最小允许值之差。

8. 不圆度

在管道部件的同一圆形截面上，外径（或内径）最大测量值与最小测量值之差。

9. 公称壁厚（e_n）

部件壁厚的名义值，近似等于以毫米为单位的制造尺寸。

10. 任一点壁厚（e_y）

管道部件上任一点处内外壁间的径向距离。

11. 平均壁厚（e_m）

管道部件同一截面各点壁厚的算术平均值。

12. 标准尺寸比（SDR）

管材的公称外径（d_n）与公称壁厚（e_n）的比值。

13. 管系列（S）

与公称外径（d_n）和公称壁厚（e_n）的无量纲数，可用于指导管材规格的选用。

14. 公称压力

与管道系统部件耐压能力有关的名义数值，为便于使用，通常取 R10 系列的优先数。

15. 静液压应力

在内部静液压作用下管壁产生的沿圆周方向的平均应力，也称环应力。

16. 交联度

表示交联聚合物交联程度的物理量，通常用凝胶含量表征。

17. 氧化诱导时间

材料耐氧化分解的一种相对度量。在规定温度及常压下的氧气气氛或空气气氛条件下，通过差示扫描量热法测定的材料出现氧化放热的时间。

18. 环刚度

具有环形截面的管材或管件在外部荷载下抗挠曲（径向变形）能力的物理参数。

19. 环柔性

在保持管材结构完整性的基础上，管材耐受径向变形的能力。

20. 真实冲击率（TIR）

以整批产品进行试验时，冲击破坏数除以冲击总数得到的比值，以百分数表示。

21. 设计压力

管道系统设计时考虑的最大可能内压，包括残余水锤压力，即管道系统设计压力＝工作压力＋残余水锤压力。

7.1.2 依据标准

《建筑给水排水及采暖工程施工质量验收规范》GB 50242

《给水排水管道工程施工及验收规范》GB 50268

《建筑节能工程施工质量验收标准》GB 50411

《建筑给水排水与节水通用规范》GB 55020

《低压流体输送焊接钢管》GB/T 3091

《生活饮用水卫生标准》GB 5749

《建筑排水用硬聚氯乙烯（PVC-U）管材》GB/T 5836.1

《建筑排水用硬聚氯乙烯（PVC-U）管件》GB/T 5836.2

《输送流体用无缝钢管》GB/T 8163

《给水用硬聚氯乙烯（PVC-U）管材》GB/T 10002.1

《混凝土和钢筋混凝土排水管》GB/T 11836

《排水用柔性接口铸铁管、管件及附件》GB/T 12772

《水及燃气用球墨铸铁管、管件和附件》GB/T 13295

《给水用聚乙烯（PE）管道系统 第 2 部分：管材》GB/T 13663.2

《给水用聚乙烯（PE）管道系统 第 3 部分：管件》GB/T 13663.3

《冷热水用聚丙烯管道系统 第 1 部分：总则》GB/T 18742.1

《冷热水用聚丙烯管道系统 第 2 部分：管材》GB/T 18742.2

《冷热水用聚丙烯管道系统 第 3 部分：管件》GB/T 18742.3

《冷热水用交联聚乙烯（PE-X）管道系统 第 2 部分：管材》GB/T 18992.2

《铝塑复合压力管 第 1 部分：铝管搭接焊式铝塑管》GB/T 18997.1

《铝塑复合压力管 第 2 部分：铝管对接焊式铝塑管》GB/T 18997.2

《热塑性塑料管材、管件与阀门 通用术语及其定义》GB/T 19278

《埋地用聚乙烯（PE）结构壁管道系统 第 1 部分：聚乙烯双壁波纹管材》GB/T 19472.1

《埋地用聚乙烯（PE）结构壁管道系统 第 2 部分：聚乙烯缠绕结构壁管材》GB/T 19472.2

《冷热水用聚丁烯（PB）管道系统 第 1 部分：总则》GB/T 19473.1

《冷热水用聚丁烯（PB）管道系统 第 2 部分：管材》GB/T 19473.2

《冷热水用聚丁烯（PB）管道系统 第 3 部分：管件》GB/T 19473.3

《丙烯腈-丁二烯-苯乙烯（ABS）压力管道系统 第 1 部分：管材》GB/T 20207.1

《丙烯腈-丁二烯-苯乙烯（ABS）压力管道系统 第 2 部分：管件》GB/T 20207.2

《排水工程用球墨铸铁管、管件和附件》GB/T 26081

《冷热水用耐热聚乙烯（PE-RT）管道系统 第 2 部分：管材》GB/T 28799.2

《流体输送用钢塑复合管及管件》GB/T 28897

《给水用钢丝网增强聚乙烯复合管道》GB/T 32439

《铝塑复合压力管（搭接焊）》CJ/T 108

《给水涂塑复合钢管》CJ/T 120

《铝塑复合压力管（对接焊）》CJ/T 159

《冷热水用耐热聚乙烯（PE-RT）管道系统》CJ/T 175

《钢丝网骨架塑料（聚乙烯）复合管材及管件》CJ/T 189

《外层熔接型铝塑复合管》CJ/T 195

《无规共聚聚丙烯（PP-R）塑铝稳态复合管》CJ/T 210

《埋地排水用钢带增强聚乙烯（PE）螺旋波纹管》CJ/T 225

《建筑排水用高密度聚乙烯（HDPE）管材及管件》CJ/T 250

《天津市建筑工程施工质量验收资料管理规程》DB/T 29—209

7.1.3　质量验收要求

7.1.3.1　《建筑给水排水与节水通用规范》GB 55020 的要求

《建筑给水排水与节水通用规范》GB 55020 第8.1.2条规定：

建筑给水排水节水工程所使用的主要材料和设备应具有中文质量证明文件、性能检测报告，进场时应做检查验收。

《建筑给水排水与节水通用规范》GB 55020 第8.1.3条规定：

生活饮用水系统的涉水产品应满足卫生安全的要求。

《建筑给水排水与节水通用规范》GB 55020 第8.1.9条规定：

给水、排水、中水、雨水回用及海水利用管道应有不同的标识，并应符合下列规定：

1. 给水管道应为蓝色环；

2. 热水供水管道应为黄色环、热水回水管道应为棕色环；

3. 中水管道、雨水回用和海水利用管道应为淡绿色环；

4. 排水管道应为黄棕色环。

《建筑给水排水与节水通用规范》GB 55020 第8.3.7条规定：

生活给水、热水系统及游泳池循环给水系统的管道和设备在交付使用前必须冲洗和消毒，生活饮用水系统的水质应进行见证取样检验，水质应符合现行国家标准《生活饮用水卫生标准》GB 5749 的规定。

7.1.3.2　《给水排水管道工程施工及验收规范》GB 50268 的要求

《给水排水管道工程施工及验收规范》GB 50268 第1.0.3条规定：

给排水管道工程所用的原材料、半成品、成品等产品的品种、规格、性能必须符合国家有关标准的规定和设计要求；接触饮用水的产品必须符合有关卫生要求。严禁使用国家明令淘汰、禁用的产品。

7.1.3.3　《建筑给水排水及采暖工程施工质量验收规范》GB 50242 的要求

《建筑给水排水及采暖工程施工质量验收规范》GB 50242 第3.1.1条规定：

建筑给水、排水及采暖工程施工现场应具有必要的施工技术标准、健全的质量管理体系和工程质量检测制度，实现施工全过程质量控制。

《建筑给水排水及采暖工程施工质量验收规范》GB 50242 第3.2.2条规定：

所有材料进场时应对品种、规格、外观等进行验收。包装应完好，表面无划痕及外力冲击破损。

7.1.4　进场复验试验项目及取样数量规定

《天津市建筑工程施工质量验收资料管理规程》DB/T 29—209 中对塑料管材、管件进场复验试验项目与取样规定见表7-1。

表7-1　塑料管材、管件进场复验试验项目与取样规定

种类名称 相关标准、规范代号	复验项目	组批规则及取样数量规定
管材		
冷热水用交联聚乙烯管材（PE-X管材） （GB/T 18992.2）	尺寸、（20℃，1h）及（95℃，22h 或165h）静液压试验、纵向回缩率、交联度	①组批：同一标段、同一品牌、同一生产厂家、同一规格的管材，取样不少于一次。 ②取样：随机抽取1m长6根

续表

种类名称 相关标准、规范代号	复验项目	组批规则及取样数量规定
铝塑复合压力管（搭接焊） （GB/T 18997.1） （CJ/T 108）	结构尺寸、管环径向拉力试验、交联度测定、冷水（60℃，10h）热水（82℃，10h）静液压试验	①组批：同一标段、同一品牌、同一生产厂家、同一规格的管材，取样不少于一次。 ②取样：随机抽取1m长6根
铝塑复合压力管（对接焊） （GB/T 18997.2） （CJ/T 159）	结构尺寸、管环径向拉力试验、交联度测定、（95℃，1h）静液压试验	①组批：同一标段、同一品牌、同一生产厂家、同一规格的管材，取样不少于一次。 ②取样：随机抽取1m长6根
PB管材 （GB/T 19473.2）	规格尺寸、纵向回缩率、（20℃，1h）及（95℃，22h或165h）静液压试验	①组批：同一标段、同一品牌、同一生产厂家、同一规格的管材，取样不少于一次。 ②取样：随机抽取1m长6根
冷热水用耐热聚乙烯 （PE-RT） （CJ/T 175） （GB/T 28799.2）	尺寸、纵向回缩率、（20℃，1h）及（95℃，22h或165h）静液压试验	①组批：同一标段、同一品牌、同一生产厂家、同一规格的管材，取样不少于一次。 ②取样：随机抽取1m长6根
无规共聚聚丙烯（PP-R）塑铝稳态复合管 （CJ/T 210）	结构尺寸、纵向回缩率、（20℃，1h）及（95℃，22h或165h）静液压试验	①组批：同一标段、同一品牌、同一生产厂家、同一规格的管材，取样不少于一次。 ②取样：随机抽取1m长6根
建筑排水用硬聚氯乙烯（PVC-U）管材 （GB/T 5836.1）	规格尺寸、纵向回缩率、落锤冲击试验、密度、维卡软化温度、拉伸屈服应力、断裂伸长率	①组批：同一标段、同一品牌、同一生产厂家、同一规格的管材，取样不少于一次。 ②取样：随机抽取1m长6根
给水用硬聚氯乙烯（PVC-U）管材 （GB/T 10002.1）	管材尺寸、纵向回缩率、落锤冲击试验、（20℃，1h）静液压试验	①组批：同一标段、同一品牌、同一生产厂家、同一规格的管材，取样不少于一次。 ②取样：随机抽取1m长6根
给水用聚乙烯（PE）管材 （GB/T 13663.2）	规格尺寸、（20℃，100h），（80℃，165h）静液压强度、断裂伸长率、氧化诱导时间、纵向回缩率	①组批：同一标段、同一品牌、同一生产厂家、同一规格的管材，取样不少于一次。 ②取样：随机抽取1m长6根
冷热水用聚丙烯管材 （PP-R、PP-B、PP-H） （GB/T 18742.2）	尺寸、纵向回缩率、简支梁冲击试验、（20℃，1h）及（95℃，22h或165h）静液压试验	①组批：同一标段、同一品牌、同一生产厂家、同一规格的管材，取样不少于一次。 ②取样：随机抽取1m长6根
给水涂塑复合钢管 （GB/T 28897） （CJ/T 120）	尺寸、针孔试验、附着力、弯曲性能或压扁性能、涂塑层冲击试验	①组批：同一标段、同一品牌、同一生产厂家、同一规格的管材，取样不少于一次。 ②取样：随机抽取1m长6根
丙烯腈-丁二烯-苯乙烯（ABS）压力管道系统 第1部分：管材 （GB/T 20207.1）	管材尺寸、纵向回缩率、不透光性（20℃，1h）或（20℃，100h）静液压试验、落锤冲击试验	①组批：同一标段、同一品牌、同一生产厂家、同一规格的管材，取样不少于一次。 ②取样：随机抽取1m长6根
钢塑复合管 （GB/T 28897）	尺寸、结合强度、弯曲性能或压扁性能	①组批：同一标段、同一品牌、同一生产厂家、同一规格的管材，取样不少于一次。 ②取样：随机抽取1m长6根
外层熔接型铝塑复合管 （CJ/T 195）	尺寸、管环径向拉力试验（82℃，10h）或（60℃，10h）静液压强度试验、扩径试验	①组批：同一标段、同一品牌、同一生产厂家、同一规格的管材，取样不少于一次。 ②取样：随机抽取1m长6根

种类名称 相关标准、规范代号	复验项目	组批规则及取样数量规定
给水用钢丝网增强 聚乙烯复合管 （CJ/T 189） （GB/T 32439）	静液压强度（20℃，1h；60℃ 或 80℃，165h）、受压开裂稳定性	①组批：同一标段、同一品牌、同一生产厂家、同一规格 的管材，取样不少于一次。 ②取样：随机抽取 1m 长 6 根
建筑排水用高密度 聚乙烯（HDPE）管材 （CJ/T 250）	尺寸、管材纵向回缩率、静液压强 度试验（80℃，165h）、环刚度	①组批：同一标段、同一品牌、同一生产厂家、同一规格 的管材，取样不少于一次。 ②取样：随机抽取 1m 长 6 根
聚乙烯双壁波纹管材 （GB/T 19472.1）	环刚度、环柔性、烘箱试验、冲击 性能	①组批：同一标段、同一品牌、同一生产厂家、同一规格 的管材，取样不少于一次。 ②取样：随机抽取 1m 长 6 根
聚乙烯缠绕结构壁管材 （GB/T 19472.2）	环刚度、环柔性、烘箱试验、冲 性能	①组批：同一标段、同一品牌、同一生产厂家、同一规格 的管材，取样不少于一次。 ②取样：随机抽取 1m 长 6 根
埋地排水用钢带增强 聚乙烯（PE）螺旋波纹管 （CJ/T 225）	环刚度、环柔性、烘箱试验、冲击 性能	①组批：同一标段、同一品牌、同一生产厂家、同一规格 的管材，取样不少于一次。 ②取样：随机抽取 1m 长 6 根
管件		
冷热水用聚丙烯管件 （PP-R 管件） （GB/T 18742.3）	尺寸、（20℃，1h）静液压试验	①组批：同一标段、同一厂家、同一品牌按进场批次抽取 不少于一种规格。 ②取样：按规格抽取每个规格 8 件
PB 管件 （GB/T 19473.3）	尺寸、（20℃，1h）静液压试验	①组批：同一标段、同一厂家、同一品牌按进场批次抽取 不少于一种规格。 ②取样：按规格抽取每个规格 8 件
建筑排水用硬聚氯乙烯 （PVC-U）管件 （GB/T 5836.2）	规格尺寸、坠落试验、密度、维卡 软化温度、烘箱试验	①组批：同一标段、同一厂家、同一品牌按进场批次抽取 不少于一种规格。 ②取样：按规格抽取每个规格 8 件
给水用聚乙烯（PE）管件 （GB/T 13663.3）	规格尺寸、（20℃，100h）静液压试 验、氧化诱导时间	①组批：同一标段、同一厂家、同一品牌按进场批次抽取 不少于一种规格。 ②取样：按规格抽取每个规格 8 件
丙烯腈-丁二烯-苯乙烯 （ABS）压力管件 （GB/T 20207.2）	管件尺寸、密度、（20℃，1h）或 （20℃，100h）、静液压试验	①组批：同一标段、同一厂家、同一品牌按进场批次抽取 不少于一种规格。 ②取样：按规格抽取每个规格 8 件

7.1.5 技术指标要求

7.1.5.1 冷热水用交联聚乙烯管材（PE-X 管材）

冷热水用交联聚乙烯管材（PE-X 管材）是以交联聚乙烯（PE-X）管材料为原料，经挤出成型的交联聚乙烯管材。

冷热水用交联聚乙烯管材执行的国家标准为《冷热水用交联聚乙烯（PE-X）管道系统 第 2 部分：管材》GB/T 18992.2。此标准适用于建筑物内冷热水管道系统，包括工业及民用冷热水、饮用水和采暖系统等，不适用于灭火系统和非水介质的流体输送系统。此标准将冷热水用交联聚乙烯管材按交联工艺的不同分为过氧化物交联聚乙烯（PE-X$_a$）管材、硅烷交联聚乙烯（PE-X$_b$）管材、电子束交联聚乙烯（PE-X$_c$）管材和偶氮交联聚乙（PE-X$_d$）管材。按尺寸分为 S6.3、S5、S4、S3.2 四个管系列。按管材的使用条件分为级别 1、级别 2、级别 4、级别 5 四个级别。

冷热水用交联聚乙烯管材（PE-X 管材）进场复验试验项目技术指标应符合《冷热水用交联聚乙烯（PE-X）管道系统 第 2 部分：管材》GB/T 18992.2 的要求，见表 7-2。

表 7-2　冷热水用交联聚乙烯管材（PE-X 管材）进场复验试验项目技术指标要求

检测项目	标准要求
尺寸	应符合标准要求
(20℃，1h) 及 (95℃，22h 或 165h) 静液压试验	应无渗漏、无破裂
纵向回缩率	≤3%
交联度	过氧化物交联≥70%；硅烷交联≥65%；电子束交联≥60%；偶氮交联≥60%

7.1.5.2　铝管搭接焊式铝塑管

铝管搭接焊式铝塑管是一种嵌入金属层为搭接焊铝合金管，内外层为共挤塑料，各层间通过热熔黏合剂形成胶黏层的复合管。

铝管搭接焊式铝塑管执行的国家标准为《铝塑复合压力管 第 1 部分：铝管搭接焊式铝塑管》GB/T 18997.1。此标准适用于冷热水输配系统用耐热聚乙烯搭焊铝塑管、交联聚乙烯搭焊铝塑管和无规共聚聚丙烯搭焊铝塑管，也适用于工作温度不高于 40℃ 的冷水、燃气、压缩空气和特种流体输配系统用聚乙烯搭焊铝塑管和交联聚乙烯搭焊铝塑管。此标准将搭焊铝塑管按复合组分的材料不同，分为 PAP、XPAP、RPAP 和 PPAP 四类。

铝管搭接焊式铝塑管执行的行业标准为《铝塑复合压力管（搭接焊）》CJ/T 108。此标准适用于有压流体（冷热水、燃气、压缩空气及特种流体等）的铝塑复合压力管，不适用于铝管未进行焊接或无胶黏层复合的塑料夹铝管材以及对接焊铝塑复合压力管。此标准将铝塑复合压力管按材料分类为 PAP、XPAP 和 RPAP。按用途分类为冷水用铝塑管（L）、热水用铝塑管（R）、燃气用铝塑管（Q）和特种流体用铝塑管（T）。

1.《铝塑复合压力管 第 1 部分：铝管搭接焊式铝塑管》GB/T 18997.1 中对铝管搭接焊式铝塑管进场复验试验项目的技术指标要求，见表 7-3～表 7-5。

表 7-3　铝管搭接焊式铝塑管进场复验试验项目技术指标要求

检测项目	标准要求
结构尺寸	应符合标准要求
管环径向拉力试验	不应小于表 7-4、表 7-5 的规定值
交联度	过氧化物交联≥70%；硅烷交联≥65%；电子束交联≥60%；偶氮交联≥60%
静液压试验	应无破裂、无局部球型膨胀、无渗漏

表 7-4　PAP、XPAP、RPAP 搭接铝塑管管环径向拉力

公称外径 d_n（mm）	管环径向拉力（N）	
	RPAP[a]	PAP、XPAP、RPAP[b]
12	2000	2100
14	2100	2200
16	2100	2300
18	2200	2400
20	2400	2500

公称外径 d_n （mm）	管环径向拉力 （N）	
	RPAP[a]	PAP、XPAP、RPAP[b]
25	2400	2500
32	2500	2650
40	3200	3500
50	3500	3700
63	5200	5500
75	6000	6000

[a] 内外层塑料均为中密度的耐热聚乙烯 （≤0.940g/cm³）；
[b] 内外层塑料均为高密度的耐热聚乙烯 （>0.940g/cm³）。

表 7-5　PPAP 搭接铝塑管管环径向拉力

公称外径 d_n （mm）	管环径向拉力 （N）	
	S3.2	S2.5
20	2500	2800
25	3000	3400
32	3600	4000
40	4300	4800
50	5200	5800
63	6200	7000
75	7300	8500

2.《铝塑复合压力管（搭接焊）》CJ/T 108 中对铝塑复合压力管（搭接焊）进场复验试验项目的技术指标要求，见表 7-6 。

表 7-6　铝塑复合压力管（搭接焊）进场复验试验项目技术指标要求

检测项目	标准要求		
结构尺寸	应符合标准要求		
管环径向拉力试验	公称外径 d_n （mm）	管环径向拉力 （N）		
		PAP	XPAP	RPAP
	12	2100	2100	2000
	14	2300	2300	2100
	16	2300	2300	2100
	18	2400	2400	2200
	20	2500	2500	2400
	25	2500	2500	2400
	32	2700	2700	2600
	40	3500	3500	3300
	50	4400	4400	4200
	63	5300	5300	5100
	75	6300	6300	6000
交联度	化学交联≥65％；辐射交联≥60%		
静液压试验 冷水（60℃，10h） 热水（82℃，10h）	应无破裂、局部球型膨胀、渗漏		

7.1.5.3 铝管对接焊式铝塑管

铝管对接焊式铝塑管是一种嵌入金属层为对接焊铝合金管，内外层为共挤塑料，各层间通过热熔黏合剂形成胶黏层的复合管。

铝管对接焊式铝塑管执行的国家标准为《铝塑复合压力管 第2部分：铝管对接焊式铝塑管》GB/T 18997.2。此标准适用于冷热水输配系统用耐热聚乙烯对焊铝塑管、交联聚乙烯对焊铝塑管和无规共聚聚丙烯对焊铝塑管，也适用于工作温度不高于40℃的冷水、燃气、压缩空气和特种流体输配系统用聚乙烯对焊铝塑管和交联聚乙烯对焊铝塑管。按复合组分的材料不同，分为PAP1、XPAP2、RPAP3和PPAP4四类。

铝管对接焊式铝塑管执行的行业标准为《铝塑复合压力管（对接焊）》CJ/T 159。此标准适用于输送流体（冷水、热水的饮用水输配系统和给水输配系统；采暖系统、燃气等）的铝塑复合压力管。按输送流体分类为水和燃气。按复合组分材料分类为XPAP1、XPAP2、PAP3、PAP4、RPAP5、RPAP6。按公称外径分类，其规格为16、20、25、32、40、50。

1.《铝塑复合压力管 第2部分：铝管对接焊式铝塑管》GB/T 18997.2中对铝管对接焊式铝塑管进场复验试验项目的技术指标要求，见表7-7~表7-9。

表7-7 铝管对接焊式铝塑管进场复验试验项目技术指标要求

检测项目	标准要求
结构尺寸	应符合标准要求
管环径向拉力试验	不应小于表7-8、表7-9的规定值
交联度	过氧化物交联≥70%；硅烷交联≥65%；电子束交联≥60%；偶氮交联≥60%
静液压试验	应无破裂、无局部球型膨胀、无渗漏

表7-8 PAP1、XPAP2、RPAP3对焊铝塑管管环径向拉力

公称外径 d_n（mm）	管环径向拉力（N）	
	RPAP3[a]	PAP1、XPAP2、RPAP3[b]
16	2300	2400
20	2500	2600
25	2890	2990
32	3270	3320
40	4200	4300
50	4800	4900

[a] 内外层塑料均为中密度的耐热聚乙烯（≤0.940g/cm³）；
[b] 内外层塑料均为高密度的耐热聚乙烯（>0.940g/cm³）。

表7-9 PPAP4对焊铝塑管管环径向拉力

公称外径 d_n（mm）	管环径向拉力（N）	
	S3.2	S2.5
20	2500	2800
25	3000	3400
32	3600	4000
40	4300	4800
50	5200	5800

2.《铝塑复合压力管（对接焊）》CJ/T 159中对铝塑复合压力管（对接焊）进场复验试验项目的技术指标要求，见表7-10。

表 7-10　铝塑复合压力管（对接焊）进场复验试验项目技术指标要求

检测项目	标准要求	
结构尺寸	应符合标准要求	
管环径向拉力试验	公称外径 d_n（mm）	管环径向拉力（N）
		MDPE、PE-RT	HDPE、PEX、PP-R、PP-RCT
	16	2300	2400
	20	2500	2600
	25	2890	2990
	32	3270	3320
	40	4200	4300
	50	4800	4900
交联度	过氧化物交联≥70%；硅烷交联≥65%；辐射交联≥60%	
静液压试验	应无破裂、无局部球型膨胀、无渗漏	

7.1.5.4　冷热水用聚丁烯（PB）管材

冷热水用聚丁烯（PB）管材是以聚丁烯混配料为原料，经挤出成型的聚丁烯管材。

冷热水用聚丁烯（PB）管材执行的国家标准为《冷热水用聚丁烯（PB）管道系统 第 2 部分：管材》GB/T 19473.2。此标准适用于建筑物内冷热水管道系统，包括饮用水和采暖管道系统。管材按聚丁烯混配料类型分为 PB-H 管材和 PB-R 管材。

《冷热水用聚丁烯（PB）管道系统 第 2 部分：管材》GB/T 19473.2 中对聚丁烯管材进场复验试验项目的技术指标要求，见表 7-11。

表 7-11　聚丁烯管材进场复验试验项目技术指标要求

检测项目	标准要求
规格尺寸	应符合标准要求
纵向回缩率	≤2%
静液压试验（20℃，1h）及（95℃，22h 或 165h）	应无破裂、无渗漏

7.1.5.5　冷热水用耐热聚乙烯（PE-RT）管材

冷热水用耐热聚乙烯（PE-RT）管材是乙烯和辛烯的共聚物，添加必须的抗氧化剂及添加剂制成管材。

冷热水用耐热聚乙烯（PE-RT）管材执行的国家标准为《冷热水用耐热聚乙烯（PE-RT）管道系统 第 2 部分：管材》GB/T 28799.2。此标准适用于建筑冷热水管道系统，包括民用与工业建筑的冷热水、饮用水和采暖系统、温泉管道系统和集中供暖二次管网系统等。按材料分为 PE-RT Ⅰ型管材和 PE-RT Ⅱ型管材。

冷热水用耐热聚乙烯（PE-RT）管材执行的行业标准为《冷热水用耐热聚乙烯（PE-RT）管道系统》CJ/T 175。此标准适用于冷热水管道系统，包括工业及民用冷热水、饮用水和热水采暖系统等，不适用于灭火系统和非水介质的流体输送系统。管材按结构的不同分为带阻隔层的管材和不带阻隔层的管材两种。管材按尺寸分为 S6.3，S5，S4，S3.2，S2.5 五个管系列。管件按连接方式的不同分为热熔承插连接管件、电熔连接管件和机械连接管件。管件按管系列 S 分类与管材相同，管件的壁厚应不小于相同管系列 S 的管材的壁厚。

《冷热水用耐热聚乙烯（PE-RT）管道系统》CJ/T 175 中对冷热水用耐热聚乙烯（PE-RT）管材进场复验试验项目的技术指标要求见表 7-12。

表 7-12 冷热水用耐热聚乙烯（PE-RT）管材进场复验试验项目技术指标要求

检测项目	标准要求
尺寸	应符合标准要求
纵向回缩率	《冷热水用耐热聚乙烯（PE-RT）管道系统 第 2 部分：管材》GB/T 28799.2 中规定≤2%； 《冷热水用耐热聚乙烯（PE-RT）管道系统》CJ/T 175 中规定＜3%
静液压试验（20℃，1h）及（95℃，22h 或 165h）	应无破裂、无渗漏

7.1.5.6 无规共聚聚丙烯（PP-R）塑铝稳态复合管

无规共聚聚丙烯（PP-R）塑铝稳态复合管是一种内层为 PP-R，外层包覆铝层及塑料保护层，各层间通过热熔胶黏结而成五层结构的管材。

无规共聚聚丙烯（PP-R）塑铝稳态复合管执行的行业标准为《无规共聚聚丙烯（PP-R）塑铝稳态复合管》CJ/T 210。此标准适用于冷热水管道系统，包括工业及民用冷热水、饮用水及热水采暖、中央空调系统等，不适用于灭火系统。PP-R 塑铝稳态复合管按内管尺寸分为 S4、S3.2、S25 三个管系列。PP-R 塑铝稳态复合管按公称直径尺寸（mm）分类，其规格分为 d_n20、d_n25、d_n32、d_n40、d_n50、d_n63、d_n75、d_n90、d_n110。

《无规共聚聚丙烯（PP-R）塑铝稳态复合管》CJ/T 210 中对无规共聚聚丙烯（PP-R）塑铝稳态复合管进场复验试验项目的技术指标要求，见表 7-13。

表 7-13 无规共聚聚丙烯（PP-R）塑铝稳态复合管进场复验试验项目技术指标要求

检测项目	标准要求
结构尺寸	应符合标准要求
纵向回缩率	≤2%
静液压试验（20℃，1h）及（95℃，22h 或 165h）	应无破裂、无渗漏

7.1.5.7 建筑排水用硬聚氯乙烯（PVC-U）管材

建筑排水用硬聚氯乙烯（PVC-U）管材是以聚氯乙烯树脂为主要原料，经挤出成型的建筑物内排水系统用管材。

建筑排水用硬聚氯乙烯（PVC-U）管材执行的国家标准为《建筑排水用硬聚氯乙烯（PVC-U）管材》GB/T 5836.1。此标准将建筑排水用硬聚氯乙烯（PVC-U）管材按连接形式分为胶黏剂连接型管材和弹性密封圈连接型管材。按铅限量值分为无铅管材和含铅管材。

《建筑排水用硬聚氯乙烯（PVC-U）管材》GB/T 5836.1 中对建筑排水用硬聚氯乙烯（PVC-U）管材进场复验试验项目的技术指标要求，见表 7-14。

表 7-14 建筑排水用硬聚氯乙烯（PVC-U）管材进场复验试验项目技术指标要求

检测项目	标准要求
规格尺寸	应符合标准要求
纵向回缩率	≤5%
落锤冲击试验	TIR≤10%
密度	1350～1550kg/m³
维卡软化温度	≥79℃
拉伸屈服应力	≥40.0MPa
断裂伸长率	≥80%

7.1.5.8　给水用硬聚氯乙烯（PVC-U）管材

给水用硬聚氯乙烯（PVC-U）管材是以聚氯乙烯树脂为主要原料，经挤出成型的给水用硬聚氯乙烯管材。

给水用硬聚氯乙烯（PVC-U）管材执行的国家标准为《给水用硬聚氯乙烯（PVC-U）管材》GB/T 10002.1。此标准适用于压力下输送饮用水和一般用途水，水温不超过45℃。产品按连接方式不同分为弹性密封圈式和溶剂黏结式。

《给水用硬聚氯乙烯（PVC-U）管材》GB/T 10002.1中对给水用硬聚氯乙烯（PVC-U）管材进场复验试验项目的技术指标要求，见表7-15。

表7-15　给水用硬聚氯乙烯（PVC-U）管材进场复验试验项目技术指标要求

检测项目	标准要求
管材尺寸	应符合标准要求
纵向回缩率	≤5%
落锤冲击试验	TIR≤5%
静液压试验（20℃，1h）	无破裂、无渗漏

7.1.5.9　给水用聚乙烯（PE）管材

给水用聚乙烯（PE）管材是以聚乙烯（PE）混配料为原料，经挤出成型的给水用聚乙烯管材。

给水用聚乙烯（PE）管材执行的国家标准为《给水用聚乙烯（PE）管道系统 第2部分：管材》GB/T 13663.2。此标准适用于水温不大于40℃，最大工作压力（MOP）不大于2.0MPa，一般用途的压力输水和饮用水输配的聚乙烯管道系统及其组件。按照管材类型分为单层实壁管材、在单层实壁管材外壁包覆可剥离热塑性防护层的管材（带可剥离层管材）。

《给水用聚乙烯（PE）管道系统 第2部分：管材》GB/T 13663.2中对给水用聚乙烯（PE）管材进场复验试验项目的技术指标要求，见表7-16。

表7-16　给水用聚乙烯（PE）管材进场复验试验项目技术指标要求

检测项目	标准要求
规格尺寸	应符合标准要求
静液压强度 （20℃，100h） （80℃，165h）	无破裂、无渗漏
断裂伸长率	≥350%
氧化诱导时间	≥20min
纵向回缩率	≤3%

7.1.5.10　冷热水用聚丙烯管材

冷热水用聚丙烯管材是以聚丙烯混配料为原料，经挤出成型的圆形横截面的聚丙烯管材。

冷热水用聚丙烯管材执行的国家标准为《冷热水用聚丙烯管道系统 第2部分：管材》GB/T 18742.2。此标准适用于建筑物内冷热水管道系统，包括饮用水和采暖管道系统等。管材按聚丙烯混配料分为β晶型PP-H、PP-B、PP-R、β晶型PP-RCT管材。管材按管系列分为S6.3、S5、S4、S3.2、S2.5、S2管系列。

《冷热水用聚丙烯管道系统 第2部分：管材》GB/T 18742.2中对冷热水用聚丙烯管材进场复验试验项目的技术指标要求，见表7-17。

表7-17　冷热水用聚丙烯管材进场复验试验项目技术指标要求

检测项目	标准要求
尺寸	应符合标准要求
静液压试验（20℃，1h）及（95℃，22h或165h）	无破裂、无渗漏
简支梁冲击试验	破损率不大于试样数量的10%
纵向回缩率	≤2%

7.1.5.11　给水涂塑复合钢管

给水涂塑复合钢管是以钢管为基管，以塑料粉末为涂层材料，通过吸涂、喷涂等涂塑工艺在其内表面熔融涂敷塑料层、在其外表面熔融涂敷塑料层或用另外工艺在外表面涂敷上其他材料防腐层的钢塑复合管材。

给水涂塑复合钢管执行的行业标准为《给水涂塑复合钢管》CJ/T 120。此标准适用于公称尺寸不大于DN2000、输送介质温度低于45℃的给水涂塑钢管。按内涂层材料分为聚乙烯涂层和环氧树脂涂层。按外涂（镀）层材料分为热镀锌层、环氧树脂涂层和聚乙烯涂层。

《给水涂塑复合钢管》CJ/T 120中对给水涂塑复合钢管进场复验试验项目的技术指标要求，见表7-18。

表7-18　给水涂塑复合钢管进场复验试验项目技术指标要求

检测项目	标准要求
尺寸	应符合标准要求
针孔试验	无电火花产生
附着力	聚乙烯涂层附着力应不小于30N/cm；环氧树脂涂层附着力应不低于3级
弯曲性能	涂层不应发生裂纹或剥离
压扁性能	涂层不应发生裂纹或剥离
涂塑层冲击试验	涂层不应发生裂纹或剥离

7.1.5.12　钢塑复合管

钢塑复合管是以钢管为基管，在其内表面、外表面或内外表面黏结上塑料防腐层的钢塑复合产品。

钢塑复合管执行的国家标准为《流体输送用钢塑复合管及管件》GB/T 28897。此标准适用于输送生活饮用水、冷热水、排水、空调用水、中低压燃气、压缩空气等介质的钢塑复合管及管件。钢塑管按内外防腐层复合工艺分为衬塑复合钢管（SP-C）、涂塑复合钢管（SP-T）和外覆塑复合钢管（SP-F）。钢塑管按输送水分类为冷水用钢塑管、生活饮用水钢塑管、雨水或其他排水用钢塑管、热水用钢塑管和消防用水钢塑管。钢塑管按衬、涂、覆塑层材料分为聚乙烯（PE）、耐热聚乙烯（PE-RT）、交联聚乙烯（PE-X）、聚丙烯（PP）、硬聚氯乙烯（PVC-U）、氯化聚氯乙烯（PVC-C）和环氧树脂（EP）。

《流体输送用钢塑复合管及管件》GB/T 28897中对钢塑复合管进场复验试验项目的技术指标要求，见表7-19。

表7-19　钢塑复合管进场复验试验项目技术指标要求

检测项目	标准要求
尺寸	应符合标准要求
结合强度	基管为非螺旋缝焊接钢管的衬塑复合钢管、内衬塑料层与基管之间的结合强度应不小于1.5MPa
弯曲性能	剥开后的试样不应出现裂纹，钢与内外塑层之间不应出现分层现象
压扁性能	试样表面不应出现裂纹，基管与内外塑层之间不应出现分层现象

7.1.5.13　丙烯腈-丁二烯-苯乙烯（ABS）压力管材

丙烯腈-丁二烯-苯乙烯（ABS）压力管材是以丙烯腈-丁二烯-苯乙烯（ABS）树脂为主要原料，经挤出成型的压力管材。

　　丙烯腈-丁二烯-苯乙烯（ABS）压力管材执行的国家标准为《丙烯腈-丁二烯-苯乙烯（ABS）压力管道系统 第1部分：管材》GB/T 20207.1。此标准适用于承压给排水输送、污水处理与水处理、石油、化工、电力电子、冶金、采矿、电镀、造纸、食品饮料、空调、医药等工业及建筑领域粉体、液体和气体等流体的输送。管材按尺寸分为：S20、S16、S12.5、S10、S8、S6.3、S5、S4共八个系列。

　　《丙烯腈-丁二烯-苯乙烯（ABS）压力管道系统 第1部分：管材》GB/T 20207.1中对丙烯腈-丁二烯-苯乙烯（ABS）压力管材进场复验试验项目的技术指标要求，见表7-20。

表7-20　丙烯腈-丁二烯-苯乙烯（ABS）压力管材进场复验试验项目技术指标要求

检测项目	标准要求
管材尺寸	应符合标准要求
纵向回缩率	≤5%
不透光性	给水用管材应不透光
静液压试验（20℃，1h）或（20℃，100h）	无破裂、无渗漏
落锤冲击试验	TIR≤10%

7.1.5.14　外层熔接型铝塑复合管

　　外层熔接型铝塑复合管是内层为聚丙烯或聚乙烯共挤塑料，外层为聚丙烯共挤塑料，嵌入金属焊接铝合金管，层间通过热熔黏合剂形成黏结层，外层可熔接的复合管。

　　外层熔接型铝塑复合管执行的行业标准为《外层熔接型铝塑复合管》CJ/T 195。此标准适用于冷热水管道系统，包括工业及民用冷热水、饮用水和热水采暖系统等，不适用于灭火系统和非水介质的流体输送系统。复合管按内外层材料的不同分类：无规共聚聚丙烯/铝合金/耐热聚乙烯（PP-R/AL/PE-RT），用途代号为热水（R），长期工作温度82℃，允许工作压力1.0MPa；无规共聚聚丙烯/铝合金/无规共聚聚丙烯（PP-R/AL/PP-R），用途代号为热水（R），长期工作温度70℃，允许工作压力1.0MPa；无规共聚聚丙烯/铝合金/聚乙烯（PP-R/AL/PE），用途代号为冷水（L），长期工作温度40℃，允许工作压力1.0MPa。管材按外径分类，其规格为16、20、25、32、40、50、63、75。

　　《外层熔接型铝塑复合管》CJ/T 195中对外层熔接型铝塑复合管进场复验试验项目的技术指标要求，见表7-21。

表7-21　外层熔接型铝塑复合管进场复验试验项目技术指标要求

检测项目	标准要求	
尺寸	应符合标准要求	
管环径向拉力试验	公称外径 d_m（mm）	管环径向拉力（N）
	16	2300
	20	2500
	25	2500
	32	2650
	40	3500
	50	3700
	63	5500
	75	6000
静液压强度试验（82℃，10h）或（60℃，10h）	应无破裂、无局部球型膨胀、无渗漏	
扩径试验	管环扩径后，其内层和外层与嵌入金属层之间不应出现脱胶，内外层管壁不应出现损坏	

7.1.5.15 给水用钢丝网增强聚乙烯复合管道

给水用钢丝网增强聚乙烯复合管道是以聚乙烯为基体，以黏结树脂包覆处理后的钢丝左右连续螺旋缠绕成型的网状骨架为增强体，用黏结树脂将增强体和基体紧密连接成一体，通过熔融复合成型的复合管材。

给水用钢丝网增强聚乙烯复合管道执行的国家标准为《给水用钢丝网增强聚乙烯复合管道》GB/T 32439。此标准适用于输送介质温度不超过 40℃的给水用钢丝网增强聚乙烯复合管道。

给水用钢丝网增强聚乙烯复合管道执行的行业标准为《钢丝网骨架塑料（聚乙烯）复合管材及管件》CJ/T 189。此标准适用于城镇供水、城镇燃气、建筑给水、消防给水以及特种流体（包括适合使用的工业废水、腐蚀性气体溶浆、固体粉末等）输送用管材和管件。按用途分类为给水用管材管件（L）、燃气用管材管件（Q）和特种流体用管材管件（T）。

《给水用钢丝网增强聚乙烯复合管道》GB/T 32439、《钢丝网骨架塑料（聚乙烯）复合管材及管件》CJ/T 189 中对给水用钢丝网增强聚乙烯复合管道进场复验试验项目的技术指标要求，见表 7-22。

表 7-22 给水用钢丝网增强聚乙烯复合管道进场复验试验项目技术指标要求

检测项目	标准要求
静液压强度（20℃，1h；60℃ 或 80℃，165h）	应不破裂、不渗漏
受压开裂稳定性	应无裂纹、脱层和开裂现象

7.1.5.16 建筑排水用高密度聚乙烯（HDPE）管材

建筑排水用高密度聚乙烯（HDPE）管材是以聚乙烯树脂为主要原料，经挤出成型的管材。

建筑排水用高密度聚乙烯（HDPE）管材执行的行业标准为《建筑排水用高密度聚乙烯（HDPE）管材及管件》CJ/T 250。此标准适用于建筑物污水、废水、雨水排放系统用高密度聚乙烯（HDPE）管材。此标准规定的建筑排水用高密度聚乙烯（HDPE）管材适用于排水温度范围为 0℃～65℃，瞬间排水温度不超过 95℃；适用于环境温度为 -40℃～65℃。此标准采用的管系列数分为 S12.5 和 S16。

《建筑排水用高密度聚乙烯（HDPE）管材及管件》CJ/T 250 中对建筑排水用高密度聚乙烯（HDPE）管材及管件进场复验试验项目的技术指标要求，见表 7-23。

表 7-23 建筑排水用高密度聚乙烯（HDPE）管材及管件进场复验试验项目技术指标要求

检测项目	标准要求
尺寸	应符合标准要求
纵向回缩率	≤3%，管材无分层、开裂和起泡
静液压强度试验（80℃，165h）	管材、管件在试验期间不破裂、不渗漏
环刚度	$S_R \geqslant 4kN/m^2$

7.1.5.17 聚乙烯双壁波纹管材

聚乙烯双壁波纹管材是以聚乙烯树脂为主要原料，可加入为提高管材加工性能或其他性能所需的材料制成的管材，聚乙烯树脂含量（质量分数）应在 80%以上。

聚乙烯双壁波纹管材执行的国家标准为《埋地用聚乙烯（PE）结构壁管道系统 第 1 部分：聚乙烯双壁波纹管材》GB/T 19472.1。此标准适用于长期使用温度在 45℃以下的埋地排水、排污和通信护套管用管材。管材按环刚度分为 SN4、SN6.3、SN8、SN10、SN12.5、SN16。

《埋地用聚乙烯（PE）结构壁管道系统 第 1 部分：聚乙烯双壁波纹管材》GB/T 19472.1 中对聚乙烯双壁波纹管材进场复验试验项目的技术指标要求，见表 7-24。

表 7-24 聚乙烯双壁波纹管材进场复验试验项目技术指标要求

检测项目	标准要求	
环刚度	SN4	≥4kN/m²
	SN6.3	≥6.3kN/m²
	SN8	≥8kN/m²
	SN10	≥10kN/m²
	SN12.5	≥12.5kN/m²
	SN16	≥16kN/m²
环柔性	管材无破裂、两壁无脱开、内壁无反向弯曲	
烘箱试验	无分层、无开裂	
冲击性能	TIR≤10%	

7.1.5.18 聚乙烯缠绕结构壁管材

聚乙烯缠绕结构壁管材是采用缠绕成型工艺，以聚乙烯烃材料作为辅助支撑结构，经加工制成的管材。

聚乙烯缠绕结构壁管材执行的国家标准为《埋地用聚乙烯（PE）结构壁管道系统 第 2 部分：聚乙烯缠绕结构壁管材》GB/T 19472.2。此标准适用于长期工作温度在 45℃ 以下的埋地排水、排污等工程。管材按环刚度分为 SN2、SN4、SN6.3、SN8、SN12.5、SN16 六个等级。按结构型式分为 A 型、B 型和 C 型。

《埋地用聚乙烯（PE）结构壁管道系统 第 2 部分：聚乙烯缠绕结构壁管材》GB/T 19472.2 中对聚乙烯缠绕结构壁管材进场复验试验项目的技术指标要求，见表 7-25。

表 7-25 聚乙烯缠绕结构壁管材进场复验试验项目技术指标要求

检测项目	标准要求	
环刚度	SN2	≥2kN/m²
	SN4	≥4kN/m²
	SN6.3	≥6.3kN/m²
	SN8	≥8kN/m²
	SN12.5	≥12.5kN/m²
	SN16	≥16kN/m²
环柔性	试样圆滑，无反向弯曲，无破裂，试样沿肋切割处开始的撕裂允许小于 0.075DN/ID 或 75mm（取较小值）	
烘箱试验	熔接处应无分层、无开裂	
冲击性能	TIR≤10%	

7.1.5.19 埋地排水用钢带增强聚乙烯（PE）螺旋波纹管

埋地排水用钢带增强聚乙烯（PE）螺旋波纹管是以聚乙烯（PE）树脂为基体，用表面涂覆黏结树脂的钢带成型为波形作为主要支撑结构，并与内外层聚乙烯复合成整体内壁平直的钢带增强螺旋波纹管。

埋地排水用钢带增强聚乙烯（PE）螺旋波纹管执行的行业标准为《埋地排水用钢带增强聚乙烯（PE）螺旋波纹管》CJ/T 225。此标准适用于输送介质温度不大于 45℃ 的雨水、污水等埋地排水管道。管材按环刚度分级 SN8、SN10、SN12.5、SN16。

《埋地排水用钢带增强聚乙烯（PE）螺旋波纹管》CJ/T 225 中对埋地排水用钢带增强聚乙烯（PE）螺旋波纹管材进场复验试验项目的技术指标要求，见表 7-26。

表 7-26　埋地排水用钢带增强聚乙烯（PE）螺旋波纹管材进场复验试验项目技术指标要求

检测项目	标准要求	
环刚度	SN8	≥8kN/m²
	SN10	≥10kN/m²
	SN12.5	≥12.5kN/m²
	SN16	≥16kN/m²
环柔性	无破裂、两壁无脱开	
烘箱试验	无分层、无开裂	
冲击性能	TIR≤10%	

7.1.5.20　冷热水用聚丙烯管件（PP-R 管件）

冷热水用聚丙烯管件（PP-R 管件）是以聚丙烯混配料为原料，经注射成型的聚丙烯管件。

冷热水用聚丙烯管件（PP-R 管件）执行的国家标准为《冷热水用聚丙烯管道系统 第 3 部分：管件》GB/T 18742.3。此标准适用于建筑物内冷热水管道系统，包括饮用水和采暖管道系统等。不适用于灭火系统。管件按聚丙烯混配料分为 β 晶型 PP-H、PP-B、PP-R、β 晶型 PP-RCT 管件。管件按熔接方式的不同分为热熔承插连接管件和电熔连接管件。管件按管系列 S 分类与 GB/T 18742.2 中 5.2 相同。管件的壁厚应大于相同管系列 S 的管材的壁厚。

《冷热水用聚丙烯管道系统 第 3 部分：管件》GB/T 18742.3 中对冷热水用聚丙烯管件（PP-R 管件）材进场复验试验项目的技术指标要求，见表 7-27。

表 7-27　冷热水用聚丙烯管件（PP-R 管件）材进场复验试验项目技术指标要求

检测项目	标准要求
尺寸	应符合标准要求
静液压试验（20℃，1h）	无破裂、无渗漏

7.1.5.21　冷热水用聚丁烯（PB）管件

冷热水用聚丁烯（PB）管件是以聚丁烯混配料为原料，经注塑成型的聚丁烯管件。

冷热水用聚丁烯（PB）管件执行的国家标准为《冷热水用聚丁烯（PB）管道系统 第 3 部分：管件》GB/T 19473.3。此标准适用于建筑物冷热水管道系统，包括饮用水和采暖等管道系统。管件按聚丁烯混配料类型分为 PB-H 管件和 PB-R 管件。管件按连接方式的不同分为热熔连接管件、电熔管件和机械连接管件。其中，热熔连接管件又分为热熔承插连接管件和热熔对接连接管件。

《冷热水用聚丁烯（PB）管道系统 第 3 部分：管件》GB/T 19473.3 中对冷热水用聚丁烯（PB）管件进场复验试验项目的技术指标要求，见表 7-28。

表 7-28　冷热水用聚丁烯（PB）管件进场复验试验项目技术指标要求

检测项目	标准要求
尺寸	应符合标准要求
静液压试验（20℃，1h）	无破裂、无渗漏

7.1.5.22　建筑排水用硬聚氯乙烯（PVC-U）管件

建筑排水用硬聚氯乙烯（PVC-U）管件是以聚氯乙烯树脂为主要原料，经注塑成型的建筑物内排水系统用管件。

建筑排水用硬聚氯乙烯（PVC-U）管件执行的国家标准为《建筑排水用硬聚氯乙烯（PVC-U）管件》GB/T 5836.2。此标准将管件按连接形式分为胶黏剂连接型管件和弹性密封圈连接型管件。

《建筑排水用硬聚氯乙烯（PVC-U）管件》GB/T 5836.2 中对建筑排水用硬聚氯乙烯（PVC-U）管件进场复验试验项目的技术指标要求，见表 7-29。

表 7-29　建筑排水用硬聚氯乙烯（PVC-U）管件进场复验试验项目技术指标要求

检测项目	标准要求
规格尺寸	应符合标准要求
坠落试验	无破裂
密度	$1350 \sim 1550 kg/m^3$
维卡软化温度	$\geqslant 74℃$
烘箱试验	符合 GB/T 8803 的规定

7.1.5.23　给水用聚乙烯（PE）管件

给水用聚乙烯（PE）管件是以聚乙烯（PE）混配料为原料，经注塑或其他方式成型的给水用聚乙烯管件。

给水用聚乙烯（PE）管件执行的国家标准为《给水用聚乙烯（PE）管道系统 第 3 部分：管件》GB/T 13663.3。此标准适用于水温不大于 40℃，最大工作压力（MOP）不大于 2.0MPa，一般用途的压力输水和饮用水输配的聚乙烯管道系统及其组件。管件类型包括熔接连接类管件、构造焊制类管件、机械连接类管件和法兰连接类管件。

《给水用聚乙烯（PE）管道系统 第 3 部分：管件》GB/T 13663.3 中对给水用聚乙烯（PE）管件进场复验试验项目的技术指标要求，见表 7-30。

表 7-30　给水用聚乙烯（PE）管件进场复验试验项目技术指标要求

检测项目	标准要求
规格尺寸	应符合标准要求
静液压试验（20℃，100h）	无破坏、无渗漏
氧化诱导时间	$\geqslant 20min$

7.1.5.24　丙烯腈-丁二烯-苯乙烯（ABS）压力管件

丙烯腈-丁二烯-苯乙烯（ABS）压力管件是以丙烯腈-丁二烯-苯乙烯（ABS）树脂为主要原料，经注射成型的压力管件。

丙烯腈-丁二烯-苯乙烯（ABS）压力管件执行的国家标准为《丙烯腈-丁二烯-苯乙烯（ABS）压力管道系统 第 2 部分：管件》GB/T 20207.2。此标准适用于承压给排水输送、污水处理与水处理、石油、化工、电力电子、冶金、采矿、电镀、造纸、食品饮料、空调、医药等工业及建筑领域粉体、液体和气体等流体的输送。管件按对应的管系列 S 分为 8 类：S20、S16、S12.5、S10、S8、S6.3、S5、S4。管件按连接方式分为溶剂黏结型和法兰连接型管件。法兰分为活法兰、呆法兰等。

《丙烯腈-丁二烯-苯乙烯（ABS）压力管道系统 第 2 部分：管件》GB/T 20207.2 中对丙烯腈-丁二烯-苯乙烯（ABS）压力管件进场复验试验项目的技术指标要求，见表 7-31。

表 7-31　丙烯腈-丁二烯-苯乙烯（ABS）压力管件进场复验试验项目技术指标要求

检测项目	标准要求
管件尺寸	应符合标准要求
密度	$(1000 \sim 1070) kg/m^3$
静液压试验 （20℃，1h）或（20℃，100h）	无破裂、无渗漏

7.1.5.25 卫生性能

《建筑给水排水与节水通用规范》GB 55020 中规定建筑生活给水还应保障其卫生安全，必须按现行国家标准《生活饮用水输配水设备及防护材料的安全性评价标准》GB/T 17219 执行，如生活水箱、供水泵、管道、阀门等；处理生活饮用水采用的混凝、絮凝、助凝、消毒、氧化、pH 调节、软化、灭藻、除垢、除氟、除砷、氟化、矿化等化学处理剂还应符合国家相关标准的规定。

《生活饮用水输配水设备及防护材料的安全性评价标准》GB/T 17219 中对饮用水输配水设备和与饮用水接触的防护材料的浸泡水的卫生要求，见表 7-32 和表 7-33。

表 7-32　饮用水输配水设备浸泡水的卫生要求

项目	标准和要求
色	不增加色度
浑浊度	增加量≤0.5 度
嗅和味	不产生异嗅，异味
肉眼可见物	不产生任何肉眼可见的碎片杂物等
pH	不改变 pH
铁	≤0.03mg/L
锰	≤0.01mg/L
铜	≤0.1mg/L
锌	≤0.1mg/L
挥发酚类（以苯酚计）	≤0.002mg/L
砷	≤0.005mg/L
汞	≤0.001mg/L
铬（六价）	≤0.005mg/L
镉	≤0.001mg/L
铅	≤0.005mg/L
银	≤0.005mg/L
氟化物	≤0.1mg/L
硝酸盐（以氮计）	≤2mg/L
氯仿	≤6μg/L
四氯化碳	≤0.3μg/L
苯并（a）芘	≤0.001μg/L
蒸发残渣	增加量≤10mg/L
高锰酸钾消耗时 [以氧气（O_2）计]	增加量≤2mg/L
与受试产品配方有关成分	(1) 根据地面水卫生标准及国内外相关标准判定（不大于限值的 1/10）； (2) 无标准可依的，需按 GB/T 17219 附件 B 进行毒理学试验确定限值

表 7-33　与饮用水接触的防护材料浸泡水的卫生要求

项目	标准和要求
色	不增加色度
浑浊度	增加量≤0.5 度
嗅和味	不产生异嗅，异味
肉眼可见物	不产生任何肉眼可见的碎片杂物等

右上角：续表

项目	标准和要求
pH	不改变 pH
铁	≤0.03mg/L
锰	≤0.01mg/L
铜	≤0.1mg/L
锌	≤0.1mg/L
挥发酚类（以苯酚计）	≤0.002mg/L
砷	≤0.005mg/L
汞	≤0.001mg/L
铬（六价）	≤0.005mg/L
镉	≤0.001mg/L
铅	≤0.005mg/L
银	≤0.005mg/L
氟化物	≤0.1mg/L
硝酸盐（以氮计）	≤2mg/L
氯仿	≤6μg/L
四氯化碳	≤0.3μg/L
苯并（a）芘	≤0.001μg/L
醛类	不得检出
蒸发残渣	增加量≤10mg/L
高锰酸钾消耗时［以氧气（O₂）计］	增加量≤2mg/L
与受试产品配方有关成分	(1) 根据地面水卫生标准及国内外相关标准判定（不大于限值的 1/10）； (2) 无标准可依的，需按 GB/T 17219 附件 C 进行毒理学试验确定限值
放射性物质	不增加放射性

7.1.5.26 低压流体输送焊接钢管

低压流体输送焊接钢管具体要求详见第 3 章第 3.1.3 节。

7.1.5.27 输送流体用无缝钢管

输送流体用无缝钢管具体要求详见第 3 章第 3.1.3 节。

7.1.5.28 排水用柔性接口铸铁管

排水用柔性接口铸铁管是以能适应轴向和横向变形的柔性接口相连接的排水铸铁管及配套管件、附件的统称，其连接可分为卡箍式和机械式两种。

排水用柔性接口铸铁管执行的国家标准为《排水用柔性接口铸铁管、管件及附件》GB/T 12772。此标准适用于建筑物排放重力流废水、污水，排放雨水和通气用排水铸铁管道，适用于排放对铸铁管无腐蚀性的工业废水排水铸铁管道。按接口型式分为机械式柔性接口（A 型、B 型）和卡箍式柔性接口（W 型、W1 型）两大类。按直管的结构型式分为承插口直管（A 型）和无承口直管（W 型、W1型）两种。

《排水用柔性接口铸铁管、管件及附件》GB/T 12772 中指标要求，见表 7-34。

表7-34　《排水用柔性接口铸铁管、管件及附件》指标要求

检测项目	标准要求
尺寸、形状、重量及允许偏差	应符合标准要求
抗拉强度	W1型直管、A型B级直管和管件抗拉强度应不低于200MPa；A型A级、W型直管及管件，B型、W1型管件的抗拉强度应不低于150MPa
压环试验	W1型、A型B级直管管环的压环强度3次测得的平均值应不小于350MPa，每次测得的强度值应不小于300MPa
工艺性能	直管及接口应进行水压试验，A型A级、W型、W1型及B型试验压力为0.35MPa，稳压时间不低于5s；A型B级试验压力为0.8MPa，稳压时间不低于5s，试验压力大于0.8MPa时，由供需双方协商确定试验压力及管材壁厚增加值，试验稳压时间不低于5s。管件的水压试验，由供需双方协商确定。当用于雨水管道时，应逐根打压，合格才能使用
内外涂覆	（1）管和管件的内外表面应涂涂料，涂覆前表面应干燥、无锈、无黏着颗料或杂质，如油、润滑脂等，涂覆后的涂层应均匀，黏结牢固。 （2）外涂层颜色为黑色或棕红色，可根据用户要求确定。内外涂层材料为石油沥青、煤沥青或环氧树脂漆、环氧煤沥青、环氧粉末等。涂层材料，根据用户要求确定。 （3）GB型加强型旋流器及大半径变截面异径弯头外涂层材料可根据用户要求选择石油沥青、煤沥青或环氧树脂漆、环氧煤沥青、环氧粉末等。干漆膜厚度应不小于70μm。 （4）GB型加强型旋流器内壁宜采用环氧树脂漆、环氧粉末等涂层材料。GB型加强型旋流器内壁采用环氧树脂漆涂层材料时，干漆膜厚度不小于110μm；GB型加强型旋流器内壁采用环氧粉末涂层材料时，涂层厚度应不小于150μm。涂层质量应符合GB/T 18593中第2类涂层的规定

7.1.5.29　球墨铸铁管和管件

球墨铸铁是一种石墨主要以球状形式存在的用于制造管、管件和附件的铸铁。

水及燃气用球墨铸铁管和管件执行的国家标准为《水及燃气用球墨铸铁管、管件和附件》GB/T 13295。此标准适用于包含有承口、插口或法兰，一般以内部和外部涂覆状态交货的管、管件、附件及其接口，尺寸范围为DN40~DN3000，流体温度为0℃~50℃，适用范围包括用于各种用途不同类型水的输送、有压或无压输送、地下或地上铺设、设计压力为中压A级及以下级别的燃气（如人工煤气、天然气、液化石油气等）输送。此标准不适用于输送冰点以下温度（这并不排除产品用于较高温度）的流体。管和管件依据允许工作压力或壁厚进行分级。管与管件按公称直径DN可分为DN40、DN50、DN60、DN65、DN80、DN100、DN125、DN150、DN200、DN250、DN300、DN350、DN400、DN450、DN500、DN600、DN700、DN800、DN900、DN1000、DN1100、DN1200、DN1400、DN1500、DN1600、DN1800、DN2000、DN2200、DN2400、DN2600、DN2800、DN3000（燃气用管的公称直径不大于DN700）。按接口型式可分为滑入式柔性接口、机械式柔性接口、自锚接口和法兰接口等。

《水及燃气用球墨铸铁管、管件和附件》GB/T 13295中指标要求，见表7-35。

表7-35　《水及燃气用球墨铸铁管、管件和附件》指标要求

检测项目		标准要求		
尺寸		应符合标准要求		
拉伸性能	铸件类型	抗拉强度 R_m（MPa）	断后伸长率 A（%）	
		DN40~DN3000	DN40~DN1000	DN1100~DN3000
	离心铸造管	≥420	≥10	≥7
	非离心铸造管、管件、附件	≥420	≥5	≥5
布氏硬度		离心铸铁管的布氏硬度应不超过230HBW，非离心铸铁管、管件和附件的布氏硬度应不超过250HBW		
管和管件密封性		不应有可见渗漏、出汗现象或有任何其他失效缺陷		
柔性接口密封性		不应有可见渗漏		
铸造、螺纹连接、焊接和松套法兰接口密封性		法兰接口应无可见渗漏		

排水工程用球墨铸铁管和管件执行的国家标准为《排水工程用球墨铸铁管、管件和附件》GB/T 26081。此标准适用于包含有承口、插口或法兰，一般以内部和外部涂覆状态交货的，尺寸范围为公称直径 DN80～DN3000 的球墨铸铁管、管件和附件，适用范围：在无压、正压或负压条件下运行、安装在地上或地下、分流输送或合流输送雨水、污水、某些类型的工业废水。管与管件按公称直径可分为 DN80、DN100、DN125、DN150、DN200、DN250、DN300、DN350、DN400、DN450、DN500、DN600、DN700、DN800、DN900、DN1000、DN1100、DN1200、DN1400、DN1500、DN1600、DN1800、DN2000、DN2200、DN2400、DN2600、DN2800、DN3000。按接口型式可分为滑入式柔性接口、机械式柔性接口、自锚接口和法兰接口等。按照检查井的功能不同，检查井分为流槽检查井和沉泥检查井两种。按照外部形状不同，还可分为直通井、三通井、四通井、转弯井等。（注：一般情况下，检查井适用于无压排水管道。）

《排水工程用球墨铸铁管、管件和附件》GB/T 26081 中指标要求，见表 7-36。

表 7-36　《排水工程用球墨铸铁管、管件和附件》的指标要求

检测项目	标准要求		
尺寸	应符合标准要求		
外涂层与内衬	应符合标准要求		
拉伸性能	铸件类型	抗拉强度 R_m（MPa）	断后伸长率 A（%）
		DN80～DN3000	DN80～DN1000　DN1100～DN3000
	离心铸造管	≥420	≥10　≥7
	非离心铸造管、管件、附件	≥420	≥5　≥5
布氏硬度	离心铸铁管的布氏硬度应不超过 230HBW，非离心铸铁管、管件和附件的布氏硬度应不超过 250HBW		
柔性接口密封性	不应有可见渗漏		
井室的密封性	井室应密封		
管的纵向抗弯强度	使用状态下的完整性：管应能承受最大工作弯矩而无残余变形，目视检查内衬和外涂层无影响使用的缺陷；抗弯曲性：试验用管应能承受极限弯矩而管壁无破损		
管的径向刚度	使用状态下的完整性：内衬和外涂层应无影响性能的缺陷，允许承受载荷区域上的外涂层出现局部损伤；抗径向变形性：管壁无破损		
耐化学腐蚀性	6 个月的试验后应符合下列规定： ① 水泥砂浆内衬厚度的减少值不应大于 0.2mm； ② 合成树脂涂层（涂覆在管和管件的承口内表面和插口端外表面）应无明显裂纹、气泡或脱落； ③ 橡胶密封圈无明显裂纹；硬度、抗拉强度和延伸率应符合 GB/T 21873 的规定		
耐磨性	50000 个循环周期以后应符合下列规定： ① 水泥砂浆内衬的磨损厚度不应大于 0.6mm； ② 合成树脂涂层的磨损厚度不应大于 0.2mm		

7.1.5.30　混凝土和钢筋混凝土排水管

混凝土管是管壁内不配置钢筋骨架混凝土圆管。钢筋混凝土管是管壁内配置单层或多层钢筋骨架混凝土圆管。

混凝土和钢筋混凝土排水管执行的国家标准为《混凝土和钢筋混凝土排水管》GB/T 11836。此标准适用于雨水、污水、引水及农田排灌等重力流管线用的管子。产品按是否配置钢筋骨架分为混凝土管（CP）和钢筋混凝土管（RCP）。按外压荷载分级，混凝土管分为Ⅰ、Ⅱ级，钢筋混凝土管分为Ⅰ、Ⅱ、Ⅲ级。按连接方式分为柔性接口管和刚性接口管。

《混凝土和钢筋混凝土排水管》GB/T 11836 中指标要求，见表 7-37～表 7-39。

表 7-37　《混凝土和钢筋混凝土排水管》指标要求

检测项目	标准要求
混凝土抗压强度	制管用混凝土强度等级不得低于 C30，用于制作顶管的混凝土强度等级不得低于 C40
外观质量	应符合标准要求
尺寸允许偏差	应符合标准要求
内水压力	管子在进行内水压力检验时，在规定的检验内水压力下允许有潮片，但潮片面积不得大于总外表面积的 5%，且不得有水珠流淌
外压荷载	管子外压检验荷载不得低于表 7-38、表 7-39 规定的荷载要求
保护层厚度	环筋的内、外混凝土保护层厚度：当壁厚小于或等于 40mm 时，不应小于 10mm；当壁厚大于 40mm 且小于等于 100mm 时，不应小于 15mm；当壁厚大于 100mm 时，不应小于 20mm。对有特殊防腐要求的管子应根据需要确定保护层厚度

表 7-38　混凝土管规格、外压荷载和内水压力检验指标

公称内径 D_0（mm）	有效长度 L（mm）≥	Ⅰ级管			Ⅱ级管		
		壁厚 t（mm）	破坏荷载（kN/m）	内水压力（MPa）	壁厚 t（mm）	破坏荷载（kN/m）	内水压力（MPa）
100		19	12		25	19	
150		19	8		25	14	
200		22	8		27	12	
250		25	9		33	15	
300	1000	30	10	0.02	40	18	0.04
350		35	12		45	19	
400		40	14		47	19	
450		45	16		50	19	
500		50	17		55	21	
600		60	21		65	24	

表 7-39　钢筋混凝土管规格、外压荷载和内水压力检验指标

公称内径 D_0（mm）	有效长度 L（mm）≥	Ⅰ级管				Ⅱ级管				Ⅲ级管			
		壁厚 t（mm）≥	裂缝荷载（kN/m）	破坏荷载（kN/m）	内水压力（MPa）	壁厚 t（mm）≥	裂缝荷载（kN/m）	破坏荷载（kN/m）	内水压力（MPa）	壁厚 t（mm）≥	裂缝荷载（kN/m）	破坏荷载（kN/m）	内水压力（MPa）
200		30	12	18		30	15	23		30	19	29	
300		30	15	23		30	19	29		30	27	41	
400		40	17	26		40	27	41		40	35	53	
500		50	21	32		50	32	48		50	44	68	
600		55	25	38		60	40	60		60	53	80	
700	2000	60	28	42	0.06	70	47	71	0.10	70	62	93	0.10
800		70	33	50		80	54	81		80	71	107	
900		75	37	56		90	61	92		90	80	120	
1000		85	40	60		100	69	100		100	89	134	
1100		95	44	66		110	74	110		110	98	147	

续表

公称内径 D_0 (mm)	有效长度 L (mm) ≥	Ⅰ级管				Ⅱ级管				Ⅲ级管			
		壁厚 t (mm) ≥	裂缝荷载 (kN/m)	破坏荷载 (kN/m)	内水压力 (MPa)	壁厚 t (mm) ≥	裂缝荷载 (kN/m)	破坏荷载 (kN/m)	内水压力 (MPa)	壁厚 t (mm) ≥	裂缝荷载 (kN/m)	破坏荷载 (kN/m)	内水压力 (MPa)
1200		100	48	72		120	81	120		120	107	161	
1350		115	55	83		135	90	135		135	122	183	
1400		117	57	86		140	93	140		140	126	189	
1500		125	60	90		150	99	150		150	135	203	
1600		135	64	96		160	106	159		160	144	216	
1650		140	66	99		165	110	170		165	148	222	
1800		150	72	110		180	120	180		180	162	243	
2000	2000	170	80	120	0.06	200	134	200	0.10	200	181	272	0.10
2200		185	84	130		220	145	220		220	199	299	
2400		200	90	140		230	152	230		230	217	326	
2600		220	104	156		235	172	260		235	235	353	
2800		235	112	168		255	185	280		255	254	381	
3000		250	120	180		275	198	300		275	273	410	
3200		265	128	192		290	211	317		290	292	438	
3500		290	140	210		320	231	347		320	321	482	

7.2　散热器

供暖节能工程是指通过改善建筑物的供暖系统，减少能源消耗，提高供暖效率，从而达到节能减排的目的。供暖系统中包括散热设备、管道、保温、阀门及仪表等。

散热器是一种用于散热的设备，通常用于将热量从一个物体或系统中传递到另一个物体或系统中。散热器的主要作用是将热量从热源中吸收，然后通过散热器表面的辐射、对流等方式将热量释放到周围环境中。按散热器的换热方式分为辐射散热器和对流散热器。按散热器的材质分为铸铁散热器、钢制散热器、铝制散热器、铜制散热器、铜铝复合散热器、铝塑复合型散热器以及其他复合材料散热器等。

7.2.1　术语和定义

1. 散热器

以对流和辐射方式向供暖房间传递热量的设备。

2. 标准散热器

各检测实验室规定的用于验证测试装置重复性的散热器。

3. 标准散热量

标准测试工况下的散热器散热量。

4. 金属热强度

散热器在标准测试工况下，每单位过余温度下单位质量金属的散热量。

5. 工作压力

保证设备正常工作时的允许最大压力。

7.2.2　依据标准

《建筑节能与可再生能源利用通用规范》GB 55015

《建筑节能工程施工质量验收标准》GB 50411

《供热散热器散热量测定方法》GB/T 13754

《供暖、通风、空调、净化设备术语》GB/T 16803

《铸铁供暖散热器》GB/T 19913

《复合型供暖散热器》GB/T 34017

《钢制板型散热器》JG/T 2

《采暖散热器 灰铸铁柱型散热器》JG/T 3

《采暖散热器 灰铸铁翼型散热器》JG/T 4

《铝制柱翼型散热器》JG/T 143

《钢管散热器》JG/T 148

《铜铝复合柱翼型散热器》JG/T 220

《铜管对流散热器》JG/T 221

《卫浴型散热器》JG/T 232

《天津市建筑工程施工质量验收资料管理规程》DB/T 29—209

7.2.3　质量验收要求

《建筑节能与可再生能源利用通用规范》GB 55015 中第 6.3.1 条规定：

供暖通风空调系统节能工程采用的材料、构件和设备施工进场复验应包括下列内容：

1. 散热器的单位散热量、金属热强度；

2. 风机盘管机组的供冷量、供热量、风量、水阻力、功率及噪声；

3. 绝热材料的导热系数或热阻、密度、吸水率。

7.2.4　进场复验试验项目与取样规定

1.《建筑节能工程施工质量验收标准》GB 50411 中对散热器进场复验试验项目与取样规定，见表 7-40。

表 7-40　散热器进场复验试验项目与取样规定

种类名称 相关标准、规范代号	复验项目	组批规则及取样数量规定
散热器 （GB 50411）	单位散热量、 金属热强度	同一厂家、同一材质的散热器，数量在 500 组及以下时，抽检 2 组；当数量每增加 1000 组时应增加抽检 1 组。同一工程项目、同一施工单位且同期施工的多个单位工程可合并计算。当符合 GB 50411 标准第 3.2.3 条规定时，检验批容量可以扩大一倍

2.《天津市建筑工程施工质量验收资料管理规程》DB/T 29—209 中对散热器进场复验试验项目与取样规定，见表 7-41。

表 7-41　散热器进场复验试验项目与取样规定

种类名称 相关标准、规范代号	复验项目	组批规则及取样数量规定
散热器 （GB 50411） （GB/T 13754）	单位散热量、 金属热强度	组批及取样：同一厂家、同一型式、同一材质的散热器按其数量的 1% 进行见证取样送检，但不少于 2 组

7.2.5　技术指标要求

7.2.5.1　铸铁供暖散热器

铸铁供暖散热器是以灰铸铁为材质，用于工业与民用建筑供暖系统，以温度不高于130℃的热水和压力不大于0.2MPa的蒸汽为热媒的铸铁散热器。

铸铁供暖散热器执行的国家标准为《铸铁供暖散热器》GB/T 19913。此标准将铸铁供暖散热器按结构型式分成柱型散热器、翼型散热器、柱翼型散热器、板翼型散热器、导流型散热器。铸铁散热器具有热容量大的特点。在间歇供暖系统中使用时，与轻型散热器比较，具有更长时间的放热惯性。

《铸铁供暖散热器》GB/T 19913中对单位散热量、金属热强度的要求，见表7-42。

表7-42　铸铁供暖散热器进场复验试验项目技术指标要求

检测项目	标准要求					
单位散热量	散热器的单片标准散热量不应小于制造厂明示标准散热量的95%					
金属热强度	同侧进出水口中心距（mm）	300		500		600
	过余温度 ΔT（K）	44.5	64.5	44.5	64.5	44.5	64.5
	金属热强度［W/（kg·K）］	0.30	0.33	0.31	0.34	0.31	0.34

7.2.5.2　复合型供暖散热器

复合型供暖散热器是由两种或两种以上材料复合而成的供暖散热器。

复合型供暖散热器执行的国家标准为《复合型供暖散热器》GB/T 34017。此标准适用于工业与民用建筑供暖系统，供水温度不高于95℃的金属流道散热器以及供水温度不高于80℃的塑料流道散热器。按结构型式划分为柱翼型散热器和翅片管型散热器。按材质划分：柱翼型散热器分为铜铝复合柱翼型散热器、钢（不锈钢）铝复合柱翼型散热器、压铸铝合金复合式散热器、塑铝复合柱翼型散热器；翅片管型散热器分为钢铝复合翅片管型散热器、铜（不锈钢）铝复合翅片管型散热器。复合型供暖散热器具有升温快速、耐腐蚀、耐高压、装饰美观等特点。

《复合型供暖散热器》GB/T 34017中规定散热器的标准散热量不应小于制造厂明示标准散热量的95%。

7.2.5.3　铝制柱翼型散热器

铝制柱翼型散热器是由铝翼管立柱与上下铝制联箱组合焊接成型的散热器。

铝制柱翼型散热器执行的国家标准为《铝制柱翼型散热器》JG/T 143。此标准适用于工业与民用建筑供暖系统，以供水温度不高于95℃的热水为热媒的散热器。铝制柱翼型散热器具有节能特点显著，耐氧化腐蚀性能好等特点。按同侧进出水口中心距分为300mm、400mm、500mm、600mm、700mm、900mm、1200mm、1500mm和1800mm。按宽度分为40mm、60mm、80mm和100mm。

《铝制柱翼型散热器》JG/T 143中对铝制柱翼型散热器名义散热量的要求，见表7-43。

表7-43　铝制柱翼型散热器进场复验试验项目技术指标要求　　　　W/m

检测项目	标准要求									
名义散热量	同侧进出水口中心距 H_1（mm）	300	400	500	600	700	900	1200	1500	1800
	宽度 B（mm） 40	490	610	765	855	945	1155	1435	1650	1830
	60	550	735	885	975	1100	1345	1650	1890	2075
	80	640	800	960	1055	1185	1410	1726	1985	2240
	100	715	850	1055	1125	1225	1500	1770	2045	2320
	其他规格散热器名义散热量不应小于企业明示标准散热量的95%									

7.2.5.4 钢管散热器

钢管散热器是由立柱钢管与上下片头或联箱管组合焊接成型的散热器。

钢管散热器执行的行业标准为《钢管散热器》JG/T 148。此标准适用于工业与民用建筑供暖系统，以供水温度不高于95℃的热水为热媒的散热器。钢管散热器工作压力应不大于1.0MPa。按结构型式分为圆管柱型、椭圆管柱型、椭圆管搭接型。按同侧进出水口中心距分为300mm、400mm、500mm、600mm、700mm、900mm、1200mm、1500mm和1800mm。

圆管柱型钢管散热器单片标准散热量应符合表7-44的要求。

表7-44 圆管柱型钢管散热器单片标准散热量技术指标要求   W

同侧进出水口中心距 H_1（mm）		300	400	500	600	900	1200	1500	1800
宽度 B（mm）	65	23	29	36	41	57	74	90	107
	100	33	40	49	58	77	100	123	146
	137	39	50	60	71	96	126	155	184

椭圆管柱型钢管散热器单片标准散热量应符合表7-45的要求。

表7-45 椭圆管柱型钢管散热器单片标准散热量技术指标要求   W

同侧进出水口中心距 H_1（mm）		300	400	500	600	900	1200	1500	1800
宽度 B（mm）		80							
椭圆管外径 （mm）	50×25	32	43	54	63	87	114	142	171
	60×30	38	52	65	76	104	137	171	206

椭圆管搭接型钢管散热器单片标准散热量应符合表7-46的要求。

表7-46 椭圆管搭接型钢管散热器单片标准散热量技术指标要求   W

同侧进出水口中心距 H_1（mm）		300	400	500	600	900	1200	1500	1800
宽度 B（mm）	62	27	32	38	43	57	74	90	107
	84	38	45	54	65	88	115	143	170

7.2.5.5 钢制板型散热器

钢制板型散热器是以钢制金属板压制焊接而成的散热器。

钢制板型散热器执行的行业标准为《钢制板型散热器》JG/T 2。此标准适用于工业与民用建筑供暖系统，以供水温度不高于95℃的热水为热媒的散热器。产品按结构型式分为单板带单对流片散热器、双板不带对流片散热器、双板带单对流片散热器、多板散热器、双板带双对流片散热器。按外形高度分为200mm、300mm、400mm、500mm、600mm、900mm。钢制板型散热器工作压力应不大于1.0MPa。

《钢制板型散热器》JG/T 2中对钢制板型散热器散热量的要求，见表7-47。

表7-47 钢制板型散热器进场复验试验项目技术指标要求

检测项目			标准要求		
散热量	散热器高度 H（mm）		300	600	900
	散热量 Q（W）	单板带单对流片	446	806	1160
		双板带双对流片	781	1433	1898
	其他规格散热器的散热量不应小于生产企业明示标准散热量的95%				

7.2.5.6 灰铸铁柱型散热器

灰铸铁柱型散热器是以灰铸铁为材质，由具有中空柱的散热片组成的散热器。

灰铸铁柱型散热器执行的行业标准为《采暖散热器 灰铸铁柱型散热器》JG/T 3。此标准适用于工业与民用建筑供暖系统，以热水、蒸汽为热媒。热媒为热水时，温度不大于130℃，灰铸铁材质不低于HT100，工作压力为0.5MPa；温度不大于150℃，灰铸铁材质不低于HT150，工作压力为0.8MPa。热媒为蒸汽时，工作压力为0.2MPa。

《采暖散热器 灰铸铁柱型散热器》JG/T 3中对灰铸铁柱型散热器散热量的要求，见表7-48。

表7-48 灰铸铁柱型散热器进场复验试验项目技术指标要求

检测项目	标准要求	
散热量	型号	每片散热量（热媒为热水 $\Delta T=64.5℃$）
	TZ2-5-5（8）	130W
	TZ4-3-5（8）	82W
	TZ4-5-5（8）	115W
	TZ4-6-5（8）	130W
	TZ4-9-5（8）	187W

7.2.5.7 灰铸铁翼型散热器

灰铸铁翼型散热器是以灰铸铁为材质，管外具有翼片的散热器。包括柱翼型、长翼型、圆翼型、方翼型等。

灰铸铁翼型散热器执行的行业标准为《采暖散热器 灰铸铁翼型散热器》JG/T 4。此标准适用于工业、民用建筑中以热水、蒸汽为热媒的灰铸铁翼型散热器。热媒为热水时，温度不大于130℃，灰铸铁材质为HT150，工作压力为0.5MPa；温度不大于130℃，灰铸铁材质大于HT150，工作压力为0.7MPa。热媒为蒸汽时，工作压力为0.2MPa。

《采暖散热器 灰铸铁翼型散热器》JG/T 4中对灰铸铁翼型散热器散热量的要求，见表7-49。

表7-49 灰铸铁翼型散热器进场复验试验项目技术指标要求

检测项目	标准要求	
散热量	型号	每片散热量（热媒为热水 $\Delta T=64.5℃$）
	TY 0.8/3-5（7）	88W
	TY 1.4/3-5（7）	144W
	TY 2.8/3-5（7）	296W
	TY 0.8/5-5（7）	127W
	TY 1.4/5-5（7）	216W
	TY 2.8/5-5（7）	430W

7.2.5.8 铜铝复合柱翼型散热器

铜铝复合柱翼型散热器是由铜管立柱与铝翼管胀接复合后，再与上下铜管联箱组合焊接成型的复合型散热器。

铜铝复合柱翼型散热器执行的行业标准为《铜铝复合柱翼型散热器》JG/T 220。此标准适用于工业与民用建筑供暖系统，以供水温度不高于95℃的热水为热媒的散热器。按同侧进出水口中心距分为300mm、400mm、500mm、600mm、700mm、900mm、1200mm、1500mm和1800mm。按宽度分为60mm、70mm、80mm和100mm。

《铜铝复合柱翼型散热器》JG/T 220中对铜铝复合柱翼型散热器名义散热量的要求，见表7-50。

表 7-50 铜铝复合柱翼型散热器进场复验试验项目技术指标要求

检测项目	标准要求									
名义散热量	同侧进出水口中心距 H_1（mm）	名义散热量（W/m）								
		300	400	500	600	700	900	1200	1500	1800
	宽度 B（mm） 60	890	1150	1410	1550	1800	2300	2800	3200	3500
	70	940	1210	1490	1630	1880	2380	2930	3330	3630
	80	1050	1310	1570	1730	1950	2450	3050	3450	3750
	100	1170	1390	1730	1840	2100	2600	3300	3700	4000

7.2.5.9 铜管对流散热器

铜管对流散热器是以铜管铝串片为散热元件的自然对流散热器。

铜管对流散热器执行的行业标准为《铜管对流散热器》JG/T 221。此标准适用于工业与民用建筑中，以不高于 95℃ 的热水为热媒的对流器。产品按结构型式分为单体型对流器（TDD）和连续型对流器（TLD）。铜管对流散热器工作压力应不大于 1.0MPa。

《铜管对流散热器》JG/T 221 中对铜管对流散热器散热量的要求，见表 7-51。

表 7-51 铜管对流散热器进场复验试验项目技术指标要求

检测项目	标准要求			
标准散热量	单体型对流器标准散热量			
	项目	单位	参数值	
	厚度 B	mm	$80 \leqslant B \leqslant 100$	$100 \leqslant B \leqslant 120$	$B > 120$
	高度 H	mm	500	600	700
	长度 L	mm	400～1600		
	标准散热量 Q	W/m	1100	1300	1650
	连续型对流器标准散热量不应小于产品标称值的 95%			

7.2.5.10 卫浴型散热器

卫浴型散热器是用于卫生间、浴室、厨房等场所，具有装饰性和其他特定辅助功能的散热器。

卫浴型散热器执行的行业标准为《卫浴型散热器》JG/T 232。此标准适用于民用建筑中以热水为热媒、工作热媒温度不高于 95℃，酸碱度 pH＝7.0～12.0，氯根、硫酸根含量分别不大于 100mg/L，溶解氧不大于 0.1mg/L，根据采暖系统的供水情况其他水质指标，分别符合 GB 1576 和 HG/T 3729 标准中关于供暖水质要求的卫浴型散热器。卫浴型散热器按材质分为钢质、不锈钢质和铜质。按进出水口中心距分为 50mm、80mm、100mm、200mm、300mm、400mm、450mm、500mm、550mm、600mm、800mm、1000mm、1200mm、1500mm 和 ≥1800mm。按进出水口的相对位置可分为水平进出水口和垂直进出水口。按散热器接口管径分为：DN15、DN20。散热器工作压力不应低于 1.0MPa。

《卫浴型散热器》JG/T 232 中对最小金属热强度的要求，见表 7-52。

表 7-52 卫浴型散热器进场复验试验项目技术指标要求

检测项目	标准要求			
最小金属热强度	材质	钢质	不锈钢质	铜质
	最小金属热强度 [W（kg·℃）]	0.8	0.75	1.0

7.3 保温材料

保温材料是一种用于减少热量传递和保持温度稳定的材料。它们通常用于建筑物、管道、储罐、船舶等领域，以减少能源消耗和降低碳排放。保温材料的密度、导热系数、吸水率等性能指标是否符合设计要求，将直接影响采暖系统的运行及节能效果。供暖管道保温厚度是由设计人员依据保温材料的导热系数、密度和供暖管道允许的温降等条件计算得出的。如果管道保温的厚度等技术性能达不到设计要求，或者保温层与管道粘贴不紧密、不牢固，以及设在地沟及潮湿环境内的保温管道不做防潮层或防潮层做得不完整或有缝隙，都将会严重影响供暖管道的保温效果。

7.3.1 依据标准

《建筑节能与可再生能源利用通用规范》GB 55015
《建筑给水排水及采暖工程施工质量验收规范》GB 50242
《建筑节能工程施工质量验收标准》GB 50411
《绝热用挤塑聚苯乙烯泡沫塑料（XPS)》GB/T 10801.2
《绝热用岩棉、矿渣棉及其制品》GB/T 11835
《绝热用玻璃棉及其制品》GB/T 13350
《柔性泡沫橡塑绝热制品》GB/T 17794
《建筑绝热用玻璃棉制品》GB/T 17795
《高密度聚乙烯外护管硬质聚氨酯泡沫塑料预制直埋保温管及管件》GB/T 29047
《天津市建筑工程施工质量验收资料管理规程》DB/T 29—209

7.3.2 质量验收要求

7.3.2.1 《建筑节能与可再生能源利用通用规范》GB 55015 中的要求

《建筑节能与可再生能源利用通用规范》GB 55015 中第 6.3.1 条规定：
供暖通风空调系统节能工程采用的材料、构件和设备施工进场复验应包括下列内容：
1. 散热器的单位散热量、金属热强度；
2. 风机盘管机组的供冷量、供热量、风量、水阻力、功率及噪声；
3. 绝热材料的导热系数或热阻、密度、吸水率。

7.3.2.2 《建筑节能工程施工质量验收标准》GB 50411 中的要求

《建筑节能工程施工质量验收标准》GB 50411 中第 9.2.2 条规定：
保温材料进场复验试验项目：导热系数或热阻、密度、吸水率。
保温材料进场复验试验检查数量：同厂家、同材质的保温材料，复验次数不得少于 2 次。

7.3.2.3 《建筑给水排水及采暖工程施工质量验收规范》GB 50242 中的要求

《建筑给水排水及采暖工程施工质量验收规范》GB 50242 中规定：
第 3.2.1 规定：建筑给水、排水及采暖工程所使用的主要材料、成品、半成品、配件器具和设备必须具有中文质量合格证明文件，规格、型号及性能检测报告应符合国家技术标准或设计要求。进场时应做检查验收，并经监理工程师核查确认。
第 3.2.2 规定：所有材料进场时应对品种、规格、外观等进行验收。包装应完好，表面无划痕及外力冲击破损。

7.3.3 进场复验试验项目与取样规定

《天津市建筑工程施工质量验收资料管理规程》DB/T 29—209 中对供暖节能工程保温材料进场复

验试验项目与取样规定见表 7-53。

表 7-53　保温材料进场复验试验项目与取样规定

种类名称	复验项目	组批规则及取样数量规定
绝热用岩棉、矿渣棉及其制品 （GB/T 11835）	导热系数、密度、吸水率或吸湿性能、厚度	组批及取样：同一厂家、同一材质的保温材料见证取样送检的次数不得少于 2 次。岩棉、矿渣棉及其制品每次 4 张（根）
柔性泡沫橡塑绝热制品 （GB/T 17794）	导热系数、密度、吸水率或吸湿性能、厚度	组批及取样：同一厂家、同一材质的保温材料见证取样送检的次数不得少于 2 次。柔性泡沫橡塑绝热制品每次 4 张（根）
绝热用玻璃棉及其制品 （GB/T 13350）	导热系数、密度、吸水率或吸湿性能、厚度	组批及取样：同一厂家、同一材质的保温材料见证取样送检的次数不得少于 2 次。玻璃棉及其制品每次 4 张（根）
绝热用挤塑聚苯乙烯泡沫塑料（XPS） （GB/T 10801.2）	导热系数、密度、吸水率或吸湿性能、厚度	组批及取样：同一厂家、同一材质的保温材料见证取样送检的次数不得少于 2 次。绝热用挤塑聚苯乙烯泡沫塑料板每次 4 张

7.3.4　技术指标要求

7.3.4.1　绝热用岩棉、矿渣棉及其制品

岩棉是以熔融火成岩为主要原料制成的一种矿物棉。矿渣棉是以熔融矿渣为主要原料制成的一种矿物棉。

绝热用岩棉、矿渣棉及其制品执行的国家标准为《绝热用岩棉、矿渣棉及其制品》GB/T 11835。此标准适用于设备及管道上使用的岩棉、矿渣棉及其制品，不适用于在建筑物围护结构、建筑构件和地板中使用的岩棉、矿渣棉及其制品。按制品形式分为棉、板、毡、缝毡和管壳。按棉的种类分为岩棉和矿渣棉。

绝热用岩棉、矿渣棉及其制品进场复验试验项目技术指标要求，见表 7-54。

表 7-54　绝热用岩棉、矿渣棉及其制品进场复验试验项目技术指标要求

项目	板		毡和缝毡		管壳
导热系数 平均温度（70±2）℃ ［W/（m·K）］	≤0.043		≤0.043		≤0.044
密度（kg/m³）	60～80	>80	60～100	>100	80～150
密度允许偏差（%）	−10～+10				
体积吸水率（%）	≤10				
质量吸湿率（%）	≤1.0				
厚度允许偏差（mm）	−3～+3		正偏差不限，−3		厚度≤50，−2～+4 厚度>50，−3～+4

7.3.4.2　柔性泡沫橡塑绝热制品

柔性泡沫橡塑绝热制品是以天然或合成橡胶为基材，含有其他聚合物或化学品，经有机或无机添加剂进行改性，经混炼、挤出、发泡和冷却定型，加工而成的具有闭孔结构的柔性绝热制品。

柔性泡沫橡塑绝热制品执行的国家标准为《柔性泡沫橡塑绝热制品》GB/T 17794。此标准适用于使用温度为−196℃～175℃的绝热用柔性泡沫橡塑制品。按制品使用温度范围分为常用型（CY）：使用温度范围为−40℃～105℃；低温型（DW）：使用温度范围为−196℃～−20℃；高温型（GW）：使用温度范围为 50℃～175℃。按制品形状分为板（用 B 表示）和管（用 G 表示）。

柔性泡沫橡塑绝热制品进场复验试验项目技术指标要求，见表 7-55。

柔性泡沫橡塑绝热制品导热系数要求，见表 7-56。

表 7-55　柔性泡沫橡塑绝热制品进场复验试验项目技术指标要求

项目		标准要求
表观密度（kg/m³）		≤95
真空体积吸水率（%）		≤0.50
厚度允许偏差	厚/壁厚尺寸：3≤h≤15（mm）	0～+3
	厚/壁厚尺寸：h>15（mm）	0～+5
导热系数		应符合表 7-56 的要求

表 7-56　柔性泡沫橡塑绝热制品导热系数要求

项目		单位	CY 类	DW 类	GW 类
导热系数	平均温度（−150±2)℃	W/（m·K）	—	≤0.023	—
	平均温度（−20±2)℃		≤0.034	≤0.034	—
	平均温度（0±2)℃		≤0.036	—	—
	平均温度（25±2)℃		≤0.038	—	—
	平均温度（50±2)℃		—	—	≤0.043
	平均温度（150±2)℃		—	—	≤0.055

7.3.4.3　绝热用玻璃棉及其制品

玻璃棉是以天然砂为主要原料或熔融玻璃制成的一种矿物棉。普通玻璃棉制品用于工况温度不高于 250℃的玻璃棉制品。高温玻璃棉制品可用于高温工况（热面温度大于 250℃），且通过最高使用温度评估的玻璃棉制品。硬质玻璃棉制品是具有一定机械强度的玻璃棉制品。

绝热用玻璃棉及其制品执行的国家标准为《绝热用玻璃棉及其制品》GB/T 13350。此标准适用于绝热用玻璃棉散棉、玻璃棉板、玻璃棉毡、玻璃棉毯、玻璃棉条和玻璃棉管壳。按用途分为玻璃棉散棉、普通玻璃棉制品、高温玻璃棉制品、硬质玻璃棉制品。普通玻璃棉制品按形态分为普通玻璃棉板、普通玻璃棉毡、普通玻璃棉毯和普通玻璃棉管壳，简称为玻璃棉板、玻璃棉毡、玻璃棉毯和玻璃棉管壳。高温玻璃棉制品按形态分为高温玻璃棉板、高温玻璃棉毡和高温玻璃棉管壳。硬质玻璃棉制品按形态分为硬质玻璃棉板、硬质玻璃棉条，其中硬质玻璃棉条简称为玻璃棉条。

绝热用玻璃棉及其制品进场复验试验项目技术指标要求见表 7-57～表 7-63。

表 7-57　普通玻璃棉制品 玻璃棉板技术指标要求

项目	标准要求			
导热系数 [W/（m·K）]	按密度等级分	24≤ρ≤32	32<ρ≤40	ρ>40
	平均温度（25±1)℃	≤0.038	≤0.036	≤0.034
	平均温度（70±1)℃	≤0.044	≤0.042	≤0.040
密度 ρ	标称密度不应低于 24kg/m³			
密度允许偏差（%）	−5～+10			
质量吸湿率（%）	≤5.0			
厚度允许偏差 (mm)	ρ<32	32≤ρ≤64		ρ>64
	0～+5	−2～+3		±2

表 7-58　普通玻璃棉制品 玻璃棉毡技术指标要求

项目	标准要求					
导热系数 [W/（m·K）]	按密度等级分	ρ≤12	12<ρ≤16	16<ρ≤24	24<ρ≤32	32<ρ≤40	ρ>40
	平均温度 (25±1)℃	≤0.050	≤0.045	≤0.041	≤0.038	≤0.036	≤0.034

续表

项目	标准要求					
导热系数 [W/(m·K)]	平均温度 (70±1)℃	≤0.058	≤0.053	≤0.048	≤0.044	≤0.042	≤0.040
密度 ρ	标称厚度小于60mm的，标称密度不应低于12kg/m³；标称厚度大于等于60mm的，标称密度不应低于10kg/m³					
密度允许偏差（%）	−10～+20					
质量吸湿率（%）	≤5.0					
厚度允许偏差（mm）	不允许负偏差					

表 7-59　普通玻璃棉制品 玻璃棉毯技术指标要求

项目	标准要求	
导热系数 平均温度 (70±1)℃ [W/(m·K)]	标称密度≤40kg/m³	标称密度＞40kg/m³
	≤0.044	≤0.042
密度允许偏差（%）	−10～+15	
质量吸湿率（%）	≤5.0	
厚度允许偏差（mm）	不允许负偏差	

表 7-60　普通玻璃棉制品 玻璃棉管壳技术指标要求

项目	标准要求
导热系数 平均温度 (70±1)℃ [W/(m·K)]	≤0.042
密度允许偏差（%）	不允许负偏差，+15
质量吸湿率（%）	≤5.0
厚度允许偏差（mm）	−2～+5

表 7-61　高温玻璃棉制品技术指标要求

项目	标准要求
导热系数 平均温度 (70±1)℃ [W/(m·K)]	≤0.039
密度	标称密度不低于38kg/m³
密度允许偏差（%）	高温玻璃棉板：−5～+10、高温玻璃棉毡：−10～+20 高温玻璃棉管：不允许负偏差，+15
质量吸湿率（%）	≤5.0
厚度允许偏差（mm）	高温玻璃棉板：见表7-57、 高温玻璃棉毡：不允许负偏差、高温玻璃棉管：−2～+5

表 7-62　硬质玻璃棉制品 玻璃棉板技术指标要求

项目	标准要求	
导热系数 平均温度 (25±1)℃ [W/(m·K)]	≤0.035	
密度 ρ	标称密度不应低于32kg/m³	
密度允许偏差（%）	−5～+10	
质量吸湿率（%）	≤5.0	
厚度允许偏差（mm）	48≤ρ≤64	ρ＞64
	−2～+3	±2

表 7-63　硬质玻璃棉制品 玻璃棉条技术指标要求

项目	标准要求
导热系数 平均温度（25±1)℃ [W/ (m·K)]	≤0.048
密度 ρ	标称密度不应低于 32kg/m³
密度允许偏差（%）	±10
质量吸湿率（%）	≤5.0
厚度允许偏差（mm）	−2～+4

7.3.4.4　绝热用挤塑聚苯乙烯泡沫塑料（XPS）

绝热用挤塑聚苯乙烯泡沫塑料（XPS）进场复验试验项目技术指标要求见表 7-64 和表 7-65。

表 7-64　绝热用挤塑聚苯乙烯泡沫塑料（XPS）导热系数、厚度允许偏差标准要求

项目		标准要求		
导热系数 [W/ (m·K)]	等级	024 级	030 级	034 级
	平均温度 10℃	≤0.022	≤0.028	≤0.032
	平均温度 25℃	≤0.024	≤0.030	≤0.034
厚度允许偏差（mm）	厚度<75	−1～+2		
	75≤厚度	−1～+3		

表 7-65　绝热用挤塑聚苯乙烯泡沫塑料（XPS）吸水率标准要求

项目	带表皮										不带表皮	
	X150	X200	X250	X300	X350	X400	X450	X500	X700	X900	W200	W300
吸水率，浸水 96h	≤2.0	≤1.5	≤1.0								≤2.0	≤1.5

7.3.4.5　高密度聚乙烯外护管硬质聚氨酯泡沫塑料预制直埋保温管

高密度聚乙烯外护管硬质聚氨酯泡沫塑料预制直埋保温管是由高密度聚乙烯外护管、硬质聚氨酯泡沫塑料保温层、工作钢管或钢制管件组成的预制直埋保温管。

高密度聚乙烯外护管硬质聚氨酯泡沫塑料预制直埋保温管执行的国家标准为《高密度聚乙烯外护管硬质聚氨酯泡沫塑料预制直埋保温管及管件》GB/T 29047。此标准适用于输送介质温度（长期运行温度）不大于 120℃，偶然峰值温度不大于 130℃的预制直埋保温管及其保温管件。

《高密度聚乙烯外护管硬质聚氨酯泡沫塑料预制直埋保温管及管件》GB/T 29047 中规定保温层的技术指标应符合下列要求：

1. 保温层任意位置的聚氨酯泡沫塑料密度应符合下列规定：

1）当工作钢管公称尺寸小于或等于 DN500 时，密度不应小于 55kg/m³；

2）当工作钢管公称尺寸大于 DN500 时，密度不应小于 60kg/m³。

2. 聚氨酯泡沫塑料吸水率不应大于 10%。

3. 老化前聚氨酯泡沫塑料在 50℃状态下的导热系数 λ_{50} 不应大于 0.033W/ (m·K)。

4. 保温层厚度应符合设计要求，并应保证运行时外护管外表面温度不大于 50℃。

7.3.4.6　建筑绝热用玻璃棉制品

建筑绝热用玻璃棉制品执行的国家标准为《建筑绝热用玻璃棉制品》GB/T 17795。此标准适用于建筑围护结构绝热和通风管道用玻璃棉制品。按黏结剂种类分为普通玻璃棉制品、无甲醛玻璃棉制品。按使用用途划分为内保温用、幕墙用、钢结构用、金属面夹芯板用、通风管道用玻璃棉制品。按形态划分为玻璃棉板（包含用于制作风管的复合玻璃棉板）、玻璃棉毡和玻璃棉条。按外覆层划分为无外覆层制品、有外覆层制品。外覆层包括抗水蒸气渗透外覆层，如铝箔、聚丙烯等；非抗水蒸气渗透外覆层，如玻璃布、无纺布等。通风管道用玻璃棉制品按使用用途分为通风管道外保温用、风管衬里用、用于制作风管的复合玻璃棉板。

建筑绝热用玻璃棉制品进场复验试验项目技术指标要求见表 7-66。

玻璃棉毡、板、条的导热系数和热阻值，见表 7-67。

表 7-66　建筑绝热用玻璃棉制品进场复验试验项目技术指标要求

项目		标准要求		
密度 ρ	内保温用	玻璃棉毡的标称密度应不小于 16kg/m³，玻璃棉板的标称密度应不小于 24kg/m³		
	幕墙用	玻璃棉毡的标称密度应不小于 16kg/m³，玻璃棉板的标称密度应不小于 32 kg/m³		
	钢结构用	玻璃棉毡的标称密度应不小于 12kg/m³，玻璃棉板的标称密度应不小于 24 kg/m³		
	金属面夹芯板用	标称密度应不小于 32kg/m³		
	通风管道用	通风管道外保温用玻璃棉毡大于等于 24kg/m³，玻璃棉板大于等于 24kg/m³。用于风管衬里的玻璃棉板大于等于 64kg/m³。用于制作风管的复合玻璃棉板大于等于 80kg/m³		
密度允许偏差		毡	板	条
		标称密度≤24kg/m³：不允许负偏差 标称密度＞24kg/m³：－10%～＋20%	－5%～＋10%	±10%
厚度允许偏差		板	毡	条
		24≤ρ＜32：0mm～＋5mm；32≤ρ≤64：－2mm～＋3mm； ρ＞64：－2mm～＋2mm	不允许负偏差	－2mm～＋4mm
质量吸湿率		≤5.0%		
导热系数或热阻		玻璃棉毡、板、条的导热系数和热阻值应符合表 7-67 的要求		

表 7-67　玻璃棉毡、板、条的导热系数和热阻值

形态	标称密度 ρ (kg/m³)	常用厚度 (mm)	导热系数 试验平均温度 (25±2)℃ [W/ (m·K)] ≤	热阻 试验平均温度 (25±2)℃ [(m²·K) /W] ≥
毡	12≤ρ≤16	50	0.045	1.05
		75		1.59
		100		2.09
	16＜ρ≤24	50	0.041	1.16
		75		1.74
		100		2.32
	24＜ρ≤32	25	0.038	0.63
		40		1.00
		50		1.25
	32＜ρ≤40	25	0.036	0.66
		40		1.05
		50		1.32
	ρ＞40	25	0.034	0.70
		40		1.12
		50		1.40
板	24≤ρ≤32	25	0.043	0.55
		40		0.88
		50		1.10

续表

形态	标称密度 ρ (kg/m³)	常用厚度 (mm)	导热系数 试验平均温度（25±2)℃ [W/ (m·K)] ≤	热阻 试验平均温度（25±2)℃ [(m²·K) /W] ≥
板	32<ρ≤40	25	0.040	0.60
		40		0.95
		50		1.19
	40<ρ≤48	25	0.037	0.65
		40		1.03
		50		1.28
	48<ρ≤64	25	0.034	0.70
		40		1.12
		50		1.40
	ρ>64	25	0.035	0.72
		50		1.44
条	ρ≥32	50	0.048	0.99
		80		1.59
		100		1.98
		120		2.38
		150		2.97

注：其他厚度的热阻要求按标称厚度以线性内插法计算。

8 建筑电气工程

建筑电气工程是指在建筑物内部进行电气设备的设计、安装、调试和维护的工程，是为实现一个或几个具体目的且特性相配合的，由电气布置、布线系统和用电设备电气部分构成的组合。建筑电气工程包括室外电气、变配电室、供电干线、电气动力、电气照明、备用和不间断照明、防雷和接地 7 个方面，适用范围包括民用建筑、通用工业建筑和市政工程所需的建筑物及构筑物、建筑物的单体及群体的建筑电气工程。

建筑电气工程主要功能是向电气设备输送电能、分配电能，为建筑物提供安全、可靠、高效的电力供应和各种电气设备的控制和管理。建筑电气工程应能向电气设备输送和分配电能，当供配电系统或电气设备发生故障危及人身安全时，应具备在规定的时间内切断其电源的功能。

为在建筑电气与智能化系统工程建设中保障人身健康和生命财产安全、国家安全、生态环境安全，满足经济社会管理基本需要，住房城乡建设部发布《建筑电气与智能化通用规范》GB 55024，自 2022 年 10 月 1 日起实施。该规范为强制性工程建设规范，全部条文必须严格执行。

本章详细阐述建筑电气工程中使用的材料，包括照明灯具及附件、开关插座和电工套管等材料的进场复验项目、组批规则及取样数量，同时给出复验项目的标准规定。

8.1 照明灯具及附件

建筑电气工程中的照明灯具及附件包括灯具、光源、灯罩、灯座和调光器等。建筑电气工程中的照明灯具及附件种类繁多，其选择应根据不同场合和用途进行合理搭配，以达到最佳的照明效果。灯具按防触电保护型式分为Ⅰ类、Ⅱ类、Ⅲ类。按防尘、防固体异物和防水等级分类，灯具应按 IEC 60529 中规定的"IP 数字"分类系统进行分类。按灯具设计的安装表面材料分类：灯具适宜直接安装在普通可燃材料表面、灯具不适宜直接安装在普通可燃材料表面。按使用环境分类可分为正常条件下使用的灯具和恶劣条件下使用的灯具。

8.1.1 术语和定义

1. 灯具

分配、透过或改变一个或多个光源发出光线的器具，它包括支承、固定和保护光源所必需的所有部件，以及必需的电路辅助装置和将它们连接到电源的装置，但不包括光源本身。其种类包括可调节灯具、组合灯具、固定式灯具、可移式灯具、嵌入式灯具等。

2. 光源

提供灯头的灯或模块（LED）或其他光源，目的是用于灯具内或组合在灯具内产生光的可见辐射。其种类包括白炽灯、荧光灯、LED 灯等。

8.1.2 依据标准

《建筑电气工程施工质量验收规范》GB 50303
《建筑电气与智能化通用规范》GB 55024
《灯具 第 1 部分：一般要求与试验》GB 7000.1

《天津市建筑工程施工质量验收资料管理规程》DB/T 29—209

8.1.3 质量验收要求

8.1.3.1 《建筑电气与智能化通用规范》GB 55024 的要求

《建筑电气与智能化通用规范》GB 55024 第 2.0.8 条规定：

建筑电气工程和智能化系统工程中采用的电气设备和电线电缆，应为符合相应产品标准的合格产品。

《建筑电气与智能化通用规范》GB 55024 第 9.1.1 条规定：

当设备、材料、成品和半成品进场后，因产品质量问题有异议或现场无条件做检测时，应送有资质的实验室做检测。

8.1.3.2 《建筑电气工程施工质量验收规范》GB 50303 的要求

《建筑电气工程施工质量验收规范》GB 50303 第 3.2.5 条规定：

现场抽样检测：对于母线槽、导管、绝缘导线、电缆等，同厂家、同批次、同型号、同规格的，每批至少抽取 1 个样本，对于灯具、插座、开关等电气设备，同厂家、同材质、同类型的，应各抽检 3%，自带蓄电池的灯具应按 5% 抽检，且均不应少于 1 个（套）。

因有异议送有资质的试验室而抽样检测：对于母线槽、绝缘导线、电缆、梯架、托盒、槽盒、导管、型钢、镀锌制品等，同厂家、同批次、不同种规格的，应抽检 10%，且不应少于 2 个规格；对于灯具、插座、开关等电气设备，同厂家、同材质、同类型的，数量 500 个（套）及以下时应抽检 2 个（套），但应各不少于 1 个（套），500 个（套）以上时应抽检 3 个（套）。

8.1.4 进场复验试验项目与取样规定

《天津市建筑工程施工质量验收资料管理规程》DB/T 29—209 中对照明灯具及附件进场复验试验项目与取样规定见表 8-1。

表 8-1　照明灯具及附件进场复验试验项目与取样规定

种类名称 相关标准、规范代号	复验项目	组批规则及取样数量规定
照明灯具及附件 （GB 50303） （GB 7000.1）	灯具绝缘电阻、灯具内绝缘导线的绝缘层厚度	同一厂家、同一材质、同一类型各抽检 3%，且不应少于 1 套

8.1.5 技术指标要求

8.1.5.1　《建筑电气工程施工质量验收规范》GB 50303 中，第 3.2.10 条对灯具绝缘电阻、灯具内绝缘导线的绝缘层厚度的要求见表 8-2。

表 8-2　照明灯具及附件进场复验试验项目技术要求

种类名称 相关标准、规范代号	标准要求
照明灯具及附件 （GB 50303）	① 灯具绝缘电阻不应小于 2MΩ。 ② 灯具内绝缘导线的绝缘层厚度不应小于 0.6mm

8.1.5.2　《灯具 第 1 部分：一般要求与试验》GB 7000.1 中对灯具绝缘电阻、灯具内绝缘导线的绝缘层厚度的要求。

1. 最小绝缘电阻应符合表 8-3 的要求

表 8-3　最小绝缘电阻

绝缘部件	最小绝缘电阻（MΩ）		
	Ⅰ类灯具	Ⅱ类灯具	Ⅲ类灯具
SELV：			
不同极性载流部件之间	1	1	1
载流部件与安装表面之间	1	1	1
载流部件与灯具的金属部件之间	1	1	1
夹在软线固定架上的软缆或软线外表面与可触及金属部件之间	1	1	1
绝缘衬套	1	1	1
非 SELV：			
不同极性带电部件之间	2	2	—
带电部件与安装表面之间	2	2 或 4	—
带电部件与灯具的金属部件之间	2	2 或 4	—
通过开关动作可以成为不同极性的带电部件之间	2	2	—
夹在软线固定架上的软缆或软线外表面与可触及金属部件之间	2	2	—
绝缘衬套	2	2	—

2. 灯具内绝缘导线的绝缘层厚度的标准要求

正常工作电流等于或高于 2A，灯具内绝缘导线的绝缘层标称厚度最小 0.6mm（聚氯乙烯或橡皮）。

正常工作电流低于 2A 有机械保护的接线，灯具内绝缘导线的绝缘层标称厚度最小 0.5mm（聚氯乙烯或橡皮）。

8.2　开关、插座

建筑电器中的开关插座是指用于控制电路开关和供电的插座设备。它们通常由开关和插座两部分组成，可以分别控制电路的通断和电器设备的供电。在建筑电器中，开关插座的种类繁多，常见的有单控开关、双控开关、三控开关、普通插座、地插插座、USB 插座等。此外，还有一些特殊用途的开关插座，如防水开关插座、防爆开关插座等，可以满足特殊环境下的用电需求。

8.2.1　术语和定义

1. 开关

设计用以接通或分断一个或多个电路里的电流的装置。其种类包括按钮开关、瞬动式开关、拉线开关、小间隙结构开关、微间隙结构开关等。

2. 插座

预期为一般人员频繁使用，具有用于与插头插销插合的插套，并且装有用于软缆电气连接和机械定位部件的电器附件。其种类包括明装式插座、暗装式插座、移动式插座、地板暗装式插座等。

8.2.2　标准依据

《建筑电气工程施工质量验收规范》GB 50303

《建筑电气与智能化通用规范》GB 55024

《家用和类似用途插头插座 第 1 部分：通用要求》GB/T 2099.1

《家用和类似用途固定式电气装置的开关 第 1 部分：通用要求》GB/T 16915.1

《天津市建筑工程施工质量验收资料管理规程》DB/T 29—209

8.2.3 质量验收要求

8.2.3.1 《建筑电气与智能化通用规范》GB 55024 中的要求

《建筑电气与智能化通用规范》GB 55024 第 2.0.8 条规定：

建筑电气工程和智能化系统工程中采用的电气设备和电线电缆，应为符合相应产品标准的合格产品。

《建筑电气与智能化通用规范》GB 55024 第 9.1.1 条规定：

当设备、材料、成品和半成品进场后，因产品质量问题有异议或现场无条件做检测时，应送有资质的实验室做检测。

8.2.3.2 《建筑电气工程施工质量验收规范》GB 50303 中规定

《建筑电气工程施工质量验收规范》GB 50303 第 3.2.5 条规定：

现场抽样检测：对于母线槽、导管、绝缘导线、电缆等，同厂家、同批次、同型号、同规格的，每批至少抽取 1 个样本，对于灯具、插座、开关等电气设备，同厂家、同材质、同类型的，应各抽检 3%，自带蓄电池的灯具应按 5% 抽检，且均不应少于 1 个（套）。

因有异议送有资质的试验室而抽样检测：对于母线槽、绝缘导线、电缆、梯架、托盘、槽盒、导管、型钢、镀锌制品等，同厂家、同批次、不同种规格的，应抽检 10%，且不应少于 2 个规格；对于灯具、插座、开关等电气设备，同厂家、同材质、同类型的，数量 500 个（套）及以下时应抽检 2 个（套），但应各不少于 1 个（套），500 个（套）以上时应抽检 3 个（套）。

《建筑电气工程施工质量验收规范》GB 50303 第 3.2.11 条规定：

对开关、插座、接线盒及面板等绝缘材料的耐非正常热、耐燃和耐漏电起痕性能有异议时，应按批抽样送有资质的实验室检测。

8.2.4 进场复验试验项目与取样数量规定

《天津市建筑工程施工质量验收资料管理规程》DB/T 29—209 中对开关、插座进场复验试验项目与取样规定见表 8-4。

表 8-4 开关、插座进场复验试验项目与取样规定

种类名称 相关标准、规范代号	复验项目	组批规则及取样数量规定
开关、插座 (GB 50303) (GB/T 16915.1) (GB/T 2099.1)	电气间隙、绝缘电阻值、机械性能	同一厂家、同一材质、同一类型各抽检 3%，且不应少于 1 套，每套 6 个

8.2.5 技术指标要求

8.2.5.1 《建筑电气工程施工质量验收规范》GB 50303 中 3.2.11 条对开关、插座进场复验试验项目技术要求见表 8-5

表 8-5 开关、插座进场复验试验项目技术要求

种类名称 相关标准、规范代号	项目	标准要求
开关、插座 (GB 50303)	爬电距离	不应小于 3mm
	电气间隙	不同极性带电部件之间的电气间隙不应小于 3mm
	绝缘电阻值	应不小于 5MΩ
	机械性能	用自攻锁紧螺钉或自切螺钉安装的，螺钉与软塑固定件旋合长度不应小于 8mm，绝缘材料固定件在经受 10 次拧紧退出试验后，应无松动或掉渣，螺钉和螺纹应无损坏现象。对于金属间相旋合的螺钉螺母，拧紧后完全退出，反复 5 次后，应仍然能正常使用

8.2.5.2 《家用和类似用途插头插座 第 1 部分：通用要求》GB/T 2099.1 对电气间隙、绝缘电阻值、机械性能的要求。

1. 电气间隙应符合表 8-6 的要求

表 8-6 电气间隙标准要求

序号	电气间隙说明	标准要求
1	不同极性带电部件之间	3mm
2	带电部件与： ——易触及绝缘部件表面之间； ——第 3 项和第 4 项未提及的接地金属部件包括接地电路部件之间； ——支承暗装式插座主要部件的金属框架之间； ——用以固定固定式插座主要部件、盖或盖板的螺钉或零件之间； 外部装配螺钉之间，插头插合面上的及其与接地电路相隔离的螺钉除外	3mm 3mm 3mm 3mm 3mm
3	带电部件与： ——插座处于最不利位置的情况下专门接地的金属盒之间； ——在插座处于最不利位置的情况下无绝缘衬垫的不接地金属盒之间； ——插座和插头中易触及的不接地或功能接地的金属部件之间	3mm 4.5mm 6mm
4	带电部件与明装式插座主要部件的安装表面之间	6mm
5	带电部件与明装式插座主要部件里导线凹槽（如有）的底部之间	3mm

2. 绝缘电阻值的要求

绝缘电阻值不应小于 5MΩ。

3. 机械性能的要求

（1）《家用和类似用途插头插座 第 1 部分：通用要求》GB/T 2099.1 第 24 章机械强度的规定，见表 8-7。

表 8-7 机械强度标准要求

序号	项目	标准要求
1	—	电器附件、明装式安全盒、螺纹压盖和罩盖应有足够的机械强度，能经受得住安装及使用过程中产生的机械应力
2	摆锤冲击试验	试验之后，试样不应有损坏
3	滚筒试验	试验之后，试样不应有损坏
4	主要部件直接安装在表面的固定式插座的试验	试验期间和试验之后，插座的主要部件均不应出现会影响今后使用的损坏
5	低温冲击试验	试验之后，试样不应有损坏
6	压缩试验	将试样从试验装置取出 15min 后，试样不应有损坏
7	压盖的扭矩试验	试验之后，压盖及试样的外壳不应有损坏
8	插销绝缘护套的磨损试验	试验之后，插销应不出现会影响安全或影响今后使用的损坏，特别是绝缘护套不应磨穿或起皱
9	保护门的机械强度试验	试验之后，试样不应有损坏
10	多位移式插座的机械强度试验	试验之后，试样不应有损坏，尤其是部件不应松动或脱落
11	插销的牢固程度试验	试验之后，使插头冷却到环境温度，这时，任何插销在插头本体的位移不应大于 1mm
12	移动式插座悬挂装置中隔层的机械强度试验	钢棒不应刺入隔层
13	接有软缆的移式插座的悬挂装置的拉力试验	移式插座的悬挂装置不应断裂，如果断裂，带电部件亦不应为标准试验指所触及

续表

序号	项目	标准要求
14	移动式插座悬挂装置的拉力试验	移式插座的悬挂装置不应断裂，如果断裂，带电部件亦不应为标准试验指所触及
15	符合 GB/T 2099.1 中 13.7.3a) 情况时盖、盖板或其部件的机械强度试验	盖、盖板的不可拆性的验证：试验之后，试样不应有损坏。 盖、盖板的可拆性的验证：试验之后，试样不应有损坏。 插头和移动式插座盖、盖板的机械强度试验的验证：试验之后，试样不应有损坏
16	符合 GB/T 2099.1 中 13.7.3b) 情况时盖、盖板或其部件的机械强度试验	试验之后，试样不应有损坏
17	符合 GB/T 2099.1 中 13.7.3c) 情况时盖、盖板或其部件的机械强度试验	试验之后，试样不应有损坏
18	不用螺钉固定在安装面或支承面上的盖或盖板轮廓线的验证	如果盖或盖板是用无螺钉方法固定到具有同一外形尺寸的另一盖或盖板或安装盒的，则量规的 B 面应置放在与连接线同一平面上，盖或盖板的轮廓线不应超出支承表面的轮廓线。 当从点 X 开始，朝箭头 Y 的方向重复测量时，量规的 C 面与受试边的轮廓线之间的、平行于 B 面测得的距离不应减小
19	沟槽、孔和反向锥度的验证	量规不应进入沟槽、孔和反向锥度等的上半部 1mm 以上
20	移动式插座的盖子的耐压试验	通过钢钳施加的力为（20±2）N。1min 后，盖子仍然处于压力下，其尺寸应符合 GB/T 1002 的要求。将试样旋转 90°重复做此试验

（2）《家用和类似用途插头 第 1 部分：通用要求》GB/T 2099.1 第 26 章螺钉、载流部件及其连接中规定：

无论是电气连接还是机械连接，均应能经受得住正常使用时出现的机械应力。传递接触压力的螺钉或螺母应为金属制成并应与金属螺纹啮合。是否合格，通过观察检查，对传递接触压力的或连接电器附件时要拧动的螺钉或螺母，还要进行如下试验检查。

将螺钉或螺母拧紧和拧松：

——10 次，对与绝缘材料螺纹相啮合的螺钉或绝缘材料螺钉；

——5 次，对所有其他情况。

与绝缘材料螺纹相啮合的螺钉或螺母和绝缘材料螺钉，每次均应完全拆下，再重新拧合。

试验期间，应不出现有损于螺钉连接的进一步使用的损坏，如螺钉的断裂、会使相应的螺钉旋具无法使用的螺钉头槽的损坏和螺纹、垫圈或 U 型卡等的损坏。

8.2.5.3 《家用和类似用途固定式电气装置的开关 第 1 部分：通用要求》GB/T 16915.1 对电气间隙、绝缘电阻值、机械性能的要求

1. 绝缘电阻值应符合表 8-8 的要求

表 8-8 绝缘电阻最小值标准要求

序号	待试绝缘部位	绝缘电阻最小值（MΩ）
1	连接在一起的所有极与本体之间，开关要处于"通"位置	5
2	依次在每个极与连接到本体的所有其他极之间，开关处于"通"位置	2
3	开关要处于"通"位置时，电气上连接在一起的端子之间，开关要处于"断"位置： ——正常/小间隙结构； ——微间隙结构	2 2

续表

序号	待试绝缘部位	绝缘电阻最小值（MΩ）
4	与带电部件绝缘时，开关机构的金属部件与下列部位之间： ——带电部件； ——与旋钮或类似的起动元件的表面接触的金属箔； ——要求绝缘的钥匙操作开关的钥匙； ——要求绝缘的用以操作开关的拉线、链条或杆等的固定点； ——要求绝缘的底座的易触及金属部件，包括固定螺钉	5 5 5 5 5
5	如有绝缘衬垫，任何金属外壳与绝缘衬垫内表面接触的金属箔之间	5

2. 电气间隙应符合表 8-9 的要求

表 8-9 电气间隙标准要求

序号	电气间隙说明	标准要求
1	触头分开时，被分隔的带电部件之间	3mm
2	不同极性带电部件之间	3mm
3	带电部件与下列部位之间： ——绝缘材料的易触及表面； ——第 4 项和第 6 项中无提及的已接地金属部件，包括接地电路； ——支承暗装式开关底座的金属框架； ——用以固定固定底盖、盖或盖板的螺钉或器件； ——开关机构中要求与带电部件绝缘的金属部件	3mm
4	带电部件与下列部位之间： ——开关安装在最不利位置时已专门接地的金属安装盒； ——开关安装在最不利位置时无绝缘衬垫的未接地金属安装盒	3mm 4.5mm
5	开关机构中要求与易触及金属部件绝缘的金属部件与下列部位之间： ——用以固定底座、盖或盖板的螺钉或器件； ——支承暗装式开关底座的金属框架； ——当底座直接固定于墙上时的易触及金属部件	3mm
6	底座直接固定于墙上时，带电部件与明装开关底座的安装表面之间	6mm
7	带电部件与明装式开关外导体用的空间（如有）的底部之间	3mm
8	带电部件与可触及的未接地金属部件之间，除螺钉和相似部件外	6mm

3. 机械性能的要求

《家用和类似用途固定式电气装置的开关 第 1 部分：通用要求》GB/T 16915.1 第 20 章机械强度的规定见表 8-10。

表 8-10 机械强度标准要求

序号	标准要求
1	开关、开关盒和防护等级高于 IPX0 的开关的螺纹压盖应有足够的机械强度，能经受得住安装和使用过程中出现的机械应力
2	冲击试验：试验之后，试样不应有损坏。尤其是带电部件不应变为易触及部件
3	将底座的固定螺钉逐渐拧紧，对螺纹直径不大于 3mm 的螺钉，施加的力矩最大为 0.5Nm，对直径更大的螺钉，施加的力矩最大为 1.2Nm。试验期间及试验之后，开关的底座不得出现不利于继续使用的损坏
4	压盖机械强度的验证：试验之后，试样不应有损坏
5	盖、盖板或起动元件不可拆性的验证：试验之后，试样不应有损坏

序号	标准要求
6	盖、盖板或起动元件可拆性的验证；试验之后，试样不应有损坏
7	如果盖或盖板不是用螺钉固定到具有同一外形尺寸的另一盖或盖板或安装盒，量规的 B 面应放置在与连接线同一平面上；盖或盖板的轮廓不应超出支承表面的轮廓线。 当从点 X 开始，朝箭头 Y 的方向重复测量时，量规的 C 面与受试边的轮廓线之间的平行于 B 面测得的距离不得缩短
8	以 1N 的力施加的量规。当朝平行于安装/支承表面的方向和垂直于受试部件的方向施加量规时，量规进入槽、孔或反向锥度等的上半部的深度不应超过 1mm
9	拉线开关的操作件应有足够的强度，试验之后，试样不应有损坏。操作件不应破损，拉线开关仍能操作

8.3　电工套管

电工套管是一种用于电线电缆保护的管状材料，通常由塑料或橡胶等材料制成。其主要作用是保护电线电缆不受机械损伤、化学腐蚀和紫外线等因素的影响，同时还可以起到隔热、防水、防尘等作用。电工套管是电线电缆保护中不可或缺的一部分，其种类繁多，应根据不同环境和用途选择合适的材质、形状和尺寸的套管。

8.3.1　术语和定义

套管

是建筑安装工程中用于保护并保障电线或电缆布线的管道。它允许电线或电缆的穿入与更换。其种类包括硬质套管、半硬质套管、波纹套管、螺纹套管、非螺纹套管、低机械应力型套管、中机械应力型套管、高机械应力型套管、超高机械应力型套管、阻燃套管、非阻燃套管等。

8.3.2　依据标准

《建筑电气工程施工质量验收规范》GB 50303
《建筑电气与智能化通用规范》GB 55024
《建筑用绝缘电工套管及配件》JG/T 3050
《天津市建筑工程施工质量验收资料管理规程》DB/T 29—209

8.3.3　质量验收要求

8.3.3.1　《建筑电气与智能化通用规范》GB 55024 中的要求

《建筑电气与智能化通用规范》GB 55024 第 2.0.8 条规定：
建筑电气工程和智能化系统工程中采用的电气设备和电线电缆，应为符合相应产品标准的合格产品。
《建筑电气与智能化通用规范》GB 55024 第 9.1.1 条规定：
当设备、材料、成品和半成品进场后，因产品质量问题有异议或现场无条件做检测时，应送有资质的实验室做检测。

8.3.3.2　《建筑电气工程施工质量验收规范》GB 50303 中的要求

《建筑电气工程施工质量验收规范》GB 50303 第 3.2.5 条规定：
现场抽样检测：对于母线槽、导管、绝缘导线、电缆等，同厂家、同批次、同型号、同规格的，每批至少抽取 1 个样本，对于灯具、插座、开关等电气设备，同厂家、同材质、同类型的，应各抽检 3%，自带蓄电池的灯具应按 5% 抽检，且均不应少于 1 个（套）。
因有异议送有资质的试验室而抽样检测：对于母线槽、绝缘导线、电缆、梯架、托盒、槽盒、导管、型钢、镀锌制品等，同厂家、同批次、不同种规格的，应抽检10％，且不应少于2个规格；对于灯具、插座、开关等电气设备，同厂家、同材质、同类型的，数量500个（套）及以下时应抽检2个（套），但应各不少于1个（套），500个（套）以上时应抽检3个（套）。

《建筑电气工程施工质量验收规范》GB 50303第3.2.13条规定：

应按批抽样检测导管的管径、壁厚及均匀度，并应符合国家现行有关产品标准的规定。

对机械连接的钢导管及其配件的电气连续性有异议时，应按现行国家标准《电气安装用导管系统》GB/T 20041的有关规定进行检验。

对塑料导管及配件的阻燃性能有异议时，应按批抽样送有资质的实验室检测。

8.3.4 进场复验试验项目与取样规定

《天津市建筑工程施工质量验收资料管理规程》DB/T 29—209中对电工套管进场复验试验项目与取样规定见表8-11。

表8-11 电工套管进场复验试验项目与取样规定

种类名称 相关标准、规范代号	复验项目	组批规则及取样数量规定
《建筑用绝缘电工套管及配件》 （GB 50303） （JG/T 3050）	管径、壁厚、均匀度	同一厂家、同一材质、同一型号、同一规格应抽取不少于1个样本，每个样本3根

8.3.5 技术指标要求

《建筑用绝缘电工套管及配件》JG/T 3050中对管径、壁厚、均匀度的技术要求见表8-12、表8-13。

表8-12 电工套管进场复验试验项目技术要求表

序号	项目		硬质套管	半硬质、波纹套管
1	均匀度		$-(0.1+0.1A)\leqslant\Delta A\leqslant0.1+0.1A$	$-(0.1+0.1A)\leqslant\Delta A\leqslant0.1+0.1A$
2	最大外径		量规自重通过	量规自重通过
3	最小外径		量规不能通过	量规不能通过
4	最小内径		量规自重通过	内径值不小于表8-13所规定的最小内径值
5	最小壁厚		壁厚不小于表8-13所规定	—
6	阻燃性能	自熄时间	$T_e\leqslant30s$	$T_e\leqslant30s$
		氧指数	$OI\geqslant32$	$OI\geqslant27$

表8-13 套管规格尺寸

公称尺寸 （mm）	外径 D_2 （mm）	极限偏差 （mm）	最小内径 d_1 (mm)		硬质套管最小壁厚 （mm）	米制螺纹	套管长度 L (m)	
			硬质套管	半硬质、波纹套管			硬质套管	半硬质、波纹套管
16	16	0～−0.3	12.2	10.7	1.0	M16×1.5	$4_0^{+0.005}$ 也可根据运输及工程要求而定	25～100
20	20	0～−0.3	15.8	14.1	1.1	M20×1.5		
25	25	0～−0.4	20.6	18.3	1.3	M25×1.5		
32	32	0～−0.4	26.6	24.3	1.5	M32×1.5		
40	40	0～−0.4	34.4	31.2	1.9	M40×1.5		
50	50	0～−0.5	43.2	39.6	2.2	M50×1.5		
63	63	0～−0.6	57.0	52.6	2.7	M63×1.5		

9 通风与空调节能工程

通风与空调节能工程主要包括通风系统、新风系统、防排烟系统、舒适性空调风系统、恒温恒湿空调风系统、净化空调风系统、地下人防通风系统、真空吸尘系统、空调（冷、热）水系统、冷却水系统、冷凝水系统、土壤源热泵换热系统、水源热泵换热系统、蓄能（水、冰）系统、压缩式制冷（热）设备系统、吸收式制冷设备系统、多联机（热泵）空调系统、太阳能供暖空调系统、设备自控系统等。随着国家加强环境保护，大力推行节能、减排方针的深入，通风与空调设备工程作为建筑能耗的大户，严格控制风管的漏风、提高能源的利用率具有较大的实际意义。建筑通风和空调节能工程的实施中，工程的设计、施工的质量、操作与管理等都是节能减排中的关键环节，而在我国所倡导的可持续发展政策中，加强对建筑通风空调工程与节能减排中各个环节的管理，具有重要的意义。通风与空调节能工程中使用的通风与空调设备的技术性能参数是否符合设计要求，会直接影响通风与空调节能工程的节能效果和运行的可靠性。

为执行国家有关节约能源、保护生态环境、应对气候变化的法律、法规，落实"双碳"决策部署，提高能源资源利用效率，推动可再生能源利用，降低建筑碳排放，营造良好的建筑室内环境，满足经济社会高质量发展的需要，住房城乡建设部发布《建筑节能与可再生能源利用通用规范》GB 55015，自 2022 年 4 月 1 日起实施。该规范为强制性工程建设规范，全部条文必须严格执行。

本章详细阐述通风与空调节能工程中使用的材料包括通风管道和风机盘管等材料的进场复验项目、组批规则及取样数量，同时给出复验项目的标准规定。

9.1 通风工程

通风工程是送风、排风、防排烟、除尘和气力输送系统工程的总称。通风管道是一种用于室内空气流通和排放的管道系统。通风管道的主要作用是将室内的污浊空气排出，同时引入新鲜空气，以保持室内空气的清新和舒适。通风管道广泛应用于住宅、商业建筑、医院、学校等各种场所。风管的分类：一是按材料类别，如金属（镀锌钢板、不锈钢板、铝板）、非金属（硬聚氯乙烯、玻璃钢、织物布）、复合材料（玻璃纤维板复合材料、夹芯彩钢板复合材料、机制玻镁复合材料、钢板内衬玻璃纤维隔热材料风管）；二是按风管类别，如高压、中压、低压、微压；三是按通风管道的断面形状分为圆形风管和矩形风管。风管承压可分为风管内正压与负压两种状态。风管强度的检测主要是检验风管的耐压能力，以保证系统风管的安全运行。严密性是检测风管整体系统功能，用允许漏风量作为检测指标。风管系统允许漏风量是指在系统工作压力条件下，系统风管的单位表面积、在单位时间内允许空气泄漏的最大数量，严格控制风管漏风量对提高能源利用效率具有较大的实际意义。特别是对于低温送风系统，漏风会导致风管漏风处出现结露现象，破坏或降低系统的保温性能，甚至产生滴水现象。

9.1.1 术语和定义

1. 风管
采用金属、非金属薄板或其他材料制作而成，用于空气流通的管道。

2. 非金属风管

采用硬聚氯乙烯、玻璃钢等非金属材料制成的风管。

3. 复合材料风管

采用不燃材料面层，复合难燃级及以上绝热材料制成的风管。

4. 防火风管

采用不燃和耐火绝热材料组合制成，能满足一定耐火极限时间的风管。

5. 风管部件

风管系统中的各类风口、阀门、风罩、风帽、消声器、空气过滤器、检查门和测定孔等功能件。

6. 风管系统工作压力

系统总风管处最大的设计工作压力。

7. 漏风量

风管系统中，在某一静压下通过风管本体结构及其接口，单位时间内泄出或渗入的空气体积量。

8. 系统风管允许漏风量

按风管系统类别所规定的平均单位表面积、单位时间内最大允许漏风量。

9. 严密性试验

在规定的压力和保压时间内，对管路、容器、阀门等进行抗渗漏性能的测定与检验。

9.1.2　依据标准

《建筑节能工程施工质量验收标准》GB 50411

《通风与空调工程施工质量验收规范》GB 50243

《建筑节能与可再生能源利用通用规范》GB 55015

《通风管道技术规程》JGJ/T 141

《天津市建筑工程施工质量验收资料管理规程》DB/T 29—209

9.1.3　质量验收要求

9.1.3.1　《建筑节能与可再生能源利用通用规范》GB 55015 中的要求

《建筑节能与可再生能源利用通用规范》GB 55015 第 6.3.6 条规定：低温送风系统风管安装过程中，应进行风管系统的漏风量检测。

9.1.3.2　《建筑节能工程施工质量验收标准》GB 50411 中的要求

《建筑节能工程施工质量验收标准》GB 50411 第 10.2.4 条规定：风管的严密性检验结果应符合设计和国家现行标准的有关要求。风管的严密性检验最小抽样数量不得少于 1 个系统。

9.1.3.3　《通风与空调工程施工质量验收规范》GB 50243 中的要求

《通风与空调工程施工质量验收规范》GB 50243 第 3.0.9 条规定：当分项工程中包含多种材质、施工工艺的风管或管道时，检验验收批宜按不同材质进行分列。

《通风与空调工程施工质量验收规范》GB 50243 第 4.1.1 条规定：风管质量的验收应按材料、加工工艺、系统类别的不同分别进行，并应包括风管的材质、规格、强度、严密性能与成品观感质量等项内容。

《通风与空调工程施工质量验收规范》GB 50243 第 4.1.2 条规定：工程中所选用的成品风管，应提供产品合格证书或进行强度和严密性的现场复验。

9.1.4　进场复验试验项目与取样规定

《天津市建筑工程施工质量验收资料管理规程》DB/T 29—209 中对通风管道进场复验试验项目与

取样规定见表 9-1。

表 9-1　通风管道进场复验试验项目与取样规定

种类名称 相关标准、规范代号	复验项目	组批规则及取样数量规定
通风管道 建筑节能工程施工质量验收标准 （GB 50411） 通风管道技术规程 （JGJ/T 141）	漏风量	4 段不少于 1m 的风管连接好，两端封堵好，一端开 ϕ114mm 的孔并加出 100mm 接头

9.1.5　技术指标要求

9.1.5.1　《建筑节能与可再生能源利用通用规范》GB 55015 中第 6.3.6 条规定见表 9-2

表 9-2　风管系统允许漏风量

风管类别	允许漏风量 $[m^3/(h \cdot m^2)]$
低压风管	$\leqslant 0.1056 P^{0.65}$
中压风管	$\leqslant 0.0352 P^{0.65}$

9.1.5.2　《通风与空调工程施工质量验收规范》GB 50243 中第 4.2.1 条对通风管道进场复验试验项目技术指标要求见表 9-3 和表 9-4。

表 9-3　通风管道进场复验试验项目技术指标要求

项目/风管类别	标准要求
风管强度	风管在试验压力保持 5min 及以上时，接缝处应无开裂，整体结构应无永久性的变形及损伤。试验压力应符合下列规定： ①低压风管应为 1.5 倍的工作压力； ②中压风管应为 1.2 倍的工作压力，且不低于 750Pa； ③高压风管应为 1.5 倍的工作压力
矩形风管的严密性	具体技术指标详见表 9-4
低压、中压圆形金属与复合材料风管，以及采用非法兰形式的非金属风管的严密性	允许漏风量应为矩形金属风管规定值的 50%
砖、混凝土风道的允许漏风量	不应大于矩形金属低压风管规定值的 1.5 倍
排烟、除尘、低温送风及变风量空调系统风管的严密性	应符合中压风管的规定
N1～N5 级净化空调系统风管的严密性	应符合高压风管的规定
输送剧毒类化学气体及病毒的实验室通风与空调风管严密性	应符合设计要求
风管系统工作压力绝对值不大于 125Pa 的微压风管	在外观和制造工艺检验合格的基础上，不应进行漏风量的验证测试

表 9-4　矩形风管严密性技术要求

风管类别	漏风量 $[m^3/(h \cdot m^2)]$
低压风管	$Q_l \leqslant 0.1056 \times P^{0.65}$
中压风管	$Q_m \leqslant 0.0352 \times P^{0.65}$
高压风管	$Q_h \leqslant 0.0117 \times P^{0.65}$

9.1.5.3　《通风管道技术规程》JGJ/T 141 中对通风管道进场复验试验项目技术指标要求见表 9-5 和表 9-6。

表 9-5　风管漏风量等级与允许漏风量

风管漏风量等级	最大漏风量限定值 $[m^3/(h\cdot m^2)]$	检测静压限定值（Pa）	
		正压	负压
A 级	$0.1056\times P^{0.65}$	500	500
B 级	$0.0352\times P^{0.65}$	1000	750
C 级	$0.0117\times P^{0.65}$	2000	750
D 级	$0.0036\times P^{0.65}$	2000	750
E 级	$0.0010\times P^{0.65}$	2000	750

表 9-6　风管系统允许漏风量

压力（Pa）	允许漏风量 $[m^3/(h\cdot m^2)]$
微、低压系统风管（$P\leqslant500Pa$）	$\leqslant0.1056\times P^{0.65}$
中压系统风管（$500Pa<P\leqslant1500Pa$）	$\leqslant0.0352\times P^{0.65}$
高压系统风管（$1500Pa<P\leqslant2500Pa$）	$\leqslant0.0117\times P^{0.65}$

9.2　空调工程

空调工程是舒适性空调、恒温恒湿空调和洁净室空气净化及空气调节系统工程的总称。风机盘管是用于空气处理的设备，基本配置包括风机、盘管、电机、凝结水盘等，根据使用要求的不同可配加配置控制器、排水隔气装置、空气过滤和净化装置、进出风风管、进出风分布器等配件。它的工作原理是通过风机将室内空气吸入盘管中，经过盘管内的冷热交换后，再通过风机将处理后的空气送回室内，以达到调节室内温度、湿度和空气质量的目的。

风机盘管执行的国家标准为《风机盘管机组》GB/T 19232。此标准适用于使用外供冷水、热水对房间进行供冷、供暖或分别供冷和供暖，送风量不大于3400m³/h，出口静压不大于120Pa的机组。风机盘管机组按结构形式可分为卧式、立式、卡式和壁挂式，代号分别为"W""L""K"和"B"。按安装形式可分为明装和暗装，代号分别为"M"和"A"。按进出水方位可分为左式和右式（面对机组出风口，供回水管分别在左侧和右侧），代号分别为"Z"和"Y"。按出口静压可分为低静压型和高静压型，低静压型代号省略，高静压型代号为"G+出口静压值"。带风口和过滤器等附件的低静压型机组，其出口静压默认为0Pa，不带风口和过滤器等附件的低静压型机组，其出口静压默认为12Pa；高静压型机组按不带风口和过滤器进行测试。按用途类型可分为通用、干式和单供暖，通用代号省略，干式和单供暖代号分别为"G"和"R"。按电机类型可分为交流电机和永磁同步电机，交流电机代号省略，永磁同步电机代号为"YC"。按管制类型可分为两管制（盘管为1个水路系统，冷热兼用）和四管制（盘管为2个水路系统，分别供冷和供暖），两管制代号为"2（盘管排数）"，四管制代号为"4（冷水盘管排数+热水盘管排数）"。

9.2.1　术语和定义

1. 风机盘管机组

用于空气处理的设备，基本配置包括风机、盘管、电机、凝结水盘等，根据使用要求的不同可附加配置控制器、排水隔气装置、空气过滤和净化装置、进出风风管、进出风分布器等配件。

2. 额定值

在标准规定的试验工况下，机组性能的基本值。

3. 名义值

产品铭牌和产品样本上标注的值。

4. 额定风量

在标准规定的试验工况下，机组测得的单位时间内送出的空气体积流量。

5. 额定供冷量

在标准规定的试验工况下，机组测得的总供冷量，即显热量和潜热量之和。

6. 额定供热量

在标准规定的试验工况下，机组测得的总显热供热量。

7. 额定水阻力

在额定水流量下，经空调设备水路的压力损失。

8. 额定出口静压

在标准规定的试验工况下，机组测得的克服机组自身阻力后，出风口处的静压。

9. 低静压机组

在额定或名义风量时，出口静压为 0Pa 或 12Pa 的机组。带风口和过滤器的机组，出口静压为 0Pa；不带风口和过滤器的机组，出口静压为 12Pa。

10. 高静压机组

在额定或名义风量时，出口静压不小于 30Pa 的机组。

11. 机组供冷能效系数

机组额定供冷量与相应试验工况下机组风侧实测电功率和水侧实测水阻折算电功率之和的比值。

12. 机组供暖能效系数

机组额定供热量与相应试验工况下机组风侧实测电功率和水侧实测水阻折算电功率之和的比值。

13. 单供暖机组

仅用于供暖的风机盘管机组。

14. 干式机组

在干工况条件下运行，仅对空气进行显热处理的风机盘管机组。

15. 永磁同步电机/无刷直流电机

由永磁体励磁产生同步旋转磁场的同步电机。永磁体作为转子产生旋转磁场。

9.2.2 依据标准

《建筑节能与可再生能源利用通用规范》GB 55015

《建筑节能工程施工质量验收标准》GB 50411

《通风与空调工程施工质量验收规范》GB 50243

《风机盘管机组》GB/T 19232

《天津市建筑工程施工质量验收资料管理规程》DB/T 29—209

9.2.3 质量验收要求

9.2.3.1 《建筑节能与可再生能源利用通用规范》GB 55015 中的要求

《建筑节能与可再生能源利用通用规范》GB 55015 第 6.3.1 条规定：

供暖通风空调系统节能工程采用的材料、构件和设备施工进场复验应包括下列内容：

1. 散热器的单位散热量、金属热强度；

2. 风机盘管机组的供冷量、供热量、风量、水阻力、功率及噪声；

3. 绝热材料的导热系数或热阻、密度、吸水率。

9.2.3.2 《建筑节能工程施工质量验收标准》GB 50411 中的要求

通风与空调节能工程使用的风机盘管机组和绝热材料进场时，应对其下列性能进行复验，复验应为见证取样检验。

1. 风机盘管机组的供冷量、供热量、风量、水阻力、功率及噪声；
2. 绝热材料的导热系数或热阻、密度、吸水率。

检查数量：按结构型式抽检，同厂家的风机盘管机组数量在 500 台及以下时，抽检 2 台；每增加 1000 台时应增加抽检 1 台。

同厂家、同材质的绝热材料，复验次数不得少于 2 次。

9.2.3.3　《通风与空调工程施工质量验收标准》GB 50243 中的要求

《通风与空调工程施工质量验收标准》GB 50243 第 7.2.5 条规定：

风机盘管的性能复验应按现行国家标准《建筑节能工程施工质量验收标准》GB 50411 的规定执行。

9.2.4　进场复验试验项目与取样规定

《天津市建筑工程施工质量验收资料管理规程》DB/T 29—209 中对风机盘管进场复验试验项目与取样规定见表 9-7。

表 9-7　风机盘管进场复验试验项目与取样规定

种类名称 相关标准、规范代号	复验项目	组批规则及取样数量规定
风机盘管 建筑节能工程施工质量验收标准 （GB 50411） 风机盘管机组 （GB/T 19232）	供冷量、供热量、风量、噪声及功率、水阻力	组批及取样：同一厂家的风机盘管组按数量复验 2%，但不少于 2 台

9.2.5　技术指标要求

9.2.5.1　《风机盘管机组》GB/T 19232 中对风机盘管进场复验试验项目技术指标要求见表 9-8。

表 9-8　风机盘管进场复验试验项目技术指标要求

种类名称 相关标准、规范代号	标准要求
风机盘管机组 （GB/T 19232）	①供冷量实测值不应低于额定值及名义值的 95%。 ②供热量实测值不应低于额定值及名义值的 95%。 ③风量实测值不应低于额定值及名义值的 95%。 ④噪声实测声压级噪声不应大于额定值，且不应大于名义值 +1dB（A）。 ⑤水阻力机组实测水阻不应大于额定值及名义值的 110%。 ⑥功率实测值不应大于额定值及名义值的 110%

9.2.5.2　《风机盘管机组》GB/T 19232 中风机盘管供冷量、供热量、风量、噪声及功率、水阻力额定值见表 9-9～表 9-15。

表 9-9　高挡转速下通用机组基本规格的风量、供冷量和供热量额定值

规格	额定风量 （m³/h）	额定供冷量 （W）	额定供热量（W）			
			供水温度 60℃		供水温度 45℃	
			两管制	四管制	两管制	四管制
FP-34	340	1800	2700	1210	1800	810
FP-51	510	2700	4050	1820	2700	1210

续表

规格	额定风量（m³/h）	额定供冷量（W）	额定供热量（W）			
			供水温度 60℃		供水温度 45℃	
			两管制	四管制	两管制	四管制
FP-68	680	3600	5400	2430	3600	1620
FP-85	850	4500	6750	3030	4500	2020
FP-102	1020	5400	8100	3650	5400	2430
FP-119	1190	6300	9450	4250	6300	2830
FP-136	1360	7200	10800	4860	7200	3240
FP-170	1700	9000	13500	6070	9000	4050
FP-204	2040	10800	16200	7290	10800	4860
FP-238	2380	12600	18900	8500	12600	5670
FP-272	2720	14400	21600	9720	14400	6480
FP-306	3060	16200	24300	10930	16200	7290
FP-340	3400	18000	27000	12150	18000	8100

注：1. 机组的额定供热量按照铭牌规定的供水温度进行测试。
2. 四管制机组的额定供热量为仅采用热水盘管进行供暖时对应的供热量。

表 9-10 高挡转速下交流电机通用机组基本规格的风量、输入功率、噪声和水阻力额定值

型号	额定风量（m³/h）	输入功率（W）				噪声 dB（A）				水阻力（kPa）	
		低静压机组	高静压机组			低静压机组	高静压机组			两管制机组盘管及四管制机组冷水盘管	四管制机组热水盘管
			30Pa	50Pa	120Pa		30Pa	50Pa	120Pa		
FP-34	340	36	43	48	96	37	40	42	44	30	30
FP-51	510	50	57	64	129	39	42	44	46	30	30
FP-68	680	60	70	81	164	41	44	46	48	30	30
FP-85	850	74	84	97	195	43	46	47	49	30	30
FP-102	1020	93	105	114	230	45	47	49	51	40	40
FP-119	1190	112	121	131	263	46	48	50	53	40	40
FP-136	1360	130	151	169	339	46	48	50	53	40	40
FP-170	1700	147	169	204	383	48	50	52	54	40	40
FP-204	2040	183	206	243	510	50	52	54	56	40	40
FP-238	2380	221	245	291	630	52	54	56	58	50	50
FP-272	2720	257	282	340	705	53	55	57	59	50	50
FP-306	3060	294	320	390	825	54	56	58	60	50	50
FP-340	3400	333	358	441	962	55	57	59	61	50	50

表 9-11　高挡转速下永磁同步电机通用机组基本规格的风量、输入功率、噪声和水阻力额定值

型号	额定风量（m³/h）	输入功率（W）				噪声 dB（A）				水阻力（kPa）	
		低静压机组	高静压机组			低静压机组	高静压机组			两管制机组盘管及四管制机组冷水盘管	四管制机组热水盘管
			30Pa	50Pa	120Pa		30Pa	50Pa	120Pa		
FP-34	340	22	26	29	58	37	40	42	44	30	30
FP-51	510	30	34	40	77	39	42	44	46	30	30
FP-68	680	36	42	49	98	41	44	46	48	30	30
FP-85	850	44	51	61	117	43	46	47	49	30	30
FP-102	1020	56	65	80	138	45	47	49	51	40	40
FP-119	1190	67	73	90	158	46	48	50	53	40	40
FP-136	1360	78	91	101	203	46	48	50	53	40	40
FP-170	1700	88	101	125	230	48	50	52	54	40	40
FP-204	2040	114	140	173	306	50	52	54	56	40	40
FP-238	2380	139	166	208	378	52	54	56	58	50	50
FP-272	2720	199	291	299	423	53	55	57	59	50	50
FP-306	3060	228	330	342	495	54	56	58	60	50	50
FP-340	3400	257	369	387	577	55	57	59	61	50	50

表 9-12　高挡转速下干式机组基本规格的风量、供冷量和供热量额定值

规格	额定风量（m³/h）	额定供冷量（W）	额定供热量（W）	
			供水温度 60℃	供水温度 45℃
FPG-34	340	680	2110	1290
FPG-51	510	1020	3160	1930
FPG-68	680	1360	4210	2570
FPG-85	850	1700	5270	3210
FPG-102	1020	2040	6320	3860
FPG-119	1190	2380	7370	4500
FPG-136	1360	2720	8420	5140
FPG-170	1700	3400	10530	6420
FPG-204	2040	4080	12640	7710
FPG-238	2380	4760	14740	8990
FPG-272	2720	5440	16860	10280
FPG-306	3060	6120	18970	11570
FPG-340	3400	6800	21080	12850

表 9-13　高挡转速下交流电机干式机组基本规格的风量、输入功率、噪声和水阻力额定值

型号	额定风量（m³/h）	输入功率（W）				噪声 dB（A）				水阻力（kPa）
		低静压机组	高静压机组			低静压机组	高静压机组			
			30Pa	50Pa	120Pa		30Pa	50Pa	120Pa	
FPG-34	340	36	43	48	96	37	40	42	44	30
FPG-51	510	50	57	64	129	39	42	44	46	30
FPG-68	680	60	70	81	164	41	44	46	48	30

型号	额定风量（m³/h）	输入功率（W）				噪声 dB（A）				水阻力（kPa）
		低静压机组	高静压机组			低静压机组	高静压机组			
			30Pa	50Pa	120Pa		30Pa	50Pa	120Pa	
FPG-85	850	74	84	97	195	43	46	47	49	30
FPG-102	1020	93	105	114	230	45	47	49	51	40
FPG-119	1190	112	121	131	263	46	48	50	53	40
FPG-136	1360	130	151	169	339	46	48	50	53	40
FPG-170	1700	147	169	204	383	48	50	52	54	40
FPG-204	2040	183	206	243	510	50	52	54	56	40
FPG-238	2380	221	245	291	630	52	54	56	58	50
FPG-272	2720	257	282	340	705	53	55	57	59	50
FPG-306	3060	294	320	390	825	54	56	58	60	50
FPG-340	3400	333	358	441	962	55	57	59	61	50

表 9-14　高挡转速下永磁同步电机干式机组基本规格的风量、输入功率、噪声和水阻力额定值

型号	额定风量（m³/h）	输入功率（W）				噪声 dB（A）				水阻力（kPa）
		低静压机组	高静压机组			低静压机组	高静压机组			
			30Pa	50Pa	120Pa		30Pa	50Pa	120Pa	
FPG-34	340	22	26	29	58	37	40	42	44	30
FPG-51	510	30	34	40	77	39	42	44	46	30
FPG-68	680	36	42	49	98	41	44	46	48	30
FPG-85	850	44	51	61	117	43	46	47	49	30
FPG-102	1020	56	65	80	138	45	47	49	51	40
FPG-119	1190	67	73	90	158	46	48	50	53	40
FPG-136	1360	78	91	101	203	46	48	50	53	40
FPG-170	1700	88	101	125	230	48	50	52	54	40
FPG-204	2040	114	140	173	306	50	52	54	56	40
FPG-238	2380	139	166	208	378	52	54	56	58	50
FPG-272	2720	199	291	299	423	53	55	57	59	50
FPG-306	3060	228	330	342	495	54	56	58	60	50
FPG-340	3400	257	369	387	577	55	57	59	61	50

表 9-15　高挡转速下单供暖机组基本规格的风量、供热量、输入功率、噪声和水阻力的额定值

规格	额定风量（m³/h）	额定供热量（W）		输入功率（W）		噪声（dB）	水阻力（kPa）
		供水温度 60℃	供水温度 45℃	交流电机	永磁同步电机		
FPR-34	340	2700	1800	36	22	37	30
FPR-51	510	4050	2700	50	30	39	30
FPR-68	680	5400	3600	60	36	41	30
FPR-85	850	6750	4500	74	44	43	30
FPR-102	1020	8100	5400	93	56	45	40
FPR-119	1190	9450	6300	112	67	46	40

规格	额定风量（m³/h）	额定供热量（W）		输入功率（W）		噪声（dB）	水阻力（kPa）
		供水温度60℃	供水温度45℃	交流电机	永磁同步电机		
FPR-136	1360	10800	7200	130	78	46	40
FPR-170	1700	13500	9000	147	88	48	40
FPR-204	2040	16200	10800	183	114	50	40
FPR-238	2380	18900	12600	221	139	52	50
FPR-272	2720	21600	14400	257	199	53	60
FPR-306	3060	24300	16200	294	228	54	60
FPR-340	3400	27000	18000	333	257	55	60

10 室内空气质量及土壤氡

为保障建筑环境安全，提高居住环境水平和工程质量，以满足生活与工作对环境的基本要求及经济社会管理基本要求为控制性底线要求，住房城乡建设部、市场监管总局联合发布《建筑环境通用规范》GB 55016—2021，自 2022 年 4 月 1 日起实施。该规范为强制性工程建设规范，全部条文必须严格执行。

10.1 室内空气污染物

10.1.1 依据标准

《民用建筑工程室内环境污染控制标准》GB 50325
《建筑环境通用规范》GB 55016

10.1.2 代表批量及抽样依据

《民用建筑工程室内环境污染控制标准》GB 50325 中第 6.0.12 条规定：

民用建筑工程验收时，应抽检每个建筑单体有代表性的房间室内环境污染物浓度，氡、甲醛、氨、苯、甲苯、二甲苯、TVOC 的抽检量不得少于房间总数的 5%，每个建筑单体不得少于 3 间。当房间总数少于 3 间时，应全数检测。

《民用建筑工程室内环境污染控制标准》GB 50325 中第 6.0.13 条规定：

民用建筑工程验收时，凡进行了样板间室内环境污染物浓度检测且检测结果合格的，其同一装饰装修设计样板间类型的房间抽检量可减半，并不得少于 3 间。

《民用建筑工程室内环境污染控制标准》GB 50325 中第 6.0.14 条规定：

幼儿园、学校教室、学生宿舍、老年人照料房屋设施室内装饰装修验收时，室内空气中氡、甲醛、氨、苯、甲苯、二甲苯、TVOC 的抽检量不得少于房间总数的 50%，且不得少于 20 间。当房间总数不大于 20 间时，应全数检测。

10.1.3 技术指标要求

《建筑环境通用规范》GB 55016 中第 5.1.2 条规定：
工程竣工验收时，室内空气污染物浓度限量应符合表 10-1 的规定。

表 10-1 室内空气污染物浓度限量

污染物	Ⅰ类民用建筑工程	Ⅱ类民用建筑工程
氡（Bq/m³）	≤150	≤150
甲醛（mg/m³）	≤0.07	≤0.08
氨（mg/m³）	≤0.15	≤0.20
苯（mg/m³）	≤0.06	≤0.09

污染物	Ⅰ类民用建筑工程	Ⅱ类民用建筑工程
甲苯（mg/m³）	≤0.15	≤0.20
二甲苯（mg/m³）	≤0.20	≤0.20
TVOC（mg/m³）	≤0.45	≤0.50

注：Ⅰ类民用建筑：住宅、医院、老年人照料房屋设施、幼儿园、学校教室、学生宿舍、军人宿舍等民用建筑；Ⅱ类民用建筑：办公楼、商店、旅馆、文化娱乐场所、书店、图书馆、展览馆、体育馆、公共交通等候室、餐厅、理发店等民用建筑。

《建筑环境通用规范》GB 55016 中第 5.4.3 条规定：

竣工交付使用前，必须进行室内空气污染物检测，其限量应符合表 10-1 的规定。室内空气污染物浓度限量不合格的工程，严禁交付投入使用。

10.2　场地土壤氡

10.2.1　依据标准

《建筑环境通用规范》GB 55016

10.2.2　技术指标要求

《建筑环境通用规范》GB 55016 中第 5.2.1 条规定：

建筑工程设计前应对建筑工程所在城市区域土壤中氡浓度或土壤表面氡析出率进行调查，并应提交相应的调查报告。未进行过区域土壤中氡浓度或土壤表面氡析出率测定的，应对建筑场地土壤中氡浓度或土壤氡析出率进行测定，并应提供相应的检测报告。

《建筑环境通用规范》GB 55016 中第 5.2.2 条规定：

当建筑工程场地土壤氡浓度测定结果大于 $20000Bq/m^3$ 且小于 $30000Bq/m^3$，或土壤表面氡析出率大于 $0.05Bq/(m^2 \cdot s)$ 且小于 $0.1Bq/(m^2 \cdot s)$ 时，应采取建筑物底层地面抗开裂措施。

《建筑环境通用规范》GB 55016 中第 5.2.3 条规定：

当建筑工程场地土壤氡浓度测定结果不小于 $30000Bq/m^3$ 且小于 $50000Bq/m^3$，或土壤表面氡析出率大于或等于 $0.1Bq/(m^2 \cdot s)$ 且小于 $0.3Bq/(m^2 \cdot s)$ 时，除应采取建筑物底层地面抗开裂措施外，还必须按一级防水要求，对基础进行处理。

《建筑环境通用规范》GB 55016 中第 5.2.4 条规定：

当建筑工程场地壤氡浓度平均值不小于 $50000Bq/m^3$ 或土壤表面氡析出率平均值大于或等于 $0.3Bq/(m^2 \cdot s)$ 时，应采取建筑物综合防氡措施。